路 基 工 程

主 编　方 焘　赵秀绍

副主编　王靓妮　曾润忠　张元才

中南大学出版社
www.csupress.com.cn

图书在版编目(CIP)数据

路基工程/方焘,赵秀绍主编.—长沙:中南大学出版社,2016.3
ISBN 978 - 7 - 5487 - 2187 - 1

Ⅰ.路…　Ⅱ.①方…②赵…　Ⅲ.路基工程 - 高等学校 - 教材
Ⅳ.U416.1

中国版本图书馆 CIP 数据核字(2016)第 040834 号

路基工程

方　焘　赵秀绍　主编

□**责任编辑**	刘颖维
□**责任印制**	易红卫
□**出版发行**	中南大学出版社

社址:长沙市麓山南路　　　　邮编:410083
发行科电话:0731-88876770　　传真:0731-88710482

□**印　　装**　长沙印通印务有限公司

□**开　　本**	787 × 1092　1/16　□**印张** 18.5　□**字数** 470 千字
□**版　　次**	2016 年 3 月第 1 版　□**印次**　2016 年 3 月第 1 次印刷
□**书　　号**	ISBN 978 - 7 - 5487 - 2187 - 1
□**定　　价**	43.00 元

普通高校土木工程专业系列精品规划教材

编审委员会

总　序

　　土木工程是促进我国国民经济发展的重要支柱产业。近30年来，我国公路、铁路、城市轨道交通等基础设施以及城市建筑进入了高速发展阶段，以高速、重载和超高层为特征的建设工程的安全性、经济性和耐久性等高标准要求向传统的土木工程设计、施工技术提出了严峻挑战。面对新挑战，国内外土木工程行业的设计、施工、养护技术人员和科研工作者在工程实践和科学研究工作中，不断提出创新理念，积极开展基础理论研究和进行技术创新，研发了大量的新技术、新材料和新设备，形成了成套设计、施工和养护的新规范和技术手册，并在工程实践中大范围应用。

　　土木工程行业日新月异的发展，对现代土木工程专业技术人才的培养提出了迫切要求，教材建设和教学内容是人才培养的重要环节。为向普通高校本科生全面、系统和深入地阐述公路、铁路、城市轨道交通以及建筑结构等土木工程领域的基础理论和工程技术成果，中南大学出版社、中南大学土木工程学院组织国内土木工程领域一批专家、学者组成"普通高校土木工程专业系列精品规划教材"编审委员会，共同编写这套系列教材。通过多次研讨，确定了这套土木工程专业系列教材的编写原则：

1. 系统性

　　本系列教材以《土木工程指导性专业规范》为指导，教材内容满足城乡建筑、公路、铁路以及城市轨道交通等领域的建筑工程、桥梁工程、道路工程、铁道工程、隧道与地下工程和土木工程管理等方向的需求。

2. 先进性

　　本系列教材与21世纪土木工程专业人才培养模式的研究成果密切结合，既突出土木工程专业理论知识的传承，又尽可能全面地反映土木工程领域的新理论、新技术和新方法，注重各门内容的充实与更新。

3. 实用性

　　本系列教材针对90后学生的知识与素质特点，以应用性人才培养为目标，注重理论知识与案例分析相结合，传统教学方式与基于现代信息技术的教学手段相结合，重点培养学生的工程实践能力，提高学生的创新素质。这套教材不仅是面向普通高校土木工程专业本科生的课程教材，还可作为其他层次学历教育和短期培训的教材和广大土木工程技术人员的专业参考书。

4. 严谨性

本系列教材的编写出版要求严格按国家相关规范和标准执行，认真把好编写人员遴选关、教材大纲评审关、教材内容主审关和教材编辑出版关，尽最大努力提高教材编写质量，力求出精品教材。

根据本套系列教材的编写原则，我们邀请了一批长期从事土木工程专业教学的一线教师负责本系列教材的编写工作。但是，由于我们的水平和经验所限，这套教材的编写肯定有不尽人意的地方，敬请读者朋友们不吝赐教。编委会将根据读者意见、土木工程发展趋势和教学手段的提升，对教材进行认真修订，以期保持这套教材的时代性和实用性。

最后，衷心感谢本套教材的参编同仁，由于他们的辛勤劳动，编撰工作才能顺利完成。真诚感谢中南大学校领导、中南大学出版社领导和编辑们，由于他们的大力支持和辛勤工作，本套教材才能够如期与读者见面。

2014 年 7 月

前　言

近年来高速铁路发展迅速，路基作为轨道结构的基础得到了前所未有的重视，对路基的要求不断提高，相关的技术标准不断更新，本书将路基填料及其与路基填料相关的路基压实质量控制指标体系、路基与线路其他建筑物之间的连接以及路基的养护与维修等单独列为章节，并尽量包含不同线路技术标准情况下的标准和要求，用较丰富的实例深入浅出地组织全书内容，本书包含路基构造及一般路基设计、路基填料与填筑质量控制指标体系、路基的受力与变形、路基与其他铁路建筑物的连接、路基排水和路基防护、路基边坡稳定性分析、路基支挡结构设计、特殊岩土体路基设计、复杂地带路基、铁路路基常见病害及防治措施等内容。本书编写时尽量与最新颁布的相关规范标准相符合，尽量从基础理论方面阐述路基设计的原理，参考了新近颁布的相关规范和国内外相关文献，对其编写的作者表示感谢。

本书绪论、第 1 章、第 3 章、第 4 章、第 6 章、第 7 章、第 10 章由方焘编写；第 2 章由曾润忠编写；第 5 章由王靓妮编写；第 8 章、第 9 章由赵秀绍、张元才编写；全书由方焘负责统稿。

本书可作为土木工程专业的教学用书，也可供从事路基工程方面的工程技术人员参考。

编　者

2015 年 2 月

目　录

0

绪 论

0.1 路基及其作用

路基是轨道或者路面的基础，是经过开挖或填筑而形成的土工构筑物。

路基的主要作用是为轨道或者路面铺设及列车或行车运营提供必要条件，并承受轨道及机车车辆或者路面及交通荷载的静荷载和动荷载，同时将荷载向地基深处传递与扩散。在纵断面上，路基必须保证线路需要的高程；在平面上，路基与桥梁、隧道连接组成完整贯通的线路。

在土木工程中，路基在施工数量、占地面积及投资方面都占有重要地位。

0.2 路基工程及其特点

路基工程的主要内容包括路基本体工程、路基防护工程、路基排水工程、路基支挡和加固工程，以及由于修筑路基可能引起的改河、改沟等配套工程。

路基是建筑在岩土地基之上的土工构筑物，线路穿越万水千山，具有以下主要特点：

(1)岩土既是路基结构地基又是路基结构材料

岩土体是不连续的、破碎的、多孔隙的三相体，具有典型的非线性特征，物理力学性质极其复杂，随着线路经过的地形、水文地质条件和工程地质条件的差异，具有时空变异性。岩土体的变形参数和强度参数因试验的排水条件、应力状态和应力历史的不同而存在差异，故在路基填料好坏的区分、路基变形的计算和路基稳定性分析中所用的参数就会不同，得出的结果就会存在差异。因此能否正确确定土的应力－应变关系和计算参数是路基设计计算的关键。目前，大都将土石视为应力－应变关系为线性的弹性体，从而在路基的设计计算中直接采用材料力学与弹性力学的既有公式；或者将土石视为刚塑性体。这些假设与土石受力后的变形性状存在较大的差距。路基设计计算理论主要是建立在岩土力学的基础上，并借鉴了岩土力学的科技成果。近年来，岩土力学的发展和新材料的应用，为路基工程的发展提供了良好的理论支持。

(2)完全暴露于大自然中，受环境影响大

路基完全暴露于大自然中，很容易受到气候、水文、地震和四季温度变化等自然条件的影响。如路基因水流冲刷、淋滤等引起的边坡溜坍，膨胀土路基干缩湿胀引起的边坡破坏，北方地区路基受寒冷的影响引起的冻胀，地震时砂土液化引起的路基失稳，西北地区路基容易受到的风蚀沙埋等路基病害，均与自然条件的变化有密切关系。路基的设计、施工与养护均不能离开具体的自然条件。

（3）同时承受动、静载荷的作用

路基上的轨道或路面结构以及附属结构物产生静载荷，运行的列车或车辆产生动载荷。动载荷是产生路基病害的重要原因。

与普通铁路路基相比，高速铁路路基主要表现为以下三个特点：

（1）高速铁路路基的多层结构系统

高速铁路线路结构已经突破了传统的轨道、道床、土路基这种结构形式，既有有碴轨道也有无碴轨道。对于有碴轨道，在道床和土路基之间，已抛弃了将道碴层直接放在土路基上的结构形式，做成了多层结构系统。图 0-1 至图 0-5 分别为德国和法国高速铁路一般路基基床的断面形式，保护层的厚度为 25~30 cm。图 0-6 为日本高速铁路板式轨道的基本结构形式之一，其把基床表层称为路盘或强化路盘，厚 30 cm，强化路盘的表层为 5 cm 厚的沥青混凝土，其下为级配碎石（或高炉矿碴）。

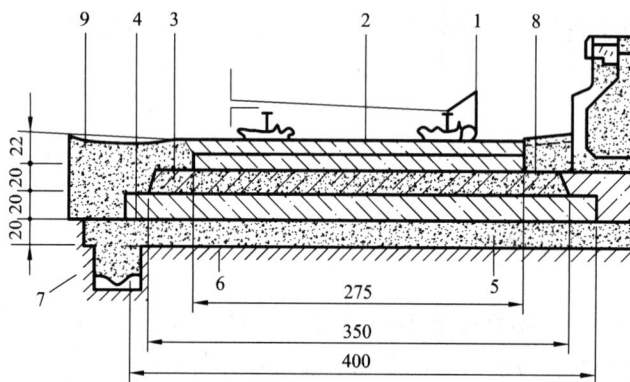

图 0-1　德国高速铁路无碴轨道路堤的断面形式之一（单位：cm）

1—UIC60 钢轨扣件；2—钢筋混凝土连续板；3—混凝土绝热层及支持层；4—素混凝土；
5—矿碴混凝土；6—下伏土层；7—透水材料；8—冷沥青层；9—道碴

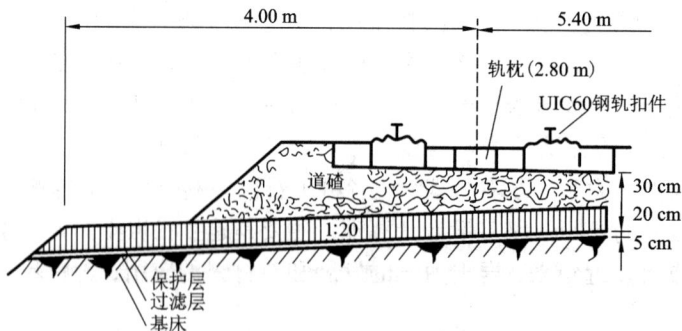

图 0-2　德国高速铁路有碴轨道路堤的断面形式

（2）控制变形是路基设计的关键

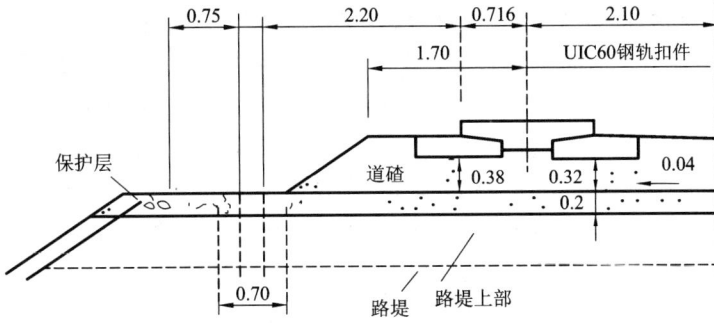

图 0 - 3 法国高速铁路路堤的断面形式(单位:m)

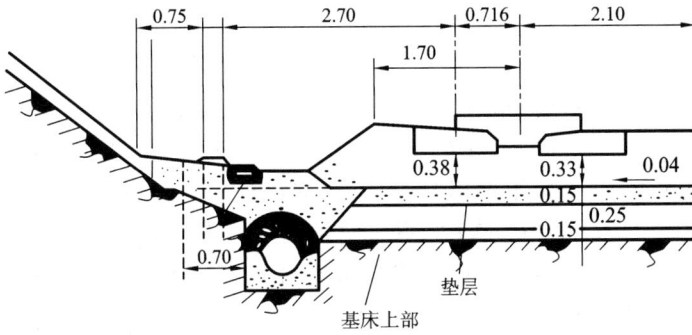

图 0 - 4 法国高速铁路路堑的断面形式(基床土质差,单位:m)

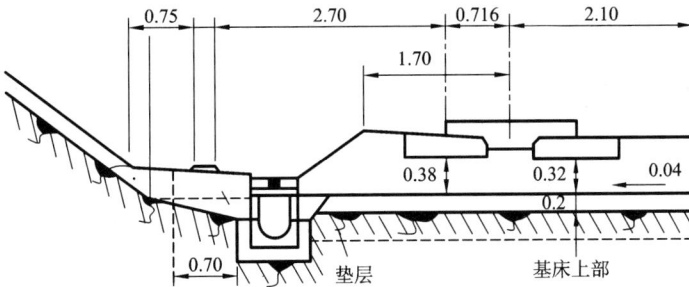

图 0 - 5 法国高速铁路路堑的断面形式(基床土质好,单位:m)

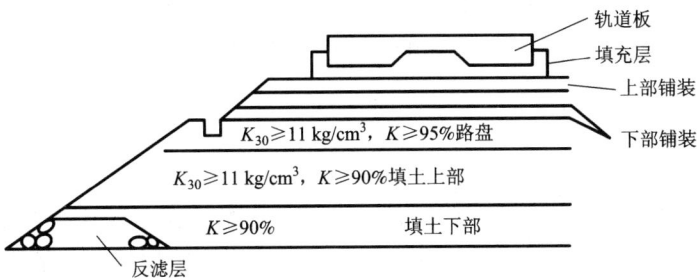

图 0 - 6 日本高速铁路板式轨道路基的断面形式

控制变形是路基设计的关键，采用各种不同路基结构形式的首要目的是为高速线路提供一个高平顺、均匀和稳定的轨下基础。由散体材料组成的路基是整个线路结构中最薄弱、最不稳定的环节，是轨道变形的主要来源，在多次重复荷载作用下产生的累积永久下沉（残余变形）将造成轨道的不平顺，同时其刚度对轨道面的弹性变形也起关键性的作用，因而对列车的高速走行有重要影响。高速行车对轨道变形有严格的要求，因此，变形问题便成为高速铁路设计所考虑的主要控制因素。就路基而言，过去多注重于强度设计，并以强度作为轨下系统设计的主要控制条件。而现在，一般在达到破坏强度前，路基可能已经出现了过大的有害变形，强度已不成为问题。日本东海道新干线的设计时速为 220 km，由于其在设计中仅仅采取了轨道的加强措施，而忽略了路基的强化，从 1965 年开始，因为路基的严重下沉，致使路基病害不断，线路变形严重超限，不得不对线路以年均 30 km 以上的速度大举整修，10 年内中断行车 200 多次，列车运行平均速度也降到 100 ~ 110 km/h。

（3）在列车 – 线路这一整体系统中，路基是重要的组成部分

路基变形问题相当复杂，是一个世界性的难题。日本及欧洲各国都是通过采用高标准的昂贵强化线路结构和高质量的养护维修技术来弥补路基变形的不足。日本对此不惜代价，在上越和东北新干线上，高架桥延长米数所占比例分别为 49% 和 57%，路基仅占 1% 和 6%。所以，变形问题是轨下系统设计的关键。由于普通铁路行车速度慢、运量小，因此在以往的设计中，只孤立地研究轮轨的相互作用，并把这种相互作用狭义地理解为轮轨接触部位的几何学、运动学、动力学之间的关系，而忽略了路基的影响。对于高速铁路，轮轨系统应该是车轮、钢轨、道床、路基各部分相互作用的整体。因为包括路基在内的轨下系统的垂向变形集中反映在轨面上，而且又直接影响着轮轨作用力的大小。所以，在轮轨系统相互作用的研究中，必须把各部分作为一个整体系统来分析，建立适当的模型，着眼于各自的基本参数和运用状态，进行系统的最佳设计，实现轮轨系统的合理匹配，尽可能降低轮轨的作用力，以保证列车的高速安全运行。德国著名的高速铁路专家 Birmann 指出：铁路路基作为承受轨道和列车荷载的基础，如果选择了合理的刚度（弹性模量），则能明显地影响轮载的分配，可以使轨面的最大支承力减小 60% ~ 70%，而且还可以改善基床动应力分布，减弱重复荷载的动力作用，减少列车荷载对线路的不良影响。但这并不是要求路基不存在变形，因为列车不可能在一个绝对刚性的基础上做高速稳定的运行，只能依循着不平顺的走行面和刚度有变化的轨道运行。

因此，在高速铁路技术研究中，无论机车车辆、轨道结构或路基、桥梁、隧道等专业，都应当把自己的问题放在整个系统中去研究和解决。设计中所采用的设计参数应当使系统的各个部分相互间有合理的匹配。对于路基来说，这些参数主要是弹性系数、阻尼、参振质量、变形模量、动刚度、固有频率以及与之相联系的压实度和含水量等。

0.3　路基建筑要求

根据上述路基工程的基本特点，为了保证公路、铁路最大限度地满足车辆运行的要求，提高车速、增强安全性和舒适性，降低运输成本和延长线路使用年限，路基应具有下述一系列基本性能及建筑要求。

（1）技术上，路基必须具有足够的强度、刚度和稳定性

路基的强度是指路基抵抗应力作用和避免破坏的能力;路基的刚度是指路基抵抗变形的能力;路基的稳定性则是指路基结构保持工程设计所要求的几何形态及物理力学性质的能力。

行驶在轨道或路面上的车辆,通过车轮把荷载传给轨道或路面,由轨道或路面传给路基,在路基内部产生应力、应变及位移。如果路基结构整体或某一组成部分的强度或抗变形能力不足以抵抗这些应力、应变及位移,则轨道或路面结构会出现沉陷,表面会出现不平顺,使路况恶化,服务水平下降。因此要求路基结构具有与行车荷载相适应的承载能力。

为防止路基在车辆荷载及各种自然因素作用下发生破坏与失稳,同时给轨道或路面提供一个坚实的基础,必须针对具体情况,采取一定的措施来保证路基具有足够的强度。

为保证路基在荷载作用下不致产生超过允许范围的变形,也要求路基应具有一定的刚度。

在地表上开挖或填筑路基,必然会改变原地面地层结构的受力状态。原来处于稳定状态的地层结构,有可能由于填挖筑路而引起不平衡,导致路基失稳。如在软土地层上修筑高路堤,或者在岩质或土质山坡上开挖深路堑时,有可能由于软土层承载能力不足,或者由于坡体失去支承,而出现路堤沉落或坡体坍塌破坏。路线如选在不稳定的地层上,则填筑或开挖路基会引发滑坡或坍塌等病害。因此在选线、勘测、设计、施工中应密切注意,并采取必要的工程措施,以确保路基有足够的稳定性。

路基在地表水和地下水的作用下,其强度会降低,特别是在季节性冰冻地区,由于周期性的冻融作用,在水和负温度共同作用下,土体会发生冻胀,造成轨面或路面变形,春融期局部土层过湿软化,路基强度急剧下降。因此,不仅要求路基要有足够的刚度和强度,而且还应保证在最不利的水热条件下,路基不致冻胀和在春融期强度不致发生显著降低,这就要求路基应具有足够的水热稳定性。

(2)形式上,路基必须平顺,路基面有足够的宽度和上方限界

路基平顺的状态是指路肩高程和路基平面位置与线路平面、纵断面设计相符,路基的平面位置以线路中心线表示。路基面宽度应满足轨道或者路面铺设和养护要求。在路基面上方有足以保证行车安全和便于线路养护维修的安全空间,当路基面上方或两侧有接近线路的建筑物时,必须按照铁路或公路的限界的规定设置在限界范围以外。

(3)经济上,路基设计与施工应经济合理,并注重环境保护

路基工程投资昂贵,从规划、设计、施工至建成通车需要较长的时间,这样的大型工程都应有较长的使用年限,一般的道路、铁路工程使用年限为数十年,因此路基修建的经济效益和社会效益不仅体现在设计施工的投资上,而且也体现在线路运营阶段的养护与维修费用上。设计阶段应合理确定路基结构的形式及参数,制定合理的填料选择方案,制定土石方调配计划,尽量少占农田,防排水工程设计尽量便利于工农生产、便利于人民生活,与沿线的农田水利灌溉设施综合考虑。

路基工程施工要认真贯彻"预防为主,防治结合,综合治理"的原则,做到统一规划,合理布局,综合利用,严格控制污染源,保护生态环境。路基施工组织设计应按环境保护设计的各项要求,并结合工程实际,对在施工中可能造成的环境破坏和不利影响提出具体防治措施和方案,并付诸实施。施工便道、施工场地等临时工程的规划和修建应符合当地环境保护要求。路基两侧绿化应符合设计要求。

0.4 路基工程发展与展望

长期以来,我国铁路建设中没有把路基作为一种土工结构物对待,认为路基是简单的土石方工程,而未加以重视。致使早期建成的线路路基没有根据受力情况对基床部分的填料和结构进行专门设计,路基填料质量不好,导致基床翻浆冒泥、下沉,边坡坍滑,滑坡等路基病害。如黄泛区粉土路基经常遭遇水害;北方一些地区的铁路和公路路基由于填筑了一些冻胀敏感性土,冬季产生冻胀,春季产生翻浆,给线路正常运营造成危害。这些情况影响着铁路的正常运营以及后续的重载和提速,制约着铁路的发展。目前对既有铁路路基的评价与加固,是铁路提速建设必须进行的重要工作。

近年来,由于新线的建设、既有线的提速和高速铁路的发展,使路基工程得到了突飞猛进的发展,从对路基重视的程度,设计思路的转变到新材料、新技术的应用方面都有充分的体现。

(1)路基结构的认识与发展

路基已经被当作一种土工结构物来进行专门的设计和研究。铁路路基的基本构造形式由单层结构向双层、多层结构发展,由单一土材料结构层向多功能强化材料结构层发展,不同功能结构层合理组合,保证基床的长期性能(承载、排水、封闭等)稳定发挥。对路基与其他建筑物连接处开始给予充分的重视,即把路基的纵向平顺性作为一种目标贯穿于设计中,对于路桥过渡、路堤路堑的过渡以及隧道入口等部位进行专门的设计。

路基结构的发展如图0-7所示。

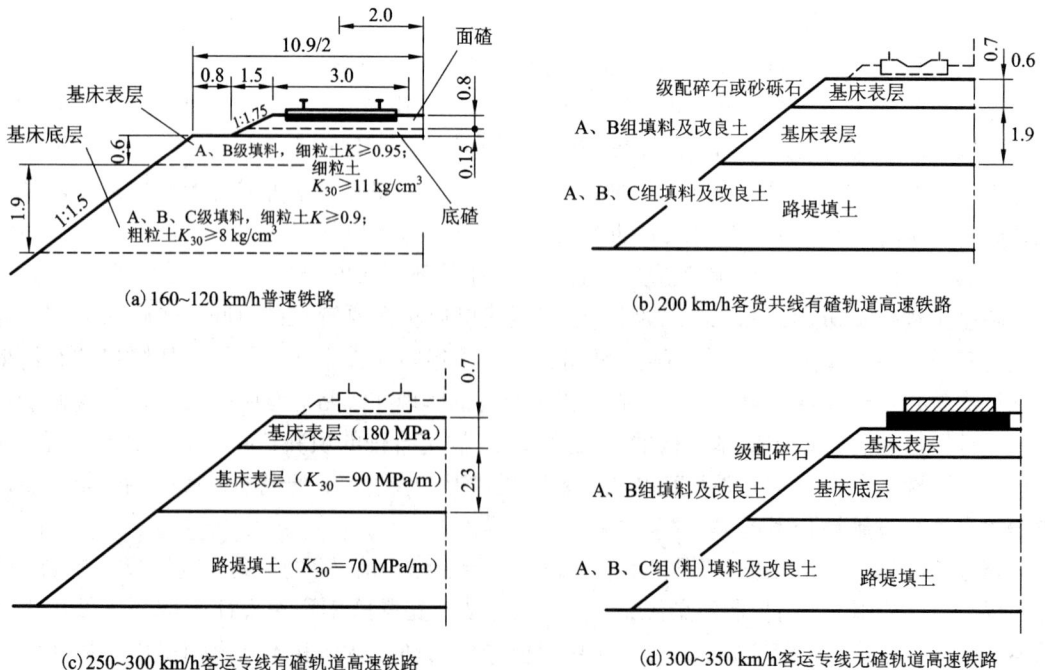

(a)160~120 km/h普速铁路

(b)200 km/h客货共线有砟轨道高速铁路

(c)250~300 km/h客运专线有砟轨道高速铁路

(d)300~350 km/h客运专线无砟轨道高速铁路

图0-7 路基结构的发展示意图(单位:m)

（2）铁路路基压实与压实标准发展

近二十几年，尤其是近十年来我国铁路路基压实与压实标准发展变化主要有以下技术特点：

①在检测指标方面：由单指标控制向多指标（双指标、三指标、四指标）控制变化，由单一的压密检测指标向同时检测压密、抗力指标发展，由静态指标检测向同时检测静、动态指标发展（K 或 n、K_{30}、E_{vd}、E_{v2}）。

②在压实标准方面：压实系数由轻型击实试验标准向重型击实试验标准变化，压实质量检测值由低标准向高标准变化，压实标准随线路等级而逐渐提高，地基系数 K_{30} 控制值随填料类型变化，碎砾石土的检测由现场鉴定法的定性检测变为抗力检测法的定量检测（对块石类土仍采用现场鉴定法的定性检测）。

③在技术思想方面：由物理性质检测向物理力学性质检测变化，由静态性质检测向动态性质检测发展；通过提高填料和压实标准来实现路基质量的提高［尤其是路堤浸水、桥（涵）缺口及过渡段部位的填筑］；粗粒土不具击实特性，不能获得压实系数，用体积比指标表述密实程度；粗粒土的压实密度检测由控制填料的相对密度转为控制填料的孔隙率。

④最新发展方面：规范体系调整，层次减少为两级；检测指标减少为双指标；物理指标选用压实系数；抗力指标选用 K_{30} 或 E_{v2}；辅助指标选用 E_{vd}；对高速铁路更严格控制填料粒径（≤45 mm、≤60 mm、≤75 mm）；近年连续压实控制技术得到了很好的发展，并制订了《铁路路基填筑工程连续压实控制技术规程》（TB 10108—2011），连续压实控制技术改变了传统意义上的抽样控制方式，不但使用在碾压的全过程中，还体现在对整个碾压面的全覆盖式控制上，已经成为一项成熟并普遍应用的先进压实技术，在欧洲一些先进高铁国家得到了普遍应用，被欧美誉为筑路技术的第三次革命。

（3）设计手段与理念上的变化

一般路基设计中的路基附属结构设计已经普遍采用计算机辅助方法。随着大面积的提速和高速铁路的建设，路基设计的指导思想从单纯按照强度设计发展到按照变形设计，提出了工后沉降的严格要求。路基断面结构各个部位材料的选择和尺寸的确定已经按照动载荷作用的水平和动、静变形进行合理的设计。试验技术也有飞跃，20 世纪 50 年代、80 年代一直到 90 年代，我国进行了为数不多的中等速度及准高速的路基动态测试，21 世纪初进行了时速超过 300 km/h 的大量动态测试，为高速铁路的路基基础理论奠定了基础，也为路基设计标准的制定提供了依据。同时还针对路基开发出了大型分析软件。

（4）新材料、新技术的应用

新材料得到了大量应用，土工合成材料［土工格栅、土工格室、土工布、土工膜、工业保温材料（EPS、XPS 等）］在路基支挡结构、排水设施、基底处理、特殊土路基等方面得到了大量应用。现场监测技术得到了很大发展，从青藏铁路开始将路基作为一种土工结构物进行长期监测。路基与环境的关系在路基工程中得到了前所未有的重视。生物工程方法补强路基得到了应用。

我国的交通建设正处在一个大发展的阶段，路基工程的设计理论与建设技术将会在实践中得到更大幅度的提高，目前已成功建成了穿越多年冻土地区的青藏铁路、对沉降控制十分严格并穿越软弱地层的京沪高铁。对路基结构、施工质量控制手段、设计手段与理念和新材料新技术的应用等方面，也起到了良好的推动作用。

第 1 章

路基构造及一般路基设计

1.1　路基横断面形式及组成

1.1.1　路基横断面形式

路基横断面是指垂直线路中心线截取的截面。路基的断面形式、构造尺寸、各部分组成和主要设备均可从路基的横断面图上反映，路基横断面图是路基设计的主要文件之一。路基横断面的基本形式有下面几种(图 1-1)。

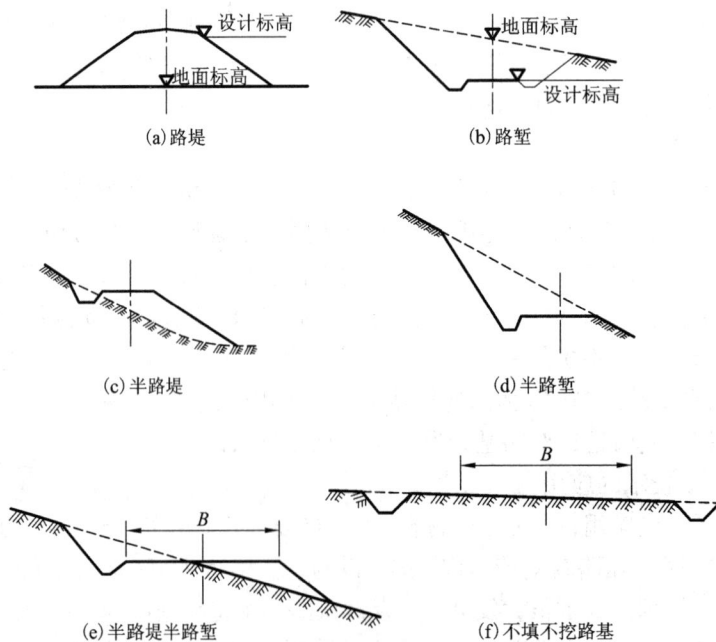

图 1-1　路基横断面的基本形式

(1)路堤

当路基面高于天然地面时，路基以填筑方式构成，这种形式的路基称为路堤，如图 1-1(a)所示。

（2）路堑

当路基面低于天然地面时，路基以开挖方式构成，这种形式的路基称为路堑，如图 1 – 1（b）所示。

（3）半路堤

当天然地面横向倾斜，路基面边线和天然地面相交时，路堤体在地面和路基面相交线以上部分无填筑工程量，这种路堤称为半路堤，如图 1 – 1（c）所示。

（4）半路堑

当天然地面横向倾斜，路堑路基面的一侧无开挖工作量时，这种路基称为半路堑，如图 1 – 1（d）所示。

（5）半路堤半路堑

当天然地面横向倾斜，路基一部分以填筑方式构成而另一部分以开挖方式构成时，这种路基称为半路堤半路堑，如图 1 – 1（e）所示。

（6）不填不挖路基或零断面

当路基的路基面和经过清理后的天然地基面平齐，路基无填挖土方时，这种路基称为不填不挖路基；或者如果经过换填后的路基面与天然地基面在一个水平面上，称为零断面，如图 1 – 1（f）所示。

1.1.2　路基横断面基本组成

路基断面设计包括路基本体设计和路基附属结构设计。在各种路基形式中，为了能按线路设计要求铺设轨道而构筑的部分，称为路基本体。路基横断面设计主要对路基本体的各组成部分如路基面、路肩、填料、基床、边坡、路基基底等部分按照规范进行设计。路基本体如图 1 – 2 所示。路基附属结构是路基的组成部分，是为确保路基本体的稳固性而采用的必要的工程措施，包括排水结构和防护、加固结构两大类。

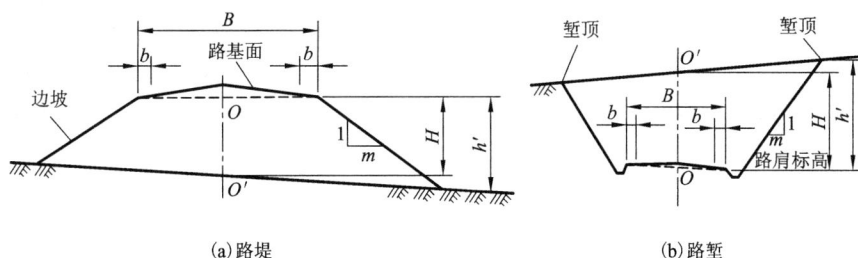

图 1 – 2　路基本体（单位：m）

B—路基面宽度；b—路肩；H—路基中心填挖高度；h'—路基边坡高；m—道床边坡坡率

1.1.3　路基横断面各部分构造

（1）路基面

为了轨道的铺设而设置的作业面称为路基顶面或简称路基面。在路堤中，路基面即为路堤堤身的顶面，也称路堤顶面；在路堑中，路基面即为堑体开挖后形成的构造面。

1）路基面的形状

为了便于排水，路基面的形状应该设计为三角形路拱，由路基中心线向两侧设 4% 的"人"字排水坡使雨水能够尽快排出，避免路基面积水使土浸湿软化，保证路基土体的强度与稳定性。一般这样形成的单线路基的路拱高约 0.15 m，一次修筑双线路基的路拱高约 0.2 m，如图 1-3 所示。曲线加宽时，路拱仍保持三角形。

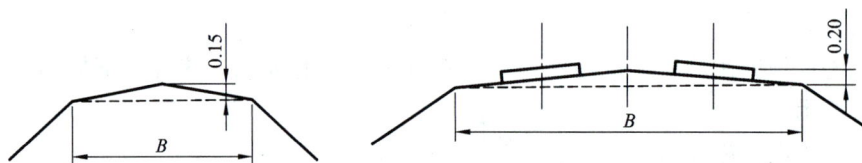

图 1-3　单、双线路基面形状示意图（单位：m）

在既有线上路基面形状存在三角形路拱、梯形路拱和平拱等三种形状并存的现象。是否需要设置路拱，应根据基床填料的渗水性及水稳性而定，不易渗水的填料必须设置路拱，使道床下的积水能迅速向路基两侧排出，以保持路基面的干燥，防止基床因浸水强度下降产生病害，而渗水性好的填料，进入路基面的水能较快地向下渗出，故不需要设置路拱。但是随着既有线运营经验的累积及对路基病害产生原因的进一步认识和铺轨方式的变化，现行《铁路路基设计规范》（TB 10001—2005）规定路基面形状均应设计为三角形。

在单线铁路（或双线铁路并行，并行等高地段）中，硬质岩石路堑及基床表层为级配碎石或级配砾石的路基，由于路肩宽度不同、道碴厚度不同，导致路肩高程不同，其路肩高程应高于土质路堤的路肩高程，高出尺寸 Δh 按照下式计算：

$$\Delta h = (h - h'') + \frac{(B - B'')}{2} \times 0.04 \tag{1-1}$$

式中：h 为土质路基直线地段的标准道床厚度，m；B 为土质路基直线地段的标准路基面宽度，m；h'' 为硬质岩石路堑及基床表层为级配碎石或级配砾石的路基的道床厚度，m；B'' 为硬质岩石路堑及基床表层为级配碎石或级配砾石路基直线地段的标准路基面宽度，m。

站场内路基面的形状可根据站内股道数目的多少选用单坡形、"人"字坡或锯齿形，路基面的横向排水坡度为 2% ~ 4%，并在低谷处设置排水设备。站场多股道路基顶面如图 1-4 所示。

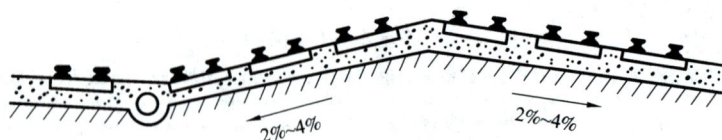

图 1-4　站场多股道路基顶面图

不同填料的基床表层衔接时，应设长度不小于 10 m 的渐变段，如图 1-5 所示。渐变段应在路肩设计高程较高的段内逐渐顺坡至路肩设计高程较低处。渐变段的基床表层应采用相邻填料中较好的填料填筑。双线铁路中并行等高地段与局部单线地段连接时,应在局部单线地段内逐渐顺坡至并行等高地段,其顺坡长度要大于 10 m。

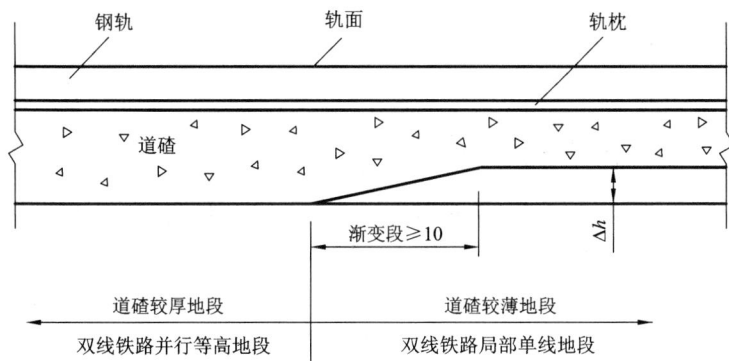

图 1-5　不同填料的基床表层衔接方法(单位: m)

2)路基面宽度

路基面宽度等于道床覆盖的宽度与两侧路肩的宽度之和。区间路基面宽度应根据列车设计运行速度、远期采用的轨道类型、正线数目、线间距、曲线加宽、路肩宽度、养路形式、接触网立柱的设置位置等由计算确定,需要时还要考虑光缆、电缆及声屏障基础的设置。

路基面是路基设计中的重要的经济指标,路基面越宽对线路的稳定越有利。但是相应工程造价越高,对环境影响也越显著。

对于有特殊要求的线路和各种非标准轨距的线路等,则可建立公式对路基面宽度进行计算,以满足特定道床覆盖宽度和所需路肩宽度的要求。路基面宽度的计算公式如下:

①单线标准路基面宽度(图 1-6)。

$$B = A + 2x + 2c$$

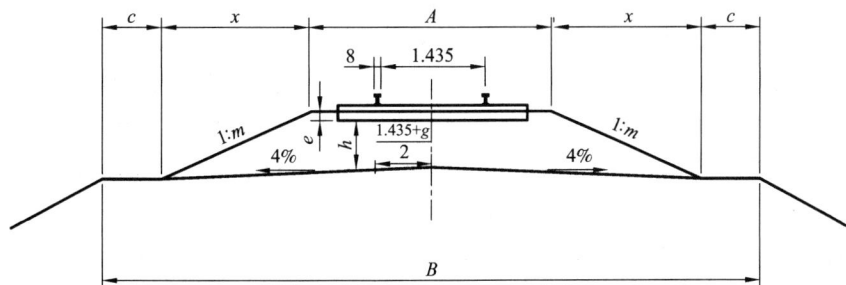

图 1-6　单线铁路直线地段标准路基面宽度(单位: m)

A—单线地段道床顶面宽度; m—轻型轨道为 1:1.5,其余为 1.75; h—钢轨中心的轨枕底以下的道床厚度; e—轨枕埋入道砟深度: Ⅲ型钢筋混凝土轨枕为 0.185 m, Ⅱ型钢筋混凝土轨枕为 0.165 m; g—钢轨头部宽度: 75 kg/m 轨为 0.075 m, 60 kg/m 轨为 0.073 m, 50 kg/m 轨为 0.07 mm; c—路肩宽度: 路堤 0.8 m,路堑 0.6 m; x—砟肩至砟脚的水平距离

$$x = \frac{h + \left(\dfrac{A}{2} - \dfrac{1.435 + g}{2} \right) \times 0.04 + e}{\dfrac{1}{m} - 0.04}$$ (1-2)

②双线标准路基面宽度(图1-7)。

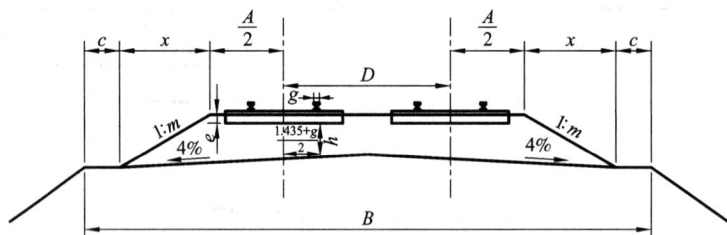

图1-7 双线标准路基面宽度(单位:m)

$$B = 2\left(c + x + \frac{A}{2} \right) + D$$ (1-3)

$$x = \frac{h + \left(\dfrac{A}{2} + \dfrac{1.435 + g}{2} \right) \times 0.04 + e}{\dfrac{1}{m} - 0.04}$$

式中：D 为双线的线间距，旅客列车设计行车速度 160 km/h 时为 4.2 m，旅客列车设计行车速度小于 160 km/h 时为 4.0 m；h 为靠近路基面中心侧的钢轨中心处轨枕底以下的道床厚度。

③区间直线地段路基面宽度。

一般情况下《铁路路基设计规范》(TB 10001—2005)对区间直线地段的路基面宽度规定如表 1-1(a)所示。我国京沪高速铁路直线地段路基面宽度按照表 1-1(b)采用。

④区间曲线地段的路基面加宽。

在曲线地段，由于曲线轨道的外轨设置超高、外侧道床加厚、道床坡脚外移，故曲线外侧的路基面应予以加宽，其加宽值可按各级铁路的最大允许超高度计算确定。曲线外侧路基面的加宽量应在缓和曲线范围内线性递减。我国现行的《铁路路基设计规范》(TB 10001—2005)中规定的区间单线曲线地段，路基面加宽值如表 1-2 所示。双线和多线曲线地段路基面宽度除按表 1-2 规定的数值加宽外，还应根据双线的线间距、外轨超高度、道床宽度及其坡度、路拱形状等计算确定，确保规定的安全行车空间所需的线间距加宽值。双线曲线地段线间距加宽原因是当两线列车交会时，外线车辆中部向内偏移而内线车辆两端向外偏移，使行车安全空间被压缩；若外线超高值大于内线超高值，则两线上行驶的车辆顶部相互靠近，也减少了行车安全空间。

区间曲线地段路基面加宽值是按照Ⅰ级铁路最高行车速度 160 km/h、Ⅱ级铁路最高行车速度 100 km/h 计算的。计算轨面超高值根据最高行车速度，按《铁路线路设计规范》(TB 10001—2005)条文说明中超高上界值选用，均不超过 150 mm 的最大超高值。

表 1－1（a）　直线地段路基面宽度（m）

项目			I 级铁路						II 级铁路		
			特重型	特重型	重型	重型	重型	次重型	次重型	中型	轻型
旅客列车设计行车速度 v/（km·h^{-1}）			160	120≤v<160	160	120<v<160	120	120	80≤v≤120	80≤v≤100	80
双线线间距			4.2	4.0	4.2	4.0	4.0	4.0	4.0	4.0	4.0
道床顶面宽度			3.5	3.5	3.4	3.4	3.4	3.3	3.3	3.0	2.9
土质	道床厚度		0.5	0.5	0.5	0.5	0.5	0.45	0.45	0.40	0.35
	单线	路堤	7.9	7.9	7.8	7.8	7.8	7.5	7.5	7.9	6.3
		路堑	7.5	7.5	7.4	7.4	7.4	7.1	7.1	6.6	5.9
	双线	路堤	12.3	12.1	12.2	12	12	11.7	11.7	11.2	10.5
		路堑	11.9	11.7	11.8	11.6	11.6	11.3	11.3	10.8	10.1
基床表层类型	硬质岩石	道床厚度	0.35	0.35	0.35	0.35	0.35	0.3	0.3	0.3	0.25
		单线路堑	6.9	6.9	6.8	6.8	6.8	6.5	6.5	6.2	5.7
		双线路堑	11.3	11.1	11.2	11	11	10.7	10.7	10.4	9.9
	级配碎石或碎石	道床厚度	0.3	0.3	0.3	0.3	0.3	—	—	—	—
		单线 路堤	7.1	7.1	7	7	7	—	—	—	—
		单线 路堑	6.7	6.7	6.6	6.6	6.6	—	—	—	—
	配砂砾石	双线 路堤	11.5	11.3	11.4	11.2	11.2	—	—	—	—
		双线 路堑	11.1	10.9	11.0	10.8	10.8	—	—	—	—

注：1. 特重型、重型轨道的路基面宽度为无缝线路轨道、Ⅱ型混凝土枕轨道和Ⅱ型混凝土枕的标准值。对 $v=120$ km/h 的重型轨道：当采用无缝线路轨道、Ⅲ型混凝土枕时，路基面宽度应减小 0.1 m；当采用有缝线路轨道和Ⅱ型混凝土枕时，路面面宽度应减小 0.3 m。 2. 次重型轨道的路基面宽度为无缝线路轨道、Ⅱ型混凝土枕的标准值。当采用有缝线路轨道、Ⅱ型混凝土枕时，路基面宽度应减小 0.2 m。 3. 中型、轻型有缝线路轨道的路基面宽度为有缝线路轨道、Ⅱ型混凝土枕的标准值。 4. 采用大型养路机械的电气化铁路，当接触网的立柱设在路肩上时，直线地段路基面宽度应满足以下标准：单线铁路不小于 7.7 m；双线铁路 160 km/h 地段不小于 11.9 m（其他不小于 11.7 m）。

表 1-1(b)　直线地段路基面宽度(m)

单线		双线	
路堤	路堑	路堤	路堑
8.8	8.8	13.8	13.8

表 1-2　曲线地段路基面加宽值

铁路等级	旅客列车设计行车速度/(km·h⁻¹)	曲线半径 R/m	路基面外侧加宽值/m
I 级铁路	160	$1600 \leqslant R \leqslant 2000$	0.4
		$2000 < R < 3000$	0.3
		$3000 \leqslant R < 10000$	0.2
		$R \geqslant 10000$	0.1
	140	$1200 \leqslant R \leqslant 1400$	0.4
		$1400 < R < 2000$	0.3
		$2000 \leqslant R \leqslant 6000$	0.2
		$R > 6000$	0.1
I 级、II 级铁路	120	$800 \leqslant R < 1200$	0.4
		$1200 \leqslant R < 1600$	0.3
		$1600 \leqslant R < 5000$	0.2
		$R \geqslant 5000$	0.1
II 级铁路	10̄	$600 \leqslant R < 800$	0.4
		$800 \leqslant R \leqslant 1200$	0.3
		$1200 < R < 4000$	0.2
		$R \geqslant 4000$	0.1
	80	$500 \leqslant R \leqslant 600$	0.3
		$600 < R \leqslant 1800$	0.2
		$R > 1800$	0.1

由图 1-8 可知曲线地段路基面外侧的加宽值为：

$$\Delta = (y_2 + x_2 + c) - \frac{B}{2}$$

$$d = (F + D + I)\tan\theta \tag{1-4}$$

道碴顶面上轨枕中垂线至铁路中心线的距离为：

$$\Delta d = \frac{d(f + D + I - e)}{f + D + I}$$

$$a_2 = \frac{e}{\tan(\beta + \theta)}$$

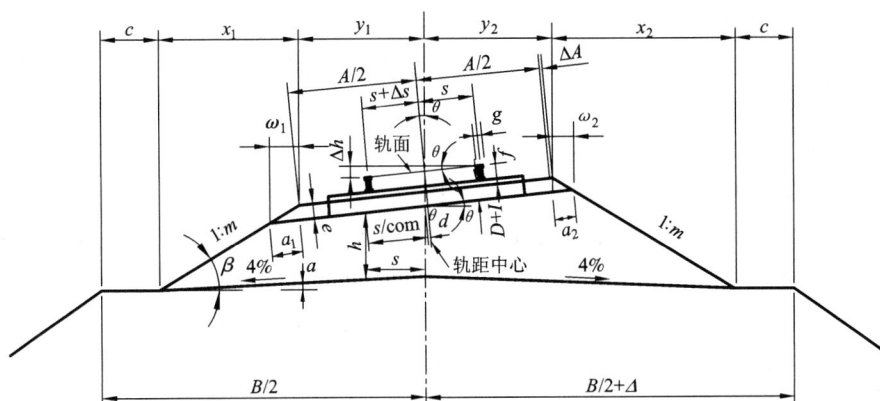

图 1-8 曲线地段路基的加宽(单位:m)

$$w_2 = \sqrt{a_2^2 + e^2} \times \cos\beta$$

$$y_2 = \left(\frac{1}{2} \times A + \Delta A + \Delta d\right)\cos\theta$$

由式 $h + S(\tan\theta - \tan\alpha) = (x_2 - w_2)(\tan\beta - \tan\alpha) - \left(d + \frac{1}{2} \times A + \delta A + a_2\right)\cos\theta(\tan\theta + \tan\alpha)$ 得

$$x_2 = \frac{h + S(\tan\theta - \tan\alpha) + \left(d + \dfrac{1}{2} \times A + \Delta A + a_2\right)\cos\theta(\tan\theta + \tan\alpha)}{\tan\beta - \tan\alpha} + w_2$$

式中:g 为钢轨头部宽度,m;S 为轨面上外轨轨头中心至轨枕中垂线与铁路中心线相交处的距离,m,$S = 0.5 \times (1.435 + g)$。

我国京沪高速铁路曲线地段路基面加宽值应在曲线外侧按照表 1-3 的数值加宽。曲线加宽值应在缓和曲线内渐变。

表 1-3 曲线地段路基面加宽值

曲线半径/m	路基外侧加宽值/m
$11000 \leqslant R < 14000$	0.3
$7000 \leqslant R < 11000$	0.4
$5500 \leqslant R < 7000$	0.5

(2)路肩

路基面两侧自道床坡角至路基面边缘的部分称为路肩。

1)路肩的作用

路肩的作用是保护轨道以下的路基土体,防止其在列车动荷载作用下侧向挤动;防止路基面边缘部分的土体稍有塌落时,影响轨道道床的完整状态。一般路堤浸水后边坡部分土质软化在自重与列车产生的振动加速度的共同作用下,容易发生边坡浅层坍滑。路肩较宽时,即使边坡发生坍滑,也不影响路堤的承载部分,从而可使因边坡坍滑而影响列车正常运行的事故大幅度减少。在线路养护维修作业中，它是线路器材存放处和辅助工作面。铁路线路的标志、信号设备和有些通信、电力及给水设施也都设置在路肩上或设槽埋置在路肩下。

2）路肩宽度

路肩宽度取决于以下几个因素：

①路基稳定的需要，特别是浸水以后路堤边坡的稳定性。

根据日本、德国的经验，在降雨量较大的地区，加大路肩宽度对于保证路线畅通有重要作用。一般路堤浸水后，边坡部分土质会软化，在自重与列车荷载产生的振动加速度的共同作用下，容易产生边坡的浅层滑坡。路肩较宽时，即使发生浅层坍滑也不会影响路堤的承力部分，从而不影响列车的正常通行。此外，路肩部分需考虑设置电杆、电缆槽位置，路堑地段则需考虑为边坡剥落物留有空地及开挖排水沟时不影响边坡的稳定性。

②满足养护维修的需要。

考虑线路维修时搁置或推行小型养路机械所必须的路肩宽度。

③保证行人的安全，符合安全退避距离的要求。

④为路堤压密与道床边坡坍落留有余地。

路堤在建成以后多多少少会发生一些沉降，特别是高路堤、软弱地基路堤，即使施工质量很好也会有压密沉降。

路肩宽度是影响安全避车、路基的维修养护和路基本体，尤其是影响边坡稳定的重要因素。路肩宽度大，有利于维修作业的开展，也有利于路基边坡的稳定，当然工程造价也更大。《铁路路基设计规范》(TB 10001—2005)规定了时速 160 km/h 以内Ⅰ级、Ⅱ级线路的路肩宽度为：路堤不应小于 0.8 m，路堑不应小于 0.6 m。我国京沪高速铁路路肩宽度根据所采用的机车外形、车辆幅宽、列车长度、行车速度等，并参考其他国家的资料后，提出路基两侧均为 1.4 m(双线)和 1.5 m(单线)的标准。

3）路肩高程

在线路设计中，路基的设计高程以路肩边缘的高程表示，称为路肩高程。路肩的高程应保证路基不会被洪水淹没，也不会在地下水最高水位时因毛细水上升至路基面而产生冻胀或翻浆冒泥等病害。因此，对路肩高程有一个最小值要求。

当路肩高程受洪水位或潮水位控制时，计算设计水位一般采用的设计洪水频率标准为：Ⅰ级、Ⅱ级铁路为 1/100。

滨河、河滩路堤的路肩高程应高出设计水位加上壅水高(包括河道卡口或建筑物造成的壅水，河湾水面超高)，加上波浪侵袭高或斜水流局部冲高，加上河床淤积影响高度，再加上 0.5 m。其中波浪侵袭高与斜水流局部冲高应取二者中之大值，如图 1-9 所示。

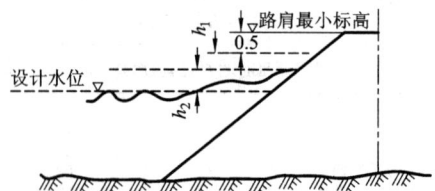

图 1-9 滨河、河滩路堤的路肩高程(单位：m)

h_1—波浪侵袭高；h_2—壅水高

水库路基的路肩高程，应高出设计水位加上波浪侵袭高加上壅水高(包括水库回水及边岸壅水)，再加上 0.5 m。当按规定洪水频率计算的设计水位低于水库正常高水位时，应采用水库正常高水位作为设计水位。

未设防浪胸墙的滨海路堤，其路肩高程应高出设计高潮水位加上波浪侵袭高(波浪爬高)

加上不小于 0.5 m 的安全高度；当路堤顶设有防浪胸墙时，路肩高程应高出设计高潮水位以上不小于 0.5 m。

地下水水位和地面积水水位较高地段的路基，其路肩高程应高出最高地下水水位或最高地面积水水位加上毛细水强烈上升高度，再加上 0.5 m。

季节冻土地区路基的路肩高程应高出冻前地下水水位或冻前地面积水水位，加上毛细水强烈上升高度加上有害冻胀深度，再加上 0.5 m。

盐渍土路基的路肩高程应高出最高地下水水位或最高地面积水水位，加上毛细水强烈上升高度加蒸发强烈影响深度，再加上 0.5 m。

通常，路肩的设计高程在线路平纵断面设计时先行确定。在铁路线路工程中，路基面的高程由线路纵断面设计确定，并以路肩高程表示。

（3）路基基床

铁路路基面以下受到列车动荷载作用和受水文、气候四季变化影响的深度范围称为基床，一般认为自重应力占附加应力 20% 的深度为基床厚度。基床土承受列车荷载产生的动应力，在它的长期重复作用下，基床容易发生破坏或是产生过大的有害变形，从而影响正常的铁路运输。因此，基床是铁路路基的关键部位。

1）基床结构功能

基床是铁路路基最重要的关键部位，其主要作用有以下几个方面：

①基床有足够的强度，它能抵抗列车荷载产生的动应力而不使基床破坏，能抵抗道碴压入基床土中，防止道碴陷槽等病害的形成，在路基填筑阶段能承受重型施工车辆走行而不形成印坑，以免留下隐患。

②基床具有足够的刚度，在列车荷载的重复作用下，塑性积累变形很小，能避免形成过大的不均匀下沉而造成轨道的不平顺。在列车高速行驶时，基床的弹性变形应满足高速走行的安全性和舒适性的要求，同时还能保障道床的稳固。

③基床具有良好的排水性，能防止雨水浸入造成路基土软化，防止发生翻浆冒泥等病害。

④在可能发生冻害的地区，基床还有防冻等特殊作用。

2）基床构造

路基基床结构分为表层及底层（图 1-10），对于时速不超过 160 km/h 的 I 级、II 级铁路，《铁路路基设计规范》（TB 10001—2005）规定基床表层厚度为 0.6 m，底层厚度为 1.9 m，基床总厚度为 2.5 m。基床厚度以路肩施工高程为计算起点。

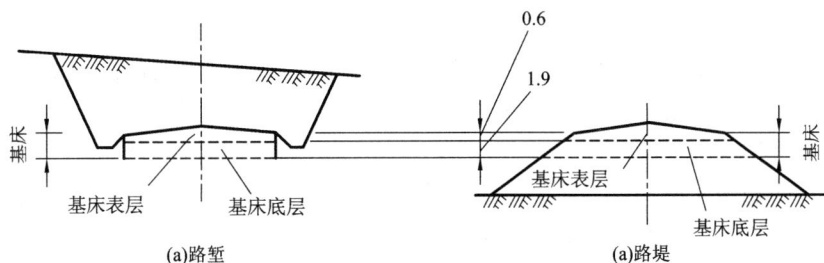

图 1-10　路基基床结构示意图（单位：m）

一般情况，高速铁路路基基床是由基床表层和底层组成的两层结构。有的国家针对填料、气候、无碴轨道等不同线路情况，将基床表层再细分成两层或多层，每层使用不同材料或结构。最典型的是德国无碴轨道的线路结构(图0-1)，包括钢筋混凝土板连续板、混凝土绝热层和支持层、素混凝土、矿碴混凝土、填土、道碴等。

我国的京沪高速铁路路基基床由表层和底层组成，表层厚度为0.7 m，底层厚度为2.3 m，总厚度为3.0 m。其中，基床表层由5~10 cm厚的沥青混凝土和65~60 cm厚的级配碎石或级配砂砾石组成。

3) 基床表层

基床表层是路基直接承受列车荷载的部分，又常被称为路基的承载层或持力层，因此基床表层的设计是路基设计中最重要的部分。

①基床表层的作用。

a. 增加线路强度，使路基更加坚固、稳定，并具有一定的刚度，使列车通过时的弹性变形控制在一定范围之内。

b. 扩散作用到基床底层顶面上的动应力，使其不超出基床底层填料的临界动应力。

c. 防止道碴压入基床及基床土进入道碴层。

d. 防止雨水浸入基床使基床土软化，发生翻浆冒泥等基床病害，并保证基床肩部表面不被雨水冲刷。

e. 防冻等。

实践表明，基床表层的优劣对轨道变形影响很大。国外铁路工程实践表明，不良基床表层引起的轨道变形是良好基床表层的几倍，而且其差距还随速度的提高而增大。这说明铁路尤其是高速铁路设置一个良好的基床表层是必不可少的。因此，需要对基床表层厚度、填料、结构及压实标准等多方面进行精心设计。

②基床表层厚度的确定方法。

基床表层厚度的确定是由变形控制因素决定的。计算方法有动强度控制法和弹性变形控制法两种。

a. 动强度控制法。

动强度控制法以作用在基床底层表面上的动应力不超过基床底层填料的临界动应力为控制条件。其基本出发点是列车荷载通过基床表层扩散后，传递到基床底层顶面的动应力必须小于其填料的临界动应力。该方法的主要内容是：确定作用于路基面上的设计动应力幅值大小；确定路基基床底层填料的临界动应力。

填料的临界动应力可通过动三轴试验确定，其大小与填料的种类、密实度、含水量及围压大小、荷载的作用频率等紧密相关。试验结果表明，由散体材料组成的弹塑性土体在重复荷载的每一次加、卸载作用下都要产生不可恢复的塑性变形，塑性变形随重复次数的增加而累积。对于路基填土而言，存在一个特定的临界动应力，当实际动应力小于临界动应力时，塑性变形随重复作用次数的增加而累积，但塑性变形速率则是随重复次数的增加而减少，最后塑性变形趋向稳定。当实际动应力大于临界动应力时，填料的累计塑性变形随重复作用次数的增加而增加，且变形速率加快，最后因变形过大而失稳。

临界动应力也是动强度的反映，通过不同的围压试验，可以求得土的动强度指标。试验结果表明，动强度为静强度的50%~60%。如果把荷载动应力沿深度的衰减曲线与路基土动强度随深度增加的曲线叠加于同一张图上，它们的交点则表示所要求的基床表层厚度，如图 1 – 12 所示。在此交点以上的基床范围，荷载的动应力大于土的临界动应力，需要进行加固处理或换填优质填料，以提高临界动应力。这就是基床表层厚度的确定原则。由于确定土的临界动应力试验的工作量很大，常用静强度乘以 0.6 的折减系数来代替。当基床土的压实系数 $K = 1.0$ 时，则基床表层厚度需 0.6 m 左右。如果压实系数 $K = 0.95$ 时，则需要基床表层厚度在 0.8 m 左右。

b. 弹性变形控制法。

弹性变形控制法是日本铁路在设计强化路基基床表层时提出的。日本强化路基基床表层采用的是沥青混凝土，厚 5 cm。参照公路沥青混凝土路面设计，路面回弹变形折角不应大于 2.5%，故根据日本铁路基床荷载分布情况，应控制基床表层弹性变形不大于 2.5 mm，否则沥青混凝土面层将开裂，影响基床表层的特性。

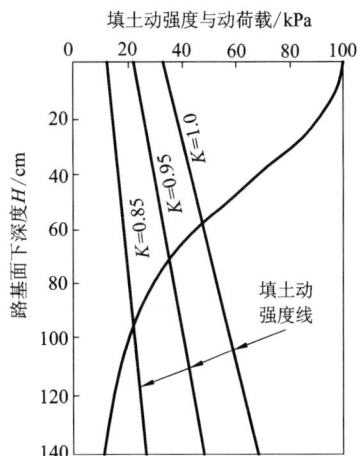

图 1 – 12　基床表层厚度的确定

对于非沥青混凝土表面的基床表层，弹性变形控制法同样适用。许多现场调查资料表明，若基床表面的弹性变形大于 4 mm 时，将引起道碴的侧向流动，从而加速线路状态的恶化。因此，有关研究提出我国高速铁路路基基床表层为级配碎石或级配砂砾石，属柔性材料，不同于日本使用的刚度很大的水硬性高炉炉渣，可以将 3.5 mm 作为京沪高速铁路路基基床表层的弹性变形控制值。研究表明，当基床表层材料的变形模量为 180 MPa、基床底层填土变形模量为 34 MPa、基床表层厚度为 0.7 m 时，能够满足 3.5 mm 的控制条件。

综合强度控制与变形控制两方面的计算结果，京沪高速铁路路基基床表层的厚度取为 0.7 m。为有利于自然降水的排出，基床表层和基床底层顶面都应设置 4% 的横坡。基床表层的防排水问题应在设计中引起重视，应在路基基床表层增设 5~10 cm 沥青混凝土防排水层，表层总厚度不变。

(4) 路基边坡

在路堤的路肩边缘以下和在路堑路基面两侧的侧沟外，因填挖而形成的斜坡面，称为路基边坡。边坡与路基顶面的交点称为肩顶。边坡与地面的交点，在路堤中称为坡脚；在路堑中称为路堑堑顶边缘，其高程与路肩高程的差为路堑边坡高度。路堤的边坡高度为路肩高程与坡脚高程之差。

边坡的形状在路基中常修筑成单坡形、折线形和阶梯形，每一坡段坡面的斜率以边坡断面图上取上下两点间的高差与水平距离之比表示，当高差为 1 单位长时，水平距离经折算为 m 单位长，则斜率为 $1 : m$。在路基工程中，以 $1 : m$ 方式表示的斜率称为坡度，m 称为坡率。在路基本体构造中，边坡的形状和坡度的缓陡对路基本体的稳定和工程费用有重要影响。

1) 路堤边坡

在路堤本体构造中，边坡的形式和坡度对堤身与基底的稳定性及经济性影响很大，所以它是路堤工程中必须重视的部分。路堤边坡坡度决定于填土的性质和所处的环境，如抗震、防洪等。根据我国目前积累的经验，只要地基稳定，填土碾压质量符合设计要求，按现行规范确定的路基边坡坡度就是稳定的。

路堤边坡形式和坡度应根据填料的物理力学性质、边坡高度、列车荷载和地基条件等确定。

当地基条件良好,边坡高度不大于表 1-4 所示范围时,其边坡形式和坡度应按表 1-4 采用。路堤边坡高度大于表 1-4 所示的数值时,其超出的下部边坡形式和坡度,应根据填料的性质由稳定分析计算确定。

表 1-4　路堤边坡形式和坡度

填料名称	边坡高度/m			边坡坡率			边坡形式
	全部高度	上部高度	下部高度	全部高度	上部高度	下部高度	
细粒土、易风化的软块石土	20	8	12	—	1:1.5	1:1.75	折线形
粗粒土(细砂、粉砂除外)、漂石土、卵石土、碎石土、不易风化的软块石土	20	12	8	—	1:1.5	1:1.75	折线形
硬块石土	8	—	—	1:1.3	—	—	直线形
	20	—	—	1:1.5	—	—	直线形

注:1. 当有可靠资料和经验时,可不受本表限制。2. Ⅰ 级铁路的路堤边坡高度不宜大于 15 m。3. 填料为粉砂、细砂、膨胀土等时,其边坡形式和坡率应按《铁路特殊路基设计规范》的有关规定设计。

路堤坡脚外应设置不小于 2 m 宽的天然护道。在经济作物区高产田地段,当能保证路堤稳定时,可设宽度不小于 1 m 的人工护道或设坡脚墙。

2)路堑边坡

①土质路堑边坡。

土质路堑边坡形式及坡度应根据工程地质水文地质条件、土的性质、边坡高度、排水措施、施工方法,并结合自然稳定山坡和人工边坡的调查及力学分析综合确定。

边坡高度不大于 20 m 时,边坡坡度可按表 1-5 设计。

表 1-5　土质路堑边坡坡度

土的类别		边坡坡度
黏土、粉质黏土、塑性指数大于 3 的粉土		(1:1) ~ (1:1.5)
中密以上的中、粗、砾砂		(1:1.5) ~ (1:1.75)
漂石土、快石土、卵石土、碎石土、圆砾土、角砾土	胶结和密实	(1:0.5) ~ (1:1.25)
	中密	(1:1.25) ~ (1:1.5)

注:1. 黄土、膨胀土等特殊土路堑边坡形式及坡度应按《铁路特殊路基设计规范》有关规定执行。2. 有可靠的资料和经验时,可不受该表限制。

路堑边坡高度大于 20 m 时,其边坡形式及坡度应按现行规范有关规定并结合边坡稳定性分析计算确定，最小稳定安全系数应为 1.15～1.25。

在碎石类土、砂类土及其他土质路堑中，应在侧沟外侧设置平台，其宽度应视边坡高度和土的性质决定，不宜小于 1 m。当边坡全部设防护加固工程时，可不设平台。

不同地层组成的较深路堑，宜在边坡中部或不同地层分界处设置平台，并在平台上设置截水沟或挡水墙，平台宽度不宜小于 2 m。在年平均降水量小于 400 mm 地区，边坡平台上可不设截水沟，但应设置向坡脚方向不小于 4% 的排水横坡，平台宽度不宜小于 1 m。

②岩质路堑边坡。

岩石路堑边坡形式及坡度应根据工程地质水文地质条件、岩性、边坡高度、施工方法，并结合岩体结构、结构面产状、风化程度和地貌形态以及自然稳定边坡和人工边坡的调查综合确定。必要时可采用稳定分析方法予以检算。

边坡高度不大于 20 m 时，边坡坡度可按表 1-6 的规定设计。

表 1-6　岩石路堑边坡坡度

岩石类别	风化程度	边坡坡度
硬质岩	未风化、微风化	(1:0.1)～(1:0.3)
	弱风化、强风化	(1:0.3)～(1:0.75)
	全风化	(1:0.75)～(1:1)
软质岩	未风化、微风化	(1:0.3)～(1:0.75)
	弱风化、强风化	(1:0.5)～(1:1)
	全风化	(1:0.75)～(1:1.5)

注：1. 膨胀岩等特殊岩质路堑边坡形式及坡度应按《铁路特殊路基设计规范》有关规定执行。2. 有可靠的资料和经验时，可不受该表限制。

强风化及全风化的岩石路堑，可根据岩性及边坡高度设置平台和排水设备。

边坡高度大于 20 m 的硬质岩路堑，根据岩体结构、结构面产状、岩性，并结合施工影响范围内既有建筑物的安全性要求，可采用光面、预裂爆破技术。

边坡高度大于 20 m 的软弱松散岩质路堑，当岩层风化破碎、节理发育时，根据边坡工程地质条件，结合机械化施工的工艺特点，宜采用分层开挖、分层稳定和坡脚预加固技术。岩石路堑边坡的形状，一般可取一坡到顶的直线边坡。如为高边坡，边坡上出现性质和风化程度不同的明显变化时，可采用和岩质相适应的坡率，整个边坡成折线形，在换层处设置边坡平台，如图 1-13 所示。

(5)路基基底

路堤填土的天然地面以下受填土自重及轨道、列车荷载作用的部分称为路堤基底。路堑边坡土体内和堑底路基面以下的地基内因开挖而产生应力变化的部分称为路堑基底。基底部分土体的稳固性，对整个路基本体以致轨道的稳定性都是极为关键的，特别是在软弱土的基底上修建路堤，必须对基底作妥善处理，以免危及行车安全与正常运营。

现代铁路修筑经验表明，作为支撑路基的地基不允许发生地基破坏，也不允许发生过大的工后沉降和沉降速率。以往的铁路设计标准，只考虑对基底强度作要求，即不允许发生基

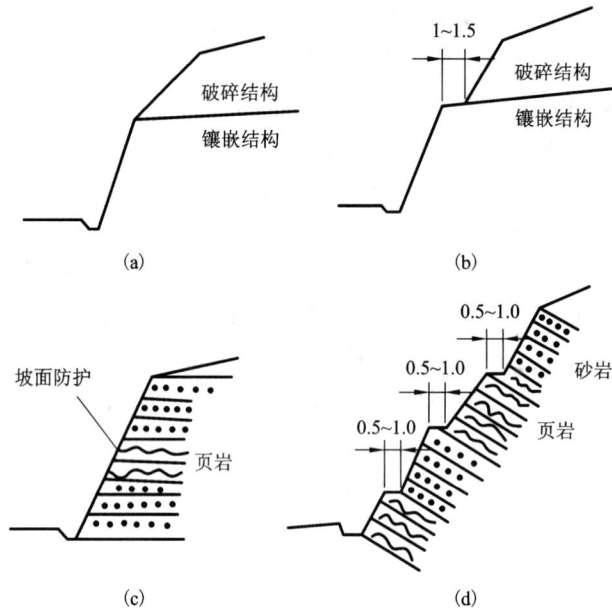

图 1 - 13　岩石路堑边坡形式(单位: m)

底破坏,而对其变形的要求没有给予重视。我国铁路路基主要病害是路基下沉,除因填土压实度不足造成外,还有不少是因基底变形所致的。

(6)路基设备

路基设备是为确保路基体的稳固性而采用的必要的、经济合理的附属工程措施,包括排水设备、加固设备两大类。路基设备是路基的组成部分。

路基的排水设备分地面排水设备和地下排水设备两种。地面排水设备用以拦截地面径流,汇集路基范围内的大气降水并使其畅通地流向天然排水沟谷,以防止地表水对路基的浸湿、冲刷而影响其良好状态。地下排水设备用以拦截、疏导地下水和降低地下水位,以改善地基土和路基边坡的工作条件,防止或避免地下水对地基和路基本体的有害影响。

路基防护设备用来防止或削弱风霜雨雪、气温变化及流水冲刷等各种自然因素对路基本体所造成的直接或间接的有害影响,其种类很多,类型各异。常用的防护类型是坡面防护和冲刷防护。为了防止路基边坡和坡脚受坡面雨水的冲刷,防止日晒雨淋引起土的干湿循环,防止气温变化引起土的冻融变化等因素影响边坡的稳固,常采用坡面防护。为了防止河水对边坡、坡脚或坡脚处地基不断的冲刷和淘刷,应设冲刷防护。防护位置和所采用的类型则常视水流运动规律及防护要求而定。特殊条件下路基的防护类型更多,例如在多年冻土地区,为防止冻土的退化应采用各种保温措施;在泥石流地区,为防止泥石流对路基本体的威胁,常设置多种拦蓄与疏导工程;在风沙地区为防止路基本体砂蚀和被掩埋,常采用各种防砂、固砂设施等。

路基加固设施是用以加固路基本体或地基的工程设施,在路基工程中,有护堤、挡土墙、支垛、抗滑桩及其他地基加固措施等。路基加固设施是提高路基稳定性的一种有效措施。

1.2 客运专线路基的主要设计参数

前面介绍的主要是铁路 I 级、Ⅱ级线路路基各个组成部分的设计要求及尺寸。设计时速 200 km/h 以上的客运专线，客货共线以及客运专线无砟轨道线路对路基都有更高的要求，一般路基面及路基的宽度比普速铁路宽，基床厚度更大。表 1 - 7 给出了几类不同设计速度线路路基的主要参数，可以看出设计速度越高，路基面、路肩的宽度越大，基床厚度越大。

表 1 - 7 不同设计时速线路路基的主要参数对比

线路类型	路肩宽度(路堤) /m	路基面宽度(路堤)/m		基床尺寸/m		
		单线	双线	表层	底层	总厚度
160 km/h(土质路堤特重型)	0.8	7.9	12.3	0.6	1.9	2.5
200 km/h 客货共线	1	7.7	12.1	0.6	1.9	2.5
新建 200 ~ 250 km/h	1.2	8.2	13	0.7	2.3	3.0
新建 300 ~ 350 km/h	1.4(双)1.5(单)	8.8	13.8	0.7	2.3	3.0
京沪高速 350 km/h	1.4	8.8	13.8	0.7	2.3	3.0

1.3 路基设计分类、设计阶段及文件组成

(1)路基设计分类

路基设计分为一般设计(或标准设计)和个别设计(工点设计)两类。一般设计是指在一般的工程地质、水文地质条件下，边坡高度不超过现行规范中所规定的范围，可采用一般的施工方法施工的路基，一般路基的设计可采用标准设计。这种路基在线路中最常见，工程量也很大。

路基的个别设计是指除上述一般设计以外，在特殊条件下的路基工程设计，包括：

①高路堤、深路堑。这种路基是指工程地质条件及水文地质条件复杂或路基边坡高度超过现行规范规定的路基。

②陡坡路堤。陡坡是指地面横向坡度等于或陡于 1:2.5 的边坡，若填料与基底均为不易风化的岩石时，则指地面横向坡度等于或陡于 1:2 的边坡。

③复杂地段路基。复杂地质条件下的路基，如在滑坡地段、崩塌地段、岩堆地段、泥石流地区、水库地区、河滩及滨河地段、岩溶及其他坑洞地区、风沙地区、雪害地区等特殊条件下的路基。

④特殊土地区的路基。如软土和泥沼地区、膨胀土地区、黄土地区，多年冻土地区等。

⑤需要设置支挡结构工程地段路基。

⑥需要防护加固及改移河道工程地段路基。

个别设计的路基，应作好工程地质和水文地质的调查，对路基断面和边坡、基底的设计要进行必要的检算。采用各种防护加固设施时，常需进行多种方案的综合技术经济比较，以

确保路基的坚固稳定。

（2）路基设计阶段

通常情况下，路基设计分初步设计和施工图设计两个阶段，但对于工程简易、方案明确、主要技术原则已经确定的设计对象，也可以采用一阶段设计。

1）初步设计阶段

路基初步设计目的在于配合线路初步设计开展方案比选工作，在工程地质、水文地质、线路资料的基础上，区分标准设计路基段和个别设计点。

初步设计标准设计段的路基，直接套用标准设计图，以线路纵断面设计所提供的线路中心填挖高来确定路基填挖方并进行土石方工程量计算，标准设计路基段的路基设备通常只考虑地面排水和坡面防护两项。路基地面排水中的路堑两侧侧沟可按水沟的标准断面列入路堑挖方内。堑顶天沟、路堤排水沟与截水沟，可从地形图上计算其长度，一般以土沟的标准断面计算其土方量，即沟深 0.6 m，底宽 0.4 m，边坡 1:1 或 1:1.5。沟底坡 $i > (6\% \sim 8\%)$ 段应加计加固工程量。边坡防护在坚石类路堑中按坡面面积的 1/10 计算其防护面积，以浆砌片石防护计算其工程量。其他路基边坡的坡面用植草防护，通常套用概算定额。

初步设计个别设计地段的路基，应用近似计算法对路基的稳定性和防护加固措施以及路基断面进行粗略计算。在初步设计阶段中，当个别设计路基在工程实施中有技术上的困难或工程经济不合理时，还应进行改移线路位置，降低线路标高，以及与改设桥隧建筑物等方案进行比较，以使线路方案更加合理。

路基初步设计阶段，对标准设计路基段应提出各段和全线的工程量和工程费概算（套用概算定额），通常可以不进行详细的检算。对个别设计段应单独提出方案意见、工程措施和工程量以及改善线路方案的可行性研究分析。

初步设计应对路基段的用地进行估算，把它作为计算全线用地、征地与土地费用的基本依据。路基用地计算，在路堤工程中，路堤的底宽两侧应加护道，护道宽应不小于 2 m，在路堤填土有弃土可以利用时，路提护道之外常仅设排水沟，则用地界应划在排水沟外侧不小于 1 m 处，无排水沟时为护道边缘以外 1 m。在从路堤一侧或两侧借土时，需在护道外设取土坑，取土坑不宜太深。在有取土坑时，路堤用地应为取土坑外加不小于 1 m 的间隔带。取土坑设在一侧的用地，相对于两侧设取土坑用地可稍减少。在陡坡路堤中，地面横坡上方有时需划出防护带，列入征地范围。路堑的用地和路堤的用地计算相同，只是堑顶边缘至用地界应有弃土堆和无弃土堆与上坡侧和下坡侧之分。在初步设计用地计算时，上坡方向的堑顶用地宽视堑顶土体的稳定性而定，取 10~20 m，在堑顶上坡方向设弃土堆时不宜过高过陡，以免引起边坡不稳定和弃土自身不稳定而坠落。堑顶下坡方向一般留 5~10 m 的防护地段，设弃土堆时应计入弃土堆的用地宽。在堑顶地面土石松动时，防护区范围可按需要列入征地内。个别设计地段的用地按需要计算。

2）施工图设计阶段

路基施工图设计是在线路设计方案已定的情况下进行的，设计出的成果就是施工图，是指导施工的重要技术文件。

路基技术设计在标准设计路基地段还应完成以下工作：

①复核线路纵断面图内的路肩标高，对岩质土路基的路肩标高和曲线段的路肩标高进行修正。增补由于地形、地质、水文等因素需对路基填高作特别处理的各点路肩标高。

②进行路基本体断面设计，绘制横断面图。路基横断面图一般按线路行进方向依次绘制在计算纸上，比例尺取 1:200。在横断面图上应标出路基面宽度，包括路基面加宽。绘出边坡形状和分别注明其坡率与平台设置标高及尺寸。当路堤以不同土质分层填筑时，还应在图中注明分层填筑的标高。在路基横断面图上，按照路基的弃、取土设计和路基地面排水设计，把取土坑、弃土堆及水沟绘于横断面上，并注明其距离和构造尺寸，水沟应标出流向与沟底纵坡。

③计算路基横断面面积，计算土石方工程量，进行土方调配。路基本体的填挖方工程量按平均面积法或平均距离法计算。

平均面积法：

$$\sum V = L_1 \times (A_1 + A_2)/2 + L_2 \times (A_2 + A_3)/2 + \cdots + L_{n-1} \times (A_{n-1} + A_n)/2 \qquad (1-5)$$

式中：A_1，A_2，$\cdots$，A_n 为每个断面面积；L_1，L_2，$\cdots$，L_n 为两相邻断面间距离；$\sum V$ 为土方量。

平均距离法：

系将式（1-5）加以变换而得：

$$\sum V = A_1 \times L_1/2 + A_2 \times (L_1 + L_2)/2 + \cdots + A_n \times L_{n-1}/2 \qquad (1-6)$$

在路堤工程中，因基底沉降而增大的土方工程量可另行列出，路基地面排水的挖方和加固工程量及坡面防护工程量可另行计算。

路堤的填方应尽量利用路堑的挖方作填料来源，在路堑挖方中用作路堤填料的土石方量称为利用方，余下的弃土土方量则称为施工土方。在路基工程中应尽量减少施工土方，以减少弃土量以及弃土堆置的场地面积。但是路堑挖出的土石只有在适合作路堤填料和运费经济的情况下才有利用价值。

④计算标准设计路基段的工程费。依据各段的土石方工程量和防护加固工程量，依据不同的工程费单价进行计算。土石方工程的单价因土石方的开挖和填筑条件不同，上坡运输与下坡运输以及运距长短等的不同而有不同的计算法。所以，设计者应熟悉各种工程和材料的市场价格，掌握一定的概预算知识，使工程投资经济、合理。

（3）路基设计文件

综上所述，两个设计阶段应交付的文件图表有详略不同，一般应包括下列主要内容：

①设计说明书。说明路基设计地段的地形、地质条件及设计原则，包括路基加固附属工程及土石方调配、施工、养护注意事项及有待进一步解决的问题等。

②设计图表。包括一般路基横断面设计图并附排水系统图。个别设计路基应有设计地段路基的平、纵、横断面图并附地质资料，以及结构大样图。

③工程数量、材料数量、机械种类及数量、工程概算、线路用地明细表等。

1.4　200 km/h 客货共线路基典型横断面

200 km/h 客货共线路基典型横断面如图 1-14 至图 1-16 所示。

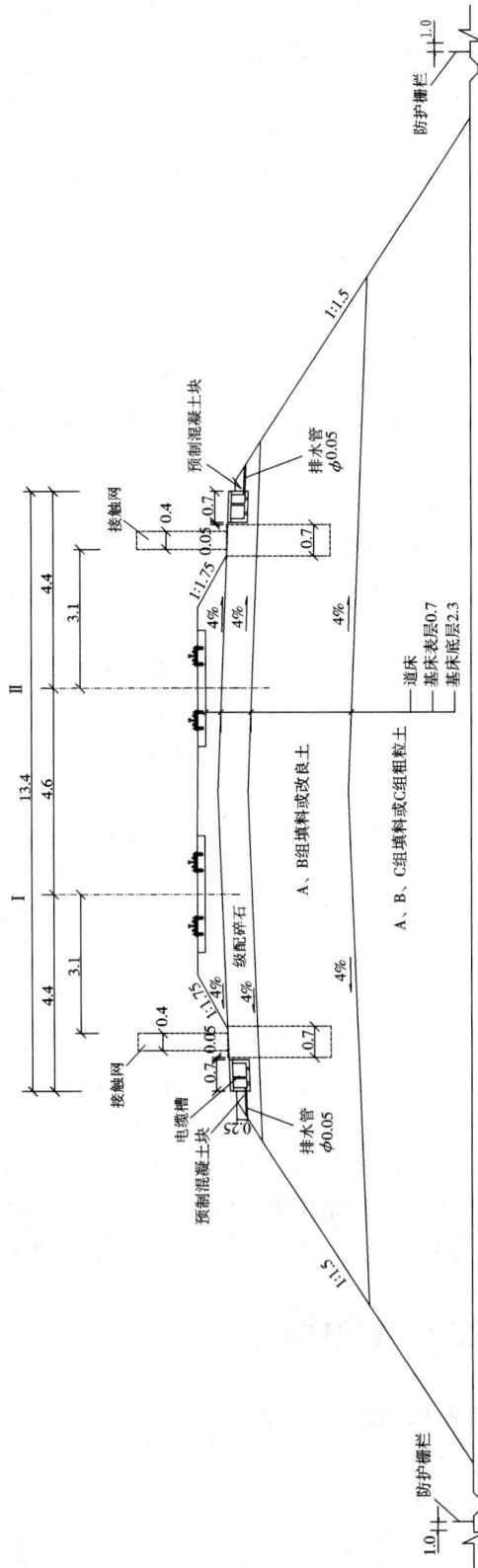

图 1 – 14　双线路堤标准横断面面图示意（单位：m）

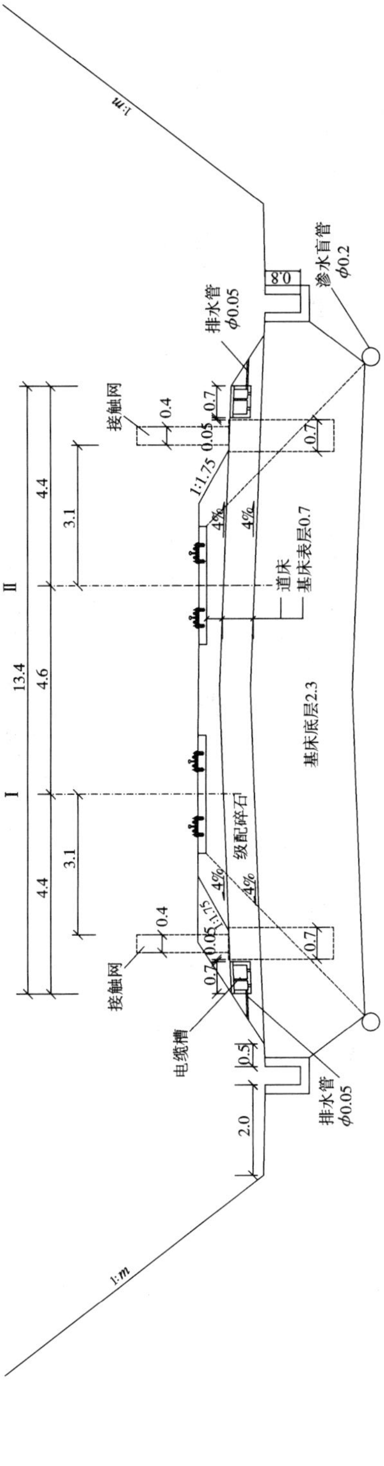

图 1-15　双线路堑标准横断面图示意（单位：m）

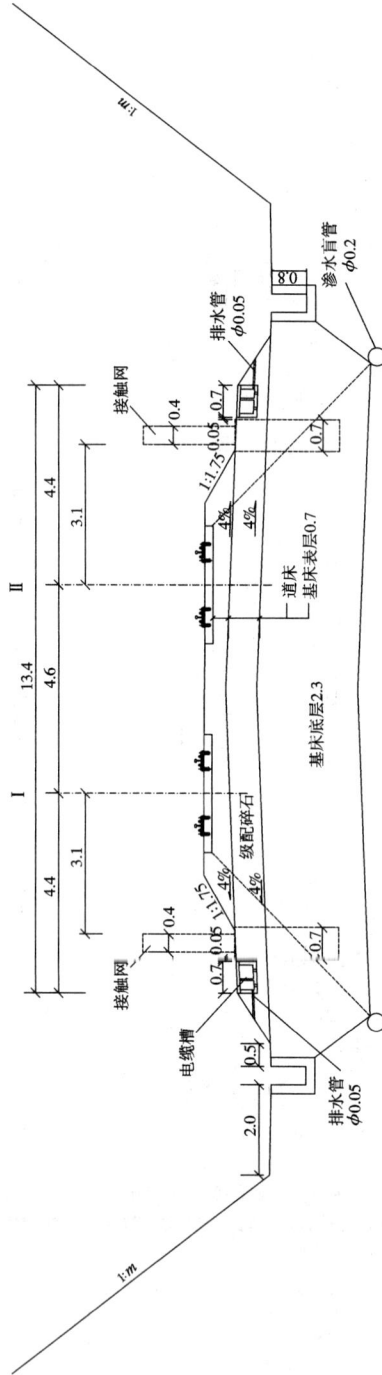

图 1－16 双线路堑标准横断面图（用于弱风化硬质岩，单位：m）

第 2 章
路基填料与填筑质量控制指标体系

　　填料是路基施工的主要材料，是指用以填筑路堤本体和基底换填的土料，包括经筛选或按一定要求掺和加工的土料，是路基工程关注的重要课题之一。填料来源的选择、填料优劣的判定和填筑质量的控制等问题均关系到路基工程的强度、刚度、耐久性和稳定性。同时，取土场填料的分布、运距等也是关系到路基工程造价的重要经济指标。本章就填料组别的划分（即优劣的判定）和施工过程中填筑质量控制指标体系进行详细的介绍。

2.1　路基填料

2.1.1　填料组别

　　填料的力学性质的好坏直接影响到路基的变形与稳定，一些工程性质不稳定或者容易受环境影响的土填入路基会引起路基的病害，导致路基失稳或产生超标的变形。如膨胀土填筑的路基容易受水的影响而产生膨胀或收缩，长期的胀缩变化会使土体发生松动、变形增加甚至失去稳定性；冻胀敏感性土填筑的路基会在冬季降温后产生冻胀，影响线路的正常运营。好的填料应该不受环境影响，具有可压实性、较强的抗剪强度、较小的压缩性、良好的水稳性和抗冻性，压实后能够尽快稳定，不产生变形。所以路基填料的正确选择，是路基填筑质量的重要保证。

　　为了指导路基填料的设计，《铁路路基设计规范》（TB 10001—2005）对路基填料进行了分组，共分为 A、B、C、D、E 五组，其中 A 组为优质填料，B 组为良好填料，C 组为可用填料，D 组为限制使用填料，E 组有机土为禁止使用的填料。

　　A 组：级配良好的碎石、含土碎石，级配良好的粗圆砾、粗角砾、细圆砾、细角砾，级配良好的含土粗圆砾、含土粗角砾、含土细圆砾、含土细角砾，级配良好的砾砂、粗砂、中砂、含土砾砂、含土粗砂、含土中砂、含土细砂。

　　B 组：级配不好的碎石、含土碎石，细粒含量 15% ~ 30% 的土质碎石，级配不好的粗圆砾、粗角砾、细圆砾、细角砾，级配不好的含土粗圆砾、含土粗角砾、含土细圆砾、含土细角砾，细粒含量 15% ~ 30% 的土质粗圆砾、土质粗角砾、土质细圆砾、土质细角砾，级配良好的细砂，级配不好的砾砂、粗砂、中砂，细粒含量大于 15% 的含土砾砂、含土粗砂、含土中砂。

　　C 组：细粒含量大于 30% 的土质碎石，级配不好的细砂，含土细砂，粉砂，低液限粉土、粉质黏土、黏土。

　　D 组：高液限粉土、粉质黏土、黏土。

　　E 组：如有机土。

　　根据以上分析，判定路基填料的优劣问题实际上就转化了为对路基填料组别的划分问题。

2.1.2　填料组别的判定

　　填料组别的划分分为两个步骤(表 2-1，表 2-2)。

　　①一级定名：通过相关土工试验，按粒组范围将土分为三组，即粒径大于 60 mm 为巨粒组，0.075~60 mm 为粗粒组，粒径小于 0.075 mm 的为细粒组，巨粒土主要是块石类土和碎石类土；粗粒土主要包括砾石类和各种砂类土；细粒土主要是各种黏性土和粉土以及有机土。在每个大组中用"粒径累积法"将试样按粒组由大到小进行重量累积，当累积到某一粒组，其重量超过总重量的 50% 或自定的某一界限时，就以该粒组定名，即完成一级定名。

　　②二级定名：在一级定名的基础上，对巨粒土和粗粒土，根据颗粒分析试验结果确定其分类类别，并考虑其细粒土含量、颗粒形状、抗风化能力和级配情况等确定其组别，完成巨粒土和粗粒土的二级定名；对细粒土，根据液塑限试验结果，结合塑性图判别其分类和组别，根据土的塑性指数 I_p 和液限含水率 w_L，完成二级定名。在二级定名的基础上将各类土划归为对应的 A、B、C、D、E 五个组别。

　　根据土质类型和渗水性可以分为渗水性土和非渗水性土。A、B 组填料中细颗粒含量小于 10%、渗透系数大于 10^{-3} cm/s 的巨粒土、粗粒土(细砂除外)为渗水性土，其余为非渗水性土。

表 2-1　细粒土填料分组表

一级定名			二级定名			填料分组
			液限含水率	名称	塑性图	
细粒土	粉土	$I_p \leqslant 10$，且粒径大于 0.075 mm 颗粒的质量不超过全部质量的 50% 的土	$w_L < 40\%$	低液限粉土		C
			$w_L \geqslant 40\%$	高液限粉土		D
	黏性土	粉质黏土 $10 < I_p \leqslant 17$	$w_L < 40\%$	低液限粉质黏土		C
			$w_L \geqslant 40\%$	高液限粉质黏土		D
		黏土 $I_p > 17$	$w_L < 40\%$	低液限黏土		C
			$w_L \geqslant 40\%$	高液限黏土		D
	有机土		有机质含量大于 5%			E

　　注：1. 液限含水率试验采用圆锥仪法，圆锥仪总质量为 76 g，入土深度 10 mm。2. A 线方程中的 w_L 按去掉% 符号后的数值进行计算。

表 2 – 2 粗粒土填料分组表

一级定名				二级定名			填料分组
类别		名称	说明	细粒含量	颗粒级配	名称	
巨粒土	块石类	硬块石土	粒径大于 200 mm 颗粒的质量超过总质量的 50%（不易分化，尖棱状为主）	—	—	硬块石	A
		软块石土	粒径大于 200 mm 颗粒的质量超过总质量的 50%（易风化，尖棱状为主）	—	—	$R_c > 15$ MPa 的不易风化软块石	A
						$R_c \leqslant 15$ MPa 的不易风化软块石	B
						易风化的软块石	C
						风化的软块石	D
		漂石土	粒径大于 200 mm 颗粒的质量超过总质量的 50%（浑圆或圆棱状为主）	5% ~ 15%	良好	级配好的漂石	A
					不良	级配不好的漂石	B
				5% ~ 15%	良好	级配好的含土漂石	A
					不良	级配不好的含土漂石	B
				15% ~ 30%	—	土质漂石	B
				> 30%	—	土质漂石	C
	碎石类土	碎石类	卵石土	粒径大于 60 mm 颗粒的质量超过总质量的 50%（浑圆或圆棱状为主）	< 5%	良好	级配好的卵石	A
					不良	级配不好的卵石	B
				5% ~ 15%	良好	级配好的含土卵石	A
					不良	级配不好的含土卵石	B
				15% ~ 30%	—	土质卵石	B
				> 30%	—	土质卵石	C
		碎石土	粒径大于 60 mm 颗粒的质量超过总质量的 50%（尖棱状为主）	< 5%	良好	级配好的碎石	A
					不良	级配不好的碎石	B
				5% ~ 15%	良好	级配好的含土碎石	
					不良	级配不好的含土碎石	B
				15% ~ 30%	—	土质碎石	B
				> 30%	—	土质碎石	C
粗粒土	砾石类	粗砾土	粗圆砾土	粒径大于 20 mm 颗粒的质量超过总质量的 50%（浑圆或圆棱状为主）	< 5%	良好	级配好的粗圆砾	A
					不良	级配不好的粗圆砾	B
				5% ~ 15%	良好	级配好的含土粗圆砾	A
					不良	级配不好的含土粗圆砾	B
				15% ~ 30%	—	土质粗圆系	B
				> 30%	—	土质粗圆砾	C
		粗角砾土	粒径大于 20 mm 颗粒的质量超过总质量的 50%（尖棱状为主）	< 5%	良好	级配好的粗角砾	A
					不良	级配不好的粗角砾	B
				5% ~ 15%	良好	级配好的含土粗角砾	A
					不良	级配不好的含土粗角砾	B
				15% ~ 30%	—	土质粗角砾	B
				> 30%	—	土质粗角砾	C

续表 2 - 2

一级定名				二级定名			填料分组
类别	名称		说明	细粒含量	颗粒级配	名称	
碎石类土	砾石类	细砾土	粒径大于 2 mm 颗粒的质量超过总质量的50%(浑圆或圆棱状为主)	<5%	良好	级配好的细圆砾	A
					不良	级配不好的细圆砾	B
				5% ~15%	良好	级配好的含土圆砾	A
					不良	级配不好的含土细圆砾	B
				15% ~30%	—	土质细圆砾	B
				>30%	—	土质细圆砾	C
		细角砾土	粒径大于 2 mm 颗粒的质量超过总质量的50%(尖棱状为主)	<5%	良好	级配好的细角砾	A
					不良	级配不好的细角砾	B
				5% ~15%	良好	级配好的含土细角砾	A
					不良	级配不好的含土细角砾	B
				15% ~30%	—	土质细角砾	B
				>30%	—	土质细角砾	C
粗粒土	砂类土	砾砂		粒径大于 2 mm 颗粒的质量占总质量的25% ~50%	<5%	良好	级配好的砾砂	A
				不良	级配不好的砾砂	B
				5% ~15%	良好	级配好的含土砾砂	A
					不良	级配不好的含土砾砂	B
				>15%	—	土质砾砂	B
		粗砂	粒径大于 0.5 mm 颗粒的质量超过总质量的50%	<5%	良好	级配好的粗砂	A
					不良	级配不好的粗砂	B
				5% ~15%	良好	级配好的含土粗砂	A
					不良	级配不好的含土粗砂	B
				>15%	—	土质砂	B
		中砂	粒径大于 0.25 mm 颗粒的质量超过总质量的50%	<5%	良好	级配好的粗砂	A
					不良	级配不好的粗砂	B
				5% ~15%	良好	级配好的含土粗砂	A
					不良	级配不好的含土粗砂	B
				>15%	—	土质砂	B
		细砂	粒径大于 0.075 mm 颗粒的质量超过总质量的85%	<5%	良好	级配好的细砂	B
					不良	级配不好的细砂	C
				—	含土的细砂	C
		粉砂	粒径大于 0.075 mm 颗粒的质量超过总质量的50%	—	—	粉砂	C

注：1. 颗粒级配分为良好($C_{\mathrm{u}} \geqslant 5$，并且 $C_{\mathrm{c}} = 1 \sim 3$)和不良($C_{\mathrm{c}} < 5$，或 $C_{\mathrm{c}} \neq 1 \sim 3$)，其中不均匀系数 $C_{\mathrm{u}} = \dfrac{d_{60}}{d_{10}}$，曲率系数 $C_{\mathrm{c}} = \dfrac{d_{30}^{2}}{d_{10} \times d_{60}}$，$d_{10}$、$d_{30}$、$d_{60}$ 分别为颗粒级配曲线上相应于10%、30%、60%含量的粒径。2. 硬块石的单轴饱和抗压强度 $R_{\mathrm{c}} > 30$ MPa，软块石的单轴抗压强度 $R_{\mathrm{c}} \leqslant 30$ MPa。3. 细粒含量指细粒($d \leqslant 0.075$ mm)的质量占总质量的百分数。

2.1.3　填料的选用

（1）一般铁路基床填料的规定

Ⅰ级铁路基床表层应选用 A 组填料（砂类土除外）填筑基床，当缺乏 A 组填料时，通过经济比选后可以选用级配碎石或级配砂砾石。Ⅱ级铁路应选用 A 组填料，其次为 B 组填料。对不符合要求的填料，应采取土质改良或加固措施。填料的颗粒粒径不得大于 150 mm。

Ⅰ级铁路基床底层应选用 A、B 组填料，否则应采取土质改良或加固措施。Ⅱ级铁路可采用 A、B、C 组填料作为基床底层填料。当采用 C 组且年平均降雨量大于 500 mm 时，填料塑性指数不得大于 12，液限不得大于 32%，否则应采取土质改良或加固措施。底层填料粒径不应大于 200 mm，或不超过摊铺厚度的 2/3。

路堤基床以下部位宜选 A、B、C 组填料。当选择 D 组填料时应采取加固或土质改良。路堤浸水部分的填料应采用渗水土填料。使用不同填料填筑路基时，应分层填筑每一水平层全宽应以同一种填料填筑。当渗水土填在非渗水土上时，非渗水土顶面应向两侧设 4% 的"人"字排水坡，当上、下两层填料的颗粒大小悬殊时，应在分界面上设厚度不小于 30 cm 的垫层。填料的最大粒径不宜大于 300 mm 或摊铺厚度的 2/3。

高度小于 2.5 m（小于基床标准厚度）的低路堤，基床表层范围内的天然地基土的土质和天然密实度要达到规范对基床表层填料和压实质量的要求。基床底层范围内天然地基的承载力要足够，Ⅰ级铁路不小于 180 kPa，或者静力触探比贯入阻力 P_s 不小于 1.5 MPa，Ⅱ级铁路不小于 150 kPa，或者 P_s 不小于 1.2 MPa。

（2）高速铁路填料的选用

1）基床表层

从日、法、德三国和我国以前进行的少量铁路基床强化的试验研究来看，基床表层使用的材料大致有以下几类：级配砂砾石、级配碎石、级配矿物颗粒材料（高炉炉渣）和各种结合料（如石灰、水泥等）的稳定土。

级配矿物颗粒材料，特别是水硬性的级配高炉炉渣是很好的基床表层材料，主要成分是 CaO、SiO_2、Al_2O_3，其成分与水泥的成分相似。施工后很长时间内会继续硬化，承载能力相应提高，这显然是非常有用的。这种材料的无侧限强度在 1200 kPa 以上，弹性模量在 300 MPa 以上。但也有一些不利的地方，它必须以炼铁厂为中心进行再加工，对矿碴碎石的品质要求高，否则水硬性的特点就得不到发挥。矿碴碎石对施工工艺要求严格，使用不当时，其含有的 CaS、CaO 还会污染环境。这种材料在日本已大量使用，欧洲也有少量使用，我国铁路还很少用。从我国现有的施工条件来看，采用这类材料难度较大。我国高速铁路路基基床表层填料采用级配砂砾石和级配碎石。

①级配砂砾石。

各种砂砾石是欧洲铁路基床表层普遍使用的材料，我国公路上也已大量使用。它是用粒径大小不同的粗、细砾石集料和砂各占一定比例的混合而成的填料，其颗粒组成符合密实级配要求，其中包括一部分塑性指数较高的黏土填充孔隙并起黏结作用，经压实后形成密实结构。其强度的形成是靠集料间的摩擦力和细粒土的黏结力。公路部门的经验表明，只要保证组成材料的质量，使混合料具有良好级配，并控制好细粒土的含水量及塑性指数，在施工过程中将混合料搅拌均匀，在最佳含水量下压实，并达到要求的压实度，就能形成较高的力学强度和一定的水稳性。

作为高速铁路路基基床表层材料的级配砂砾石的颗粒粒径、级配应符合表 2-3 要求。级配曲线应接近圆滑，某种尺寸的粒径不应过多或过少。为了提高承载能力，还要求颗粒中扁平及细长颗粒含量不超过 20%，黏土团及有机物含量不超过 2%。形状不合格的颗粒含量过多时，应掺入部分合格的材料。为了防止道碴嵌入或基床底层填料进入基床表层，级配砂砾石与上部道床及下部填土之间应满足太沙基(terzaghi)反滤准则，即 D15 < 4d85（D15 为粗粒土级配曲线上相应于 15% 含量的粒径，d85 为细粒土级配曲线上相应于 85% 含量的粒径）。当与基床底层填料之间不能满足该要求时，基床表层应采用颗粒级配不同的两层结构，或在基床底层表面铺设土工合成材料。粒径小于 0.5 mm 的细集料的液限应小于 28%，其塑性指数应小于 6。

表 2-3 级配砂砾石筛孔质量百分比

级配编号	通过筛孔质量百分率/%								
	50	40	30	20	10	5	2	0.5	0.075
1	100	90~100		65~85	45~70	30~55	15~35	10~20	4~10
2		100	90~100	75~95	50~70	30~55	15~35	10~20	4~10
3			100	80~100	60~80	30~50	15~30	10~20	2~8

②级配碎石

级配碎石是我国高等级公路上普遍采用的用作路基基层的填料，它是由粒径大小不同的粗、细碎石集料和石屑各占一定比例的混合料，并且其颗粒组成符合密实级配要求。级配碎石可由未筛分碎石和石屑组配成。未筛分碎石是指控制最大粒径（仅过一个规定筛孔的筛）后，由碎石机轧制的未经筛分的碎石料。它的理论粒径组成为 0~50 mm，并且具有较好的级配，可直接用作高速铁路基床表层填料。石屑是指实际颗粒组成常为 0~10 mm 的筛余料，并具有良好的级配。级配碎石的颗粒粒径、级配范围和材料性能应符合现行《铁路碎石道床底碴》(GB/T 2897—1998)规定，并且在变形、强度等方面应满足高速铁路路基基床表层的有关技术条件。为了防止道碴嵌入或基床底层填料进入基床表层，级配碎石与上部道床及下部填土之间应满足 D15 < 4d85。当与基床底层填料之间不能满足该要求时，基床表层应采用颗粒级配不同的两层结构，或在基床底层表面铺设土工合成材料。

2）基床底层

高速铁路路基基床底层填料只能用 A、B 组填料或改良土。

3）基床以下路堤填料要求

高速铁路基床以下路堤填料应满足下列三个基本要求：①在列车和路堤自重荷载作用下，路堤能长期保持稳定；②路堤本体的压缩沉降能很快完成；③其力学特性不会受其他因素（水、温度、地震）影响而发生不利于路堤稳定的变化。因此，只要土质经过处理后能满足上述要求，就可以用作基床以下路堤填料。

对于高速铁路而言，使用的填料应该是最好的。这样既可以减少工后沉降，又可以有较高的安全储备以保证路堤的稳定，并保证不产生病害。因此，首先应采用现行《铁路路基设计规范》(TB 10001—2005)所要求的优质材料。实际观测表明,采用优质级配良好的粗颗粒可以大大减少路基的工后沉降。然而,由于线路很长,通过地段的地质条件变化复杂,都使用优质填料的可能性不大。特别是京沪线,调查表明,优质填料 A 组缺乏,B 组填料和 C 组块石、碎石、砾石类填料也不多,否则就需要远运。这样长的线路必然需要大量的路堤填料,为了解决这一难题,显然要扩大可用填料范围,即 C 组填料细粒土经改良后也可以作为高速铁路基床以下路堤填料。其实,缺乏优质填料不仅是我国,世界各国都存在这个问题。因此,各国都在满足基本要求的前提下,努力使可用作填料的范围扩大。法国就曾在东南线的高路堤中试验使用含水量较高的黏土,其直接的目的是为了降低造价。

目前,世界主要高速铁路国家对路堤填料有如下规定:

法国高速铁路禁用 QS0 级土,包括有机质土、淤泥占 15% 以上的疏松潮湿土质、触变性土,含可溶物质(如岩盐、石膏等)类土,含有害于环境的物体类土(如工业垃圾、矿物和有机质土的混合物)。

日本禁用 D2 组土,包括含有机质土的砂性土(SO)、有机质黏性土(OL)、有机质黏性土(OH)、有机质火山灰土(OV)、纤维质高有机土(Pt)、淤泥(Mk)。路堤下部填料除 D2 组土及下述土原则上不能使用外,其他均可经过改良后使用:①膨润土、高岭土、温泉变质土等膨胀性土(岩);②会吸水膨胀风化严重的蛇纹岩、泥岩;③含大量有机质的高压缩性土;④冻土。

德国铁路禁用富含动植物残留物的有机质土(OH, OK)、泥炭土(HN, HZ)和淤泥(F)。

由这些国家的有关规定可以看出,除性质不稳定,随时间或受各种因素影响其力学性质会发生显著变化的土外,包括含有一定数量有机质的土(OU, OT),易风化软岩,液限含水量高于 80% 的火山灰质黏性土(VH1, VH2),都可以经过一定处理后作为填料使用。因此,可作为填料的土类还是比较多的,但都需要经过改良处理以后才能使用。

2.2　填筑质量控制指标体系

在路基的填筑过程中,路基的压实度与路基土工结构的承载能力、抗变形能力、对气候环境的适应能力等性能密切相关,因此,为了提高路基土工结构的使用性能和长期稳定性,均须对其碾压密度进行有效控制。

此外,路基土工结构的密实程度还与线路上部结构的使用寿命或维修工作量之间存在所谓的"指数"关系有关,对无碴轨道结构更是如此,使得对路基的压实及压实标准问题更加关注。

控制路基填土的压实质量,传统的方法是所谓的"密度检测法"。采用标准击实试验来确定细粒土的最大干容重 γ_d 和最佳含水量 w_{opt},或采用相对密度试验来确定粗粒土的最大孔隙比 e_{max}(最小干容重 ρ_{min})和最小孔隙比 e_{min}(最大干容重 ρ_{max}),然后再以细粒土的压实系数 K 和粗粒土的相对密度 D_r 作为路基设计及施工控制的填土压实质量指标。

自 20 世纪 70 年代以来,一些经济发达和技术先进的国家,为了更有效地对高稳定性要求路基的压实质量进行控制,开始采用强度和变形指标作为路基填土质量的控制参数,即所谓的"抗力检测法"。其中,美国采用的 CBR 标准、德国和法国等欧洲国家采用的静态变形模量 E_{V2}(含 E_{V1})标准、日本采用的地基系数 K_{30} 标准等最具代表性。

自 20 世纪 80 年代开始，为了解决 K_{30} 和 E_{V2} 等检测指标存在的问题，在 K、K_{30}、E_{V2} 等基础上，欧美日等国开发研制了平板载荷动态变形模量 E_{vd}。增加反映车辆荷载作用特点的 E_{vd} 标准，将使路基的压实标准更全面和符合实际，已成为高速铁路路基压实质量控制标准的发展方向。

综上历史发展历程，形成了与目前铁路等级相适应的铁路路基填筑指标体系。目前铁路路基填筑质量控制指标体系由六个指标构成，分别为压实系数(K)、地基系数(K_{30})、孔隙率(n)、相对密度(D_R)、动态变形模量(E_{vd})、变形模量(E_{V2})。

2.2.1 各指标的内涵

(1)压实系数 K

K 为现场填筑路堤土的干密度 γ_d 与室内击实试验的最大干密度 γ_{dmax} 之比，用式(2-1)表示：

$$K = \frac{\gamma_d}{\gamma_{dmax}} \qquad (2-1)$$

随着压实系数 K 的提高，土的强度提高、受力后土的变形量减小，边坡稳定性好，细粒土的渗透系数降低，可以防御水的浸蚀等优点。为此，压实系数 K 是各种路基压实标准中最基础的检测标准。压实系数 K 只表达了土体自身的相对压实情况。

(2)地基系数 K_{30}

1)地基系数 K_{30} 是表示土体表面在平面压力作用下产生的可压缩性的大小。它用直径为 300 mm 的刚性承载板进行静压平板载荷试验，取第一次加载测得的应力-位移($\sigma-s$)曲线上 s 为 1.25 mm 所对应的荷载 σ_s，按 $K_{30}=\sigma_s/1.25$ 计算得出，单位为 MPa/m。

2)K_{30} 平板载荷试验的适用条件和要求

对平板载荷试验测试值大小的影响因素很多，包括填料的性质、级配、压实系数、含水率、碾压工艺、最大干密度、最佳含水量、试验操作方法及测试面平整等。为了规范试验过程，提出了平板载荷试验的适用条件和要求。

①K_{30} 平板载荷试验适用于粒径不大于载荷板直径 1/4 的各类土和土石混合填料。

由于 K_{30} 的荷载板直径只有 300 mm，因此对所填路基土的颗粒粒径和级配有一定的限值，否则颗粒粒径过大，级配不均匀，K_{30} 的测试结果就会存在较大的误差，难以真实反映路基的压实情况。根据秦沈客运专线的经验，K_{30} 适用于均匀地基土(如粗、细粒土)地基系数的检测，对于拌和较均匀的级配碎石也是符合测试要求的，而对于颗粒不均匀的碎石土，其 K_{30} 检测就难以得出准确可靠的测试结果。

②K_{30} 平板载荷试验的测试有效深度范围为 400~500 mm。

由于 K_{30} 平板载荷试验成果所反映的是压板下大约 1.5 倍压板直径深度范围内地基土的性状，因此要想真实全面地反映更深土层的情况，还需结合其他的检测手段进行综合评定。

③对于水分挥发快的均粒砂、表面结硬壳、软化或因其他原因表层扰动的土，平板载荷试验应置于扰动带以下进行。

影响 K_{30} 测试结果的因素很多，但含水量变化是造成 K_{30} 测试结果偶然误差的主要因素，也就是说 K_{30} 测试结果具有时效性。一般来说，控制在最佳含水量附近施工，路基压实系数较高，路基质量好，基床表面刚度较大，K_{30} 测试结果较高。但是由于受季节及天气气温变化的影响，其水分的蒸发程度不同，含水量差别较大，因而含水量为一变量。实践证明，碾压完毕后，路基含水量大时，K_{30} 测试结果就小；含水量小时，K_{30} 测试结果就高。由于击实土处于不饱和状态，含水量对其力学性质的影响很大。这就造成 K_{30} 测试结果因含水量变化而离散性大、重复性差。为此，现场测试应消除土体含水量变化的影响。

④对于粗、细粒均质土，宜在压实后 2~4 h 内进行。

在进行 K_{30} 测试时，发现不同时间的 K_{30} 测试结果差别较大，尤其对级配碎石来讲更为明显。这是由于不同的检测时间，其路基的含水量及板结强度不同。若在碾压完毕后 2~3 d 再进行 K_{30} 测试，虽然 K_{30} 测试结果提高了，满足了 K_{30} 的设计要求，但这样做会造成 K_{30} 测试结果无可比性、不可信。因此，为了检测路基填筑质量而进行的 K_{30} 试验，只有在碾压完毕的一定时限内进行测试才有意义。

⑤测试面必须是平整无坑洞的地面。

对于粗粒土或混合料造成的表面凹凸不平，应铺设一层 2~3 mm 的干燥中砂或石膏腻子。此外，测试面必须远离震源，以保持测试精度。

细粒土(粉砂、黏土)只有在压实的条件下才可进行检测。在不确定的情况下，要对地面不同深度进行检测，地面以下最深至 d(d = 承载板直径)。

⑥雨天或风力大于 6 级的天气，不得进行试验。

(3)孔隙率(n)

孔隙率为土体中空隙体积与土总体积之比，以百分率表示。孔隙率越小表明土越密实，在秦沈客运专线设计暂行规定中开始使用土的孔隙率 n(%)作为路基填筑质量控制指标。

(4)相对密度 D_r

相对密度按照式(2-2)计算：

$$D_r = \frac{e_{max} - e}{e_{max} - e_{min}} \tag{2-2}$$

式中：e_{max}、e_{min} 分别为填料的最大孔隙比和最小孔隙比，分别在试验中取最大的干密度和最小的干密度计算得出；e 为填料压实后取样测其干密度后求出的孔隙比，据此式(2-2)可以写成式(2-3)：

$$D_r = \frac{(\rho_d - \rho_{min})\rho_{dmax}}{(\rho_{max} - \rho_{min})\rho_d} \tag{2-3}$$

(5)动态变形模量 E_{vd}

1)概念

动态变形模量 E_{vd}(dynamic modulus of deformation)是指土体在一定大小的竖向冲击力 F_s 和冲击时间 t_s 作用下抵抗变形能力的参数。它由平板压力公式 $E_{vd} = 1.5 \times r \times \sigma/s$ 计算得出。其中 E_{vd} 为动态变形模量，MPa；r 为圆形刚性荷载板的半径，mm；σ 为荷载板下的最大冲击动应力，它是通过在刚性基础上，由最大冲击力 F_s = 7.07 kN 且冲击时间 t_s = 18 ms 时标定得到的，即 σ = 0.1 MPa；s 为实测荷载板下沉幅值，即荷载板的沉陷值，mm；1.5 为荷载板形状影响系数。实测结果采用公式 E_{vd} = 22.5/s 计算。测试设备见图 2-1。

2)适用范围、特点与应用前景

适用于粒径不大于荷载板直径 1/4 的各类土、土石混合填料、非胶结路面基层及改良土，测试有效深度范围为 400~500 mm。广泛适用于铁路、公路、机场、城市交通、港口、码头及工业与民用建筑的地基施工质量监控测试。也能适用于场地狭小的困难地段的检测，如路桥（涵）过渡段及路肩的检测。

①E_{vd}检测特点。

E_{vd}动态变形模量测试仪的原理是模拟高速列车对路基产生的动应力进行动载测试，能够反映土体的实际受力情况。其荷载板下的最大动应力$\sigma = 0.1$ MPa，与高速铁路设计中的土的动应力相符合。它特别适合于受动荷载作用的铁路、公路、机场及工业建筑的地基质量监控测试；测试速度快，检测一点只需 2 ~ 3 min。在检测数量不变的情况下，可以缩短检测时间，不影响施工进度；在相同的检测时间内，可以增加检测数量，使测试数据更具有代表性；施工中可以

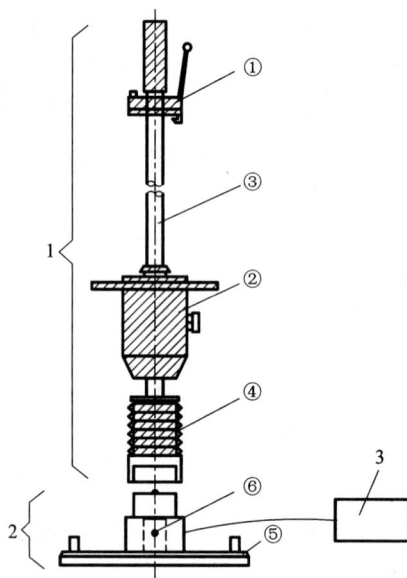

图 2 - 1　　E_{vd}动态变形模量测试仪组成示意图

1—加载装置（①挂（脱）钩装置；②落锤；③导向杆；④阻尼装置）；
2—荷载板（⑤圆形钢板；⑥传感器）；3—沉陷测定仪

随时跟踪检测，发现问题及时处理，真正实现施工过程中的质量监控；操作简便、自动化程度高、大幅度减轻劳动强度。避免了K_{30}人工读表、记录、绘图、计算产生的误判和误差；全自动数据处理系统，数据液晶显示且现场打印输出波形及结果，确保测试结果的准确、客观；E_{vd}动态变形模量测试仪的体积小、重量轻、便于携带、安装及拆卸方便。仪器总重量不超过35 kg，最大单件重量不超过 15 kg，不需要额外的加载设备；仪器测试地点转移迅速、方便；适用范围广，它除了可适用的土壤种类范围与K_{30}相同外，还特别适应于施工场地狭窄的困难地段，如路基与桥（涵）过渡段、路肩等部位的检测，检测费用低；一个人用 2 ~ 3 min 便可以完成检测全过程，且不需要K_{30}检测用的加载车辆，节省了台班费和人工费；E_{vd}动态变形模量测试仪的设计以人为本，是环保型产品，避免了核辐射对人体的危害以及废气对环境的污染；E_{vd}动态变形模量测试仪不仅可用于施工单位的自检，还适合于监理单位监理工程师的现场抽检，有利于施工质量的监督与保证。

②在既有线提速改造的工程应用中，E_{vd}动态变形模量测试仪的优势。

a. 时间优势——检测速度快。

既有线在不间断运营的情况下，行车密度大，K_{30}检测一点需要 30 ~ 60 min，而E_{vd}只需要 2 ~ 3 min。

b. 仪器优势——小型、便携。

既有线道碴已存在，检测E_{vd}只需扒开直径 30 cm 的面积即可，而K_{30}基准杆还需要较大的地方、加载装置也需要较大的空间。

c. 经济优势——检测费用低。

E_{vd}检测中不需要额外的大吨位加载装置，避免了台班费用，操作只需一个人即可，减少了人工费用。

d. 安全优势——易于快速撤离。

既有线在不间断运营的情况下,行车密度大,E_{vd} 仪器重量轻,一个人就可以提起并快速撤离。

综上所述,动态变形模量 E_{vd} 标准的采用,可真正实现试验方法的大幅度简化、减轻试验人员的劳动强度、提高检测效率;试验结果将更符合实际,更准确、客观,它的应用将使我国路基施工质量监控和检测技术达到国际先进水平。随着我国铁路行业有关 E_{vd} 的标准和规范的颁布与实施,也将会对其他建筑领域如:公路、机场、水利、工业与民用建筑等产生影响,因此,动态变形模量 E_{vd} 标准将具有广阔的应用前景。

(6)变形模量 E_{v2}

由平板荷载试验第二次加载测得的土体变形模量称为 E_{v2}。无砟轨道客运专线的路基填筑质量控制指标增加了 E_{v2} 的要求,其试验也属于平板载荷试验,在圆形载荷板上分级施加静荷载,测试荷载强度与沉降变形的关系,由此计算地基的变形模量。该试验方法与地基系数 K_{30} 试验相似,它们的主要差别在于操作步骤与数据整理和计算方法的不同。

变形模量计算的理论基础是弹性半空间体上圆形局部荷载的公式:

$$E_0 = 0.79(1 - \mu^2) d\sigma/s \tag{2-4}$$

式中:d 为载荷板直径。取 μ 为 0.21,并采用增量形式:

$$E_V = 1.5r\Delta\sigma/\Delta s \tag{2-5}$$

式中:r 为载荷板半径。计算 $0.3\sigma_{max} \sim 0.7\sigma_{max}$ 的割线。为了有效地利用测试记录的数据,减小误差采用对试验数据作二次回归:

$$s = a_0 + a_1\sigma + a_2\sigma^2 \tag{2-6}$$

利用式(2-7)计算,

$$E_V = 1.5r \frac{1}{a_1 + a_2\sigma_{max}} \tag{2-7}$$

如图 2-2,试验经两次加载。E_{v1} 和 E_{v2} 分别为第一次加载和第二次加载时计算的情况,单位一般为 MPa 或 MN/m^3。在铁路路基填筑施工质量检测中,一般情况下采用直径 300 mm 的载荷板。

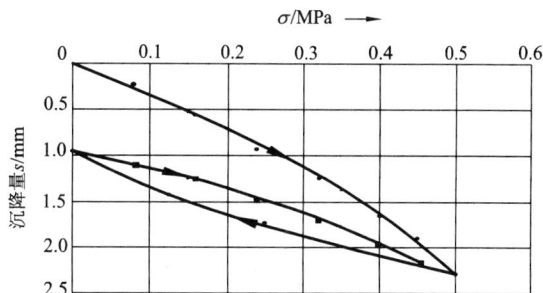

图 2-2　变形模量 E_v 试验曲线

2.2.2 填筑质量控制指标选用

目前的普通铁路路基规范采用了 K、D_r、K_{30}、n 等多指标来控制路基压实质量,实现了细粒土用 K 和 K_{30}、砂类土用 D_r 和 K_{30}、砾碎块石类土采用 K_{30} 和 n 双指标控制的技术标准。

1998—2003 年间,京沪、秦沈及 200 km/h 客货共线铁路路基压实标准采用了细粒土用 K 和 K_{30}、粗粒土(含级配碎石和碎石土)用 n 和 K_{30} 的双指标控制。

2004 年以来,客运专线有砟轨道路基压实标准增加了动态变形模量 E_{vd} 的指标,即:在基床部分,细粒土用 K、K_{30}、E_{vd},粗粒土(含级配碎石和碎石土)用 n、K_{30}、E_{vd} 等三指标进行控制。基床以下路堤仍采用双指标控制。

无碴轨道的设计，基于消化引进国外先进技术的原则，路基压实标准又增加了变形模量 E_{v2} 的指标，即：在基床部分，细粒土用 K、K_{30}、E_{vd}、E_{v2}，粗粒土（含级配碎石和碎石土）用 n、K_{30}、E_{vd}、E_{v2} 等四指标进行控制。基床以下路堤，细粒土用 K、K_{30}、E_{v2}，粗粒土（含级配碎石和碎石土）用 n、K_{30}、E_{v2} 等三指标控制。

2.3 连续压实控制技术简介

2.3.1 引言

填筑工程是指由建筑材料（岩土、水泥、沥青等）按照一定要求堆积、经过压实机具（压路机）碾压而成的土工结构的统称，覆盖到铁路、公路、机场、大坝、市政、港口等诸多领域。决定填筑工程质量的关键因素是填料组成和碾压控制。在控制好填料质量的前提下，工程质量的焦点集中在压实质量控制上。压实质量不好的填筑体会造成严重的工程隐患和后果。传统的压实质量控制方法以"点"式抽样检验为主，由于其固有的局限性，已成为制约压实质量，特别是压实均匀性的瓶颈。而连续压实控制作为一类新的压实质量控制方法，由于能够克服传统检测方法的弊端，实现碾压面的全覆盖式检测和控制，得到了国内外的广泛重视。

所谓连续压实控制（英文简称CCC），是指在填筑碾压过程中，根据填筑体与振动压路机相互动态作用原理，通过连续量测振动压路机振动轮竖向振动响应信号并进行技术处理，建立检测评定与反馈控制体系，实现对整个碾压面压实质量的实时动态监测与控制。其基本工作原理是将振动传感器置于振动压路机的振动轮上，其他处理和显示装置放在振动压路机的驾驶室内。通过对振动轮动态响应的实时量测与处理，得到与填筑体压实质量有关的参数并实时显示在驾驶室的显示装置上，从而实现在碾压过程中的连续控制。随着具体方法和量测设备的不同，出现了几种方法，各有其特征。

目前以振动压路机为工具来检验压实质量的方法，世界上公认的称谓为"连续压实控制"，美国则将其称作"智能压实"（IC）。但公认的"智能压实"一般是指具有根据填筑体特征自动调频调幅功能的压实控制技术，在阅读文献和交流时应注意区分。本书将对连续压实控制技术的历史、方法、标准、应用和存在问题等进行概要性论述，以便对这项技术的全貌有一个综合性的了解。

2.3.2 连续压实控制技术发展历史

（1）初期

早在20世纪60年代，美国就有人产生了利用振动压路机碾压过程中的振动反应信息来评定和检测压实质量的想法，但由于受电子量测技术的限制，一直没能得到实现。进入20世纪70年代，瑞典人将这种想法变成了现实。1975年，瑞典的 GEODYNAMIK 与 DYNAPAC 公司联合开发了一种压实计的产品，初步实现了连续压实检测与控制。

压实计是利用振动压路机在碾压过程中进行的量测，可以在施工过程中对压实质量进行连续的控制，因此是一种覆盖全面的连续控制方法。尽管后来证明这种方法存在许多的局限性，但利用振动压路机碾压过程进行连续测试，应该说是一种思维方式的转变，其思想是先进的。

（2）标准形成期

进入 20 世纪 80 年代后，北欧一些国家陆续加入到研究之中，从方法原理、量测设备、处理软件和标准等多个方面进行了广泛研究。于 20 世纪 90 年代初期正式提出了"连续压实控制"的概念，在一些实际工程中进行了应用。

从 20 世纪 90 年代开始，这项技术已陆续被欧洲一些国家纳入有关标准中，如：瑞典的 BYA92、ATB Väg 2004、德国的 ZTVE – StB – 93（1994、1995、2007、2009）、TP BF – StB E2 94、芬兰的 Tielaitos91、奥地利的 RVS 8S.02.6 等。法国、荷兰、爱尔兰等国家也正计划将其纳入相关标准中。2011 年中国颁布了首部连续压实控制技术的国家行业标准 TB 10108—2011。据了解，欧盟正在制定欧洲统一的连续压实控制技术标准，美国也在研究制定标准中。

（3）发展期

进入本世纪以来，研究的重点已转移到如何进行智能压实问题——压路机如何自动调频调幅以适应填筑体的变化。将 CCC 技术与压路机振动工艺参数调节功能结合起来又称作"智能压实"（IC），是 CCC 技术与压路机进一步结合的产物，被欧美誉为筑路技术的"第三次革命"。德国 BOMAG 公司在这方面处于领先水平，尽管还存在诸多问题，但其思想是先进的，初步实现了智能压实的想法。

此外，随着 CCC 技术在欧洲一些工程中的应用，特别是在相关技术标准制定以后，美国有关部门（主要为联邦公路局）也开始关注这项技术。从 2000 年开始有使用这项技术的相关报道。2004 年 12 月，美国联邦公路局公布了一个"FHWA 智能压实战略计划"，主要是通过利用计算机、模型和革新软件，将土和沥青的压实设备智能化，以改善工序、使路面性能更均匀、减少试验人员、提供一个长期的压实质量记录等。这个计划将建立一套系统的方法，鼓励工业和交通部门发展智能压实技术，更新有关建筑标准等。2005 年 3 月，美国明尼苏达州的交通研究部门和联邦公路局（FHWA）根据工程实践中的具体应用情况，并经过独立的测试，给出了 CCC 技术的论证报告。该报告指出："自 2000 年以来，美国已有北卡罗来纳州、威斯康星州和路易斯安那州的交通部门以欧洲的 CCC 技术为基础，启动了国家资金项目，旨在为美国的建筑业建立连续压实控制技术的有关标准"。美国的发展目标是利用 CCC 技术推动智能压路机的进步。

2.3.3　几种主要方法与应用条件

连续压实控制是一类技术的统称。目前主要有两类方法：其一是基于压路机振动响应信号的谐波比（以及修正）、评定指标为无量纲量的经验方法；其二是基于力学原理、评定指标为具有明确物理意义的力学量的力学方法。

（1）经验方法

这种方法就是压实计方法，是通过判别振动轮动态响应信号的畸变程度来评定被压填料的压实质量，而信号畸变程度是通过振动轮响应信号的基频与一次谐波的比值来给出的（谐波比原理），但是为什么采用这种谐波比值，并无理论上的依据可循，只能说是一种经验法。实践表明，这种方法对于碾压某些填料（一般为细粒料）有一定的控制效果，可能比采用 DYNAPAC 压路机进行控制的效果会更好一些。

目前在欧洲已经很少有人研究这种方法了，但在美国和中国仍然有人研究和使用，其用途已有所改变，主要用于对碾压遍数的控制。此外，这种原理的控制方法由于缺少必要的控制信息，很难用于智能压路机上。

（2）力学方法一

这种力学方法主要是德国 BOMAG 提出的，其评定指标为填筑体的振动模量。公开的一些资料显示，德国初期也是采用压实计方法进行的，只不过所乘系数有所不同。后来又提出一个基于能量概念的 BTM 指标(也称作 OMEGA 指标)，也是无量纲量。目前中国有些进口压路机上仍有此设备，可以提示压路机驾驶员当前碾压轮迹的大致情况，用于碾压过程的监测，属于早期产品。在 20 世纪 90 年代末期，其相关研究开始由谐波比指标向具有力学意义的指标(如刚度系数和弹性模量)转化。评定指标主要是根据振动压路机与填筑体之间的相互作用，采用有关力学理论进行复杂的推导和计算得到的，以此指标进行压实质量控制。

以振动模量为特征的力学方法要求振动压路机的振动轮位移与填筑体的变形相协调(即紧密接触、无弹跳现象)，这是一般振动压路机很难达到的，需要专用智能压路机才能避免弹跳问题，因此这种方法一般都与特定压路机捆绑在一起，并且价格昂贵。

（3）力学方法二

动力学是徐光辉教授研发团队于 1998 年提出的，评价指标为填筑体结构抗力。其基本原理是将填筑体的振动碾压过程看作是一种动态试验过程(振动压实试验)，振动压路机为动态加载设备。在碾压过程中，振动轮同时受到来自机械本身的激振力和填筑体结构体的抵抗力(反力)作用，二者的共同作用引起振动轮的振动响应。根据动力学和系统识别原理，可以通过对振动轮动态响应的实时量测与处理以及实际修正，得到填筑体结构抗力指标，从而进行相应的压实质量控制。一般适用于振动性能稳定的压路机。

（4）其他方法

除了上述几种方法外，国内外很多研究者也在积极探讨新方法和新指标，如采用振动轮加速度、速度或者位移以及采用时间序列方法进行控制的，也有针对压实计值(谐波比)进行修正的，但大部分限于发表论文，在实际工程中进行应用的很少。

（5）应用条件

对于填筑工程的压实控制来讲，无论采用何种控制方法，其结果应具有一致性，否则就会引起施工质量控制管理的混乱。连续压实控制技术之所以得到认可，也正基于这一点，这也是可以应用在工程中的必要条件之一。因此，对于连续压实控制而言，无论采用哪种具体方法，事先都必须检验连续控制结果和与常规检测结果(各种模量、弯沉、地基反力系数、压实度等)之间的一致性，这也是衡量这项技术是否可以应用的关键所在。

如何衡量这种一致性，各国规范都进行了规定，可以采用相关校验试验(对比试验)进行。一般可取 9～18 组对比试验数据，采用数理统计方法进行，计算两种试验结果的相关系数，达到一定要求时便可以应用。瑞典规范规定连续指标与常规指标之间的相关系数不小于 0.60 时可以使用(主要是对压实计方法而言的)，其他国家都规定相关系数不小于 0.70 时可以使用。

2.3.4　在中国的发展与应用情况

（1）初期引进与仿制

20 世纪 80 年代，一些专业书籍开始介绍瑞典压实计方法，并试图在填筑工程中进行应用。中国水电部门曾引进和仿制瑞典压实计，并在一些大坝工程上开始尝试应用，但没有得到推广应用，可能与压实计评定指标与常规检测指标之间没有较好的相关性有关。同一时期,一些公路部门也在不断尝试在路基填筑碾压过程中采用压实计方法进行质量控制,但由于压实计评定指标与压实度之间没有什么相关性,两种结果没有一致性,导致推广工作受阻,得不到工程界的认可。此外,一些压路机厂商也曾尝试在振动压路机上加装压实计产品,但基本是以仿制的为主,甚至采用一些县级电子厂生产的压实计产品,完全把这项技术看作是一个普通电子产品而已,其结果也可想而知了。

中国连续压实控制的历史在某种程度上可以说就是压实计方法不断尝试应用的历史,这种现象一直持续到现在。出现这种局面的主要原因与压实计原理比较简单、易于仿制有关。而力学类方法由于涉及理论和测试技术较复杂,如果不进行深入的理论研究和大量工程实践,是很难掌握和仿制的。到目前为止,无论是在公路还是铁路领域,仍然存在应用压实计产品,其中少部分是出于研究目的,更多的则是国内外厂商出于商业目的,动用种种关系进行的强行推广,但用途已有所改变,不再是连续压实控制而是数字化施工了,主要以控制碾压遍数和三维坐标定位(高精度 GPS)为主。

正因为存在上述这些问题,导致很多人、特别是公路界人士错误地认为连续压实控制就是压实计,对这类方法产生疑虑,在一定程度上也推迟了这类技术在中国的推广应用。

(2)自主研发与建立行业标准

针对压实计方法的局限性,国内很多学者都进行了探索性研究,但研究成果以论文发表形式居多。徐光辉教授研发团队 1993 年承担了公路领域第一个连续压实控制方面的科研项目,抛弃了压实计方法只对压路机响应信号进行信号处理的思路,提出了基于评定和控制路基填筑体结构抵抗力的动力学方法,先后在哈尔滨工业大学和西南交通大学进行过研究。承担完成了东北三省、交通部、铁道部和国家自然科学基金在内的十余项科研项目。在二十余年的研发过程中,从理论体系、测试技术、工程应用到行业标准,进行了一系列的独立研究与开发,形成了一套具有完全自主知识产权的技术体系。以动力学方法为基础,2011 年主编了中国首部连续压实控制技术行业标准——《铁路路基填筑工程连续压实控制技术规程》(TB 10108—2011),2015 年主编了中国铁路总公司企业标准——《铁路路基填筑工程连续压实控制技术规程》(Q/CR 9210—2015)。目前正在主持编写交通部有关连续压实控制方面的行业标准。

在铁路路基连续压实控制标准中,主要规定了实施的四个步骤。其中设备检查规定使用前对振动压路机的振动性能等进行检测并符合要求;相关校验是建立常规检测指标与连续指标(VCV)之间的相关性,只有满足要求(相关系数不小于 0.70)才可以采用;过程控制则规定了如何在填筑碾压过程中进行压实程度、压实均匀性和压实稳定性的控制;质量检测给出了如何确定压实薄弱区的方法和在该区进行常规检验的原则。

(3)连续压实控制系统及功能

连续压实控制系统主要包括加载设备——振动压路机、量测设备及控制软件和压实信息管理平台(后台与远程)。从 20 世纪 80 年代起,众多厂家对这类技术的量测设备进行过研制,但具体方法都不同,大部分的测试效果也都不十分理想,甚至带来了负面影响。究其原因,主要还是所建立的连续评定指标存在缺陷,此外对存在的"测不准"现象没有很好的把握。实际上,量测设备只是获取相关压实信息的技术手段,相对还是比较容易实现的,关键还是所建立的技术原理是否可靠、对散体压实成型的技术特征和专业知识是否有深入的理解和正确把握。不管是哪类方法,一个优良的连续压实控制系统一般需要实现以下功能。

①过程控制之一——碾压全过程管理与监控。实时监控碾压时间、遍数、层数、长度、宽

度等与施工管理密切相关的诸多参数。根据相关信息生成施工进度图，有效地进行工程管理。

②过程控制之二——压实工艺监控。目前有些振动压路机的振动性能并不稳定，会造成激振力急剧下降和明显波动，影响压实和控制效果。需要根据相关压实信息，实时监控压路机振动性能是否平稳并提供相应预警。

③过程控制之三——压实程度控制。压实程度是最重要的控制要素之一。在碾压过程中，按照设定的目标值，可以实时地连续监控填筑体的压实程度，及时给出压实质量平面分布图，便于现场管理和控制。

④过程控制之四——压实稳定性控制。碾压遍数不是一个定数，随压实工艺和填料等发生变化。可以通过压实状态的变化信息来判定压路机的压实功效是否发挥到最大、压实是否稳定。其目的在于优化压实遍数，避免"过压"和"欠压"现象的发生。

⑤过程控制之五——压实均匀性控制。碾压面性状的不均匀分布不但会导致将来发生不均匀的沉降变形，还存在验收不合格的风险。因此需要根据压实信息进行判定和控制，使整个碾压面处于比较"均匀"的压实状态。

⑥验收检验——最小风险控制。传统的抽样检验点不一定正好选在压实薄弱区域上，可能会造成"漏检"现象。而最小风险控制的核心是选取压实薄弱区域进行常规验收检验，最大程度地降低常规检验不合格的风险。

2.3.5　工程应用

连续压实控制技术在中国的应用是从 20 世纪 80 年代开始的，但大多以试验性应用为主，没有真正用于生产实践。这项技术的正式应用还是从铁路行业标准颁布（2011 年）开始的。目前这项技术已在沪昆高铁贵州段、呼准鄂铁路、京沈高铁、石济高铁等项目中得到了普遍应用。图 2－3、图 2－4 为某路基连续压实控制技术现场试验，在过程中严格执行了连续压实标准。2013 年 3 月，由原铁道部签发的铁总办〔2013〕3 号文件把"连续压实控制技术"作为四项新技术之一，计划在中国铁路建设中全面采用。目前很多计划开工的铁路项目，都在招标文件里明确了必须采用连续压实控制技术的相关规定。这些举措将对提高中国铁路路基整体工程质量起到促进作用。

此外，近年来连续压实控制技术在公路、机场、水坝等建设中也有一些应用，但控制内容可谓五花八门，这与没有统一规定有关，因此建立相关标准是下一步的重要工作。

图 2－3　连续压实控制与对比试验

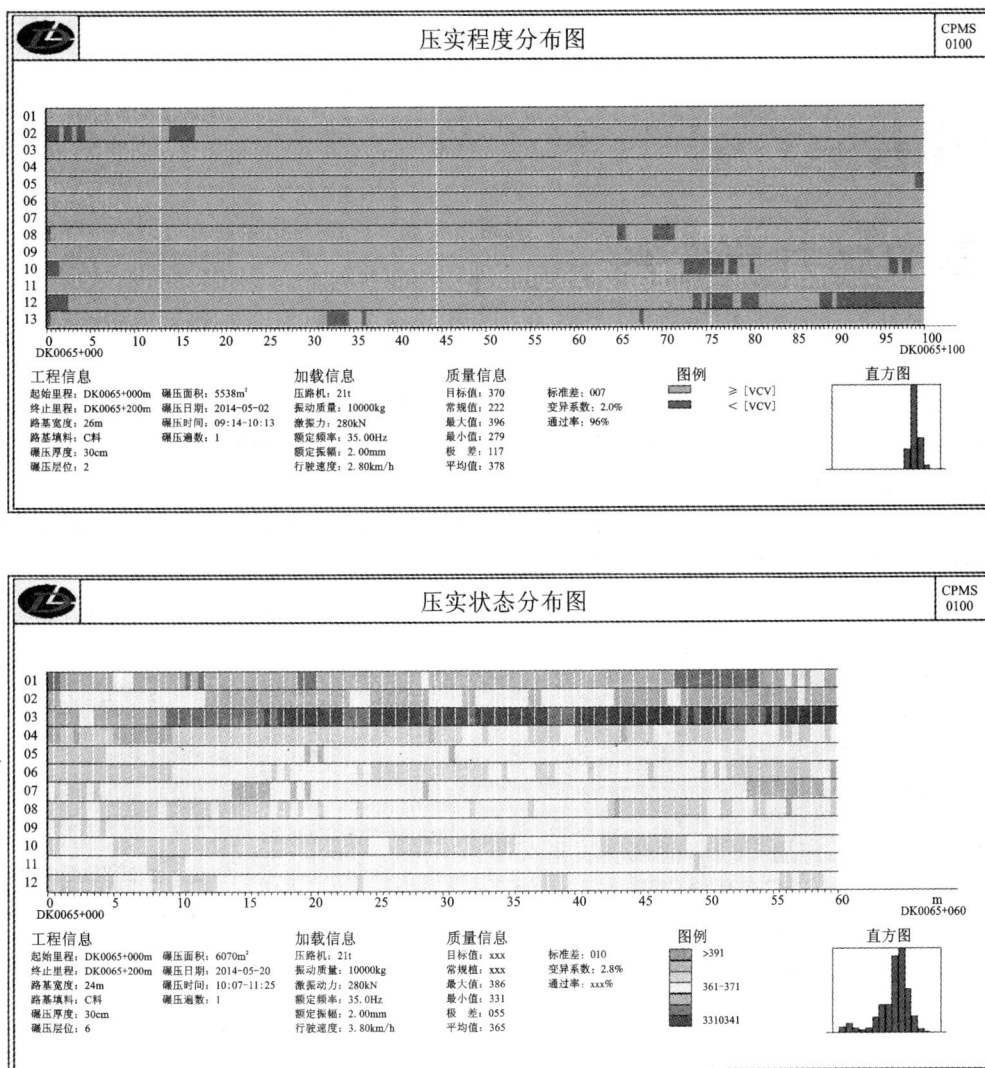

图 2-4　连续压实控制的压实成果图

2.3.6　发展与展望

本书对连续压实控制技术进行了综合性论述。限于篇幅，很多问题没有展开论述和分析，留待以后逐步解决。连续压实控制技术的推广应用，首先对各类填筑工程的碾压质量控制是大有好处的，可以打破只重视结果验收，而不重视过程控制的固有的、陈旧的观念，使工程质量得到更大的提高；其次可以在一定程度上推进振动压路机科技的进步，向着"智能碾压"的方向发展，带动产业的升级换代，使我们的传统产业有机会、有能力走向国际。

目前这项技术与物联网结合，正在实现压实信息的远程传输和监控，使工程管理者可以远程及时查看现场施工碾压信息，掌控工程质量，真正做到信息化施工和管理，提高填筑工程的施工和管理的技术水平。相信随着技术的成熟、相应行业标准的建立和完善，这项技术必将在中国相关领域得到更好的发展。

第3章

路基的受力与变形

　　路基的荷载是指作用在路基面上的应力，它包含两部分：一部分是线路上部结构的重量作用在路基面上的应力，即静荷载；另一部分是列车行驶时轮载力通过上部结构传递到路基面上的动应力，即动荷载。

　　常速铁路路基设计需要考虑荷载的影响时，在计算中常把静荷载和动荷载一并简化作为静荷载处理，即换算土柱法。高速铁路的路基设计不能简单地把动荷载作为静荷载处理，必须进行动态分析，计算列车动荷载的作用在路基中所产生的动应力的大小和分布规律。

3.1　路基面上的荷载

3.1.1　静荷载

　　铁路路基面上作用有列车荷载和轨道荷载。列车荷载与轨道荷载是确定路基本体构造要求的一个重要依据。列车荷载按照规定采用《中华人民共和国铁路标准荷载》，简称"中–荷载"（图3–1）铁路路基设计规范将列车和轨道荷载全部作为静荷载计算。换算成相当的具有一定高度和分布宽度的土柱（图3–2）。计算时，将路基面上的轨道静载和列车竖向荷载一起换算成与路基土体容重相同的矩形土体。

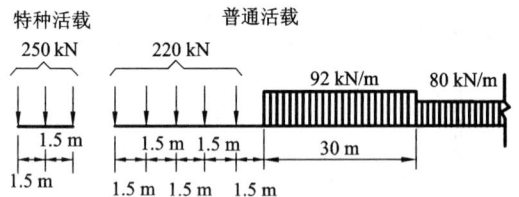

图3–1　"中–荷载"计算图式

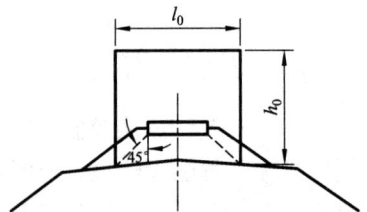

图3–2　换算土柱示意图

　　自轨枕底部两端按45°角扩散，可以得到换算土柱的宽度 l_0（图3–2）。按照一级重型时速在120~160 km之间的线路计算，道床厚度50 cm，道碴重度20 kN/m³；钢轨重量0.6 kN/m；轨枕长2.6 m；轨枕及扣件重量3.46 kN/根，可得轨道荷载 p。

　　列车轴重沿纵向的平均分布：$Q = 220$ kN/1.5 m $= 146.67$ kN/m。

　　换算土柱高：

$$h_0 = \frac{P+Q}{r \times l_0} \qquad (3-1)$$

　　当 $r = 19$ kN/m³ 时，$h_0 = 3.2$ m；当 $r = 18$ kN/m³ 时，$h_0 = 3.4$ m。

　　铁路路基设计规范给出了常用的列车和轨道荷载换算土柱高度及分布宽度如表3–1。

表 3 - 1　荷载换算土柱高度

项目			单位	I 级铁路					II 级铁路		
基床表层类型	换算土柱	重度		特重型	特重型	重型	重型	次重型	次重型	中型	轻型
硬质岩石	道床厚度		m	0.35	0.35	0.35	0.35	0.3	0.3	0.3	0.25
	换算土柱宽度		m	3.4	3.4	3.4	3.4	3.2	3.2	3.2	3.1
	荷载强度		kPa	60.5	60.4	60.1	60.1	60.8	60.8	59.8	59.6
	换算土柱高度	19 kN/m³	m	3.2	3.2	3.2	3.2	3.2	3.2	3.2	3.2
		20 kN/m³	m	3.1	3.1	3.1	3.1	3.1	3.1	3.0	3.0
		21 kN/m³	m	2.9	2.9	2.9	2.9	2.9	2.9	2.9	2.9
		22 kN/m³	m	2.8	2.8	2.8	2.8	2.8	2.8	2.8	2.8
级配碎石或配砂砾石	道床厚度		m	0.3	0.3	0.3	—	—	—	—	—
	换算土柱宽度		m	3.3	3.3	3.3	—	—	—	—	—
	荷载强度		kPa	60.8	60.7	60.3	—	—	—	—	—
	换算土柱高度	19 kN/m³	m	3.2	3.2	3.2	—	—	—	—	—
		20 kN/m³	m	3.1	3.1	3.1	—	—	—	—	—
		21 kN/m³	m	2.9	2.9	2.9	—	—	—	—	—
		22 kN/m³	m	2.8	2.8	2.8	—	—	—	—	—

注：1. 表中换算土柱高度按特重型、重型、次重型、中型、轻型，中型、轻型为有缝线路，重型、次重型轨道为无缝线路，中型、轻型为有缝线路的计算值；当重型轨道铺设有缝线路时，其换算土柱值，即重型；次重型轨道采用"中—活载"。

2. 重度与本表不符时，需另行计算换算土柱高度。重度按特重型换算土柱高度。　3. 列车竖向荷载采用"中—活载"，即轴重 220 kN，间距 1.5 m。　4. 列车和轨道荷载分布于路基面上的宽度，自轨枕底两端向下按 45°扩散角计算。　5. II 型轨枕的换算土柱高度考虑了轨枕加强地段每千米铺设根数 1840 的影响。

客运专线路基主要承受轨道静载和列车荷载。轨道静载根据采用的轨道结构形式及截面尺寸进行计算,本书以有砟轨道为例进行分析计算;列车荷载采用我国客运专线标准荷载——ZK 荷载。

(1)轨道和列车荷载换算

进行路基及其加固建筑物的力学检算时,一般将路基面上的轨道静载和列车竖向荷载一起换算成与路基本体重度相同的矩形土体(静荷载)。荷载换算土柱的分布宽度,自轨枕底两端向下按45°扩散角计算;换算土柱的高度按列车荷载与上部建筑荷载计算,荷载采用控制荷载 ZK 荷载(0.8 倍 UIC 荷载)计算。ZK 荷载图式见图 3-3。

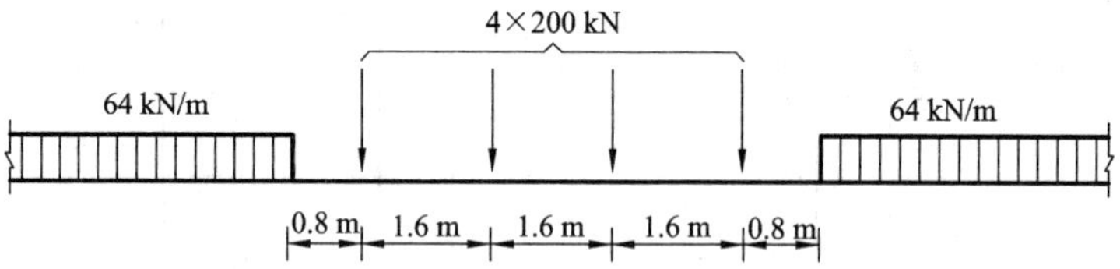

图 3-3 ZK 荷载计算图式

1)速度目标值 200 km/h 的客运专线

换算土柱计算如下:

道床厚度 30 cm,道砟重度 20 kN/m³,钢轨重 0.6064 kN/m,轨枕长 2.6 m,轨枕及扣件重 3.7 kN/根。

钢轨重 $0.6064 \times 2 = 1.2$ kN;

道砟重 $20 \times (2.32 - 0.21) = 42.2$ kN;

轨道荷载 $p = 42.2 + 1.2 + 3.7 \times 1.667 = 49.6$ kN/m;

列车荷载 $q = 200/1.6 = 125$ kN/m。

换算土柱宽度按轨枕端部向下45°扩散计算(图 3-4),$l_0 = 3.27 \approx 3.3$ m

换算土柱高度按式(3-1)计算:

当 $\gamma = 18$ kN/m³ 时,$h_0 = 2.94 \approx 3.0$ m;

当 $\gamma = 19$ kN/m³ 时,$h_0 = 2.78 \approx 2.8$ m;

当 $\gamma = 20$ kN/m³ 时,$h_0 = 2.65 \approx 2.7$ m;

当 $\gamma = 21$ kN/m³ 时,$h_0 = 2.52 \approx 2.6$ m;

当 $\gamma = 22$ kN/m³ 时,$h_0 = 2.40 \approx 2.5$ m。

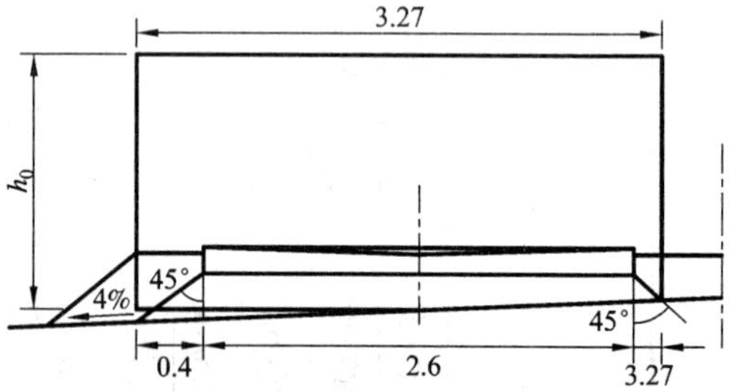

图 3-4 换算土柱高度计算图(单位:m)

2)速度目标值 250 km/h、300 km/h 的客运专线

换算土柱计算如下:

道床厚度 35 cm,道砟重度 20 kN/m³,钢轨重 0.6064 kN/m,轨枕长 2.6 m,轨枕及扣件重 3.7 kN/根。

钢轨重 $0.6064 \times 2 = 1.2$ kN;

道砟重 $20 \times (2.72 - 0.21) = 50.2$ kN;

轨道荷载 $p = 50.2 + 1.2 + 3.7 \times 1.667 = 57.6$ kN/m;

列车荷载 $Q = 200/1.6 = 125$ kN/m。

换算土柱宽度 $l_0 = 3.36 \approx 3.4$ m。

换算土柱高同样按式(3-1)计算：

当 $\gamma = 18$ kN/m^3 时，$h_0 = 2.98 \approx 3.0$ m；

当 $\gamma = 19$ kN/m^3 时，$h_0 = 2.83 \approx 2.9$ m；

当 $\gamma = 20$ kN/m^3 时，$h_0 = 2.69 \approx 2.7$ m；

当 $\gamma = 21$ kN/m^3 时，$h_0 = 2.56 \approx 2.6$ m；

当 $\gamma = 22$ kN/m^3 时，$h_0 = 2.44 \approx 2.5$ m。

我国的京沪高速铁路有碴轨道结构轨道及列车荷载换算的土柱高度及分布宽度如表 3-2 所示。

表 3-2　京沪高速铁路轨道及列车荷载换算土柱高度及分布宽度

列车荷载种类	设计轴重/kN	钢轨/(kg·m^{-1})	轨枕/(根·km^{-1})	道床厚度/m	道床顶宽/m	道床坡度	分布宽度/m	计算高度/m 土的重度/(kN·m^{-3})				
								18	19	20	21	22
ZK 荷载	200	60	1667	0.35	3.6	1:1.75	3.4	3.0	2.8	2.7	2.6	2.4
中-荷载	220	60	1667	0.35	3.6	1:1.75	3.4	3.4	3.2	3.0	2.9	2.8

3.1.2　动荷载

在列车动荷载作用下，路基保持长期稳定是列车高速运行的基础。要保持路基长期稳定，不产生任何危及正常运行的过大有害变形，就必须了解列车在高速运行时通过钢轨、轨枕、道床传到路基表面的动应力幅值及其频率，以及振动加速度及位移的大小。在列车动荷载作用下，路基动应力的幅值与机车车辆运行情况、线路及基础状态等有关，因受诸多因素的影响，很难用简单的数学模型来表达，一般采取实测与理论分析相结合的方法来分析。

(1)高速铁路路基设计动应力幅值

作用在轨道上的轮重实际上由两部分组成：①机车车辆静轴重；②机车车辆与轨道的相互作用而产生的附加作用力。前者对于特定的机车车辆是常数，后者是与诸多因素有关的一个随机变量。

确定路基设计动应力幅值的方法有两种：一种是在高速条件下进行动应力实测；另一种是运用计算机模拟计算。由于高速铁路路基面上的动应力大小及分布情况，目前我国尚无实测资料，主要参考国外资料及我国铁路在准高速条件下获得的实测数据。

路基面动应力幅值是与列车速度、轴重、机车车辆动态特性、轨道结构、轨道不平顺、距轨底深度及路基状态有关的一个随机函数。基于以上的分析研究，提出了路基设计动应力幅值按下式计算：

$$\sigma_{d1} = 0.26 \times p \times (1 + \alpha v) \tag{3-2}$$

式中：σ_{d1} 为路基设计动应力幅值，kPa；p 为机车车辆的静轴重，kN；α 为速度影响系数，高速铁路无缝线路 $\alpha = 0.03$，准高速铁路无缝线路 $\alpha = 0.004$；v 为列车运行速度，速度在

300 km/h 以内时以实际速度计,超过 300 km/h 时按 300 km/h 计。

(2)路基面上的动应力沿线路纵向的分布

在高速铁路路基设计中,不仅需要知道列车荷载通过钢轨、轨枕、道碴传递到路基面的动应力数值的大小,还需要了解其在路基面上沿线路纵向分布情况。大量实测的应力曲线表明,动应力在路基面上沿线路纵向的分布如图 3-5 所示,图中 σ_{max} 为车轮正下方路基面的动应力最大值。如沿线路纵向距该车轮 L 处路基面应力衰减为零,则 L 即为扩散距离。

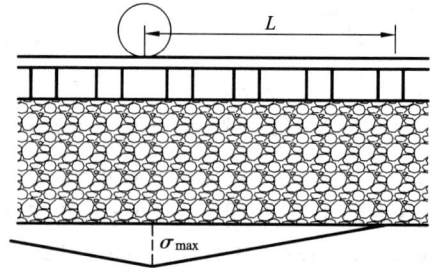

图 3-5   动应力沿线路纵向在路基面的扩散情况

对大量实测数据图形的分析,发现车轮正下方路基面动应力最大值和最大值与沿线路纵向扩散距离 L 之比存在线性关系。其关系式如下:

$$L = \sigma_{max} / \left[(82.9 + 6.17 \times \sigma_{max}) \times 10^{-1} \right] \tag{3-3}$$

式中:σ_{max} 以 kPa 计,L 以 m 计。

(3)高速铁路路基设计荷载

当高速铁路的设计速度为 350 km/h,最大轴重为 200 kN 时,根据式(3-2)可求出设计动应力幅值为 100 kPa,在路基面上的分布面积为 3.0×2.8 m^2,如图 3-6 所示。

(4)动应力沿深度的衰减

列车荷载以动力波的形式通过道床传递到基床面,再向深层传播。在动力波传播的过程中要消耗能量,或者说由于阻尼作用,土要吸收能量,因此,动应力随着深度的增加而衰减。动应力沿深度的衰减可从两个方面进行探讨:一是实测,二是理论计算。前者由于受测试设备、埋设传感器的边界条件等影响,数值较离散,加之深处测试也比较困难,因此大多采用后者。在理论计算中虽

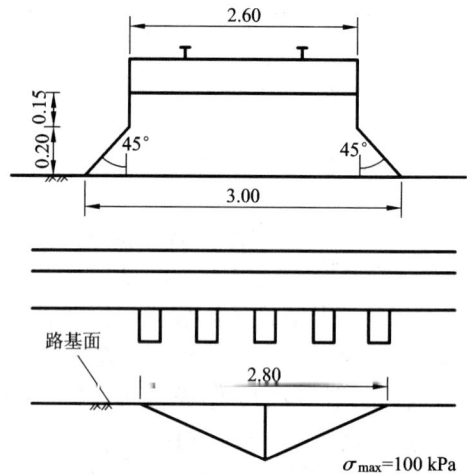

图 3-6   高速铁路路基面上设计动应力及分布图(单位:m)

作了一些假设,会造成计算结果与实际有些出入,但对于路基填土设计而言,这样的精度是可以接受的。

在长方形均布荷载作用下(图 3-7),荷载中心点下深度 z 处的垂直应力可采用 Boussinesq 理论,按照半空间弹性理论公式进行计算:

$$\sigma = \frac{2p_0}{\pi} \left[\frac{m \times n}{\sqrt{1+m^2+n^2}} \times \frac{1+m^2+2n^2}{(1+n^2)(m^2+n^2)} + \arcsin \frac{m}{\sqrt{m^2+n^2}\sqrt{1+n^2}} \right] \tag{3-4}$$

式中:p_0 为荷载强度;$m = a/b$;$n = z/b$。

如果长方形的长与宽如图 3-7 所示,则动应力沿深度逐渐衰减可按式(3-4)计算,只是需要考虑基床表层与基床底层填料的模量差异,计算结果见图 3-8 所示。

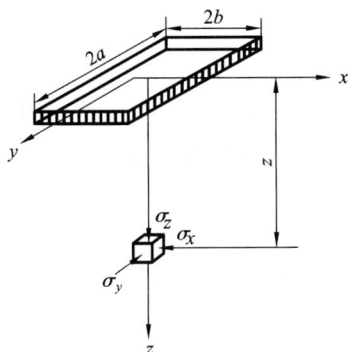

图 3-7　土中应力计算示意图

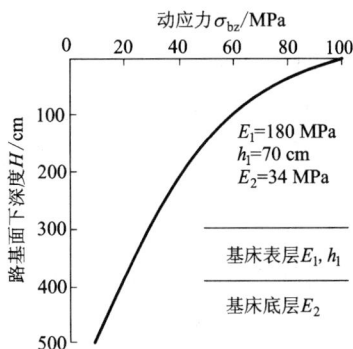

图 3-8　动应力沿深度衰减曲线

（5）基床厚度的确定

列车动应力由轨道、道床传至路基本体，然后沿深度逐渐衰减。一般将动应力影响较大的部分定义为路基基床。压实土的动三轴试验表明，当动静应力比在 0.2 以下时，加载 10 万次产生的塑性累积变形在 0.2% 以下，而且很快能达到稳定。如果动静应力比小于 0.1，动荷载影响就相当微小了。因此，一般将动静应力比 1:5 或 1:10 作为确定基床厚度的依据。对我国京沪高速铁路路基的研究表明，动静应力比为 1:5 时的深度约为 3.2 m，动静应力比为 1:10 的深度约为 4.2 m，如图 3-9。考虑到高速铁路路基基床部分的填料为优质填料，且压实要求高，故一般采用动静应力比 1:5 为确定基床厚度的标准，因此，确定的京沪高速铁路路基基床厚度为 3.0 m。

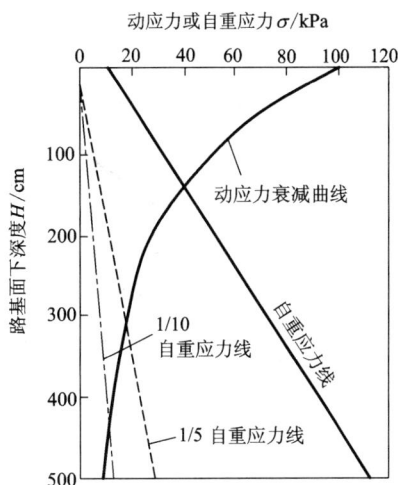

图 3-9　列车动应力与路基自重应力沿深度的变化曲线

3.2　路基沉降变形观测与评估

3.2.1　路基工程沉降变形观测技术要求

（1）观测断面及观测点的设置原则

路基工程沉降变形观测以路基面沉降观测和地基沉降观测为主，应根据不同的结构部位、填方高度、地基条件、堆载预压等具体情况来设置沉降变形观测断面。同时应根据施工过程中掌握的地形、地质变化情况调整或增设观测断面。

观测断面一般按以下原则设置，同时应满足设计文件要求：

①沿线路方向的间距一般不大于 50 m；对地势平坦且地基条件均匀良好的路堑、填方高度小于 5 m 且地基条件均匀良好的路堤可放宽到 100 m。对于地形、地质条件变化大的地段

应适当加密。

②路堤与不同结构物的连接处应设置沉降观测断面，每个路桥过渡段在距离桥头 5 m、15 m、35 m 处分别设置一个沉降变形观测断面，每个横向结构物两侧各设置一个监测断面。

③一个沉降观测单元(连续路基沉降观测区段为一单元)应不少于 2 个观测断面。

④对地形横向坡度大于 1:5 或地层横向厚度变化的地段应布设不少于 1 个横向观测断面。

观测点一般按以下原则设置，同时应满足设计文件要求。

1)为有利于测点看护，集中观测，统一观测频率，各观测项目数据的综合分析，各部位观测点须设在同一横断面上。

2)路堤地段采用 I 型、II 型、III 型监测断面。其中，II 型断面仅在桥头布置，一般路基地段布置 I 型、II 型监测断面，一般每间隔 3 个 I 型监测断面设置 1 个 III 型监测断面。

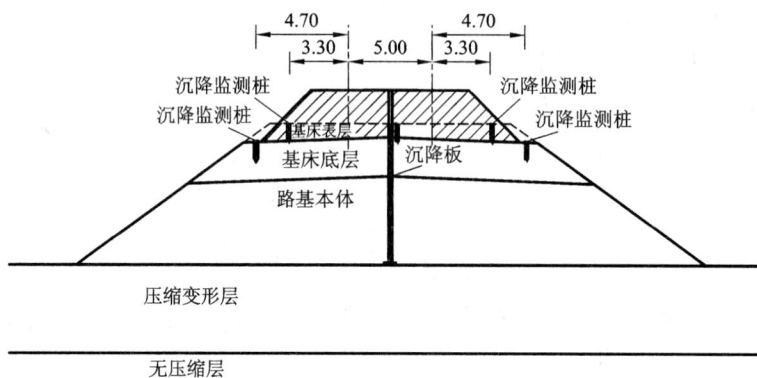

图 3-10　路堤沉降监测剖面元件布置示意图(I 型，单位：m)

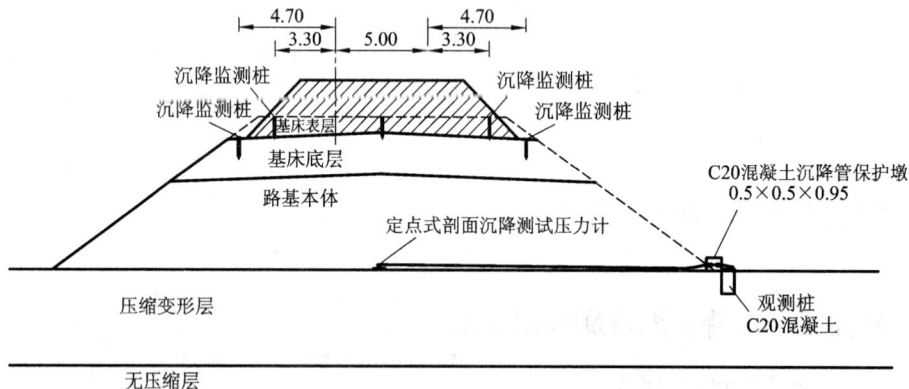

图 3-11　路堤沉降监测剖面元件布置示意图(II 型，单位：m)

I 型监测断面(图 3-10)包括沉降监测桩和沉降板。沉降监测桩每断面设置 5 个，施工完基床底层后，预压土填筑前，距左、右线中心 4.7 m 处于基床底层顶面埋设 2 个沉降监测桩，其余 3 个于基床表层施工完成后布置于双线路基中心及距两侧路肩 1 m 处的基床表层顶面上；沉降板位于路堤中心，基底铺设碎石垫层的地段埋设于垫层顶面，基底设混凝土板地

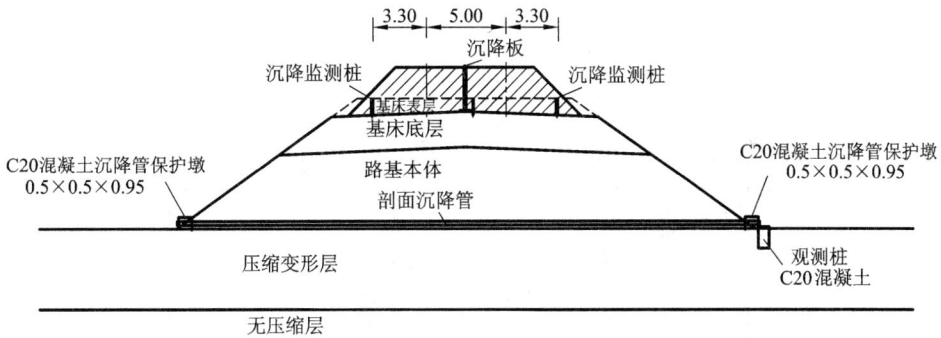

图 3 - 12　路堤沉降监测剖面元件布置示意图（Ⅲ型，单位：m）

段置于板顶面，随填土增高而逐渐接高测杆及保护套管。

Ⅱ型监测断面（图 3 - 11）包括沉降监测桩和定点式剖面沉降测试压力计。沉降监测桩每断面设置 5 个，埋设方法同Ⅰ型监测断面；定点式剖面沉降测试压力计位于路堤中心，基底铺设碎石垫层的地段埋设于垫层顶面，基底设混凝土板地段于板顶面。

Ⅲ型监测断面（图 3 - 12）包括沉降监测桩、沉降板和剖面管。沉降监测桩每断面设置 3 个，布置于双线路基中心及距两侧路肩 1 m 处的基床表层顶面上；沉降板位于路堤中心，底板埋设于基床底层顶面上，随填土增高而逐渐接高测杆及保护套管，横剖面管埋设于路堤基底碎石垫层顶面处。

3）路堤与横向结构物过渡段，于横向结构物顶部沿横向结构物的对角线方向铺设剖面沉降管。横向结构物两侧外边缘各 2 m 处设置一个Ⅰ型观测断面，平面布置见Ⅳ型（图 3 - 13、图 3 - 14）。

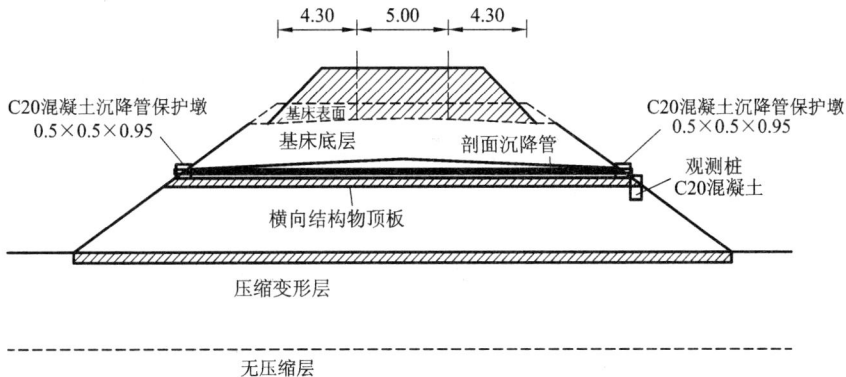

图 3 - 13　路涵过渡段沉降监测剖面元件布置示意图（Ⅳ型，单位：m）

4）路堑地段采用Ⅴ型监测断面（图 3 - 15）。分别于路基中心，距两侧路肩 1 m 处各设 1 根沉降监测桩，路基中心设沉降板，底板至于基床底层顶面，观测路基面的沉降。

5）软土、松软土路堤地段除设置沉降观测设施外，还应设置位移观测桩。外移观测桩设置与两侧坡脚外 2 m、10 m 处，并与沉降观测桩、观测板等位于同一断面上。

路基水准路线观测按国家二等水准测量精度要求形成附合水准路线，沉降观测点位布设及水准路线观测示意图如图 3 - 16 所示。

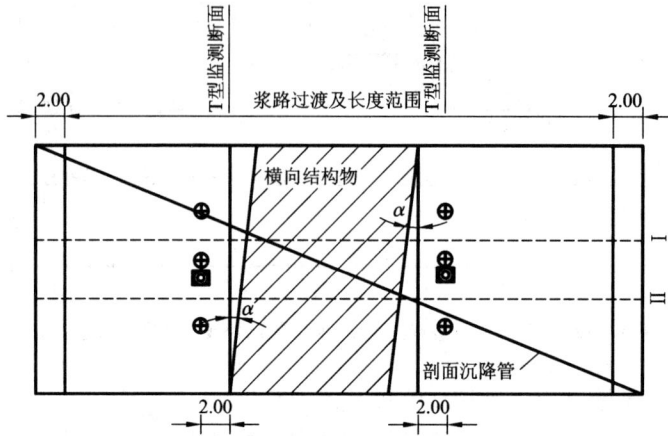

图 3 - 14　路涵过渡段监测平面示意图(IV 型, 单位: m)

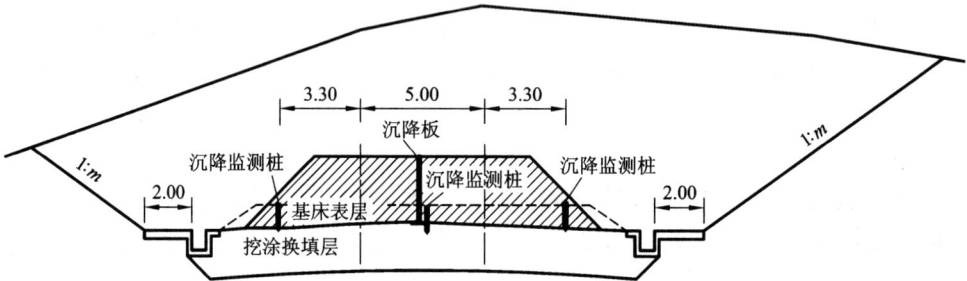

图 3 - 15　路堑地段沉降监测剖面元件布置示意图(V 型, 单位: m)

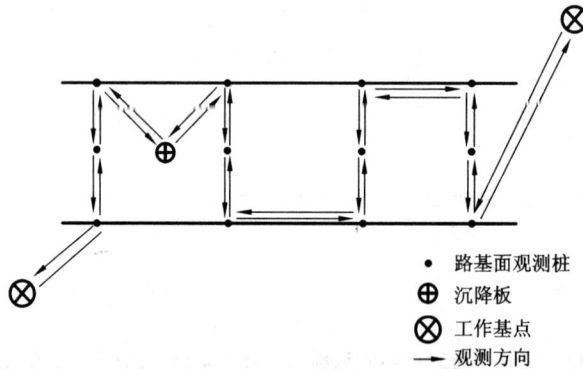

图 3 - 16　沉降观测点位布设及水准路线观测示意图

(2)观测元件与埋设技术要求

1)沉降观测桩(图 3 - 17)

桩体选择 $\phi 20$ mm 不锈钢棒, 顶部磨圆并刻画十字线, 底部焊接弯钩, 待基床表层级配碎石施工完成后, 通过测量埋置在设计位置, 埋置深度不小于 0.3 m, 桩周 0.15 m 用 C20 混凝土浇筑固定, 完成埋设后测量桩顶标高作为初始读数。

2）沉降板（图3－18）

应严格按设计要求进行埋设，一般情况如下：由底板、金属测杆（ϕ40 mm 镀锌铁管）及保护套管（ϕ49 mm PVC 管）组成。钢筋混凝土底板尺寸为 50 cm×50 cm，厚 5 cm。

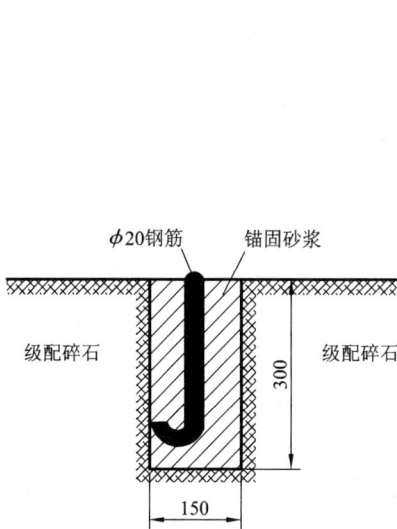

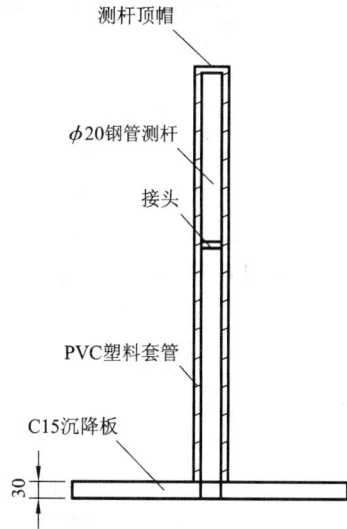

图3－17 路基沉降观测桩埋设布置图（单位：m）　　图3－18 路基沉降板埋设布置图（单位：m）

①沉降板埋设位置处可垫 10 cm 砂垫层找平，埋设时确保底板的水平与垂直度，确保测杆与地面垂直。

②放好沉降板后，回填一定厚度的垫层，再套上保护套管，保护套管略低于沉降板测杆，上口加盖封住管口，并在其周围填筑相应填料稳定套管，完成沉降板的埋设工作。

③按二等水准标准测量埋设就位的沉降板测杆杆顶标高读数作为初始读数，随着路基填筑施工逐渐接高沉降板测杆和保护套管，每次接长高度以 0.5 m 为宜，接长前后测量杆顶标高变化量确定接高量。金属测杆用内接头连接，保护套管用 PVC 管外接头连接。

④接长套管时应确保垂直，避免机械施工等因素导致套管倾斜。

3）定点式剖面沉降测试压力计

定点式剖面沉降测试压力计底板采用沉降板底板，埋设位置应按设计测量确定；埋设位置处可垫 10 cm 砂垫层找平，埋设时确保底板水平，填土至 0.6 m 高度碾压密实后开一小凹坑将压力计放入坑内，用细粒土将坑填平后，继续施工路基填土。埋设完成后，将压力计监测线沿水平方向甩到坡脚后，在坡脚处设 C20 素混凝土保护墩（0.5 m×0.5 m×0.95 m），墩内预埋剖面管管材，监测线从管内穿出；墩旁设监测桩，监测桩采用 C20 素混凝土灌注，断面采用 0.5 m×0.5 m×1.6 m，并在桩顶预埋半圆形不锈钢耐磨测头，监测桩用钢筋混凝土保护盒保护。待上部一层填料压实稳定后，连续监测数日，取稳定读数作为初始读数。

4）剖面沉降管（图3－19）

采用专用塑料硬管，其抗弯刚度应适应被测土体的竖向位移要求，导管内十字导槽应顺直，管端接口密合。剖面沉降测量是将剖面沉降仪探头预埋在剖面沉降管十字导槽内，从一端按一定间距依次读数。

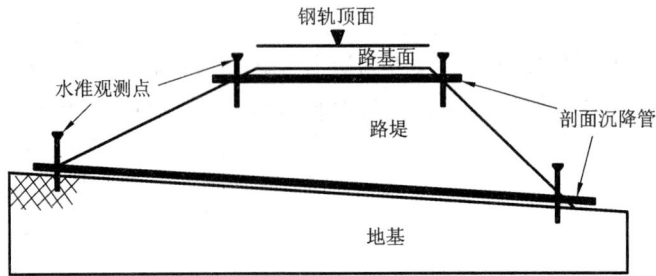

图 3 – 19　路基剖面沉降管埋设布置图

路基基底剖面沉降管在地基加固及垫层施工完毕后，填土至 0.6 m 高度碾压密实后开槽埋设，开槽宽度 20 ~ 30 cm，开槽深度至地基加固垫层顶面，槽底回填 0.2 m 厚的中粗砂，在槽内敷设沉降管(沉降管内穿入用于拉动测头的镀锌钢丝绳)，其上夯填中粗砂至与碾压面平齐。Ⅳ 型断面中剖面管在涵顶填土 0.6 m 厚开槽施工埋设，原则同基底剖面管埋设方法。沉降管埋设位置挡土墙处应预留孔洞。沉降管敷设完成后，在两头设置 0.5 m×0.5 m×0.95 m C20 素混凝土保护墩。并于一侧管口处设置监测桩，监测桩采用 C20 素混凝土灌注，断面采用 0.5 m×0.5 m×1.6 m，并在桩顶预埋半圆形不锈钢耐磨测头，监测桩用钢筋混凝土保护盒保护。待上部一层填料压实稳定后，连续监测数日，取稳定读数作为初始读数。

采用横剖仪和水准仪进行横剖面沉降观测。每次观测时，首先用水准仪测出横剖面管一侧的观测桩顶高程，再把横剖仪放置于观测桩顶测量初值，然后用横剖仪测量各测点。区间每 2.0 m 测量一点，车站内测点间距可为 3.0 m。

5) 位移边桩

采用 C15 钢筋混凝土预制，断面采用 15 cm×15 cm 正方形，长度不小于 1.5 m。并在桩顶预埋 ϕ20 mm 钢筋，顶部磨圆并刻画十字线。

①边桩埋置深度在地表以下不小于 1.0 m，桩顶露出地面不应大于 10 cm。

②埋置方法采用洛阳铲或开挖埋设，桩周以 C15 混凝土浇筑固定，确保边桩埋置稳定。完成埋设后采用全站仪测量边桩标高及距基桩的距离作为初始读数。

6) 单点沉降计

它是一种埋入式电感调频类智能型位移传感器，由电测位移传感器、测杆、锚头、锚板及金属软管和塑料波纹管等组成。

采用钻孔引孔埋设，钻孔孔径 ϕ108 mm 或 ϕ127 mm，钻孔垂直，孔深应达到硬质稳定层(最好为基岩)，并与沉降仪总长一致。孔口应平整密实。安装前先在孔底灌浆，以便固定底端锚板，安装时锚杆朝下，法兰沉降板朝上，注意要用拉绳保护以防止元件自行掉落，采用合适方法将底端锚板压至设计深度。每个测试断面埋设完成后，位移计引出导线用钢丝波纹管进行保护，并挖槽集中从一侧引出路基，引入坡脚观测箱内。一般埋设完成后 3 ~ 5 天待缩孔完成后测试零点。观测路堑换填基底沉降或隆起变形埋设在换填基底面，表面应平整密实；观测路基本体变形按设计断面图埋设。

(3) 观测技术要求

①路堤地段从路基填土开始进行沉降观测；路堑地段从级配碎石顶面施工完成开始观测。路基填筑完成或施加预压荷载后应有不少于 6 个月的观测期。观测数据不足以评估或工

后沉降评估不能满足设计要求时，应延长观测时间或采取必要的加速或控制沉降的措施。

②沉降观测设备的埋设是在施工过程中进行的，施工单位的填筑施工要与设备的埋设做好协调，做到互不干扰、影响。观测设施的埋设及沉降观测工作应按要求进行，不能影响路基填筑质量；路基施工不能影响到观测设备。

③路基填筑过程中应及时整理路堤中心沉降观测点的沉降与边桩的位移量，当中心地基处沉降观测点沉降量大于 10 mm/d 或边桩水平位移大于 5 mm/d、竖向位移大于 10 mm/d 时，应及时通知项目部，并要求停止填筑施工，待沉降稳定后再恢复填土，必要时采用卸载措施。

④观测精度要求：路基沉降观测水准测量的精度为 ±1.0 mm，读数取位至 0.1 mm；剖面沉降观测的精度应不低于 8 mm/30 m；位移观测测距误差 ±3 mm；方向观测水平角误差为 ±2.5″。

⑤观测频次要求：路基沉降观测的频次不低于表 3 - 3 的规定。

表 3 - 3　路基沉降观测频次表

观测阶段	观测频次	
填筑或堆载	一般	1 次/d
	每天填筑量超过 3 层时	1 次/每填筑 3 层
	沉降量突变	2~3 次/d
	两次填筑间隔时间较长	1 次/3 d
堆载预压或路基施工完毕	第 1 个月	1 次/周
	第 2、3 个月	1 次/2 周
	1 个月以后	1 次/月
无砟轨道铺设后	第 1 个月	1 次/2 周
	第 2、3 个月	1 次/月
	3 个月以后	1 次/3 月

注：1. 架桥机(运梁车)通过时观测要求：每 1 次/3 d，连续 3 次；以后 1 次/1 周，连续 3 次；以后 1 次/2 周。

实际工作进行时，观测时间的间隔还要看地基的沉降值和沉降速率。当两次连续观测的沉降差值大于 4 mm 时应加密观测频次；当出现沉降突变、地下水变化及降雨等外部环境变化时应增加观测频次。观测应持续到工程验收交由运营管理部门继续观测。

3.2.2　路基沉降变形评估预测方法

（1）规范双曲线法

双曲线方程为：

$$S_t = S_0 + \frac{t}{a + bt} \tag{3-5}$$

$$S_f = S_0 + \frac{1}{b} \tag{3-6}$$

式中：S_t 为时间 t 时的沉降量；S_f 为最终沉降量($t=\infty$)；S_0 为初期沉降量($t=0$)；a、b 为将荷载不再变以后的实测数据经过回归求得的系数。

沉降计算的具体顺序：

①确定起点时间($t=0$)，可取填方施工结束日为 $t=0$。

②根据各实测值计算 $t/(S_t-S_0)$。

③绘制 t 与 $t/(S_t-S_0)$ 的关系图，并确定系数 a，b(图3-21)。

④计算 S_t。

⑤由双曲线关系推算出沉降量-时间($S-t$)曲线。

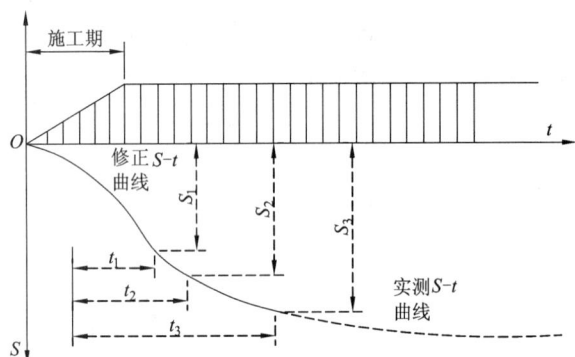

图3-20 用实测值推算最终沉降的方法

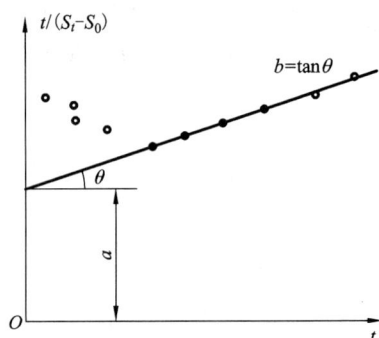

图3-21 求 a，b 方法

双曲线法是假定下沉平均速率以双曲线形式减少的经验推导法，要求恒载开始后的沉降实测时间至少6个月以上。

(2)修正双曲线法

假设沉降时曲线近似于双曲线，可以用以下方程进行描述：

$$s_t = \frac{t}{a+b \cdot t} \cdot \xi, \text{ 其中}, \xi = \frac{\sigma}{\sigma_{max}} \qquad (3-7)$$

式中：t 为自土方工程开工以来时间，d；s_t 为 t 时刻的沉降，mm；σ 为 t 时刻的荷载，kPa；σ_{max} 为设计最大荷载，kPa；

可以利用直线的斜率计算出最大沉降：$s_{max}=1/b$。采用修正双曲线法，可以计算在任意最大荷载下产生的沉降。在这样的情况下，可以利用下式计算填方的当前荷载和最大荷载：

$$\sigma = h \cdot \gamma \qquad (3-8)$$

式中：h 为填方高度；γ 为填方材料重度，kN/m³。

修正双曲线法在规范双曲线法的基础上引入了荷载系数的概念，在假定荷载增量加载速率变化不大的情况下，沉降变形的增量与荷载增量成正比。该方法与传统方法的最大差别在于其将填筑期观测数据纳入分析时间段内，而传统方法一般要求利用恒载期以后的观测数据进行预测。

(3)固结度对数配合法(三点法)

由于固结度的理论解普遍表达为式(3-9)：

$$U = 1 - \alpha \cdot e^{-\beta t} \qquad (3-9)$$

不论竖向排水、向外或向内径向排水,或竖向和径向联合排水等情况均可使用,所不同的只是 α、β 值。

根据固结度定义式(3－10):

$$U_t = \frac{S_t - S_d}{S_\infty - S_d} \quad\quad (3-10)$$

式中: S_d 为瞬时沉降量; S_∞ 为最终沉降量。

由式(3－9)和式(3－10)联立可得式(3－11):

$$S_t = S_d \alpha e^{-\beta t} + S_\infty (1 - \alpha e^{-\beta t}) \quad\quad (3-11)$$

为求 t 时刻的沉降,式(3－11)右边有四个未知数,即 S_∞、S_d、α、β。在实测初期沉降量－时间曲线($S-t$)上任意选取三点:(t_1, S_1),(t_2, S_2),(t_3, S_3)并使 $t_3 - t_2 = t_2 - t_1$,将上述三点分别代入上式中,联立求解得参数和最终沉降量 S_∞ 以及 S_d 的表达式,其中 S_d 的表达式中还含有 α 这个变量。一般在求 S_d 时,α 可采用理论值或根据实测资料计算,将所求得的 β,S_∞,S_d 分别代入式(3－11)中便可得出任意时刻的沉降。

以下是具体求解过程:

$$S_1 = S_\infty (1 - \alpha e^{-\beta t_1}) + S_d \alpha e^{-\beta t_1} \quad\quad (3-12)$$

$$S_2 = S_\infty (1 - \alpha e^{-\beta t_2}) + S_d \alpha e^{-\beta t_2} \quad\quad (3-13)$$

$$S_3 = S_\infty (1 - \alpha e^{-\beta t_3}) + S_d \alpha e^{-\beta t_3} \quad\quad (3-14)$$

由此解得:

$$e^{\beta(t_1 - t_2)} = \frac{S_2 - S_1}{S_3 - S_2} \quad\quad (3-15)$$

$$\beta = \frac{1}{t_2 - t_1} \ln \frac{S_2 - S_1}{S_3 - S_2} \quad\quad (3-16)$$

$$S_\infty = \frac{S_3(S_2 - S_1) - S_2(S_3 - S_2)}{(S_2 - S_1) - (S_3 - S_2)} \quad\quad (3-17)$$

$$S_d = \frac{S_t - S_\infty(1 - \alpha e^{-\beta})}{\alpha e^{-\beta}} \quad\quad (3-18)$$

①连接 $S-t$ 曲线时,应对 $S-t$ 曲线进行光滑处理,即尽量使曲线光滑,使之成为规律性较好的曲线,然后再在曲线上选点。

②为了减少推算误差提高预测精度,要求三点的时间间隔尽可能大,即选取的($t_2 - t_1$)尽可能大,因此要求预压时间长。

本法要求实测曲线基本处于收敛阶段才可进行。

(4)指数曲线法

指数法方程为:

$$S_t = |1 - Ae^{-Bt}| S_m \quad\quad (3-19)$$

式中: S_m 为最终沉降; A, B 为系数,求法同双曲线法中 a、b。

指数曲线法和双曲线法简单实用,但是前提是假定荷载一次施加或者突然施加的,这与实际情况不符,因此其方法尚待改进,下面的修正指数曲线法将路堤荷载分为若干个加载阶段,将各级荷载增量所引起的沉降叠加。

(5)遗传算法双曲线

1) 模型特征

遗传算法（Genetic Algorithms，简称 GA）是模拟生物在自然环境中的遗传和进化过程而形成的一种自适应全局优化概率搜索算法。它通过对当前群体施加选择、交叉、变异等一系列遗传操作，从而得到新一代群体，并逐步使群体进化到包含或接近最优解的状态。遗传算法具有思想简单、易于实现、应用效果明显等优点而被众多领域接受。

遗传算法通过选择复制和遗传因子的作用，使优化群体不断进化，最终收敛于最优状态。选择复制使适应函数值大的个体具有较大的复制概率，它能加快算法的收敛速度。交叉因子通过对两父代进行基因交换而搜索出更优的个体。变异操作能够给进化群体带来新的遗传基因，避免陷入局部极值点。

2) 遗传算法双曲线模型的建立

目标函数采用规范中的双曲线沉降预测模型。双曲线计算模型具有较好的拟合效果，精度较高等特点。但同时，由于受其自身回归统计模型理论的影响（灵活性差、自适应能力差），不能通过自身的调节使模型进一步优化，模型对沉降观测前段数据点比较敏感，因而模型对前段数据点一般有较好的拟合能力，但是对于后半段的沉降观测数据点较前段的点拟合得要差。为改变双曲线算法存在的不足之处，特将遗传算法与双曲线计算方法相结合，将两种方法优势互补，因此本算法引进遗传算法对拟合数据进行优化处理。

在遗传算法中，初始群体的产生是通过在决策变量的定义域（优化约束条件）内随机选取一个值来实现的。由双曲线函数的性质及沉降随时间衰减的规律，可取决策变量的定义域为：$a \in [a_{min}, a_{max}] = \left[0, \dfrac{1}{y_{min}}\right]$，$b \in [b_{min}, b_{max}] = \left[0, \dfrac{x_{max}}{y_{min}}\right]$，并根据计算结果，采用相关系数作为目标函数优劣的评判标准，对其进行不断调整，从而找到在定义域区间中的最佳 a，b 系数，从而形成新的双曲线模型，而双曲线的计算方法在上面的章节已经做了较为详细的介绍，在此不再复述。

3) 遗传算法双曲线具体求解步骤

①初始化。种群规模 n、染色体长度 L、搜索空间 Θ（即决策变量的定义域）、交叉概率 p_c、变异概率 p_m；随机产生初始种群 P_0；计算个体的适应度值 $f_0 i$，将个体按适应性从好到差排序；种群的整体适应度按下式计算：

$$F_1 = \sum_{i=1}^{n} f_i \qquad (3-20)$$

式中：f_i 为个体适应值；F_1 为种群适应值之和。

②产生新个体。按交叉概率 p_c 随机选择两个个体交叉，采用两点交叉的模式从而扩大搜索范围，使搜索能力更加健壮，交叉后随机选择个体按变异概率 p_m 进行某基因位的突变，从而得到新的个体。

③评价新个体。即计算它们的适应度值 $f_1 i$，利用轮盘赌随机产生 n 个 $[0,1]$ 之间的随机数，按适应度比例值从而选择 n 个个体进入下一代。在评价新个体中采用精英保留策略，如产生的新一代最佳个体的适应度值小于上一代最佳个体的适应度值，则将上一代最佳个体直接复制替换新一代中的最差个体。此策略是沉降预测结果收敛到最优解的基本保障。

④评价新种群。即重新计算新种群的整体适应度 $F_1 = \sum_{i=1}^{n} f_i$。

⑤执行迭代终止准则，如果满足迭代终止条件则停止；否则，变子代为新的父代，转至 (2)，直至满足迭代终止条件。

⑥输出优化后的沉降预测结果。

(6) Verhulst 算法

1) 模型特征

Verhulst 模型源于 Malthasia 模型，Malthasia 模型适用于生物繁殖的预测，具有无限增长的特征。1937 年，德国生物学家 Verhulst 对 Malthasia 模型进行修正，添加一个阻尼项，使得增长到达一定程度后趋于缓和。该模型的表达式为：

$$\frac{\mathrm{d}p(t)}{t} = ap(t) - bp^2(t) \tag{3-21}$$

式中：a，b 均为参数；$p^2(t)$ 为阻尼项。

Verhulst 模型的 $p(t) - t$ 曲线呈 "S" 状，开始和末端处的 $p(t)$ 随 t 缓慢增长，中间段增长较快 (图 3-22)。该曲线与路堤沉降随时间的变化曲线相近。

2) Verhulst 模型的建立

Verhulst 模型的基本思想是将离散的随机数列 $X^0_{(i)}$ 进行一次累加 (1-AGO)，生成序列 $X^1_{(i)}$，然后再对序列 $X^1_{(i)}$ 建模计算，得到预测值。进行 1-AGO 的目的是削弱原始数据

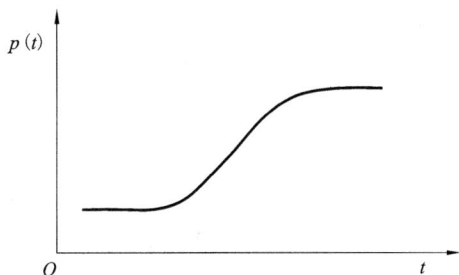

图 3-22　Verhulst 模型几何特征

中随机项的影响，这是灰色理论不同于需要大量样本进行数据分析研究的统计理论的特点。

设有 n 个沉降增量 $X^0_{(i)}$ ($i = 1, 2, \cdots, n$) 经过 1-AGO 产生新的数列：

$$X^1_{(i)} = \sum_{k=1}^{i} X^{(0)}_k \quad (i = 1, 2, \cdots, n; k = 1, 2, \cdots, i) \tag{3-22}$$

将式 (3-21) 代入式 (3-22)，可得：

$$\frac{\mathrm{d}X^{(1)}}{t} = aX^{(i)} - b(X^{(1)})^2 \tag{3-23}$$

根据最小二乘法，有：

$$\{a, b\}^{\mathrm{T}} = (\boldsymbol{B}^{\mathrm{T}}\boldsymbol{B})^{-1}\boldsymbol{B}^{\mathrm{T}}Y_n \tag{3-24}$$

其中，

$$\boldsymbol{B} = \begin{bmatrix} \frac{1}{2}(X_1^{(1)} + X_2^{(1)}), & -\frac{1}{4}(X_1^{(1)} + X_2^{(1)})^2 \\ \frac{1}{2}(X_2^{(1)} + X_3^{(1)}), & -\frac{1}{4}(X_2^{(1)} + X_3^{(1)})^2 \\ \vdots & \vdots \\ \frac{1}{2}(X_{n-1}^{(1)} + X_n^{(1)}), & -\frac{1}{4}(X_{n-1}^{(1)} + X_n^{(1)})^2 \end{bmatrix} \tag{3-25}$$

$$\boldsymbol{Y}_n = (X_2^{(0)}, X_3^{(0)}, \cdots, X_n^{(0)})^{\mathrm{T}} \tag{3-26}$$

将参数 a，b 代入式 (3-22)，可得

$$\hat{X}_i^{(1)}(t+1) = \frac{\dfrac{a}{b}}{1 + \left[\dfrac{a}{bX_1^{(0)}} + 1\right]\mathrm{e}^{-at}} \tag{3-27}$$

当 $t=1,2,\cdots,n$ 时，$\hat{X}_i^{(1)}$ 计算值为相应时间的沉降值；当 $t=\infty$ 时，$\hat{X}_i^{(1)}$ 计算值等于极限值 a/b，该值可以认为是路堤的最终沉降量。

（7）Asaoka 算法

对于一维固结问题，Mikasa 的固结微分方程采用应变形式表达如下：

$$\frac{\partial \varepsilon(t,z)}{\partial t} = C_v \frac{\partial^2 \varepsilon(t,z)}{\partial z^2} \tag{3-28}$$

式中：$\varepsilon(t,z)$ 为竖向应变；t 为时间；z 为排水距离；C_v 为固结系数。

Asaoka 认为，以体积应变表示的一维固结方程式（3-28）可近似地用一个以级数形式的微分方程表示：

$$S + a_1 \frac{\mathrm{d}s}{\mathrm{d}t} + a_2 \frac{\mathrm{d}^2 s}{\mathrm{d}t^2} + \cdots + a_n \frac{\mathrm{d}^n s}{\mathrm{d}t^n} = b \tag{3-29}$$

式中：S 为总固结沉降量（包括瞬时沉降、主固结沉降和次固结沉降）；$a_1,a_2,\cdots,a_n$ 以及 b 均为取决于固结系数和土层边界条件的常数。

Asaoka 法基本思想就是利用已有的沉降观测资料求出这些未知数，然后据此参数预估最终沉降。

沉降 - 时间关系曲线可分离为：$t_j = j\Delta t(j=1,2,3,\cdots)$，且 Δt 为常数；$S_j = S(t_j)$。如此，式（3-29）可用递推形式表示为：

$$S_j = \beta_0 = \sum_{i=1}^{n} \beta_i S_{j=1} \tag{3-30}$$

式中：β_0 为沉降值；β_i 为无维数的常量。

对大多数实际情况，通常第 1 阶（$n=1$）近似就足够了，这样，式（3-29）、式（3-30）可以简化为

$$S + a_1 \frac{\mathrm{d}S}{\mathrm{d}t} = b \tag{3-31}$$

$$S_j = \beta_0 + \beta_1 S_{j-1} \tag{3-32}$$

式（3-31）中的沉降 S 即为待求未知量，由于其本身及导数都是一次的，那么该式属于典型的一阶线性非齐次微分方程。设地基的初始沉降、最终沉降分别为 S_0 和 S_∞，则该方程的通解为

$$S(t) = S_\infty - (S_\infty - S_0)\mathrm{e}^{-a_1 t} \tag{3-33}$$

在式（3-31）中令 $t=t_j$，则当时间 t_j 趋向无穷大时，$S(t_j)=S_\infty$，且有 $S_j = S_{j-1}$，代入式（3-30）可得到本级荷载下的最终沉降为：

$$S_\infty = \frac{\beta_0}{1 - \beta_1} \tag{3-34}$$

由于上述计算中只取了 S 的一阶导数，故式（3-32）中得出的 S_∞ 不包含次固结沉降量。如果沉降数据选自于加荷结束以后，则瞬时沉降已经完成。这样 S_∞ 可包含瞬时沉降部分。

图解法推算步骤如下：

将时间划分成相等的时间段 Δt，在实测的沉降曲线上读出 t_1，t_2。所对应的沉降值 S_1，S_2……；再以 S_{i-1} 和 S_i 坐标轴的平面上将沉降值 S_1，S_2……以点 (S_i, S_{i-1}) 画出，同时作出 $S_i = S_{i-1}$ 的 45° 直线；过一系列点 (S_i, S_{i-1}) 作拟合直线与 45° 直线相交，交点对应的沉降为最终沉降值（图 3 - 23）。

Asaoka 法如图 3 - 24 所示，在 Asaoka 法推算的过程中，Δt 的取值对最终沉降量的推算结果有直接的影响。ΔT 过小会造成拟合点的波动性较大，拟合直线的相关系数较小：Δt 过大，S_i 点过少，易产生较大的偏差，而且对是否已进入次固结阶段不易作出判断。一般取 Δt 在 30 ~ 100 d 之间。在实际的推算过程中，宜同时多计算几个不同的 Δt 得出相应的最终沉降值，而后在其中选取相关系数较好的沉降值作为最终沉降值。

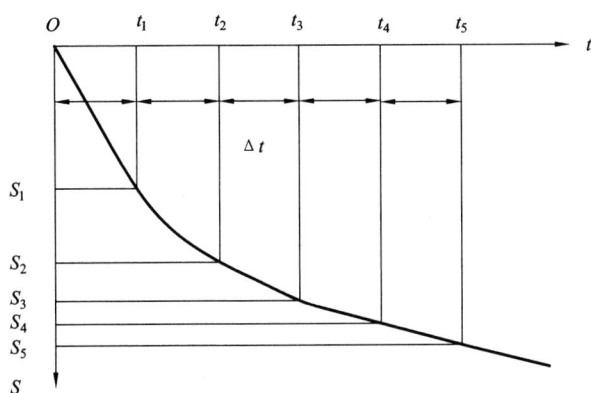

图 3 - 23　沉降曲线画法示意图　　　　　　图 3 - 24　Asaoka 法示意图

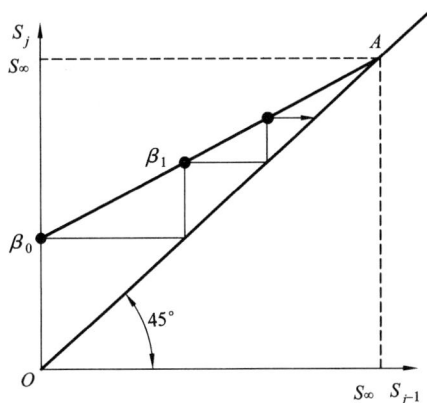

(8) 灰色系统 $GM(1, 1)$ 算法

灰色系统是指信息不完全与不确知的系统，它是一种综合运用数学方法对信息不完全的系统进行预测、预报的理论和方法。其基本思路是将与时间有关的已知数据按某种规则加以组合，构成白色模块，然后按某种规则提高灰色模块的白化度，特点是应用为数不多的数据就能建模。

灰色预测的思路是：把随时间变化的随机正的数据列，通过适当的方式累加，使之变成非负递增的数据列，用适当的方式逼近，以此曲线作为预测模型，对系统进行预测。这里使用单一变量的 $GM(1, 1)$ 模型，该模型要求时序数据是平稳变化的。

设 $[X^{(0)}] = [X_1^{(0)}, X_2^{(0)}, \cdots, X_n^{(0)}]$ 为原始数据列，所对应的时间序列为 $t = [t_1, t_2, \cdots, t_n]$，该数列的一次累加数列为：$[X^{(0)}] = [X_1^{(0)}, X_2^{(0)}, \cdots, X_n^{(0)}]$，且满足：$X_k^{(0)} = \sum\limits_{m=1}^{k} X_m^{(0)}$，对 $X_i^{(0)}$ 建立白化形式的微分方程：

$$\frac{\mathrm{d}X^{(1)}}{\mathrm{d}t} + \mathrm{d}X^{(1)} = \mu \tag{3-35}$$

方程的解为：

$$\hat{X}_{k+1}^{(1)} = \left[X_1^{(0)} - \frac{u}{a} \right] \mathrm{e}^{-1k} + \frac{u}{a} \tag{3-36}$$

然后确定 $k = 1, 2, 3, \cdots, N-1$ 时的值：$\hat{X}_2^{(1)}$，$\hat{X}_3^{(1)}$，$\hat{X}_4^{(1)}$，$\cdots$，$\hat{X}_n^{(1)}$，进而得还原数列：

$\hat{X}_k^{(0)} = \hat{X}_k^{(1)} - \hat{X}_{k-1}^{(1)}$，$k = 2$，$3$，$\cdots$，$n$

根据最小二乘法，有

$$\{a,\ b\}^{\mathrm{T}} = (\boldsymbol{B}^{\mathrm{T}}\boldsymbol{B})^{-1}\boldsymbol{B}^{\mathrm{T}}\boldsymbol{Y}_n \tag{3-37}$$

其中，

$$\boldsymbol{B} = \begin{bmatrix} -\dfrac{1}{2}\big[X_2^{(1)} + X_1^{(1)}\big] & 1 \\[2mm] -\dfrac{1}{2}\big[X_3^{(1)} + X_2^{(1)}\big] & 1 \\[1mm] \vdots & \vdots \\[1mm] -\dfrac{1}{2}\big[X_n^{(1)} + X_{n-1}^{(1)}\big] & \end{bmatrix} \tag{3-38}$$

$$\boldsymbol{Y}_n = (X_2^{(0)},\ X_3^{(0)},\ \cdots,\ X_n^{(0)})^{\mathrm{T}} \tag{3-39}$$

将参数 a，b 代入式(3-36)，可得

$$\hat{X}_i^{(1)}(t+1) = \frac{\dfrac{a}{b}}{1 + \Big[\dfrac{a}{bx_1^{(0)}} + 1\Big]\mathrm{e}^{-at}} \tag{3-40}$$

第 4 章

路基与其他铁路建筑物的连接

4.1　路桥(涵,隧)过渡段的基本问题

　　铁路、公路线路是由不同特点、性质迥异的构筑物(桥,隧,路基等)和轨道构成的,它们相互作用,相互依存,相互补充共同构成了一条平滑线路。但由于组成线路的结构物在材料、强度、变形等方面的差异巨大,必然会引起轨道的不平顺。而轨道的不平顺影响列车运行安全和乘客乘车的舒适性。所以,将轨道的不平顺控制在一定范围之内,是保证列车安全,舒适且不间断运行的关键。本节详细阐述了过渡段的受力特点和过渡段的不平顺等两个基本问题,并在此基础上,对过渡段的处理原则和方法进行了详细的阐述。

4.1.1　过渡段的受力特点与变形规律

　　根据列车行驶方向的不同,过渡段受列车载荷的作用也不同。在列车驶向桥台时,列车载荷会对桥台与路基连接处有一定的冲击作用;而当列车从桥面驶向路基方向时则对距离桥台过渡段的中间位置有较大冲击作用(图4-1)。在既有线路桥过渡段动态测试的动应力比一般路基大,说明过渡段的不平顺引起动应力增加,需要对过渡段进行专门设计。

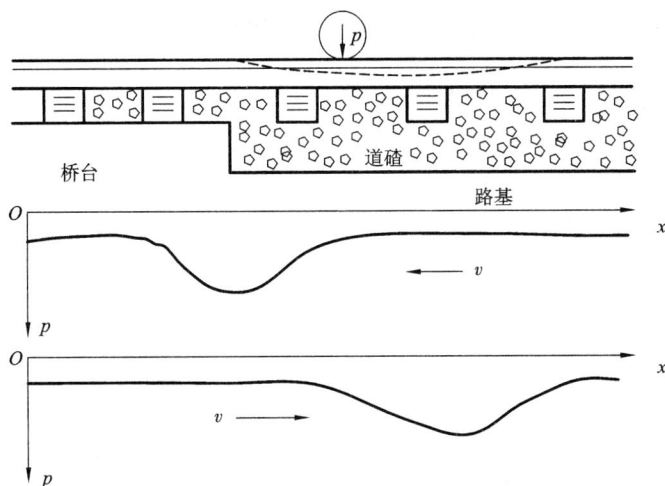

图 4-1　过渡段路基面上的动力响应

正常施工的路桥过渡段,在基底比较稳定的情况下,其路基部分的沉降变形遵循从桥台到一般路基逐渐增加的规律;由于施工质量、水害等原因也会引起路基在靠近桥台部分产生较大的沉降差异,与桥台之间产生竖向的错动甚至裂缝。

4.1.2 过渡段的几何不平顺与力学不平顺

由于路基与桥台、涵洞的沉降经常会不同,在路基部分的沉降变形会大一些,在其过渡点附近极易产生变形差,这种变形差称之为几何不平顺。这种不平顺会导致轨面发生弯折。当列车通过时,必然会引起车辆与线路相互作用力的增加,加速线路状态的劣化,降低线路设备的服务质量,增加线路的养护维修费用,严重时甚至危及行车安全。

路基与桥梁、涵洞等刚度差别较大,它们对列车车辆通过时的动载荷的响应会不同,这种两种线路结构存在的刚度上的差异称为力学不平顺。这种不平顺会影响到乘坐的舒适度。

国内长期以来对路桥过渡段的处理问题不够重视,认为因各种因素引起的轨面变形可通过起拨道、捣固工作进行修复,在过去的设计中并没有采取明确的措施,也没有提出明确的标准。在施工过程中由于路桥过渡段的位置特殊,又常使台后的填料不易达到最佳的压实效果,竣工后的沉降较大。另外,工程建设施工计划的安排也增大了过渡段处理难度。桥梁作为重点工程一般都优先进行施工,路基工程由于被认为施工难度较小而放在最后(主要是有利于赶工期),路桥过渡段更是放在铺架前才突击完成。没有一定的静置稳定时间,运营后沉降变形大就不足为奇了,须进行频繁养护维修才能保证轨道的平顺。大量的调查分析表明,我国普通铁路路桥过渡段的病害广泛而严重,经常性的维修使得一些线路桥台后的路基道碴囊深度较大,纵向延伸较长。

在公路路基与桥梁等的连接处最大的问题是沉降差异难消除,在车辆行驶中容易造成跳车,影响舒适度甚至造成危险。由于公路路面结构基本上都是刚性和半刚性的,下部建筑物的不均匀沉降直接就反映到了路面,而不像铁路轨道可以通过调整道碴层厚度来进行修复,故公路桥头跳车(不平顺)的问题更加严重,并一直是公路建设养护维修部门急待解决,又长期未得到很好处理的问题。近年来,随着我国高等级公路的大量兴建,设计车速的提高,桥头跳车问题变得日益严重和尖锐,已引起了公路部门的高度重视。

4.1.3 力学不平顺和几何不平顺的原因

路桥、路涵和堤堑过渡段受到高速运行车辆动荷载的作用时,往往会出现较大的跳车现象,产生力学不平顺和几何不平顺,这种现象的主要原因有以下几个方面。

(1)路基与桥(涵)的结构差异

桥(涵)结构一般是刚性的,而路基是柔性的。由于这两种结构的差异,在路基与桥(涵)之间必然存在着变形差(图4-2)。路桥(涵)过渡段由于刚性、自重、强度的不

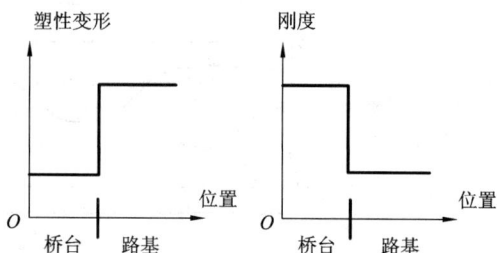

图4-2 路基与桥(涵)的结构差异示意图

同,在列车荷载作用下又是应力集中区域,必然产生变形的不一致。

(2)路基填料

普通铁路的路堤填料一般是填土,压实标准相对较低。同时,过渡段往往作业面相对狭小,碾压质量不易控制,其压实度达不到设计要求。

(3)地基

地基土的性质及结构不同,所产生的沉降和沉降达到稳定所需要的时间也不同。桥头路基一般填筑较高,地基土承受的附加应力较大,地基的沉降变形较其他路段要大,软弱地基路段尤其如此。

(4)施工

施工时,对工期或工序安排不当,以致过渡段的填土碾压工作安排在施工工期尾部,被迫赶工期,不能够很好地控制填土压实质量,使得过渡段路基产生较大的压密下沉变形。

(5)重桥轻路意识

设计和施工中重桥轻路的意识是影响路桥过渡段施工质量的又一因素。目前在铁路建设工程中,往往是路桥分家,重桥轻路。桥梁施工中集中了大量精干的工程技术人员,而路基施工却未能投入必要的技术人员。在设计中没有把路桥过渡段作为一种结构物来考虑,没有较为合理的设计要求,在施工过程中路桥过渡段又是质量控制的薄弱环节。

4.2 过渡段的设计

4.2.1 过渡段一般处理原则与方法

为避免产生几何不平顺和力学不平顺,需要在路基与其他建筑物之间设置一定长度的过渡段,以保证列车或车辆安全、舒适地运行。

根据过渡段线路不平顺的发展规律,过渡段的处理应包含两个方面的内容:

①受荷载影响范围(基床以上部分)线路结构抵抗动载变形的能力,即线路综合模量(刚度)的平顺过渡,避免力学不平顺。

②刚性桥台与柔性路基间工后沉降差即几何不平顺问题。

这两个方面都对列车或车辆的运行产生影响,但产生的原因各不相同,影响程度也不一样,必须区别对待,有针对性地进行处理,才能达到较好的效果。需要设置过渡段的有:路基与桥梁或涵洞的过渡;路堤、路堑过渡;隧道洞口过渡等。

下面以路桥过渡段为例来介绍过渡段的处理方法及原理。

在减少沉降差异方面主要在于加大过渡段地基处理力度,尽量减少由于地基的变形引起的与桥台的不均匀沉降。在软土或冻土等特殊土地区,要根据产生地基沉降的主要原因而采取合适的地基处理方法。在软土地区要使地基内的软土充分固结,尽量减少工后路基沉降;在多年冻土地区要根据冻土的类型尽量使地基下的多年冻土处于稳定状态,不产生长期的变形或融化下沉。

在减少路基和桥梁间的刚度差异方面,可以在过渡段的路基一侧增大基床刚度,减小路基的变形。此类处理方法的主要目的是通过加强路基来达到减小路桥间在刚度和变形方面的差异,进而减小路桥间的不平顺。

具体有以下几类处理方法:

(1)在过渡段较软一侧,增大基床刚度,减小路堤沉降该类处理方法的主要目的是通过加强路基来达到减小路桥间在刚度和变形方面的差异，进而减小路桥间轨道不平顺。

①碎石类优质材料填筑法。

使用强度高，变形小的优质材料进行填筑过渡段，是最常用的一种处理措施。级配粗粒料（如碎石、级配砂砾石、水泥石灰稳定砂石土、低标号混凝土等）用于过渡段填筑，无论是在铁路还是公路，都是最常用的处理方法，其主要目的就是要减小路堤自身的压缩性，并设置一定的几何形状使过渡段的刚度有从桥台到路基逐渐的变化。该方法设计意图明确，材料性质可靠、易控制，刚度和变形能均匀过渡，可能存在的问题是靠近桥台背面窄小空间的填料压实质量不易保证，相对较重的填料质量引起的地基沉降也较大，所以必须进行充分压实和严格检测。根据施工顺序的不同过渡段级配碎石也可以是梯形或倒梯形形状。

②加筋土法。

在过渡段路堤填土（必要时也可包括地基）中埋设一定数量的拉筋材料，如土工格栅、土工布、土工网等形成加筋土路堤结构。加筋土不仅能增加路基强度，而且还能大幅提高路基刚度，显著减小或均衡路基变形，能将路桥交界处的台阶式跳跃沉降变成连续的斜坡式沉降，如图4－3、图4－4所示。

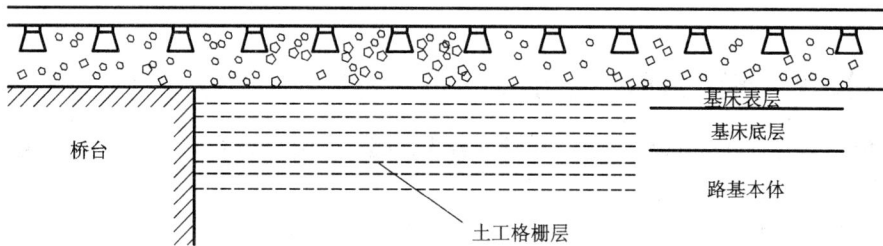

图4－3　加筋土过渡法

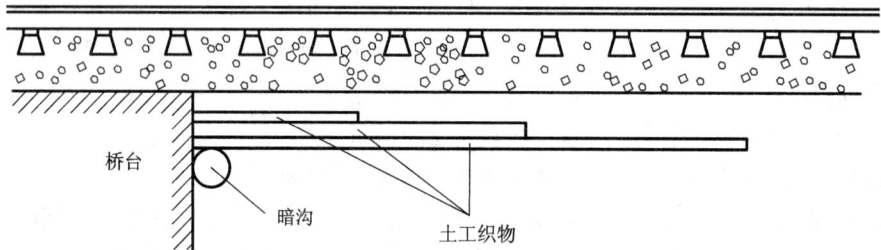

图4－4　采用土工织物过渡法

③使用力学性能较好的轻型材料（如 EPS，人工气泡混凝土等）。

填筑过渡段是近年国内外研究开发和应用的一种减轻结构物自重的工艺方法。这种方法可显著降低对地基竖向加载作用及对桥台结构的水平土压力，使地基变形减小，并可与地基处理进行综合考虑，降低地基处理费用，减小地基处理范围和缩短施工工期。

④过渡板法。

在过渡段范围内路基填土上现浇一块钢筋混凝土厚板,并使一端支承在刚性基础(桥台)上,利用钢筋混凝土厚板的抗弯模量来增大刚度,这是公路部门对于混凝土路面的常用方法,如图 4 - 5 所示。上置式钢筋混凝土搭板是搭板布置的基本形式,它一端支撑在桥台上,另一端简支于枕梁上,搭板既可水平放置,又可倾斜布置,板厚可均匀,也可渐变。搭板设计按简支板进行,枕梁按弹性地基梁计算。桥头设置搭板时板下仍需填筑级配粗粒土,因此虽然在理论上,设置搭板可使刚性桥台与柔性路基间刚度逐渐变化,但实际上其主要作用是顺坡,使桥头与路基间的不均匀沉降可以比较平顺的过渡。但如果板下路基填土密实度不够,则在荷载作用下板可能会与路基脱离,这对板的受力非常不利,所以要充分压实路基,提高其强度和稳定性。但应用于铁路过渡段处理时由于列车荷载更大、速度更快、过渡板将更长更厚,这对过渡板的受力非常不利,一旦破损,更换将非常困难。

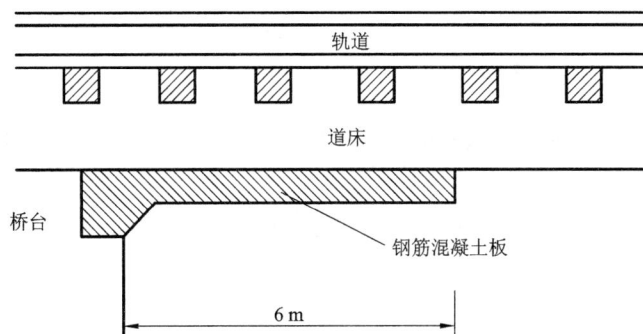

图 4 - 5　桥头设置搭板

⑤位于软土地区的路桥过渡段,还可以考虑采用轻质填料,如二灰土等其他填料。二灰土容重小、强度大,可减小对桥台及基础的附加水平力和地基沉降,并可使用小型碾压机械,薄层填筑,从而减小振动碾压对桥台稳定性的影响。

(2)在过渡段较软一侧,增大轨道竖向刚度

该类处理方法的主要目的是通过提高轨道竖向刚度来减小路桥间轨道刚度的变化率,不能解决由路桥间沉降差引起的轨面弯折问题。

通过调整轨枕长度和间距来提高轨道刚度(图 4 - 6)。在过渡段范围内,通过使用逐步增长的超长轨枕和减小轨枕间距可实现轨道刚度的逐步过渡。

通过加厚道床厚度来提高轨道刚度。道碴是一种强度高、变形小的优质材料。在过渡段范围内逐渐增加道床厚度,可使轨道刚度逐步变化。该法仅适用于既有线改造,高速铁路级配碎石基床表层结构的刚度大于道床刚度。

(3)在过渡段较硬一侧,通过设置轨下、枕下、碴底橡胶垫板(块)来调整轨道竖向刚度

对于桥梁或隧道等刚性结构物上的轨道可通过调整轨下垫板的刚度和设置枕下垫块(无碴),使轨道刚度与较软一侧轨道刚度相匹配。垫板(块)刚度可通过室内试验,计算和现场测试确定。

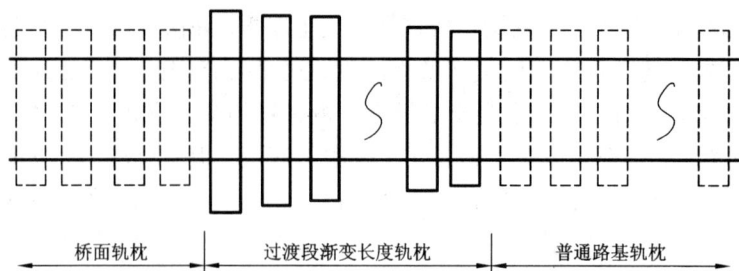

图 4-6 调整轨枕长度与间距

对于有碴轨道结构，由于列车荷载的动力作用较大，常使桥上和隧道内的道碴发生磨损粉化。为了解决这个问题，日本在高速铁路的道碴底铺设了一层约 25 mm 厚的橡胶垫。该层橡胶垫的设置，能降低轨道竖向刚度，减小路桥间轨道刚度变化。

4.2.2　不同等级线路过渡段设计

秦沈客运专线采用了沿线路纵向倒梯形过渡段，采用级配碎石填筑或 A、B 土分层夹铺土工格栅，经过实车测试，过渡效果较好。

新建时速 160 km 及以下一次铺设无缝线路的 I 级铁路线路，其路桥过渡段按照图 4-7 的要求设计。

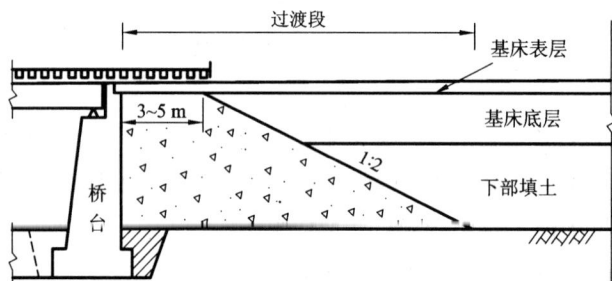

图 4-7　路桥过渡段设计图

《铁路路基设计规范》(TB 10001—2005)

过渡段长度为：

$$L = 2h + a \qquad\qquad (4-1)$$

式中：L 为过渡段长度，m；h 为路堤高度，m；a 为常数，可取 3~5 m。

新建时速 200 km 客货共线铁路的路桥过渡段也按照上面的尺寸与形式设计，在软土地区可在台后设置钢筋混凝土搭板。台后应以混凝土回填或以碎石分层填筑压实，并做好横向排水。过渡段应与其相连的路堤按一体同时施工。在台背不易碾压的 2 m 范围内应掺 3%~5% 的水泥。

新建时速 200~250 km 客运专线铁路及新建时速 300~350 km 客运专线的路桥过渡段长

度按照下面的公式确定其长度和形式(图 4 - 8)。

$$L = 4(H - h) + a + b \text{ 或} \geqslant 20 \qquad (4 - 2)$$

式中：L 为过渡段长度，两者中取大值，m；H 为台后路堤高度，m；h 为基床表层厚度，m；a，b 为常数，可取 3~5 m，对于新建时速 300~350 km 客运专线，$a = b$。

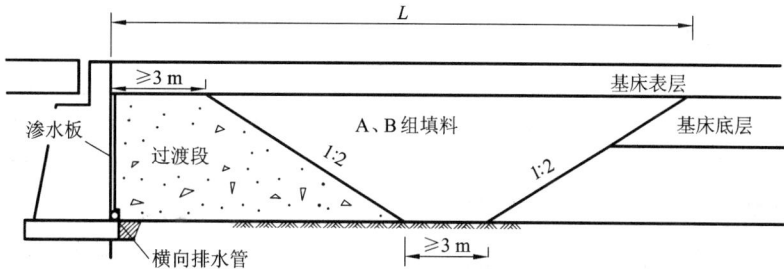

图 4 - 8　客运专线路桥过渡段设计方法

过渡段路堤桥台连接的 20 m 范围内基床表层级配碎石内应掺入适量水泥。过渡段正梯形范围采用级配碎石掺入适量水泥并分层填筑，过渡段倒梯形过渡范围采用 A、B 组填料填筑，压实标准应符合相应等级线路基床底层规定。

过渡段路堤应与其连接的路堤按一整体同时施工，并将过渡段与连接路堤的碾压面，按大致相同的高度进行填筑。对于时速 300~350 km 的客运专线，级配碎石中可掺入适量的水泥，充分振动碾压压实。过渡段处理措施及施工工艺应结合工程实际，进行现场试验。

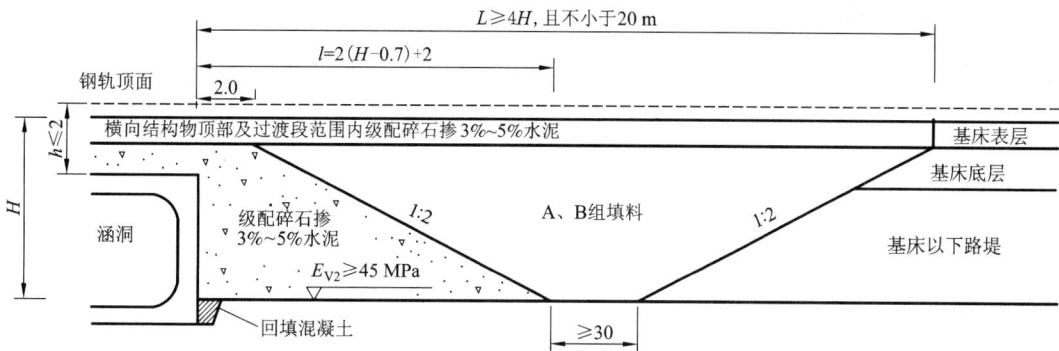

图 4 - 9　200~350 km/h 无砟轨道客运专线路桥过渡段(单位：m)

200~350 km/h 无砟轨道客运专线路桥过渡段按照图 4 - 9 所示设计，需要时根据情况设置钢筋混凝土搭板。过渡段正梯形范围采用水泥稳定级配碎石，掺入 3%~5% 水泥，过渡段倒梯形过渡范围采用 A、B 组填料填筑，压实标准应符合相应等级线路基床底层规定。过渡段总长度不小于 4 倍的桥台高度，且不小于 20 m。

设计时速高于 200 km 的线路，都应该按照规定在路堤与横向结构物(立交框构，箱涵)连接处设置过渡段。如果横向结构物距离路基面近(小于 1.5 m)，则按照路桥过渡段设计。无砟轨道客运专线则要求当横向结构物距离路基面距离 0.7 m ≤ h < 2.0 m 时参照路桥过渡段设计，当 h > 2.0 m 时在涵洞侧面设置水泥(3%~5%)稳定级配碎石过渡段。

对于一次铺设无缝线路的Ⅰ级铁路，以及新建时速 200 km 客货共线线路路堤与路堑之间连接处应设置过渡段。当路堤与路堑连接处为软岩或土质路堑时，应先沿原地面纵向挖成 1:1.5 的坡面(图 4-10)，在其上设置台阶，台阶高度为 0.6 m 左右。开挖回填部分的填料和压实标准与路堤相同。当路堤与路堑连接处为硬岩路堑时，在路堑一侧沿原地面纵向设计台阶，台阶高度为 0.6 m 左右(图 4-11)，在路堤一端设置过渡段。

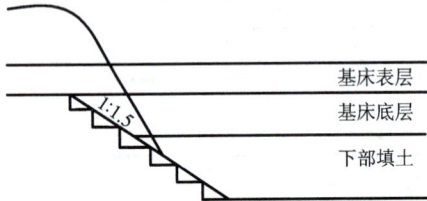

图 4-10   路基与软岩过渡段(单位: m)
《铁路路基设计规范》(BT 10001—2005)

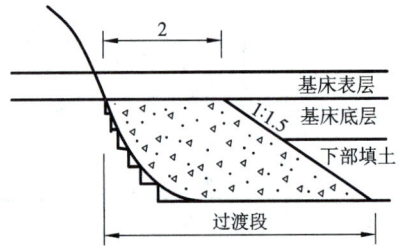

图 4-11   路基与硬岩过渡段(单位: m)
《铁路路基设计规范》(BT 10001—2005)

设计时速在 200 km 以上的客运专线、高速铁路也都要设置路堤路堑过渡段。新建时速 200~250 km 及新建时速 300~350 km 线路路堤与路堑连接处，应先沿原地面纵向挖成 1:2 的坡面。

过渡段设计的核心问题是通过地基处理及提高过渡段路基填筑的质量来尽量减少沉降的差异性；通过改变填料使线路的刚度在过渡带有一个逐渐的变化，达到平顺过渡的目的。

4.2.3   某城际铁路路桥过渡段设计实例

(1)路桥过渡段长度按下式计算：

$$L = n \cdot (H-h) + a \quad 且 \quad L \geqslant 20 \text{ m} \tag{4-3}$$

式中：L 为路堤过渡段长度，m；H 为台尾路堤高度，m；h 为基床表层厚度；a 为常数，可取 3~5 m；n 为级配碎石纵向坡度。

(2)台后过渡段范围内路基基床表层填筑掺加 3%~5%(重量比)的 PO32.5 级普通硅酸盐水泥的级配碎石。

(3)过渡段采用倒梯形，分层填筑掺加 3%~5%(重量比)的 PO32.5 级普通硅酸盐水泥的级配碎石。压实标准应满足 $K_{30} \geqslant 150$ MPa/m、$E_{vd} \geqslant 50$ MPa、$E_{v2} \geqslant 80$ MPa 和孔隙率 $n < 28\%$。

(4)碎石的级配范围应满足下表要求，颗粒中针状、片状碎石含量不大于20%；质软、易碎的碎石含量不得超过10%；黏土团及有机物含量不得超过2%。

(5)在桥台后填筑 0.1 m 厚无砂混凝土隔离层，并在基床部位设置混凝土块(以上部分由桥梁专业设计)。混凝土块与过渡段级配碎石间设置由无砂混凝土渗水板、无砂混凝土渗水板基础、软式透水管、C20 混凝土基础四部分组成的排水系统，软式透水管直径 $\phi100$ mm，并由软式透水管将水引出路基以外。

(6)桥台基坑以混凝土或级配碎石回填，路堤基底原地面平整后，用振动碾压机碾压密实，并使 $K_{30} \geqslant 60$ MPa/m，详见桥梁专业设计图(图 4-12)。

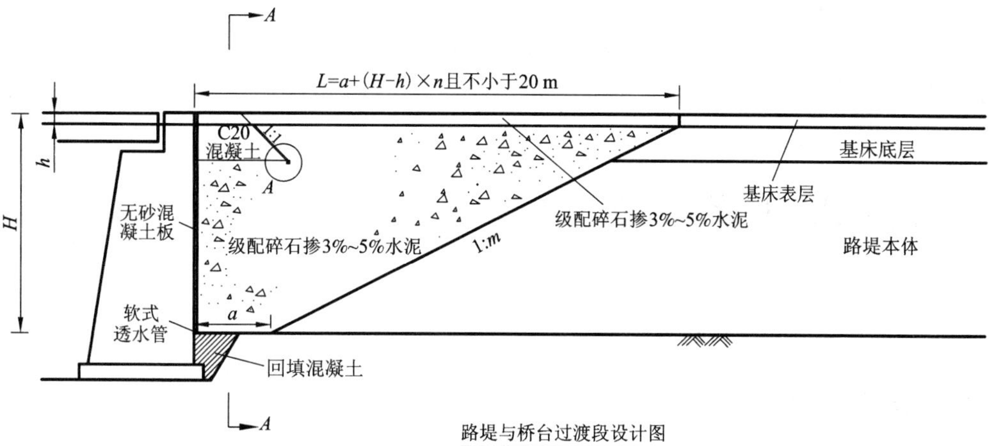

路堤与桥台过渡段设计图
比例 1:200

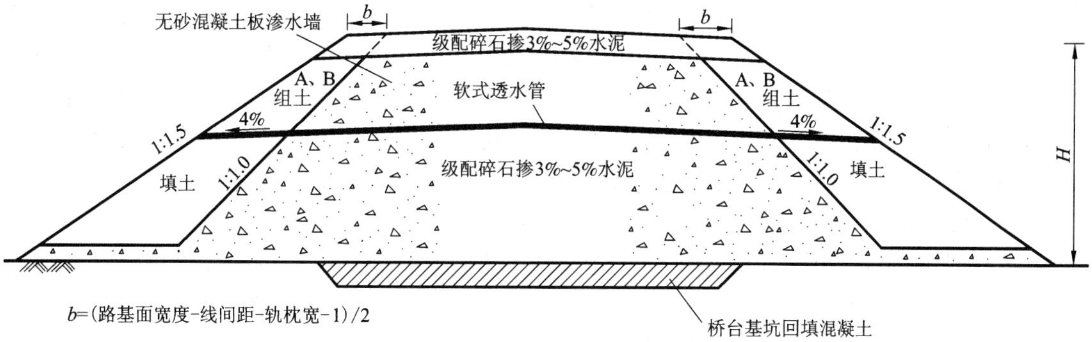

$A-A$ 断面图
比例 1:100

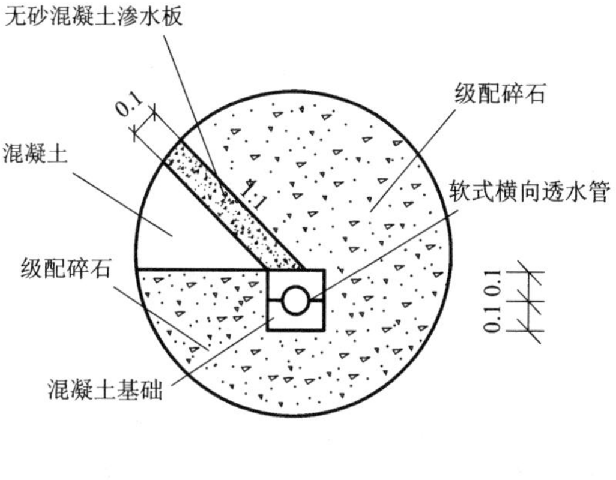

A点详图

图 4-12　某路桥过渡段设计图(单位: m)

第 5 章

路基排水和路基防护

5.1 路基排水

（1）水对路基的危害

路基路面的病害有多种形式，而水是导致各种病害的一个很重要的成因。地表水对路基土体的浸湿、饱和及冲刷作用，常常会造成土体的强度降低，同时又成为地下水的补给和来源，常常导致基床翻浆冒泥与下沉、边坡滑动与坍塌等各种路基病害的发生；地表水的流动，也是路基边坡坡面冲刷与坡脚冲刷的原因；地表水渗入含盐的土（如黄土）产生溶蚀作用，形成陷穴；由于气温的变化，水也常为寒冷地区产生冻害的一项重要因素；此外水的存在还给施工及运营造成许多困难和危害，由此可以看出水对路基稳定性的严重危害。

（2）做好路基排水的目的和原则

为了保持路基的稳定，使路基能经常处于干燥和坚固状态，应将可能停滞在路基范围内的地面和地下水及时排除，并防止路基范围以外的水流入或渗入路基范围内。因此，必须建立良好完善的排水系统，做好路基范围内的地表水和地下水的排除工作。

主要的设计原则为：

①路基设计应有完善、通畅的排水系统。排水设施应布置合理，与桥（涵）、隧道、车站等排水设施衔接配合，并具有足够的过水能力。

②排水设施应根据各段的汇水面积、表面形状、周边地形、地质情况、地下水状况和气候等条件进行设计。

③设计时应首先注意保护农田的水利排灌系统和水土保持工程，并尽量考虑农田水利综合利用，少占耕地和良田。

④城市地区的路基排水应与地方灌溉和排污系统密切配合。

5.1.1 路基地表排水

路基地面排水的目的主要是将桥（涵）间路基两侧的地表水截引至附近桥（涵）或沟谷，使地面水迅速排离路基范围，防止地表水停滞下渗和流动冲刷而降低路基的稳定性。路基地表排水的主要工作包括沿线地表排水系统的设计和地表排水设备的设计。

（1）地面排水系统的设计

沿线地面排水系统的设计就是根据线路平面和纵断面图，以及沿线的地形、地势和水文条件，作出总的排水规划，研究桥（涵）、隧道、车站等过水建筑物布置的合理性，设置必要的地面排水设施及其适宜位置和排水方向,将路基范围内的地面水以及可能流向路基的地面水导入顺畅的排水通道,最终排入沟河。主要的设计原则有:

①地面排水系统应布置合理,避免勉强改沟或合并天然沟。在天然沟槽不甚明显的漫流地段,应设置足够的过水建筑物,并在其上游设置必要的束流设施,以防病害发生。

②排水设施应基本上顺线路方向布置并位于路基本体较近的范围内,以最大限度地发挥其效用。尽量选择在地质比较稳定和地形较平缓的地带设置沟渠,以防排水系统的变形,保证路基边坡的稳定。

③排水设施大体上沿等高线布置,设计为多段直线相连,其转向处尽可能用较大半径(不小于 5 m)的圆曲线连接。

④为使水流迅速排出路基本体外,不宜采用长距离的排水沟,以免增加养护困难,节省养护费用,争取既经济又适用。

(2)地面排水设备的设置

路基地面水的排除设施有:排水沟、侧沟、天沟(截水沟)、缓流井和跌水、急流槽等。现将各设备的功用和特点及一般设计要求分述如下。

1)地面排水设施的功用和特点

①排水沟。

排水沟位于路堤护道的外侧,用于排除路堤范围内的地面水、截排自外流向路堤的地表水并将汇集的水引排到指定地点,如图 5 – 1 所示。在地面横坡不明显的平坦地段,可设置双侧排水沟;当地面横坡较陡时,排水沟应设置于地面迎水一侧。当有取土坑时,也可利用取土坑排水。

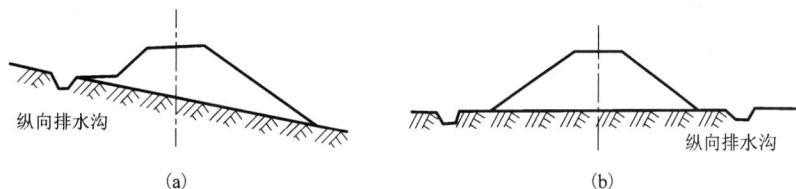

图 5 – 1 排水沟

(a)迎水侧排水沟;(b)双侧排水沟

如图 5 – 2 所示,排水沟常采用底宽 0.4 m,深度 0.6 m 的梯形断面,干旱少雨地区或硬质岩石地段,深度可减至 0.4 m;根据需要,有时也采用矩形断面。排水沟纵坡不应小于 2‰,平坦地段或反坡排水地段,在困难情况下,不得小于 1‰,且分水点的沟深可减至 0.2 m。大于 8‰ 的地段,应对水沟的沟身进行加固,防止冲刷破坏。在水沟纵坡变化段、水沟弯曲段尤应注意。排水沟沟壁的边坡坡率一般可采用 1:1,细粒土和砂类土的地段宜采用(1:1) ~ (1:1.5)。

②侧沟。

在路堑地段或线路不挖不填地带以及低填方地段,设置在路肩边缘外侧,用以汇集和排除路基范围内的地表水的排水设施,如图 5 – 3 所示。

在一般情况下,侧沟的横断面和纵坡设计与排水沟相同;但对基床表层换填 A、B 组填料的土质路堑,其侧沟深度不应小于 0.8 m(含困难地段)。靠线路一侧沟壁的边坡坡率可采用1:1。侧沟外侧与防护工程相连时，侧沟外侧沟壁的边坡坡率与防护工程相同；当有侧沟平台时，外侧沟壁的边坡坡率采用1:1；在砂类土中，两侧沟壁坡率采用(1:1)～(1:1.5)。在深长路堑和反坡排水困难的地段，宜增设桥(涵)建筑物，将侧沟水尽快引排至路基外。路堑侧沟的水不得流经隧道排出。当排水困难或隧道长度小于300 m时，洞外路堑排水沟的水量较小，含泥量少时，应经研究比较确定。

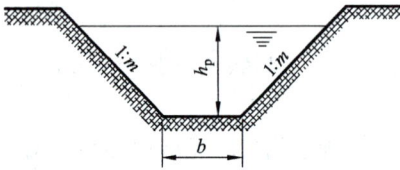

图5-2 梯形水沟横断面图

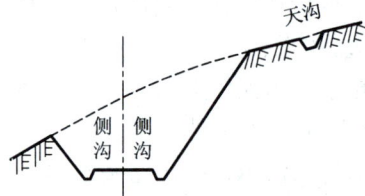

图5-3 路堑侧沟及天沟横断面图

③天沟(截水沟)。

天沟位于堑顶边缘适当距离处，用以截排堑顶上方流向路堑的地面水；截水沟一般设置于较深路堑的边坡平台上，或设于汇水面积和流量较大的路堑天沟外侧。堑顶外可设置单侧或双侧天沟，路堑顶部无弃土堆时，天沟内边缘至堑顶距离不宜小于5 m，当沟内采取加固防渗措施时，距离不宜小于2 m。天沟的横断面尺寸和纵坡设置与排水沟相同；边坡平台截水沟的尺寸可采用底宽0.4 m，深度0.2～0.4 m。天沟或截水沟的数量应视天沟距上方分水岭的距离和所需截排的流量而定。

天沟不应向路堑侧沟排水，当受地形限制需修建急流槽向侧沟排水时，应在急流槽的进口处进行加固，出口处设置消能设施及防止水流冲刷道床的挡水墙，急流槽下游的侧沟应加大断面，按1/50洪水频率流量确定。

④缓流井。

为了缓和纵坡过大段水流的流速，可以设缓流井。如图5-4所示，缓流井为井形构造，所以，进水口和出水口高差可以很大，可达15 m以上。它常设于地面高差很大、地形陡急、水流量又较大的情况下。缓流井的出水口应高于井底，以井底为消能设备。

⑤跌水。

在地形陡峻地段的天沟、截水沟，两端高差很大而水平距离很短时，可用主槽底部呈台阶状的单级或多级跌水连接之，如图5-4所示。

跌水的横断面一般设计为矩形，采用浆砌片石和混凝土修筑；跌水的每级台阶高差为0.2～2.0 m，跌水设备系利用台阶跌水消能，主体部分和消力部分的槽底厚度应按流量和冲击力的大小设计。进口部分始端和出口部分的终端的裙墙埋深应在冻结线以下不小于0.4 m(浆砌片石)或0.3 m(混凝土)；槽壁顶面厚度不小于0.3 m(浆砌片石)或0.2 m(混凝土)。

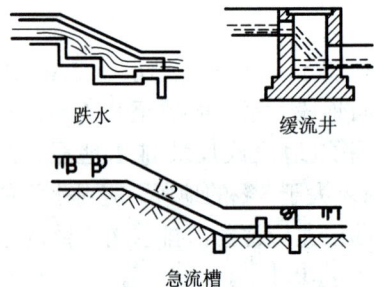

图5-4 跌水、缓流井、急流槽

⑥急流槽。

采用片石或混凝土等材料建造，也常用于连接水沟纵坡过大的沟段。急流槽的纵坡较大，可达 1:2，水流急，必要时出口设置消能槛、消力池等装置。设置路堑边坡上的急流槽又称吊沟。急流槽的横断面设计与多项跌水相同。

⑦倒虹吸与渡水槽。

当水流需要横跨路线，又因为两者高程相近时，利用连通器原理所修建的使水从路基下方穿过的构造物称为倒虹吸，而采用管道从上部架空而过的为渡水槽。二者多用于配合农田水利灌溉使用。

倒虹吸管道有箱形和圆形两种，是利用上、下游沟渠内水位差，采用势能使水流下降后又上升流入下游沟渠，所以管道为有压管道。因为水流多次垂直改变方向，水流条件差，容易漏水和淤塞，清理和修复较困难。对管壁结构要求也较高，不建议经常使用。图 5-5 所示为竖井式倒虹吸。

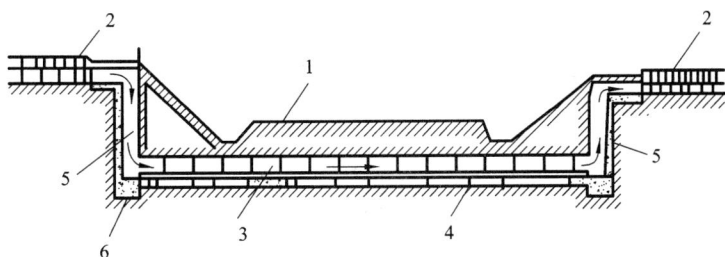

图 5-5　竖井式倒虹吸布置图

1—路基；2—原沟渠；3—洞身；4—垫层；5—竖井；6—沉淀池

渡水槽相当于渡水桥，在路基上空将两侧沟渠连接起来，以保证水流畅通，其受力特点与桥梁相似，所以设计方法也相似。

（2）地面排水设备的一般设计要求

①排水沟、侧沟、天沟（截水沟）的横断面应具有足够的过水能力，在一般情况下，因汇水面积不大，流量不多，可直接采用以上规范规定的断面尺寸和有关规定；否则应按 1/50 洪水频率流量进行横断面设计，沟顶（包括跌水和急流槽）应高出设计水位 0.2 m。

②排水沟、侧沟、天沟（截水沟）的构造可根据土质、防渗要求和流速大小等采取夯排表层、三合土（或四合土）捶面、单层浆砌卵石护面、干砌或浆砌片石和混凝土板护面等。

③土质、软质岩、强风化或全风化的硬质岩石地段的排水沟、侧沟、天沟（截水沟）应采取防止冲刷或渗漏的加固措施，必要时可设垫层。

5.1.2　路基地下水的排除

地下水对路基和周围山体的强度和稳定性有很大的危害和影响，因此作好路基地下水的排除，对保证路基的稳定和正常使用有极大的关系。

（1）地下水对路基的危害

路基范围内的地下水及其活动，往往给路基的稳定性带来很大的危害。由于地下水的存在，增加了路基土体的含水率，降低了其抗剪强度，在列车荷载及其他外力作用下，可能产生基床翻浆冒泥或者下沉外挤等路基病害。地下水在边坡中的渗流活动，可引起边坡溜坍等边坡病害。在嵌体为破碎的岩块，地下水从裂隙中或含水层中流出时，也会使原有的胶结物质及沉淀的碎屑带出而使边坡失去稳定。在严寒地区，它是路堤出现冻害的重要因素。

地下水的降低与排除仅是指地下水的存在形式和数量可以对路基的稳固造成危害时的一种重要的工程措施。在地下水可对路基稳定造成危害时，降低和排除地下水常可取得良好的效果，所以应当十分重视。

(2) 路基地下水排水设施的主要类型

地下水可大致分为承压水和无压水（如潜水）；据其存在环境又可分为裂隙水、孔隙水。岩溶地区活动于溶洞、地下河等岩溶构造中的溶洞水，以及多年冻土地区的层上水、层间水和层下水等。降低路基地下水及排除地下水设施的选择，应根据不同类型的地下水及工程具体条件、要求确定。

当地下水埋藏浅或无固定含水层时，可采用明沟、排水槽、边坡渗沟、支撑渗沟、渗水暗沟等排水措施。

当地下水位较低或为固定含水层时，可采取渗水隧洞、渗井、渗管或者仰斜式钻孔等排水设施。

1) 明沟和排水槽

明沟和排水槽建于地表，兼排地表水和土（岩）层中上层滞水和埋藏很浅的潜水。图 5-6、图 5-7 所示是浆砌片石明沟和浆砌片石排水槽断面。

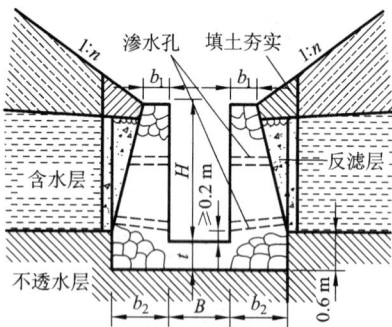

图 5-6 浆砌片石明沟（单位：m）   图 5-7 浆砌片石排水槽（单位：m）

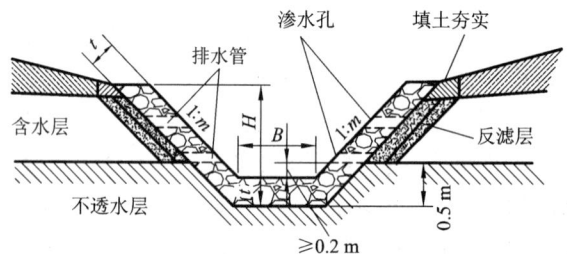

明沟和排水槽的底面宜埋入不透水层内，沟壁最下一排渗水孔应高出沟底 0.2 m 以上。一般情况下，为避免开挖断面过大及节省圬工，明沟深度不宜超过 1.2 m，否则应采用排水槽，排水槽深度不宜超过 2 m，再深时改用渗沟。

明沟断面通常采用梯形，底宽为 0.4~1.0 m，沟壁边坡坡率为（1:1）~（1:1.5），多用浆砌片石修筑。排水槽过水断面通常采用矩形，过水断面底宽为 0.6~1.0 m，槽壁顶面宽度 b_1 采用 0.4 m，底面宽度 b_2 采用 0.4~0.75 m。明沟和排水槽多用浆砌片石修筑，槽沟壁外侧与含水层之间应设置反滤层，沟（槽）壁上设置一排或多排向内倾斜的渗水孔或缝隙。沿明沟和排水槽纵向，每隔 10~15 m 设置伸缩缝一道，缝宽 2 cm，以沥青麻绳或沥青木板填塞密实，以防漏水。明沟和排水槽不易保温，在冻结期较长的严寒地区，不宜用于兼排地表水。

2）边坡渗沟

边坡渗沟用于疏干潮湿边坡和引排边坡上局部出露的上层滞水或泉水，并对边坡起支撑作用。边坡渗沟常用于处理坡度不陡于 1∶1 的土质路堑边坡，也常用于加固潮湿的易发生边坡表土溜塌的土质路堤边坡。

图 5-8 所示边坡渗沟应垂直嵌入边坡，对于较小范围的局部湿土或泉水出露处，其立面宜采用条带形布置；对于较大范围的局部湿土，其立面宜采用树枝形布置；当边坡表土普遍潮湿时，宜采用拱形和条带形相结合的形式布置，其纵断面如图 5-6 所示。渗沟断面常采用矩形，宽度不小于 1.2 m，深度视边坡潮湿土层的厚度而定。由于边坡渗沟集引的地下水流量较小，故可只在其底部用大粒径石料作为排水通道，其外周设置适当的反滤层，渗沟内部的其余空间可用筛洗干净的小颗粒渗水材料填充。渗沟顶部一般用单层干砌片石覆盖，其表面大致与边坡面齐平；渗沟下部的出水口一般采用干砌片石垛，用于支挡渗沟内部填料并将渗沟集引的土中水或地下水排入路堑侧沟或路堤排水沟。

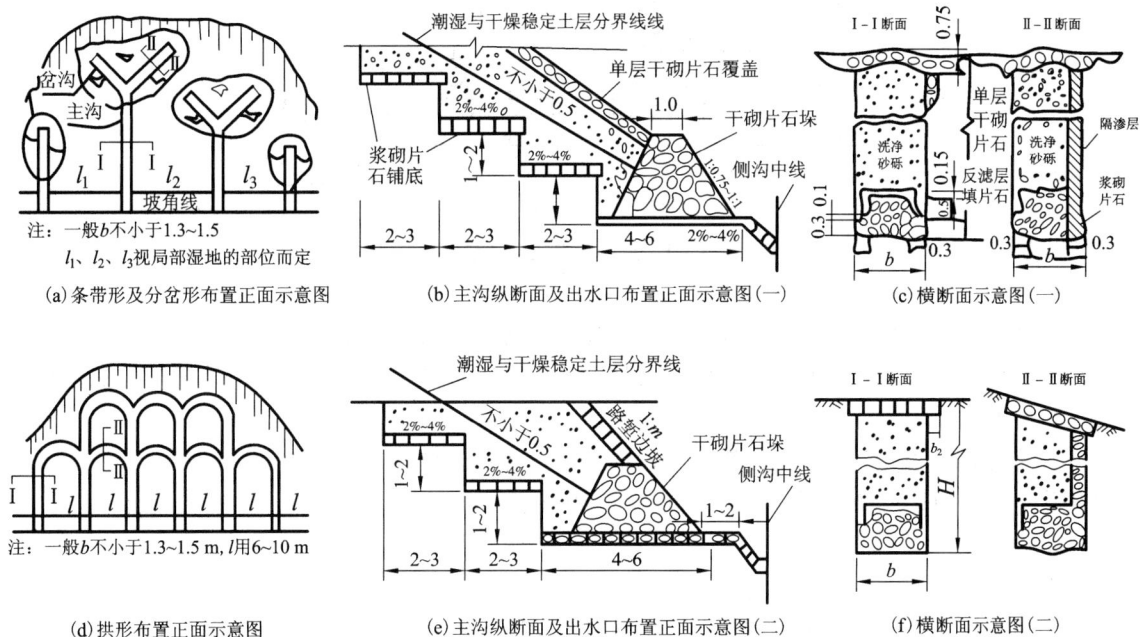

图 5-8　边坡渗沟图（单位：m）

3）支撑渗沟

用以支撑可能滑动的不稳定土体或山坡，并排除在滑动面附近活动的地下水和疏干潮湿土体。如图 5-9 所示，支撑渗沟常采用成组的条带形布置，其轴线应与山体的滑移方向大致平行，支撑渗沟深入山体内的长度、间距及断面宽度，可按照每条渗沟所担负的推力计算确定。其断面采用矩形，宽度为 2~3 m，各条渗沟的间距一般为 8~15 m。

支撑渗沟的埋置深度根据疏干地下水的深度确定。若用于整治可能的坍滑，渗沟底应置于土体（或山体）滑动面以下稳定土层或岩层内至少 0.5 m。在须考虑冻结要求时，沟底应置于冻结深度以下至少 0.4 m。在纵向可以顺滑动面的形状做成阶梯形，最下面一个台阶的长

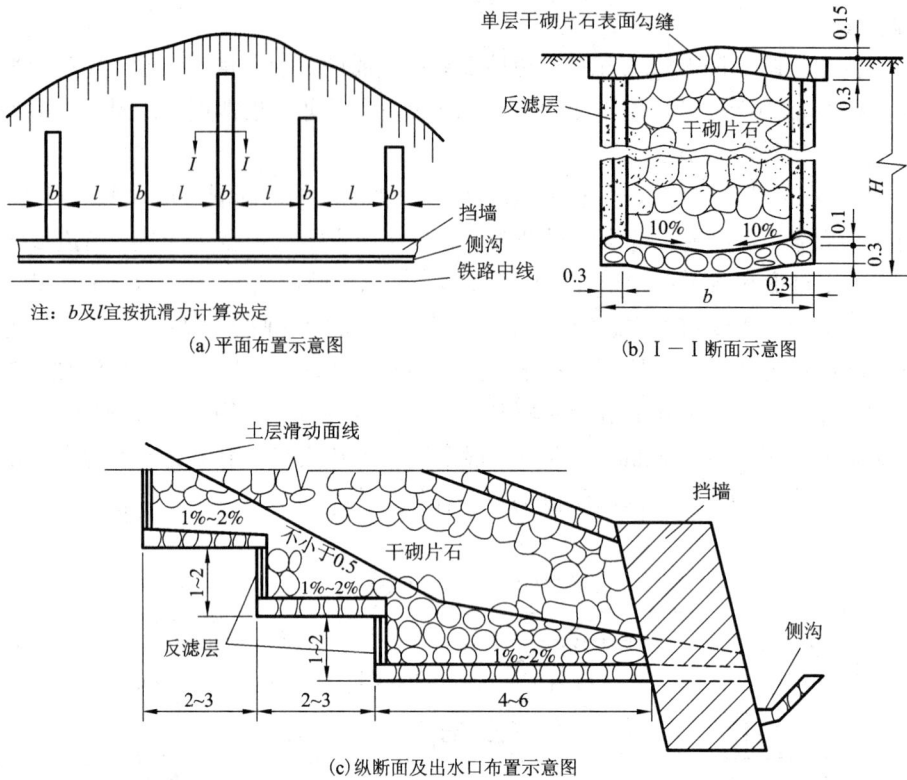

(a)平面布置示意图

注:b及l宜按抗滑力计算决定

(b) I－I断面示意图

(c)纵断面及出水口布置示意图

图 5－9 支撑渗沟图(单位: m)

度宜较大,以增加其抗滑能力,基底应铺砌防渗。支撑渗沟宜与抗滑挡墙配合使用,其出水口可在挡墙下部设置若干泄水孔,将集引的地下水排入墙外的排水沟内。支挡渗沟单独使用时,其出水口采用干砌片石垛。

支撑渗沟的设计计算,支撑渗沟可视地下水及土质条件布置成多种形式。支撑渗沟可单独使用,也可和抗滑挡墙配合使用,如图 5－10(b)所示。

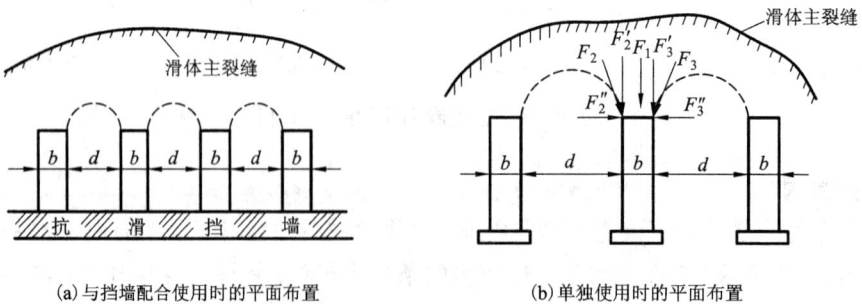

(a)与挡墙配合使用时的平面布置

(b)单独使用时的平面布置

图 5－10 支撑渗沟设计计算简图

支撑渗沟的计算方法如图 5－10(b)所示,假定支撑渗沟的布置能使其间的土体形成自然拱,拱矢可取为渗沟之间净距 d 的一半,此自然拱以下的土体由于渗沟的疏干作用将达到稳定。作用于每条渗沟的总下滑力 T 为 F_1 及两侧拱脚压力 F_2、F_3 的平行于下滑方向的分力之和，并可近似地按式(5-1)计算：

$$T = F_1 + F_2' + F_3' \approx E(b+d) \qquad (5-1)$$

式中：E 为渗沟后部处每米宽的滑坡推力，kN/m；b 为渗沟宽度，m；d 为渗沟间的净距，m。

若略去渗沟侧壁的摩擦力不计(偏于安全)，则渗沟的支撑力(R)可按式(5-2)计算：

$$R = V \cdot \gamma \cdot f = A \cdot b \cdot \gamma \cdot f = L \cdot h \cdot \gamma \cdot f$$

式中：v 为渗沟填充材料的体积，m^3；A 为整个渗沟的侧面积，m^2；L 为渗沟的长度；b 为渗沟的横断面；h 为渗沟的平均高度；γ 为渗沟填充材料的容重；f 为渗沟填充材料与基底的摩阻系数。

单独使用支撑渗沟时应考虑下滑力与渗沟支撑力的平衡，并引入要求的抗滑安全系数 K（一般可取 1.3），则得：

$$R = KT\cos\alpha - T\sin\alpha \cdot f \qquad (5-3)$$

若已知滑坡推力，并根据滑面位置与施工条件拟定了渗沟宽度 b 及平均深度 h，则由式(5-3)可求渗沟长度 L；或者拟定了渗沟的平均深度及长度，求渗沟宽度。

4)渗水暗沟

渗水暗沟又称盲沟，用于拦截、排除地下水，降低地下水水位，是一种应用广泛的排水设施之一，一般采用明挖法施工。渗水暗沟按照埋置深度分为浅埋渗沟和深埋渗沟；按照排水功用分为引水渗沟和截水渗沟；按照构造的差异又分为有管渗沟和无管渗沟。

①浅埋渗沟和深埋渗沟。

浅埋渗沟的埋置深度一般为 2~6 m，深埋渗沟的埋置深度一般大于 6 m 以上。对于浅埋渗沟，截面形状为矩形的尺寸一般采用 0.3 m × 0.4 m，截面形状为圆管的内径尺寸常采用 0.3~0.5 m；对于深埋渗沟，为了便于进人检查和维修，矩形沟的尺寸可采用 0.8~1.2 m，圆管的内径可采用 1.0 m。

②引水渗沟和截水渗沟。

引水渗沟可以引出富水的低洼湿地、泉水出露地带或地下凹槽地层处的地下水，并从最短通路排出，以疏干其附近的土体或者降低地下水位。位于路堑侧沟下或侧沟旁的浅埋引水渗沟可以降低路堑范围内的地下水和疏干其附近的土体，视需要在路基的一侧或两侧布置，如图 5-11 所示。

路堑侧沟下或侧沟旁的浅埋引水渗沟一般顺侧沟走向布置，但其排水出口部分宜偏离路基。其他引水渗沟可布置成条带状和树枝状，其主沟轴线宜循最短通路将所集引的地下水排至病害区域范围以外。

截水渗沟可以截断流向病害区的浅层或深层地下水，并将其排至病害区域范围以外。截水渗沟应布置在渗流上游较稳定的地层内，其纵向轴线宜尽可能与渗流方向垂直，其纵向长度应能确保地下水不致流入病害区域内。截水渗沟只需在渗流上游一侧沟壁进水，下游侧沟壁应不透水，可用黏土或浆砌片石做成隔水层。

③有管渗沟、无砂混凝土渗沟、无管渗沟。

有管渗沟的渗水管是管壁带有渗水孔的陶管或混凝土管，如图 5-12 所示，此图适用于流程较长，流量较大的情况。为防止渗水孔堵塞，渗管周围设置反滤层，反滤层可采用砂、砾(卵)石、无砂混凝土板块、土工织物合成材料作为反滤层。砂砾石应筛选清洗，其中小于

(a)引水渗沟断面图

(b)截水渗沟断面图

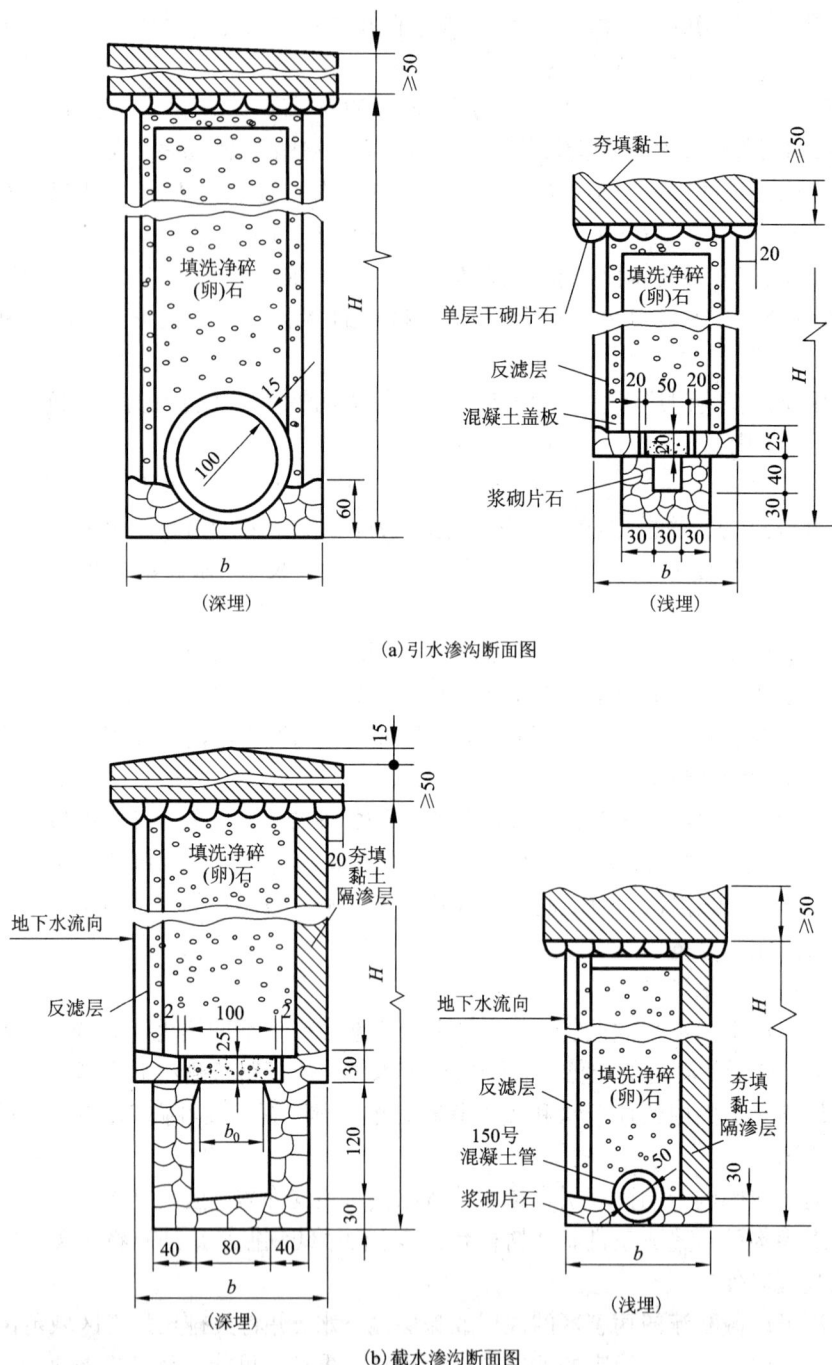

图 5-11　引水渗沟和截水渗沟(单位：cm)

0.15 mm 的颗粒含量不应大于 5%；无砂混凝土板块的材料要求可参考无砂混凝土渗沟(后面详述)；土工合成材料反滤层可采用无纺土工织物，当坑壁土质为黏性土或粉细砂时，可在土工织物与坑壁土之间增铺一层 10～15 cm 厚的中砂。

为防止水反向渗入土中，应将渗管置于不透水层上，如渗管中的水对沟底有冲刷时，应

采用混凝土或浆砌片石作基础。为防止
地表水渗入,渗沟顶部可设防水层(铺藓
苔、泥炭或倒铺草皮等)。再于其上铺黏
土并夯实,当有防冻要求时,从地面到渗
管应夯填厚度不小于冻结深度的黏土,且
渗管的出口应作成如图 5 - 11 所示的形
式,为便于检查和疏通渗管必须设检
查井。

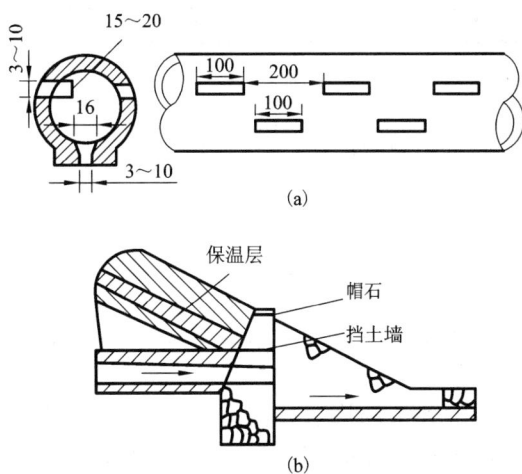

图 5 - 12　有管渗沟(单位: cm)

　　无砂混凝土渗沟是用无砂混凝土壁
板及普通钢筋混凝土横撑和盖板等组成,
如图 5 - 13 所示。其中无砂混凝土壁板是
由水泥浆和粗集料(级配卵石、砾石及碎
石)及水拌制而成的有透水孔隙的坯工块
体。无砂混凝土可作为反滤层,在地下水流量不大的地段,亦可代替渗水管。由于它具有一
定的强度,可以承受一定的荷载,具有良好的渗滤性能,施工简单,还可以省去渗沟内部的
填充料,使用效果良好,受到许多应用部门的欢迎。但在黏土和粉砂地层中应慎重使用。

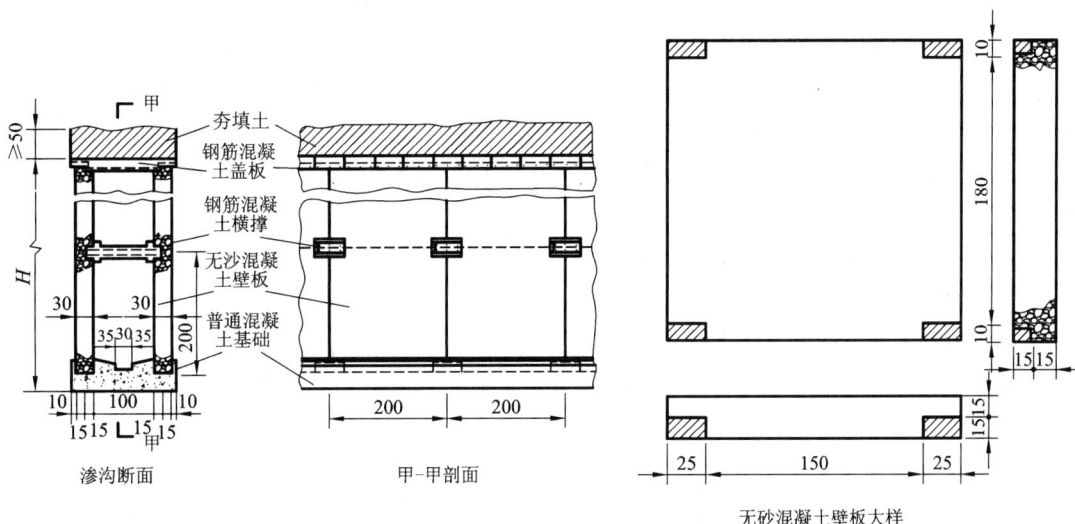

图 5 - 13　无砂混凝土渗沟(单位: cm)

　　无砂混凝土的粗集料的粒径应与含水地层土的粒径相适应,以保证其过水能力。对于卵
砾石和粗砂地层,无砂混凝土粗集料的粒径宜用 10 ~ 20 mm;对于中砂地层,粗集料的粒径
宜用 5 ~ 10 mm;对于细砂地层,宜用 3 ~ 5 mm;灰石比(水泥与粗集料的重量比)宜采用
1:6,无砂混凝土壁板厚度以不小于 30 cm 为宜,以保证无砂混凝土有良好的透水性,其具体
技术指标见表 5 - 1。

表 5－1　无砂混凝土技术指标参考表

粗集料 /mm	灰石比 (重量比)	水灰比 (重量比)	水泥 /(N·m⁻³)	混凝土容重 /(kN·m⁻³)	平均强度/kPa		平均渗 透系数 /(m·昼夜⁻¹)	适应含水 地层
					抗压	抗弯		
10～20	1:6	0.38	2530	18.7	9140	1170	2240	卵石、砾石、 粗砂
5～10	1:6	0.42	2530	18.7	11720	1720	1410	粗砂、中砂、
3～5	1:6	0.46	2470	18.4	8540	1510	377	中砂、细砂、

无管渗沟的构造如图 5－14 所示。它和有管渗沟有所不同，利用了碎石的孔隙作为排水通道。适用于地下水流量小、流程短的情况。排水碎石亦可以采用无砂混凝土板代替。排水碎石周围应设反滤层，对反滤层的要求与有管渗沟相同。采用无纺土工织物作为碎石体的围护起渗滤作用是目前许多工程中普遍采用的方法。

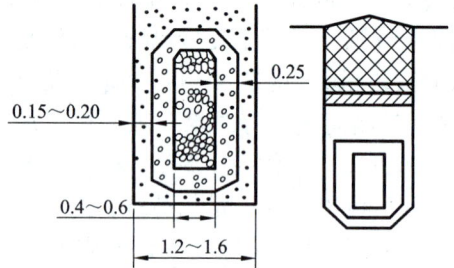

图 5－14　无管渗沟(单位：m)

以上所列的各种类型的渗水暗沟均应在顶部覆盖单层干砌片石，表面用水泥砂浆勾缝，其上再用厚度大于 0.5 m 的土夯填至与地面平齐。除无砂混凝土渗沟外，渗水暗沟内应采用筛选洗净的填充料，填充料与渗水的沟壁之间须设置适当的反滤层。渗水暗沟每隔 30～50 m 和在平面转折、纵坡变坡点处，宜设置检查井。渗水暗沟的纵坡不应小于 5‰，条件困难时不应小于 2‰。

当地下水埋藏较深或为固定含水层时，可采用渗水隧洞、渗井、渗管或仰斜式钻孔等。

1) 渗水隧洞

为拦截或引排埋藏较深的地下水且地下水流量较大时，可采用渗水隧洞。渗水隧洞常和立式渗井和渗管配合使用，用以排除土体内多层含水层的地下水。滑坡整治工程中大型滑坡的滑坡体及滑动带(面)的地下水，多采用渗水隧洞及其他排除地下水的设施进行综合治理。

渗水隧洞的平面布置分别与前述的引水渗沟和截水渗沟相同；渗水隧洞的

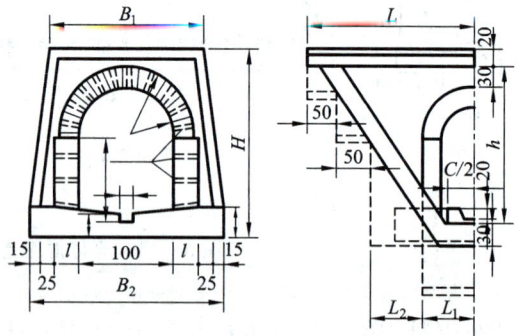

图 5－15　直墙式渗水隧洞(单位：cm)

埋设深度应选择在欲截引的主要含水层内，并应置于稳定地层上。滑坡区的隧洞，其顶部应设置在滑动面以下不小于 0.5 m 处。

隧洞断面形状可根据所在地层的性质不同，采用直墙式断面或曲墙式断面如图 5－15 和图 5－16 所示，一般在裂隙岩层或破碎岩层或中密的碎石土层内可用直墙式渗水隧洞；在松散的或夹有少量卵石、碎石的黏土层内用曲墙式断面。拱部及边墙的进水部分均应留渗水孔，其外围设置与渗水孔眼大小及隧洞所在地层性质相应的反滤层。隧洞断面净空应从便于施工和检查维修以及节省开挖土石方等方面考虑，不受地下水流量限制。较长的隧洞宜用较大的净空，较短的隧洞可用较小的净空。隧洞衬砌厚度应按理论计算确定。

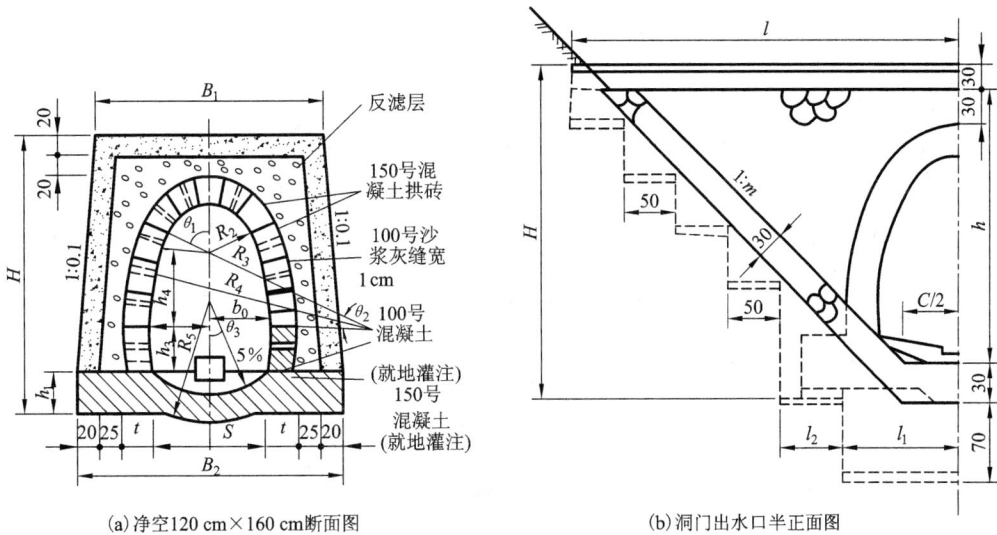

(a) 净空120 cm×160 cm断面图　　　(b) 洞门出水口半正面图

图 5 – 16　曲墙式渗水隧洞(单位：cm)

隧洞洞口位置宜根据当地的地质情况以及便于迅速排水的条件进行选择。洞口挖方不宜太深，以免因仰坡和两侧边坡过高而发生变形和病害，堵塞出口。洞门墙按挡土墙设计，通常采用仰斜重力式挡土墙，挡墙采用浆砌片石或混凝土修筑，其基础埋入较坚实稳定的地层内，墙的两侧嵌入洞口挖方边坡内不小于 0.5 m；洞门墙以外应紧接翼墙或挖方边坡砌石防护及一段具有防冲刷铺砌的排水沟。渗水隧洞每隔 30～50 m 和在平面转折、纵坡变坡点处，宜设置检查井。渗水隧洞的纵坡不应小于5‰，条件困难时不应小于2‰。

2) 渗井、渗管

立式集水渗井和渗管的功用是集引具有多层含水层的复杂地层中的地下水和潮湿土体中的自由水，一般成群布置并与平式排水设备配合使用以降低地下水位或者疏干其附近的土体。图 5 – 17 所示渗井群或渗管群的排列方向宜垂直于渗流方向，其深度一般是穿过含水层而与下卧的平式排水设施(如隧洞或平式钻孔)相衔接。

渗井断面通常采用直径为 1.0～1.5 m 的圆形或边长为 1.0～1.5 m 的方形。渗井内部可用筛洗干净的渗水材料填充，井壁与填充料之间可根据两者的颗粒组成情况设置或不设反滤层。渗井或渗管的顶部应用隔渗材料覆盖，以防淤塞。圆形集水渗井也可采用无砂混凝土结构以代替设置反滤层和填充渗水材料。

3) 平式排水钻孔

平式排水钻孔的主要排水功能是引排地层内的地下水及盆地或分散的局部凹地中聚集的地下水，或与立式集水渗井群配合使用以疏干潮湿的土体。平式排水钻孔除本身集引一部分土中水外，还可作为通道排除自上方立式设备所聚土中水。

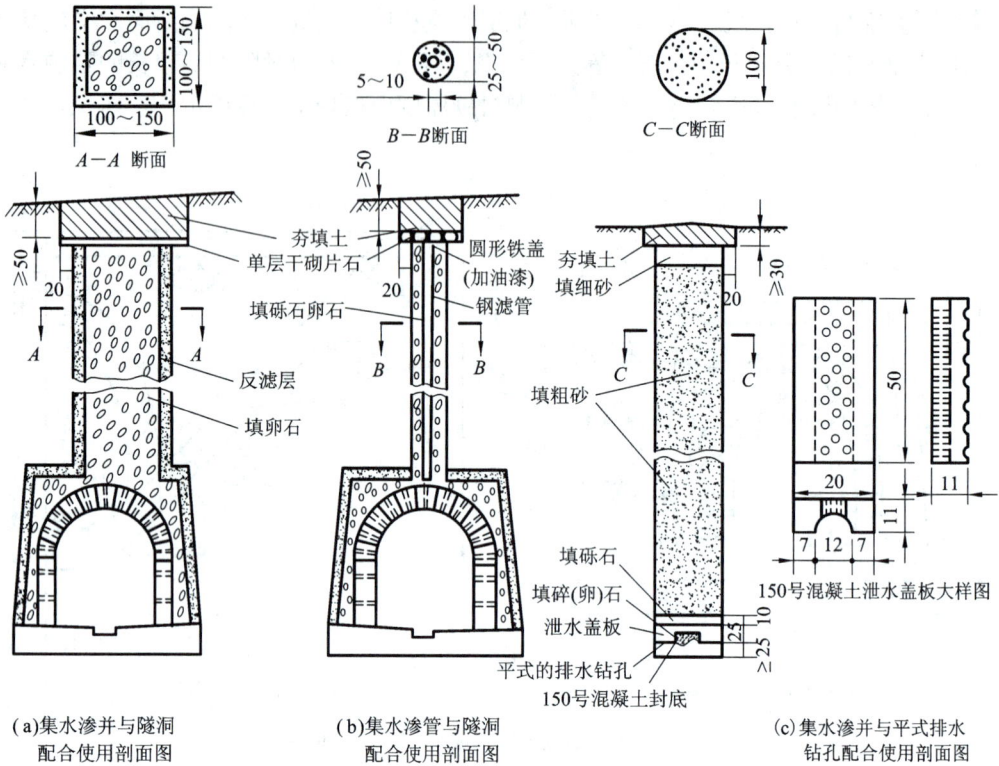

图 5 - 17 渗井、渗管(单位: cm)

平式排水钻孔可平行布置,也可扇形布置,如图 5 - 18 所示,可设一层排水平孔,也可设多层平孔。单独使用的平式排水钻孔一般宜垂直于山坡走向或土体边坡走向钻入;与立式渗井群配合使用的平式排水钻孔一般宜垂直于渗井群纵向布置的走向钻入,并尽可能多穿连几个渗井。设置的位置应在地下水低水位以下,以有效地排除地下水,扩大排水疏干的范围。

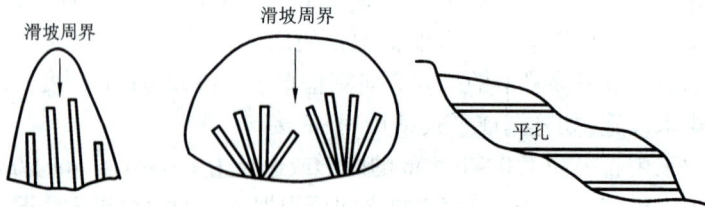

图 5 - 18 排水平孔

平式排水钻孔的仰坡设计以考虑迅速排水的需要为主;若穿过有可能沉落的土体时,还应考虑土体下沉的影响,一般以采用 10% ~ 15% 的平均仰坡较为适宜。

5.1.3 路基排水综合设计

（1）综合设计的意义

除了因满足某方面排水要求而设置的针对性排水设计以外，排水设施互相的连接配合的总体综合设计更为重要。特别是一些山区坡地等地形起伏明显的地方，或者黄土高原、寒冷潮湿、水网密布等对路基干燥要求较高的地带，以及水文地质情况很差的地方更需要重视综合排水的设计。

排水的综合设计就是将地面排水系统和地下排水系统相结合，互相协调配合，确定引排位置，同时使各排水设施与桥（涵）等泄水结构物及沿线农田水利等基本建设内容相协调，以确保路基的稳定、干燥。

（2）排水综合设计基本要求

①确定侧沟、天沟及渗沟等地面和地下排水设施具体分水点及汇水点的位置，并将汇水点位置汇集的水引排到具体指定地点。引排的排水沟应力求短捷、远离路基，与其他水沟联接应顺畅。

②位于坡地上的路基排水，一般向低洼一侧排除，可能需要在汇水点位置或在必须横跨路基时利用拟设的桥（涵），必要时加设涵洞。

③路基上侧山坡上可设置截水沟等拦截地表径流。地面排水设施应尽量沿等高线布设，使之尽可能垂直水流方向，以提高拦截效果。沟渠转弯位置要求以曲线相接，以减小水流阻力。

④综合排水设计，必须事先做好调查研究工作，查明水源及相关现状，测绘现场地形图纸，进行必要的水力计算，做出总体规划及平、纵、横三方面的综合设计方案。

（3）排水设计总体规划图

排水设计总体规划图一般是在原路线平面图上补齐排水平面设计。只有针对特殊排水困难地带和特殊地质不良、路基病害、排水复杂的路段才需要绘制细部设计图，或绘制单独的沟渠排水纵断面图，在图上标出侧沟排水的纵坡、分界点与出水口的位置、截水沟、排水沟的位置与长度等。

排水平面设计在原平面图上一般需要补齐如下内容：①绘出路堤坡脚线及路堑坡顶线。②绘制标明取土坑、弃土堆位置及蒸发池位置；下坡一侧的弃土堆应每隔适当距离设置缺口以利排水。③桥（涵）位置、中心里程、水流方向、进出口沟底标高及附属工程等。④绘制侧沟、天沟（截水沟）等地面排水设施的位置，标明汇水点、分水点、出水口位置以及沟渠长度、水流方向、排水纵坡等。⑤其他有关工程的平面布置，如灌溉渠道、交叉道口、挡土墙位置及起终点桩号等。

纵断面图上一般需补充标注如下主要内容：①桥（涵）中心里程、孔数及孔径尺寸或跨度、位置。②沿线洪水位。

在进行排水总体规划设计时，应联系道路的平纵面和横断面，并查明各种水源及水流方向、流量大小，根据地形、地质条件因地制宜进行布设。要注意将地表排水系统和地下排水系统互相协调，并使排水沟渠与沿线的天然水系及桥（涵）等泄水结构物密切配合，也要注意与防护工程相结合。另外，路基排水还应与当地的农田水利相结合。例如，当灌溉渠与路基相交时，可以通过设置涵洞保证其通畅。

5.2　路基防护

路基属于完全暴露于大自然的露天工程，不可避免地受到自然环境的影响。易于冲蚀的土质边坡和易于风化的岩石路堑边坡施工完成后，在长期的自然风化营力和雨水冲刷的作用下，将发生溜坍、掉块和冲沟等坡面变形和破坏；而修建在河滩上和水库边的路堤，必然经常性或周期性地受到水流的冲刷作用，路基的边坡和稳定性必然受到很大的影响而遭破坏，因此必须及早采取相应的防范措施。坡面破坏的轻重程度，除与边坡的岩土性质有关外，还与当地的气候环境以及地层、地质构造及边坡所处的方位有关，必须综合考虑这些因素，并结合现场的材料条件，选择适当的防护类型。

路基防护的主要内容包括路基坡面防护和路基冲刷防护两部分。

5.2.1　路基坡面防护

地表水沿路基坡面流动的速度，与边坡坡度和坡面状态有关，缓坡、坡面粗糙及有草木生长时流速小，反之则流速大。地表水流对坡面的破坏，最初被洗蚀，冲走细小颗粒并搬运到侧沟中，日积月累，坡面出现鸡爪状沟、深浅不一的冲沟，进而坍滑、错落、掉块、最终失去稳定。因此，应及时进行坡面防护。当坡面由易分化岩石或疏松土层组成，或由于爆破施工，使边坡岩土层松动，更应首先采取坡面防护措施，以策安全。

坡面防护应根据路基边坡的土质、岩性、水文地质条件、边坡坡率与高度等，选择适宜的防护措施。表 5 - 2 中所列为路基坡面防护工程的常用类型及适用条件。

（1）植被防护

边坡植被防护是指用人工培植边坡植被，使植物的根系产生加固边坡表层土的作用，同时利用植物的枝叶保护坡面，防止或减少降水尤其是暴雨对边坡的冲刷以保护边坡。植被防护又可以改善环境，且施工简单、费用低廉，是一种效果较好的坡面防护方法。

依照采用植被防护的方式不同，有种草、铺草皮和植树几种措施。

坡面种草如图 5 - 19 所示，适用于高度较低、边坡坡度缓于 1:1.25 的土质或严重风化的岩质边坡。草籽可撒播或沟播、点播并应注意适宜生长的草种和必要的土、肥和水的生长成活条件。在土质条件较差的情况下，种植时应补充适宜草生长的种植土和肥料。

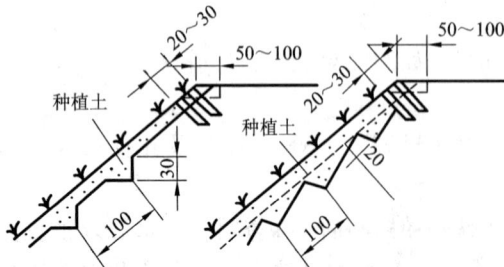

图 5 - 19　种草示意图（单位：cm）

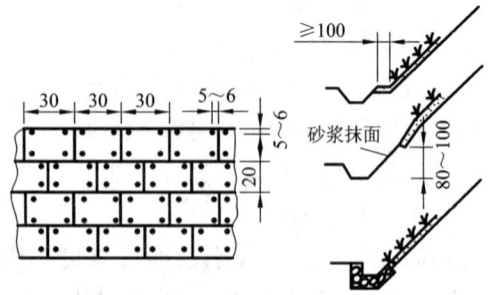

图 5 - 20　铺设草皮防护边坡（单位：cm）

铺草皮如图 5 - 20 所示，适用条件与坡面种草相同，其成活速度更快一些，抵抗水流冲蚀能力更强。但要求有适宜的成活草皮。铺设的方法可满铺，也可与方格骨架护坡结合使用。

植树以适宜生长的灌木为佳。树种应选择容易成活，根系发达的灌木。植树布置形式有梅花型和方格型，间距 40~60 cm。植树亦可与种草同时配合进行。

（2）坡面的补强及加固

易风化的岩质边坡坡面常常发生风化剥落和坡面水流的侵蚀。为防止山区易风化岩质边坡产生变形，危及线路和运营的安全，可采用坡面的补强及加固措施。补强及加固措施包括勾缝和灌浆、抹面、喷浆和锚杆铁丝网喷射混凝土等。

勾缝采用 1:2 或 1:3 的水泥砂浆，也可用体积比为 1:0.5:3 或 1:2:9 的水泥石灰砂浆，它适用于节理裂隙较多而细的岩石路堑边坡，以防止雨水沿裂隙侵入岩层内部。灌浆适用于裂缝较大较深的岩石路堑边坡，一般采用 1:4 或 1:5 的水泥砂浆，裂缝很宽时可用混凝土。勾缝和灌浆前应先用水清洗工作面，并清除裂缝内的泥土杂草。

抹面适于易风化的黏土岩类边坡，如图 5-21 所示。抹面材料可因地制宜，采用具有一定强度且具有良好防水性的三合土或其他材料。

喷浆适用于易风化但未遭严重风化的岩石边坡，对高而陡、上部岩层较破碎而下部岩层完整并需要大面积防护的边坡，此方法更为经济。喷浆厚度不宜小于 5 cm，喷射混凝土厚 8 cm 为宜，分 2~3 次喷射。喷浆及喷射混凝土护坡的周边与未防护坡面衔接处

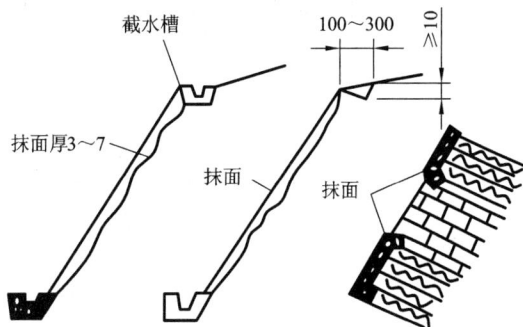

图 5-21 抹面（单位：cm）

应严格封闭，坡脚应作 1~2 m 高的浆砌片石护坡。应注意喷射混凝土护面适用于路堑边坡稳定、地下水不发育、边坡较干燥但陡峻的边坡。砂浆抹面与喷射混凝土护面相比，前者施工较简单，后者水泥用量节省，较可靠。

当坡面岩体破碎时，可采用锚杆铁丝网喷射混凝土防护，以加强防护的稳定性。一般锚杆的锚固深度 0.5~1.0 m，用 1:3 水泥砂浆固定，铁丝网间距 20~25 cm，喷射混凝土厚 8~10 cm，混凝土粗骨料粒径小于 2.0 cm。水泥:砂:石子比例为（1:2:2）~（1:2.5:2.5），水灰比 0.4~0.5，喷射护面应设置伸缩缝和泄水孔。

由于土工合成材料的发展，无纺土工织物可用于坡面防护。对于不适于植物生长的边坡可采用无纺土工织物多层复合坡面防护。国外采用这种复合防护结构取得了良好效果。其结构为紧贴坡面铺设无纺土工织物用以排水，保证边坡稳定，其上铺设隔水的土工薄膜，防止水的渗入且具有一定保温作用。亦可两层合为一层采用复合土工膜代替，同时兼起以上两种作用。最上面铺设沥青土工膜作为保护层保暖、防水，如图 5-22 所示。

（3）砌石护坡

砌石防护适用于边坡坡度缓于 1:1 的各类土质及岩质边坡。当坡面受地表水流冲蚀产生冲沟，表层溜坍或剥落时，均可采用砌石防护。

砌石防护有干砌片石护坡和浆砌片石护坡。

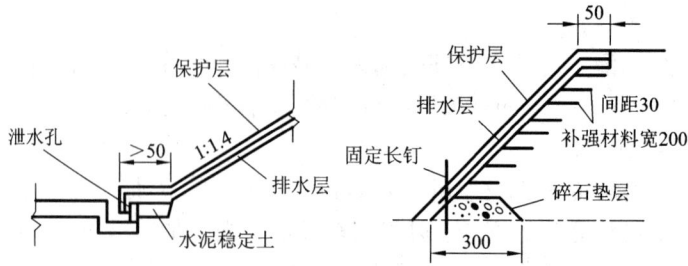

图 5 - 22　土工合成材料复合防护(单位：cm)

1)干砌片石护坡

如图 5 - 23 所示，干砌片石护坡适用于不陡于 1:1.25 的土质(包括土夹石)边坡，且有少量地下水渗出的情况，厚 0.3 m 左右。若土体为粉土质土、松散砂和砂黏土等土时，应设不小于 0.2 m 厚的碎石或砂砾垫层。片石护坡应设基础，堑坡干砌片石护坡基础应砌至侧沟底。

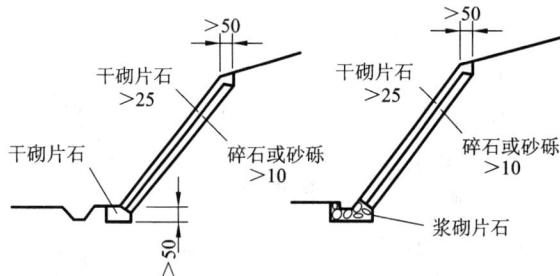

图 5 - 23　干砌片石护坡(单位：cm)

2)浆砌片石护坡

浆砌片石护坡适用于不陡于 1:1 的各类岩质和土质边坡，厚度一般为 0.3 ~ 0.4 m。浆砌片石护坡可作为边坡的补强措施。对高边坡可分级设置平台，平台宽不小于 1 m，每级高不宜大于 20 m，沿线路方向每 10 ~ 20 m 应设伸缩缝并在护坡下部设置泄水孔。片石的砌筑采用 50 号水泥砂浆。施工应在边坡土体沉实后进行，防止因土体下沉开裂。

作为边坡的加强措施，可采用浆砌片石骨架护坡，如图 5 - 24 所示。骨架常用方格形和拱形，骨架内可采用植被防护、捶面填补。

3)浆砌片石护墙

浆砌片石护墙适用于各类土质边坡和易风化剥落且破碎的岩质边坡，用以防治较严重的边坡坡面变形，常作为边坡加固措施。对较陡的堑坡防护仅限应用于稳定的堑坡，且边坡坡度不陡于 1:0.3。

浆砌片石护墙有实体护墙及孔窗式护墙，孔窗内可采用干砌片石或捶面防护。一般土质及破碎岩石边坡多采用实体护墙，较完整且较陡的岩质边坡可采用肋式护墙，若下部较完整、上部较破碎的岩质边坡可采用拱式护墙。

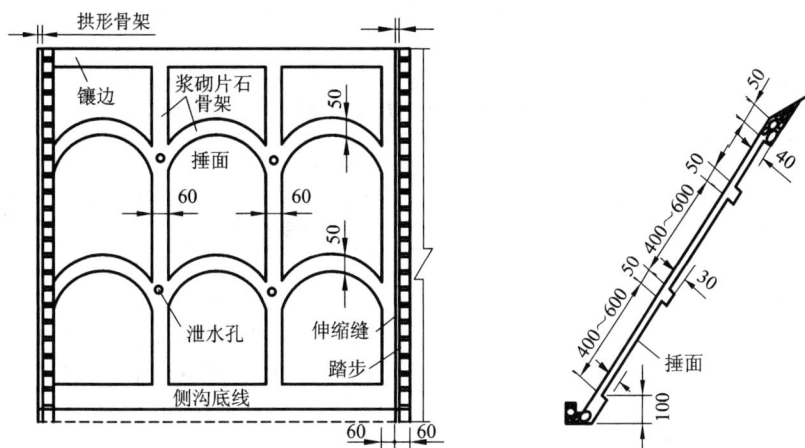

图 5-24 浆砌片石骨架护坡(单位: cm)

当浆砌片石护墙的高度大于 12 m、浆砌片石护坡和骨架护坡高度大于 15 m 时, 宜在适当高度处设置平台, 平台宽度不宜小于 2 m, 如图 5-25 所示。浆砌片石护墙、护坡的基础应埋置在路肩线以下 1 m, 并不应高于侧沟砌体底面;当地基为冻胀土时, 应埋在冻结线以下不小于 0.25 m。若护面为封闭式, 应在防护砌体上设置伸缩缝和泄水孔。

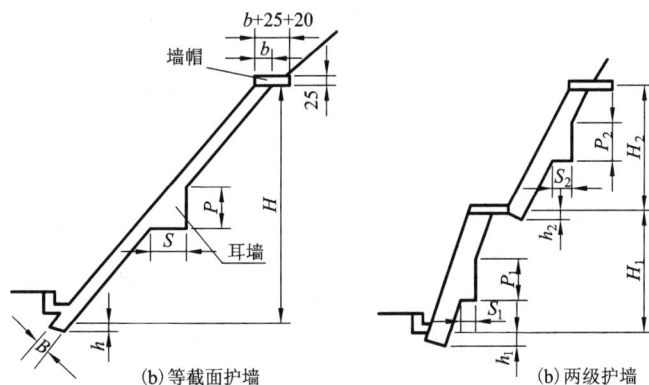

图 5-25 浆砌片石护墙剖面(单位: cm)

5.2.2 路基冲刷防护

(1)路基冲刷防护的类型

由于地形的限制, 不得不将路基修筑在河谷地带或水库旁, 路基必然经常或周期性地受到水流的冲刷作用。当路基本体或部分边坡伸入河床范围, 对水流产生约束, 改变水流特性, 将导致更严重的水流冲刷。河滩路堤、滨河路堤及水库路基都必须妥善解决路基的冲刷防护问题, 从而提高路基的抗洪能力, 确保路基安全、稳定。寒冷地区冬季还存在河流或水库冰封、流冰产生冰压力而导致对路基的损害。

路基冲刷防护工程一般分为直接防护、间接防护和改河工程。设计时应根据水流特性、河道地貌、地质等情况选用适宜的防护类型。常用的路基冲刷防护类型和相应的适用条件列于表5-2。

表5-2 路基冲刷防护工程常用类型和适用条件

类型	结构形式	适用条件		说明
		容许流速 /(m·s⁻¹)	水流方向、河道地貌	
植物防护	铺草皮	1.2~1.8	水流方向与线路近乎平行;不受洪水主流冲刷的浅滩地段路堤边坡防护	
	种植防水林、挂柳		有浅滩地段的河岸冲刷防护	
干砌片石护坡	单层干砌厚0.25~0.35 m,双层干砌上层厚0.25~0.35 m,下层厚0.25 m	2~3	水流较平顺的河岸滩地边缘;不受主流冲刷的路堤边坡;无漂浮物和滚石的河段	应设置垫层
浆砌片石护坡	厚0.3~0.6 m	4~8	受主流冲刷及波浪作用强烈处的路堤边坡	有冻胀变形的边坡应设垫层,有流水、流冰、滚石时应适当加厚
混凝土护坡	厚0.08~0.2 m			
抛石	石块尺寸根据流速及波浪大小计算,不宜小于0.3 m	3	水流方向较平顺,无严重局部冲刷河段,已浸水的路堤边坡与河岸	抛石厚度不小于两倍石块尺寸
石笼	镀锌铁丝制成箱形或圆形,笼内装石块	4~5	受洪水冲刷但无滚石河段及大石料缺乏地区	
人型砌块	2 m×2 m×2 m 3 m×3 m×2 m	5~8	受主流冲刷严重的河段	常与脚墙配合使用
浸水挡墙		5~8	峡谷激流河段及水流冲刷严重河段	

汛期洪水是路基的严重威胁,水流对路基的冲刷乃至冲毁,会造成列车安全运行的威胁和铁路设施的严重破坏,对于汛期水害曾付出过昂贵的代价。因此,必须采取正确的路基冲刷防护措施。

(2)常用路基冲刷防护措施

1)直接防护

直接防护主要是对河岸或路基边坡和基底的直接加固,以抵抗水流的冲刷作用。其特点是可以尽量不干扰或少干扰原来水流的性质,易遭受洪水破坏,但由于这类工程直接建筑在受冲刷的河岸或路堤边坡及基础部分,因此直接防护建筑物必须具有足够的坚固性与稳定性。常用的直接防护类型有:

①草皮护坡。

草皮护坡多采用台阶式叠砌形式，如图 5 – 26 所示。草皮尺寸为 25 cm × 40 cm，厚为 10 ~ 15 cm，叠砌前先平整坡面，再将草皮砖紧贴坡面，并用竹尖桩钉紧。在坡脚部分，一般铺草皮砖 2 ~ 3 层。草皮成活生长后根系错结，从而起防止冲刷作用。

②抛石防护。

抛石防护的应用很广，对于经常浸水且水深较大的路基边坡防护及洪水季节防洪抢险时更为常用。为了减少坡脚处的局部冲刷及增加抛石的稳定性，抛石堆的水

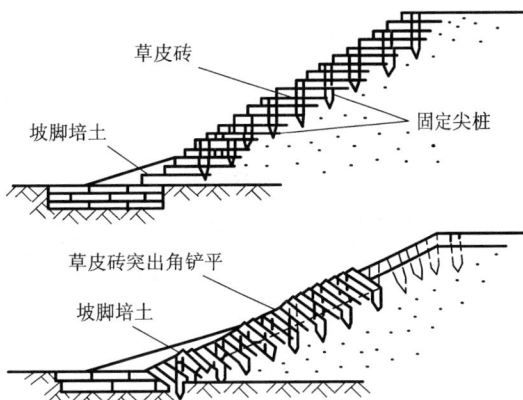

图 5 – 26 草皮护坡

下边坡不宜陡于 1 : 1.5，当水深较大且流速较大时，不宜陡于 (1 : 1.2) ~ (1 : 1.3)；抛石防护的顶面宽度不应小于所用最小石块尺寸的两倍。所抛石料应选用质地坚硬、耐冻且不易风化崩解的石块。在缺乏石料地段，还可以使用各种适宜形状的混凝土块体作为抛石材料。常用抛石防护断面如图 5 – 27 所示。

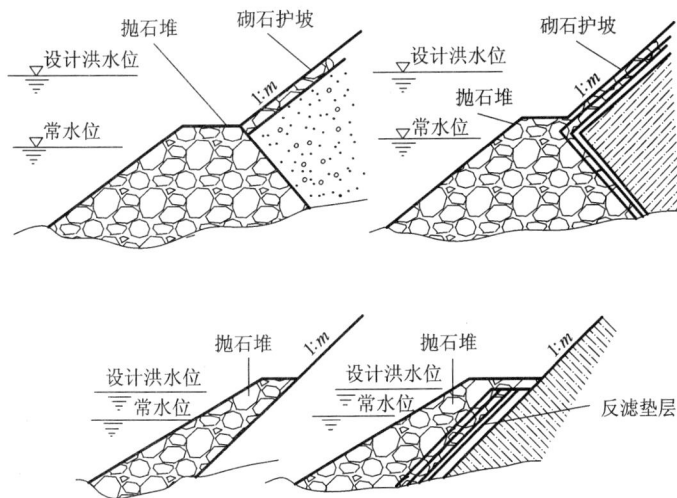

图 5 – 27 抛石防护

③片石护坡。

片石护坡包括干砌片石护坡（图 5 – 28）和浆砌片石护坡（图 5 – 29）两类。干砌片石护坡用于周期性浸水的河岸或路基边坡防护，适用于洪水时水流较平顺，不受主流冲刷且流速小于 3 m/s 的地段。根据护坡的厚度可分为单层或双层的干砌片石护坡。浆砌片石护坡用于经常浸水的受主流冲刷或受较强烈的波浪作用的路基边坡防护和河岸及水库边岸防护，亦可用于有流冰及封冰的河岸边坡防护。护坡砌筑石料宜选用坚硬、耐冻、未风化及遇水不易崩解的石块，其抗压强度应大于 30 MPa。浆砌片石护坡应设置宽 2 ~ 3 cm 的伸缩缝，并用沥青麻筋填塞紧密。护坡的厚度应根据流速及波浪的大小等因素计算确定，其最小厚度不应小于

35 cm，当流速 v≥6 m/s 时，宜采用 50～60 cm。护坡基础宜采用浆砌片石脚墙或混凝土脚墙基础，脚墙按浸水挡土墙设计。一般多采用重力式脚墙基础与浆砌片石护坡配合使用。

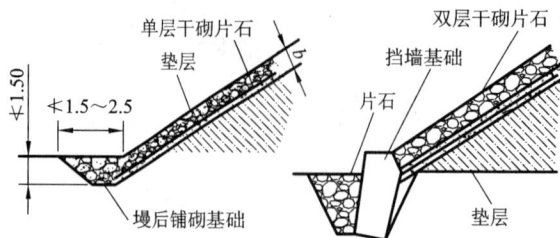

图 5－28　干砌片石护坡

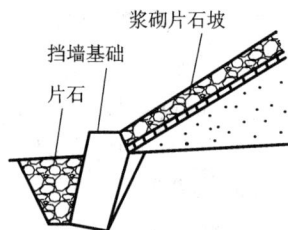

图 5－29　浆砌片石护坡

④混凝土板及混凝土柔性块板。

在冲刷防护类型中，混凝土板整体性强，能抵御强烈水流波浪或流水的作用，在缺乏石料地段，可采用边长较大的混凝土板块，代替浆砌片石护坡，如图 5－30 所示。一般最小尺寸不小于 1 m，最小厚度不小于 6 cm。可设置必要的构造钢筋预制，铺设时板下应设置砂砾垫层。其适用条件与浆砌片石相同，但造价较高。

柔性混凝土块板，其板块以(0.5 m×0.5 m)～(1.0 m×1.0 m)为宜，铺设时拼接安装成为整体，由于具有柔性，可紧贴防护土体下沉，防止进一步淘刷，如图 5－31 所示。

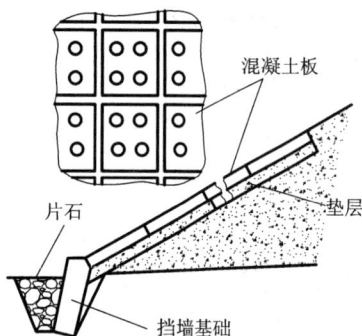

图 5－30　混凝土护板示意图

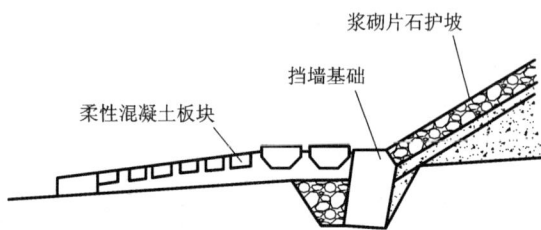

图 5－31　柔性混凝土板块防护

土工合成材料近些年来已应用于冲刷防护，土工模袋就是其中一种，即用编织型土工织物做成可在水下灌注混凝土的许多间隔开的袋子。

⑤石笼护坡。

石笼护坡属于半永久性建筑物，用以防护河岸或路基边坡的冲刷，可适应较陡的边坡。石笼护坡具有较好的强度与柔性，可用于石料缺乏地段。当水流中含有大量的泥砂时，石笼中的空隙能很快被淤满，而形成一个整体的防护层。但由于石笼笼箱材料(如铁丝网)不耐久，故使用年限一般为 8～10 年。在带有滚石的河道，滚石易将铁丝网冲破，造成笼中石块被冲走，故不宜使用。

用于防护岸坡时，一般在最底下的一层采用扁长方体石笼，在靠岸坡处宜采用长方体石笼的垒砌形式,如图 5-32 所示。

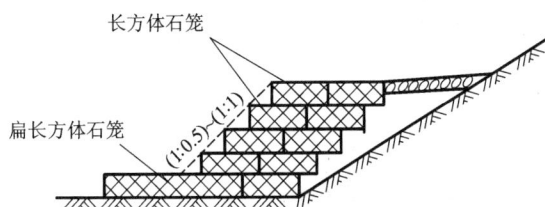

图 5-32　长方体石笼护坡

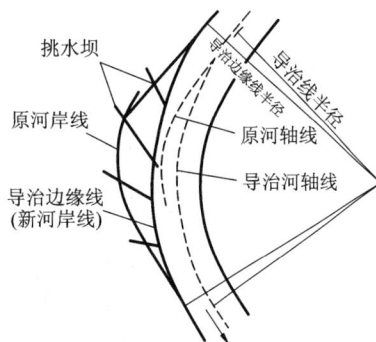

图 5-33　导治线示意图

(2)间接防护

间接防护是根据防护要求和河道平面的轴线,合理确定导治线,选择导流建筑物的类型及其平面布置,然后设计导流建筑物的尺寸。间接防护的主要内容如下所述。

①导治线设计。

导治线是计划经过导流建筑物改变水流方向后形成的新的河轴线(又称导治河轴线和新的河岸线(又称导治边缘线),如图 5-33 所示。导治线应符合天然河道的特性,设计为一系列半径为 3.5~7 倍稳定河宽的圆弧形曲线,曲线之间用较短的直线作为过渡段连接。导治线的起点宜选在水流较易转向的过渡地段,或河岸河床地层比较坚实而不易被冲刷处。导治线的终点应与下游的天然河轴线平顺衔接,尽量不扰乱下游水流的性质。

②导流建筑物的类型。

a. 按照导流建筑物的建筑高度分。

导流建筑物的建筑高度的选择应根据所选择导治水位而定。在不同水位时的水流特性(流量、流速、流向等)一般有所不同,因而被防护地段所受的冲刷作用出现差异。导治水位应按最不利的冲刷情况来选择,并应结合当地水流的容许压缩高度、不同高程导流建筑物的作用及相应的冲刷防护方案比较等综合确定。不同高程导流建筑物的作用和分类如下:

高水位坝。坝顶高程在设计水位以上的不漫水建筑物,可以是横向的挑水坝也可以是纵向的顺坝。其作用是导使水流离开被防护的河岸,免遭洪水的危胁;其缺点是侵占水流断面较多,不宜在狭窄河道上使用。

中水位坝。坝顶高程高于中水位,在洪水位时为漫水建筑物,坝位可以是横向的也可以是纵向的。其作用是导治中水位时水流,防止被防护地段的冲刷并稳定主河槽。它可以在狭窄河道上使用,但中水位与洪水位之间的河岸或路基边坡需要补加防护。

低水位坝。亦称潜坝,坝顶高程低于枯水位或中水位,最低者可与浅槽河底齐平或略高一些,因而压缩水流断面较少或很少,为经常漫水的横向建筑物。其作用是导使水流离开岸坡坡脚和减少底流流速,促进深槽淤积,可以防止建筑物基础脚下的淘刷或稳定河底纵坡。一般与顺坝或直接防护建筑物配合使用。

b. 按照导流建筑物的平面布置分。

按照导流建筑物的平面布置不同即其与河道的相对位置来进行综合设置,如图 5-34 为导流建筑物综合布置示例。

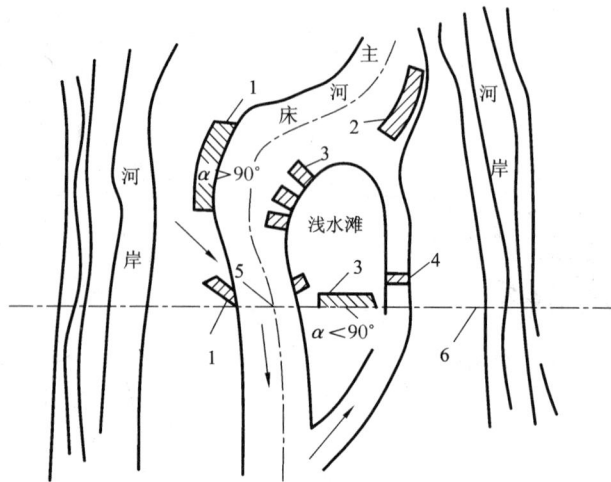

图 5－34　导治结构物综合布置示例
1、2—顺坝；3—丁坝；4—格坝；5—主河床；6—路线中心线

挑水坝。挑水坝亦称丁坝，坝体伸向河心，其轴向布置与导治线的边缘线成正交或较大角度的斜交。丁坝的作用是横向约束水流迫使水流改变方向，因其压缩水流断面较多，故能强烈地扰乱原来水流的性质。由于单个挑水坝只会引起水流情况的恶化，所以必须成群布置。在挑水坝头部附近有强烈的局部冲刷，但在坝间形成淤积，经过多次洪水后可造成新河岸。如图 5－35 所示，按与河水流向所成角度的大小，丁坝分为垂直、下挑和上挑三种布置形式。漫水的中水位坝宜布置成垂直或上挑形式，以减低坝顶溢流速度；不漫水的高水位坝宜布置成下挑形式，以减轻水流对坝头的冲击作用。

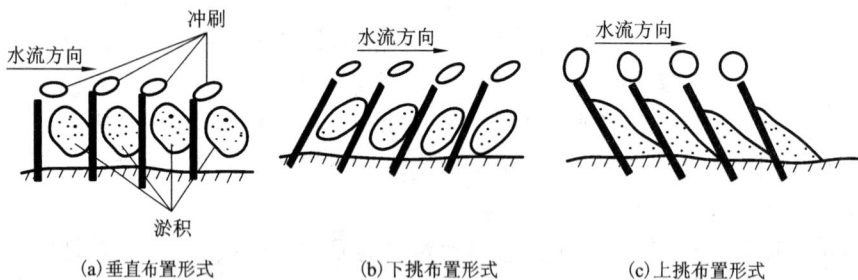

(a)垂直布置形式　　　　(b)下挑布置形式　　　　(c)上挑布置形式
图 5－35　丁坝的三种形式

顺坝如图 5－36 所示。顺坝的轴向大体沿导治线的边缘线布置。其作用是导致水流较均顺和缓地改变方向偏离被防护的河岸。顺坝压缩水流断面较少，很少扰乱原来水流的性质，不致引起过大的冲刷，坝体和基础的防护均可较轻，但坝体的长度约与被防护地段的长度相等，造价较高，且改建比较困难。

根据所选导治水位，顺坝可以是不漫水的高水位坝或漫水的中水位坝；对于较长的不漫水顺坝,一般需要加设横向格坝以连接并加固坝体和河岸。第一格坝与坝头的距离可为顺坝全长的1/4左右。为使水流中挟带的泥砂能较多的于坝体后淤积,可在坝身部分开出若干缺口,格坝与坝身开缺口配合使用组成勾头丁坝(图5-37)。

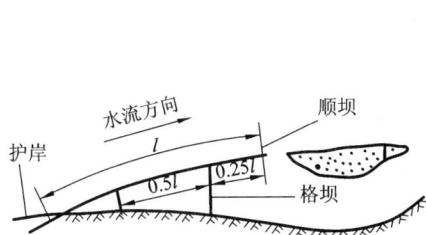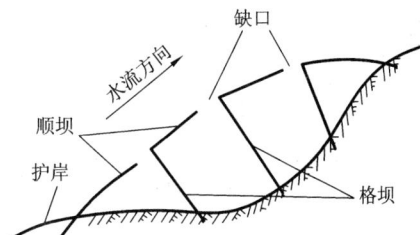

图 5-36　顺坝　　　　　　　　　　　图 5-37　格坝

潜坝。潜坝的平面布置可与水流方向相互垂直或与主体防护建筑物的基础边缘轮廓线相垂直,其根部应与建筑物基础妥善衔接,如图5-38所示。

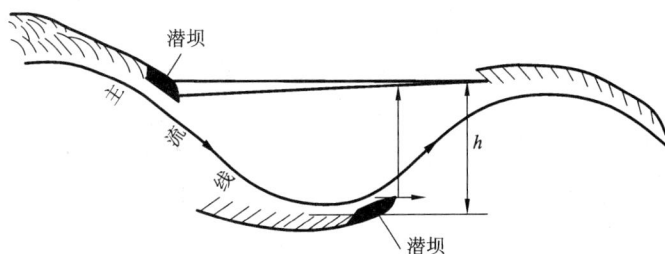

图 5-38　潜坝示意图

(3)改河工程

改移河道工程包括新河道的平面设计、纵断面及横断面设计等,相对其他措施而言是一项技术复杂、工程浩大的工程。河流在其天然演变及形成发展过程中有其特殊的规律,对天然河道一般不宜轻易改移,必须改移时应因势利导慎重从事,并切忌改移不稳定的河道。出于路基冲刷防护目的的改河工程,一般只在局部地段改动,并要求新河道能顺应河势大体,符合该河道的天然特性。根据以往的实践经验,由于改河不当而遭致失败之事不少。

为了保证改河工程的成功,改河前应注意查明当地河段的流量、流速、水深、河面宽度、河槽断面形状尺寸、河床纵坡、稳定直线段的长度以及稳定河弯长度和半径等。另外,还应了解河床河岸的地层情况,冲淤情况,并结合当地的地形,确定最适宜的改河中线,使新河道尽量少占耕地,节省土石方和防护工程数量,并保证附近居民及其他建筑物的安全。

5.3　路基边坡坡面绿色防护技术

路基边坡坡面绿色防护技术是对路基坡面采取种植植物或种植植物与工程防护(土工合成材料、浆砌片石骨架、混凝土框格、坡角矮挡墙等)相结合的边坡坡面防护措施。它是一项集岩土工程学、植物学、土壤学、肥料学、高分子化学及环境生态学于一体的综合工程技术。

长期以来，我国对铁路路基边坡坡面的稳定性比较重视，为防止坡面在自然营力作用下产生冲沟、溜坍、剥落等坡面变形，边坡坡面多采用圬工防护。对植物防护技术普遍重视不够，边坡刷坡成形后，只是撒草籽、铺草皮或种植灌木。植物防护方法单一，科技含量低，防护效果差，既不讲究科学施工，又不重视养护管理。温湿地区铁路路基边坡植物防护技术较多采用平铺草皮和撒草籽，一般与片石骨架联合使用或单独使用，而种植灌木防护技术应用较少。

随着改革开放和经济建设的发展，特别是随着"绿色通道建设"工作的推进，人们的环境保护意识普遍提高，边坡绿色防护技术已引起了工程界的普遍重视，在绿色防护技术方面开始借鉴国外的成功经验，积极引进国外先进技术，逐步从传统的边坡坡面工程防护向绿色防护方面转变。边坡坡面绿色防护的设计思想及具有铁路特色的设计体系也正在逐渐形成。液压喷播植草、植生带植草、土工合成材料综合植草、OH液植草、行栽香根草、混凝土框格内填土植草、客土植生、岩质边坡植草等边坡绿色防护技术先后在新建、改建铁路工程中逐步得到了应用，取得了良好的防护效果。

5.3.1 铁路路基边坡坡面绿色防护技术现状

（1）种草防护

种草防护是一种传统的路基边坡坡面防护方法，是在土质路堑和路堤边坡坡面上人工撒播或行播草籽，进行边坡坡面防护的一种传统植物防护措施。种草防护施工简单，造价较低，但只适用于低矮缓坡，且适宜于春、秋雨季节施工。播撒草籽选用适合当地土质和气候条件，根系发达、茎干低矮、枝叶茂盛、生长能力强的多年生草种。若边坡土层不宜种草，可将边坡挖成台阶，再换填一层 5~10 cm 厚的种植土。为使草籽播撒均匀，可将种子与砂、干土或锯末混合播种。种子埋入深度应不小于 5 cm，种完后将土耙匀拍实。施工完成后在路堤的路肩和路堑的堑顶边缘埋入与坡面齐平的宽 20~30 cm 的带状草皮。

由于种草施工一般都不铺盖坡面，不进行浇水、施肥等养护管理，因此，在植物长成前，遇雨边坡表土易冲刷、草籽易流失，遇干旱草种易失去活力、幼苗易干死，往往成坪时间长，植被覆盖率低，达不到预期的防护效果，导致大量修复工程。所以，该技术的应用受到了一定的限制。

种草既可单独用来防护边坡，也可与片石骨架、土工合成材料等联合使用形成边坡综合防护。

（2）铺草皮防护

铺草皮的防护形式可采用满铺草皮（平铺、叠铺），也可把草皮铺成方格状，方格内采用种草的防护形式如图 5-39。铺草皮防护是在土质边坡、全风化的岩质和强风化的软质岩石边坡上人工贴铺草皮，进行边坡防护的一种传统植物防护措施。平铺草皮防护施工简单，造价较低，但只适用于坡度不陡于 1:1.25 的边坡，只适宜于春夏季或雨季施工。所使用草皮应选用根系发达、茎矮叶茂的耐旱草种，通常采用当地天然草皮。《铁路工程设计技术手册》规定：草皮规格一般为宽 20 cm，长 30 cm，厚 5~10 cm，干燥炎热地区厚度可增加到 15 cm；草皮铺设前应先将坡面表土挖松整平、洒水湿润，再将草皮从一端向另一端由下向上错缝铺砌，边缘互相咬紧，并撒细土充填，然后用木锤将草皮拍紧、拍平，确保草皮与坡面密贴、接茬严密，并用木（竹）桩钉牢。

但是，在实际边坡防护施工时往往未按上述规定进行，草皮实际厚度通常只有 2～3 cm，草皮铺设前坡面通常未把松整平、洒水湿润，铺设时一般没按上述规定满铺，也未在草皮缝隙间撒土充填，铺设完成后基本上没用木锤将草皮拍紧、拍平，未用木(竹)桩钉牢，难以确保草皮与坡面密贴。所铺草皮不仅会因遇干旱而导致草皮死亡，还会因植物"水土不服"和根系"向性"所限，只在表土生长、扎根不深，致使草皮难以与边坡成为一体，因此，往往草皮成活率低，见效慢，达不到预期的防护效果，易造成坡面严重冲刷，甚至边坡溜坍，导致大量修复工程。另外，由于其施工季节受到限制，不能及时对竣工边坡进行防护。再者，由于铲用当地天然草皮对植被造成新的破坏，不利于水土保持。所以，从保护自然环境考虑，该技术的应用受到了越来越多的限制。

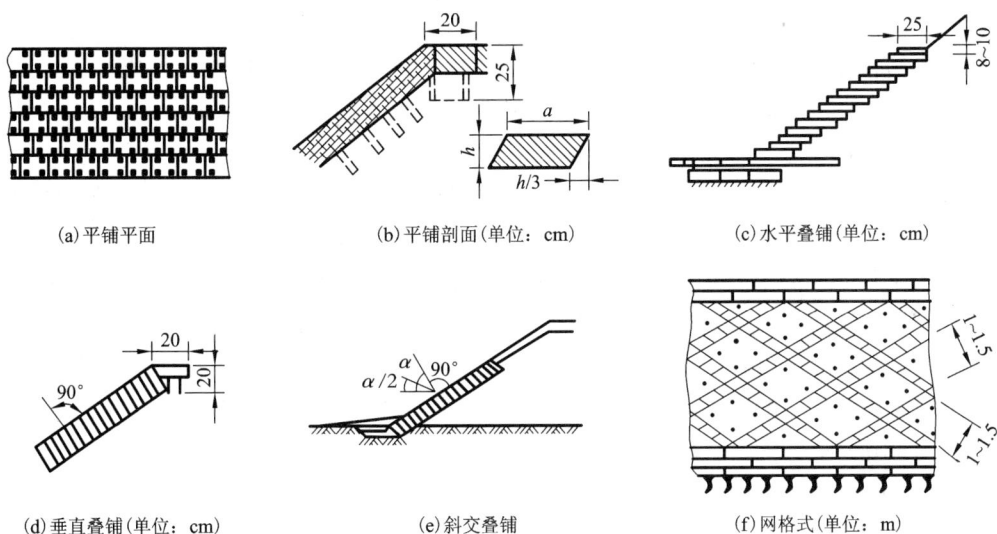

(a)平铺平面　　　　　　　　(b)平铺剖面(单位：cm)　　　　　　　(c)水平叠铺(单位：cm)

(d)垂直叠铺(单位：cm)　　　　(e)斜交叠铺　　　　　　　(f)网格式(单位：m)

图 5 - 39　草皮防护示意图(单位：m)

平铺草皮既可单独用来防护边坡，亦可与片石骨架、土工合成材料等联合使用形成边坡综合防护。

(3)液压喷播植草防护

液压喷播植草是一种现代植草新技术，适用于草坪建植和不同坡率的土质(包括碎石类土)边坡、全风化的岩质和强风化的软质岩石边坡坡面绿色防护。液压喷播植草技术是利用液态播种原理，将试验确认适用、生命力强、且能满足各种绿化功能的植物种子经科学处理后与肥料、防土壤侵蚀剂、内覆纤维材料、保水剂、色素及水等按一定比例放入喷播机混料罐内，通过搅拌器将混合液搅拌至全悬浮状后，利用离心泵把混合液导入消防软管，经喷枪喷播在欲建边坡裸地，形成均匀覆盖层保护下的草种层，再铺设无纺布防护，而后进行养护，在坡面形成植被防护。

由于混合液中的纤维、防土壤侵蚀剂形成的半渗透覆盖层和表土黏合后，具有良好的固种保苗效果，加之外铺无纺布的防护作用，保证了遇刮风、降雨时植物种子不会被流失。同时，覆盖层大大减少了水分蒸发，给种子发芽提供了水分、养分和遮荫条件，创造了植物种子的适生初始条件，促使其生根发芽、生长发育。另外，利用植物具有的"土生土长"、"劣境锻炼则生命力强"等特性，以及向光、向水、向土、向肥四个"向性"和植物生长的连续性和长期性，并根据其生长情况进行适当浇水、施肥、除病虫等养护工作，促使植物适应各种恶劣环境而健壮生长，最终使裸地永久性的被植物所覆盖。液压喷播植草防护具有施工简单，适用性广，施工质量高，防护效果好，工程造价低等特点，近几年得到迅速推广应用。

由于限制液压喷播防护效果的最主要因素是水热条件，因此不同地区要根据水热条件选择喷播期，一般而言，雨季前和雨季是最佳喷播期，干旱季节或台风暴雨季节不宜喷播，如因业主或工期要求以及交通条件限制需要实施喷播时，需加大易存放种子用量，并作好防护养护工作；炎热的夏季或寒冷的冬季不应进行喷播施工。

液压喷播植草技术可以套种乔、灌木，形成边坡乔、灌、草立体复层绿色防护，还可以与浆砌片石骨架、土工合成材料联合使用，形成边坡综合绿色防护。

（4）植生带植草防护

植生带植草防护是将工厂化生产的中间均匀夹有草籽的两层无纺布构成的植生带铺设于各种土质边坡、全风化的岩质和强风化的软质岩石边坡进行边坡防护的一种植物防护新方法。植生带防护施工操作简单，先清理坡面浮石、浮根，平整坡面，再将植生带沿等高线铺设在边坡上，用铁钉固定，然后盖上细土，并适当洒水养护，促使种子发芽、生长，对边坡形成植物防护。

植生带植草防护充分利用了植生带的固种保苗作用，以及在植物长成以前对坡面良好的防冲刷作用，避免了风、雨造成的种子流失和坡面表土流失，而且植生带重量轻，搬运施工都很方便，但是在施工过程中通常难以使植生带全部与边坡坡面密贴，往往造成部分幼苗死亡，达不到绿化防护目的。因此，近十年来，该技术多用于平地植草绿化，而在铁路边坡防护工程中未能得到大量推广采用。

（5）土工合成材料植草综合防护

土工合成材料（土工网、三维土工网垫及立体植被护坡网）植草综合防护是近十多年开发的一项集坡面加固和植物防护于一体的综合边坡绿化防护措施。是利用土工合成材料对路基边坡进行加筋补强或防护，并结合液压喷播植草进行的一种综合防护技术，近年来在国外得到越来越广泛的应用，如下所述。

1）土工网垫植草护坡

土工网垫植草护坡，是国外近二十年新开发的一项集边坡加固、植草防护和绿化于一体的复合型边坡植物防护措施。施工工序是：平整边坡→铺设土工网垫→摊铺松土→人工（或机械）播种→覆盖砂土→养护。所用土工网垫是一种三维立体网，不仅具有加固边坡的功能，在播种初期还起到防止冲刷、保持土壤以利草籽发芽、生长的作用。随着植物生长，坡面逐渐被植物覆盖，植物与土工网垫共同对边坡起到长期防护及绿化作用。

2）土工格栅与植草护坡

对填料土质不良的路堤，采用土工格栅对路堤边坡进行加筋补强，以保证路堤的稳定性，同时对坡面采用液压喷播植草，可防止雨水冲刷。

（6）OH 液化学植草防护

OH 液化学植草防护是国外近十年针对不同坡率的各种土质边坡、全风化的岩质和强风化的软质岩石边坡开发的一项化学植草防护新技术。OH 液植草防护是通过专用机械将化工产品 HYCEL－OH 液用水按一定比例稀释后和种籽一起喷洒于平整坡面，使之在极短时间内硬化，而将边坡表土固结成弹性固体薄膜，达到植草初期边坡防护目的，3～6 个月后其弹性固体薄膜开始逐渐分解，此时草种已发芽、生长成熟，根深叶茂的植物已能独立起到边坡绿化防护作用。

OH 液化学植草防护具有施工简单、迅速，不需后期养护，边坡绿化防护效果好等特点，但是由于该技术所用的化工产品 OH 液还未实现国产化，使得其工程造价较高，故目前还难以推广应用，只在京九铁路等个别工点进行了试用。

（7）行栽香根草防护

香根草属禾本科多年生植物，原产于印度、泰国和马达加斯加等国。由于行栽香根草具有良好的生物特性，在水土保持、堤岸边坡防护、构筑绿篱等方面有广泛的应用，受到了世界许多国家的重视。20 世纪 80 年代在世界银行的资助下，设立世界银行香根草基金，推广应用香根草，已推广的国家有马来西亚、泰国、澳大利亚、菲律宾和南非等。

在我国，中国科学院南京土壤研究所香根草网络组负责组织推广工作。福建、广东、浙江三省应用香根草防护公路边坡较早，福建省公路局于 1998 年发文到市地级公路局，建议推广应用香根草。目前铁路系统除新长铁路有限责任公司 2001 年在新长铁路进行了香根草防护路基边坡试验外，尚无应用。

香根草（vitiveria zizanioider）又名岩兰草，主要特性如下：

①适应性强。易繁殖，耐旱、耐涝、耐火、耐贫瘠、耐酸碱、抗病虫。适用于土壤 pH 为 3.0～11.0，年降雨量 300～3000 mm、气温 −15.9℃～50℃地区，耐水淹可达 6 个月。

②生长快，根系发达。栽种后 3 个月长高可达 1 m 以上，生物量每亩可达 25 t，根系发达、粗壮，长势迅猛，下扎深度大，通常一年内可深入地下 2～3 m；据马来西亚检测，香根草根直径为 0.2～2.2 mm，当根径 0.7～0.8 mm 时其抗拉强度达到 75 MPa，约为钢材的 1/6。

③香根草为雌雄同体，一般大田条件下，除少数品种外开花不结籽，靠分枝或根分蘖繁殖，其繁殖多采用分枝或压埋活茎方法。不会蔓延扩散形成杂草。

④香根草的缺点是不耐土壤长期冻结，不耐严重遮荫。

路基边坡行栽香根草防护充分利用了香根草的优良特性，是一种新的边坡植物防护措施。行栽香根草防护施工简单，施工时平行边坡行栽，行距视边坡坡度、高度、土质和具体防护情况而定，每行的株距一般为 15～20 cm。栽植前施足基肥，栽植时将丛苗分蔸（2～3 蘖），并用泥浆沾根，要防止根系上翘，定植后要踩实并浇定根水。为提高成活率，促使幼苗生长，栽植后应适当进行浇水、施肥等养护管理。香根草最好在春秋栽植，应避免酷暑和严冬季节种植。

（8）混凝土框格内填土植草综合防护

混凝土框格内填土植草综合防护是一项类似于干砌片石护坡的边坡植草防护措施，如图 5−40 所示。先在修整好的边坡坡面上拼铺正六边形混凝土预制框砖（外接圆直径一般为 35～50 cm，高度一般为 5～10 cm），形成蜂巢状框格，再在框格内铺填种植土并植草的一项边坡综合防护新技术。该技术所用框砖可在预制厂批量生产，拼铺在坡面上能有效地分散坡面雨水径流，减缓径流速度，防止坡面冲刷，保护植物生长。

混凝土框格内填土植草综合防护施工简单，外观齐整，造型美观大方，边坡绿化防护效果好，工程造价适中，与浆砌片石骨架护坡相当，多用于填方边坡的防护。

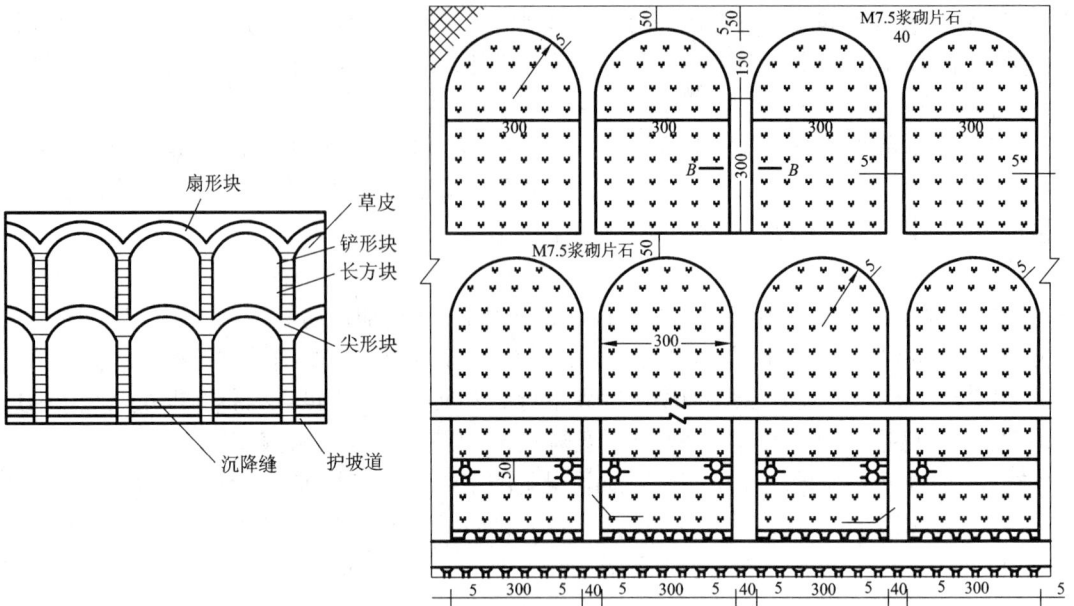

图 5－40　混凝土框格植草综合防护示意图(单位：cm)

(9)客土植生防护

客土植生防护是先将坡面开挖成台阶状,再换填一定厚度适宜植物生长的种植土,然后在坡面建植草、灌植物,进行边坡防护。该技术一般适用于路堑边坡,换填方式可选择采用人工铺设或采用泥浆机喷射,换填材料可选用种植壤土或混合材料,换填厚度通常为5~10 cm,植物建植方式可选用液压喷播植草、人工种草或贴铺草皮等。

客土植生防护适用于不适宜植物生长的各种土质(如：过酸土、过碱土等)边坡、全风化的岩质和强风化的软质岩石边坡。

(10)岩质边坡喷混植生防护

喷混植生是近年来从国外引进的一种适用于岩质边坡坡面植草的绿色防护技术,是将种子、肥料、黏结剂、土壤改良剂、种植土、保水剂和水等材料按一定比例搅拌均匀后,利用强力压缩机喷射于岩石边坡坡面作为植生基材层,再铺设无纺布覆盖,然后依靠基材层使植物生长发育,形成坡面植物防护的措施。对于植生基材层厚度小于3 cm、且边坡坡率缓于1:1的可直接进行植生防护;在其他条件下,应先在边坡上施工短锚杆、铺设一层机编镀锌铁丝网,再进行植生防护,其植生基材层厚度一般为5~10 cm。

该技术所建成的植生基材层有下述特性：①由于植生基材层的材料组成中包含黏结剂,因此具有自身稳定性,不易被雨水冲刷;②由于植生基材层的材料组成中包含肥料、土壤改良剂、种植土、保水剂等材料,因此适合植物生长发育。所以,植生基材层组成材料的合理配比是实施该技术成功的关键。

由于该技术具有边坡防护、绿化双重作用,一般条件下可以取代传统的边坡喷锚防护、片石护坡防护等圬工措施。最近几年来在铁路边坡防护工程中应用较多。该技术还可与混凝土框架联合使用。

5.3.2　土质路基边坡坡面绿色防护设计

（1）一般地区

指年平均降水量大于 600 mm，最冷月月平均气温高于等于 - 5℃的温暖、湿润地区。

1）路堤

土质路堤边坡绿色防护宜选用多年生草本植物或灌木，在不影响铁路行车和设备安全的条件下，路堤坡脚可选用种植中、小乔木。

路堤边坡高度等于或小于 8 m，边坡坡面可单独采用植物防护。

路堤边坡高度大于 8 m，或填料为膨胀土、粉土、粉砂土、砂类土、砾石类土、碎石类土和易风化的软块石的路堤边坡，宜采用土工网、三维土工网垫、多边形立体植物护体网、浆砌片石骨架、混凝土框格与植草相结合的防护措施。

短时间浸水的路堤边坡，当流速小于 1.8 m/s 时，宜选用根茎性、缠绕性和耐湿耐水淹的草种进行绿色防护。沿河路堤的下部边坡或坡脚一定范围内，可采用栽植乔木、灌木的冲刷防护措施。

土壤贫瘠的路堤边坡，可采用在坡面上开挖水平横沟或挖坑，沟内放置植生带、坑内放入肥料等方法，为植物提供生长基质。

2）路堑

土质路堑边坡绿色防护宜选用多年生草本植物或矮灌木，不宜采用乔木。

单独采用植物防护的土质边坡高度不宜大于 10 m。

边坡高度大于 10 m 的土质边坡或边坡为膨胀土、粉土、砂类土和碎石类土等材质的土质边坡或坡面受雨水冲刷严重或潮湿的土质边坡，边坡坡面绿色防护宜采用土工网、三维土工网垫、多边形立体植被护坡网、浆砌片石骨架、混凝土框格等与植草、栽植灌木相结合的防护措施。必要时采用设置坡脚矮挡墙、边坡支撑渗沟等工程措施。

砂类土、碎石类土等土质贫瘠的边坡，可在坡面上开挖行距 20 ~ 40 cm，深度不小于 20 cm 的水平横沟，沟内回填种植土，然后采用液压喷播植草。必要时，可采用客土植生、喷混植生等措施。

边坡坡面较光滑植物种籽着落困难时，应采取措施增加坡面表面面积和粗糙度，必要时可在坡面上开挖凹槽、植沟或蜂窝状浅坑。

当土壤 5 < pH < 8.5 时，应进行土壤酸碱度改良。对 pH < 5 的酸性土可掺入细石灰粉或草木灰；对 pH > 8.5 的碱性土可掺入过磷酸钙或硫酸亚铁。改良材料的掺入量应通过试验确定。

（2）寒冷地区

指最冷月月平均气温低于 - 5℃的地区。

1）路堤

边坡高度小于等于 6 m 时，可采用单纯的绿色植物防护。

边坡高度大于 6 m 时，可采用斜铺固土网垫、平铺土工格栅或骨架护坡结合植物防护。

2）路堑

边坡高度小于 6 m 时，可采用单纯的植物防护。

边坡高度大于等于 6 m 时，可采用铺固土网垫或骨架结合植物防护。

（3）干旱地区

指年平均降水量小于 600 mm 的地区。

1）路堤

边坡高度小于 6 m 时，可采用撒播灌木（草籽）、穴植、穴植容器苗、保水型植生带防护，也可采用液压喷播植草防护。

边坡高度大于 6 m 时，可采用坡面铺设土工网或土工网垫结合液压喷播植草防护。

沙漠路堤边坡可采用土工网垫液压喷播植草、土工格室植草防护。

2）路堑

坡率不陡于 1∶1 的边坡，当边坡高度小于 10 m 时，可采用液压喷播植草、铺土工网垫液压喷播植草、穴植或穴植容器苗防护；边坡高度大于 10 m 时，宜采用骨架内液压喷播植草或穴植容器苗防护。穴植容器苗的间距为 0.3～0.6 m。

坡率陡于 1∶1 的边坡，可采用挂网喷混植生防护。

沙漠地区路堑边坡，可采用土工网垫液压喷播植草、土工格室植草防护。

5.3.3 石质路基边坡绿色防护设计

（1）一般地区

石质路堑边坡应根据当地气候、水文条件、结合地层岩性、风化程度、边坡坡度、高度以及周围环境对绿化、美化的要求，进行绿色防护设计。

全风化的硬质岩和全风化、强风化的软质岩边坡，可参照土质边坡进行绿色防护设计进行土质改良，增加植生层肥力和保水、养护等措施。

非全风化的硬质岩和非全风化、强风化的软质岩边坡，应根据地层岩性、风化程度、边坡坡度、高度等因素，采用挖坑栽种低矮灌木结合丛间液压喷播植草、挖沟填种植土后液压喷播植草、铺设土工网垫人工草皮卷、骨（框）架内填充种植土后液压喷播或土工网垫植草、土工格室植草等绿化措施。当边坡陡于 1∶0.75 时，宜采用挂网喷混植生护坡，路堑边坡中部和底部平台可设置绿化槽，槽内栽植灌、藤本植物。

填充于骨（框）架、土工格室内的种植基土宜过筛，最大粒径不大于 30 mm，必须含有植物生长所必需的平衡养分和矿物元素。

（2）寒冷地区

1）路堤

石质路堤边坡当采用绿色防护时须对边坡面进行处理，使之具备植物生长的条件。边坡处理的方法可采用挖沟穴换土、帮填土、喷混凝土植生等。

石质路堤边坡的绿色防护也可采用坡脚处种植藤本植物的方法。

2）路堑

全风化、强风化的软质岩和全风化的硬质岩路堑边坡，其绿色防护设计可参照土质路堑。其他石质路堑边坡可采用喷混植生进行绿色防护。喷混植生的绿化基材喷射厚度，应根据施工地点的气候、水文、地质条件、堑坡坡度等综合确定。石质路堑边坡可在坡脚或坡脚和边坡平台上种植藤本植物或灌木进行绿色防护。

5.4　柔性防护技术

5.4.1　柔性防护技术概况

柔性防护系统技术于 1950 年代起源于瑞士，1995 年后引入我国，当年采用进口的系统材料实施了国内首个防护工程，之后逐渐实现国产化生产，并在国内铁路、公路、水电站、矿山、山区市政工程、风景区以及归属于国土资源部主管的地质灾害防治等领域得到了广泛应用，近年的年采用量大约在 1×10^6 m^2 左右，在地质灾害防治领域成为了一种大量采用的防治技术，且由于其环保性和施工安装的快速灵活性，正在逐渐取代过去普遍采用的喷射混凝土方法。

柔性防护系统从作用原理上分为主动防护和被动防护两大类。主动防护是将柔性网用其他构件直接覆盖在有潜在地质灾害的斜坡坡面上，通过对坡面浅表层的直接加固作用来避免地质灾害的发生。被动防护是将柔性网用其他构件设置在有潜在落石灾害的斜坡坡面下侧或泥石流沟的沟口附近，形成栅栏式的拦挡结构，将落石或泥石流中的块体拦截在系统上方，以保证系统下方的安全，即它并不阻止地质灾害的发生，而是通过限制地质灾害的载体的活动范围来实现安全目的。针对地质灾害的规模、斜坡几何特征、岩土特性、灾害发生后的危害程度等的多样性和复杂性，相应地形成了不同构成特征、防护特征和防护能力的柔性防护系统具体形式（并采用了不同的型号来加以表述），并根据理论计算、试验和大量的工程实践经验，逐渐形成了各种标准化的结构形式，方便了工程设计选用；与此同时，针对不同地质灾害现场防护关键点和防护能力要求的不同，以及国内原材料和加工技术的现有水平，相应地也形成了钢丝绳网、高强度钢丝格栅、环形网、绞索网等不同的柔性网形式。

5.4.2　被动防护系统

被动拦石网由钢立柱、高强度棱形镀锌钢绳网、锚绳及锚固基础组成，钢立柱间距 10 m，拦石网的高度一般为 5 m，位置和标高应根据现场地形实际情况适当调整。锚杆施工前，应根据设计要求和允许调整原则定出孔位。钢柱的倾角应满足设计和施工要求，误差为 ±5°，不满足要求的可重新调整或增设下拉。对于仰角大于 45° 的陡坡，施工时宜搭设施工用脚手架或作业平台。拦石网钢柱基础，尽量采用人工开挖，必要时采用小药量控制爆破，并做好施工防护。

被动防护网系统如图 5 - 41、图 5 - 42 所示。

5.4.3　主动防护系统

主动防护网由高强度钢绳网、格栅网、钢绳锚杆及锚固基础组成。

主动防护网：纵横交错的 ϕ16 mm 纵横向支撑绳和 ϕ12 mm 纵横向支撑绳与 4.5 m × 4.5 m 正方形模式（根据需要有可适当调整）布置的锚杆相联结并进行预张拉，支撑绳构成的每个 4.5 m × 4.5 m 网格内铺设一张钢丝绳网，钢丝绳网下铺格栅网。每张钢丝绳网与四周支撑绳间用缝合绳联结并拉紧，该预张拉工艺能使系统对坡面施以一定的法向预紧压力，从而提高表层岩土体的稳定性，阻止崩塌落石的发生。

主动防护系统如图 5 – 43 至图 5 – 46 所示。

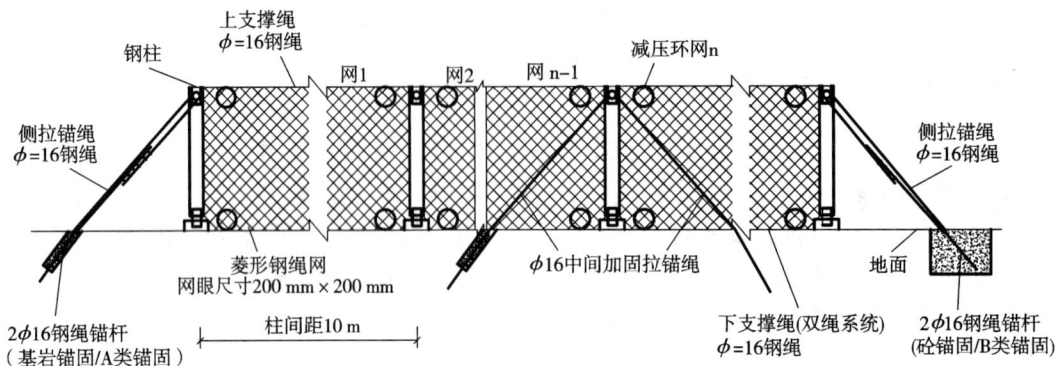

图 5 – 41　被动防护网系统立面图（单位：mm）

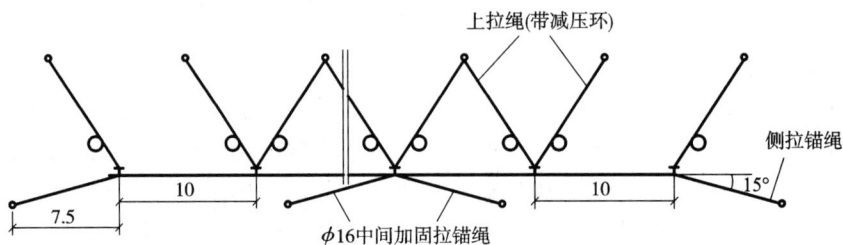

图 5 – 42　被动防护网系统平面图（单位：m）

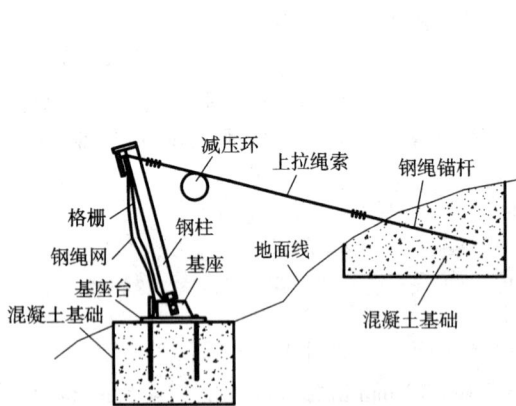

图 5 – 43　被动防护网系统横断面图（a）

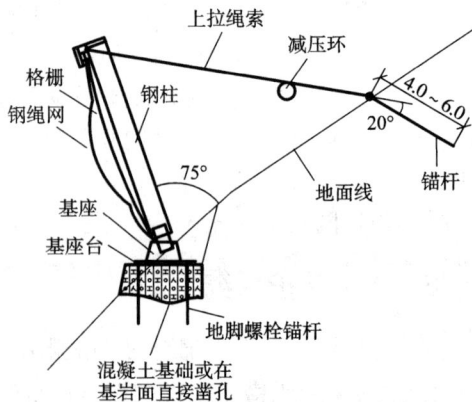

图 5 – 44　被动防护网系统横断面图（b）

坡面边缘线

一个挂网单元4.5×4.5(可适当调整)

系统正面布置示意图

格栅网
钢绳网
φ16横向支撑绳

4.5
4.5

4.5
4.5

钢绳锚杆

φ12纵向
支撑绳

φ8缝合绳

系统标准布置及缝合图

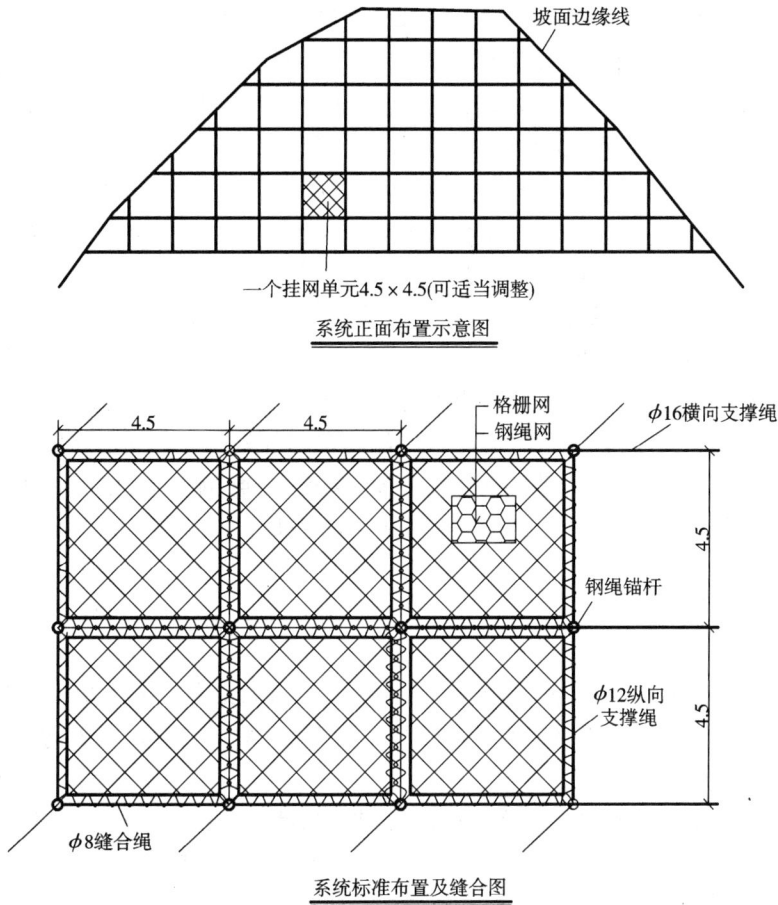

图 5 – 45　主动防护网系统布置示意图(单位: m)

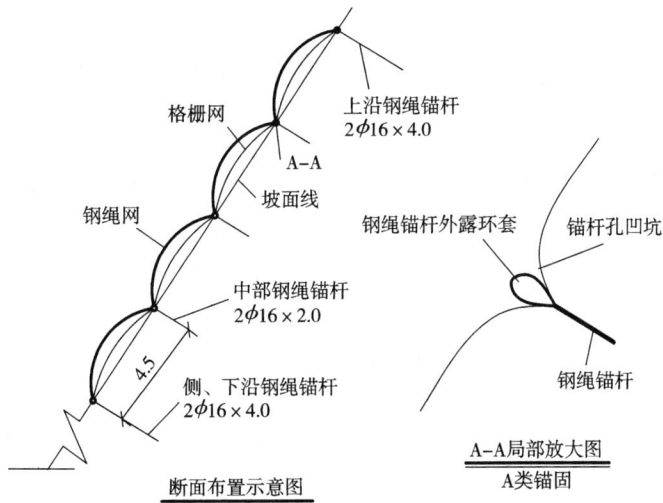

格栅网

钢绳网

坡面线

上沿钢绳锚杆
2φ16×4.0

A–A

中部钢绳锚杆
2φ16×2.0

4.5

侧、下沿钢绳锚杆
2φ16×4.0

钢绳锚杆外露环套

锚杆孔凹坑

钢绳锚杆

A–A局部放大图
A类锚固

断面布置示意图

图 5 – 46　主动防护网断面布置示意图(单位: m)

施工顺序及方法：

①施工前应先清除坡面浮土及浮石。

②锚杆孔位应放线测定(根据地形条件，孔距可有0.3 m的调整量)，并在每一孔位凿出深度不小于锚杆外露环套长度的凹坑，口径0.2 m，深0.2 m。

③按设计锚固长钻锚杆孔并清孔，孔径$\phi=42$ mm，孔深比锚杆长0.2 m；当受凿岩设备限制时，构成每根锚杆的两股钢绳可分别锚入两个孔径不小于$\phi35$ mm的锚孔内，形成人字形锚杆，夹角15°~30°，以达到相同的锚固效果。

④锚孔注浆采用M30水泥砂浆(环套段不能注浆)，插入锚杆，锚杆的外露环套不能露出地表，以确保张拉后网绳紧贴地表。优先选用粒径不大于3 mm的中细砂。

⑤安装纵横向支撑绳，张拉紧后两端各用2~4个(支撑绳长度实要求，不满足要M小于15 m时2个，大于30 m时4个，其间为3个)绳卡与锚杆外露环套固定连接。

⑥从上向下铺设钢绳网并缝合，缝合绳为$\phi8$钢绳，每张钢绳网均用一根长约31 m的缝合绳与四周支撑绳缝合并预张拉，缝合绳两端各用两个绳卡与网绳固定连接。

5.4.4　工程实例

(1)工点概况

某线K578+200~+360右侧堑坡约15 m，坡率为(1:1.2)~(1:1.9)；堑顶以上自然山坡，坡率为(1:1.25)~(1:2.08)，坡面有孤石分布且无防护，坡面岩石风化开裂严重。

(2)工程地质概况

地处丘陵区，山坡高30~50 m，植被发育，坡度较陡。地层：全风化花岗岩，棕红色、灰白色等，呈密实砂夹土状，厚0~2 m，零星分布；强至弱风化花岗岩，灰白色、肉红色，岩体较破碎，节理裂隙发育，厚度大于20 m。坡面分布较多球状微风化石蛋、孤石，直径最大1~2 m。

(3)病害原因分析

①既有堑坡部分无防护。

②堑坡及山坡岩体受多组节理裂隙切割形成危岩，在各种物理、化学作用下，易产生落石。

③降雨后，雨水渗入岩体构造裂隙，对岩、土产生软化、润滑和动水压力作用，造成岩、土强度降低，内摩擦角减小，坡面孤石受表水冲刷，树木生长易发生滚落，从而引发落石。

(4)工程整治措施

①某线(K578+270)~+360右侧堑顶设置被动防护网，网高5 m，防护能级为750 kJ。钢柱基础采用钢筋混凝土锚杆基础，锚杆采用$\phi28$ mm(HRB400)钢筋制作，杆长5.0 m，每个基础4根锚杆。被动网施工完毕后需预留检查道。

②某线(K578+275)~+360右侧堑坡坡面采用主动防护网，包裹危石，锚杆必须深入基岩面不小于2.0 m并与既有坡面垂直，锚杆沿坡面间距4.5 m，呈正方形布置模式，锚杆长度一般为2 m。具体做法详见大样图。

③某线(K578+200)~+360右侧堑顶以上坡面设置随机主动防护网，包裹危石，锚杆必须深入基岩面不小于2.0 m并与既有坡面垂直，锚杆沿坡面间距4.5 m，呈正方形布置模式，锚杆长度一般为2 m。具体做法详见大样图。

④自然山坡坡面直径较大的危石及乱石堆，视具体情况采用清除危石、M10 浆砌片石或 C15 砼支顶及钢筋束支撑嵌补等加固措施。

⑤清除堑坡及山坡坡面已有松动迹象的危石，清除后的坑洼及缝隙采用 M10 浆砌片石嵌补或 M10 水泥砂浆灌缝填塞。

（5）施工注意事项

①既有线旁施工应严格执行有关规定，机具设备不得侵入限界，脚手架应绑扎牢固，并按规定设置安全标志及防护。

②柔性防护网施工时应注意调整好钢柱与山坡的角度，并严格执行《铁路沿线斜坡柔性安全防护网》（TB/T 3089—2004）的有关规定。

③坡面危岩危石破除清理应在施工主动防护网前进行，堑顶以上山坡危石清理应在被动防护网施工后进行，并应作好相应的安全防护措施，确保施工及人身安全。

④危岩（石）破除及清理应在天窗点内进行。

⑤施工时应密切注意坡面变化情况，材料搬运应加强防护及了望，确保施工及行车安全。

⑥施工中发现地质情况与设计不符，应立即与设计人员联系，以便及时处理。

思考与练习

1. 路基排水的重要性是什么？
2. 路基地面排水的作用及主要措施有哪那些？
3. 路基地下排水的作用及主要措施有哪那些？
4. 路基防护的主要内容是什么？
5. 试述路基坡面防护的目的及主要方法。
6. 试述路基冲刷防护的目的及主要方法。
7. 简述路基边坡坡面绿色防护的意义。
8. 现有路基边坡坡面绿色防护技术有哪些？

第 **6** 章

路基边坡稳定性分析

边坡稳定问题是工程建设中经常遇到的问题，例如铁路或公路的路堤、路堑边坡等，都涉及到稳定性问题。边坡的失稳，轻则影响工程质量与施工进度；重则造成人员伤亡与国民经济的重大损失。因此，边坡的稳定问题经常成为需要重点考虑的问题。

边坡稳定分析是确定边坡是否处于稳定状态，是否需要对其进行加固与治理，防止其发生破坏的重要决策依据。边坡发生破坏失稳是一种复杂的地质灾害过程，由于边坡内部结构的复杂性和组成边坡的物质不同，造成边坡破坏具有不同形式，因此，应采用不同的分析方法及计算公式来分析其稳定状态。目前边坡稳定分析的方法大体分为以下几种。

①定性分析方法：工程类比法；图解法（赤平极射投影、实体比例投影、摩擦圆法）。

②定量分析方法：极限平衡法；极限分析法（有限元法、边界元法、离散元法）；可靠度分析法（蒙特卡罗法、随机有限元法）。

③研究阶段的新方法：模糊数学分析法；灰色理论分析法；神经网络分析法。

在以上分析方法中，极限平衡法是根据边坡上的滑体或滑体分块的静力学平衡原理分析边坡各种破坏模式下的受力状态，以及边坡滑体上的抗滑力和下滑力之间的关系来评价边坡的稳定性。它是边坡稳定分析计算的主要方法，也是工程实践中应用最多的一种方法。

本章以路堤边坡为例，在分析路堤边坡破坏模式的基础上，重点介绍基于极限平衡理论的路堤边坡稳定性分析方法，包括直线滑面边坡稳定性分析、圆弧滑面边坡稳定性分析、折线滑面边皮稳定分析方法。并介绍了这些方法在路基工程中的应用。

6.1　路基边坡的破坏形式及机理

路基工程中存在高路堤（边坡高度大于 20 m）、深路堑（边坡高度大于 20 m）、陡坡路堤（地面横坡大于 1∶2.5）以及软土地基上填筑路堤等多种不利于路基稳定的情况，以上情况通常需要进行路基稳定性分析，进行个别路基设计。

对路基滑坡的实际调查表明，通常情况下路基边坡破坏模式存在直线滑面、圆弧滑面和折线滑面三种。路堤边坡破坏模式主要决定于路基填料的类型，粗粒土路基产生滑坡时的滑动面深度浅并且接近于平面，断面上为直线[图 6-1(a)]；黏性土路基中的滑坡则深入土坡体内，若黏性土为匀质土体，其滑动面接近于圆柱面，断面上近似为圆滑[图 6-1(b)]。另外，当路堤修建于陡坡上时，沿着填方与地基接触面滑动破坏成为主要破坏形式之一，此时，破坏面的形式通常取决于接触面的形态，往往出现折线形的滑裂面[图 6-1(c)]。

在边坡稳定分析中，目前工程实践中基本上都是采用极限平衡法。极限平衡法的一般步

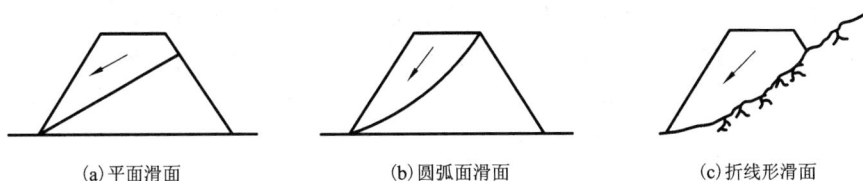

(a)平面滑面　　　　　　(b)圆弧面滑面　　　　　　(c)折线形滑面

图 6－1　滑面形式

骤是先假定破坏沿土体内某一确定的滑裂面滑动。根据滑裂土体的静力平衡条件和摩尔－库仑破坏准则可以计算沿该滑裂面滑动的可能性，即安全系数的大小，或破坏概率的高低，然后系统选取多个可能的滑动面，用同样方法计算稳定安全系数 K。安全系数最低的滑动面就是可能性最大的滑动面。为了使路堤具有足够的稳定性且经济合理，最小稳定安全系数 K_{min} 应大于 1，《铁路路基设计规范》(TB 10001—2005)规定了路基边坡稳定性分析计算中的最小稳定安全系数应不低于 1.15 ~ 1.25。

　　路基是一纵向延长的线型结构物，在长度方向可近似认为土体内的应力、应变保持不变，所以边坡的稳定检算可按平面问题来处理。

6.2　直线滑面的边坡稳定性分析

6.2.1　直线滑面的边坡稳定性分析方法简介

　　如图 6－2 所示，在路堤横断面图中，拟定假想滑裂面，则按路堤的设计横断面图，通过几何计算得出滑裂面以上滑动土的断面积每延米路堤的体积与重量 W，如果滑裂面 AD 在列车与轨道的换算土柱荷载 p 之外侧，则作用在

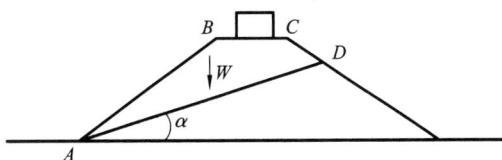

图 6－2　直线滑面法计算图示

滑裂面 AD 上的重力 W' 为滑动土体重 W($ABCD$ 面积乘以单位长度再乘以填土容重)和列车与轨道荷载 p 之和；如果 D 点在列车与轨道的换算土柱范围内，则应取滑裂面以内所包含的部分土柱荷载值。设 α 为滑面的倾角，滑面 AD 的长度为 l，路堤填料的内摩擦角为 φ，黏聚力 c，则沿滑面向下的滑动力为 W' 在滑面方向的切向分力 $T = W' \cdot \sin\alpha$；阻止土体下滑的力(亦称为抗滑力)为滑面上的摩擦力与黏聚力，即 $T' = W' \cdot \cos\alpha \cdot \tan\varphi + c \cdot l$。以抗滑力与滑动：两者的比值来估算路基的稳定性，则滑裂面上土体的稳定系数为：

$$K = \frac{T'}{T} = \frac{W' \cdot \cos\alpha \cdot \tan\varphi + c \cdot l}{W' \cdot \sin\alpha} \qquad (6-1)$$

6.2.2　直线滑面的边坡稳定性分析方法在路基工程中的应用

　　(1)试算法

　　由式(6－1)可知，稳定系数 K 将随着滑面倾角 α 的变化而改变。为求出最小的稳定系数 K_{min}，现假定滑裂面为任意位置 AD_1、AD_2、AD_3、$\cdots$、AD_n 时[图 6－3(a)]，计算各滑裂面

倾角 α 及相应的稳定系数 K,分别以 K、α 为纵、横坐标轴,绘制 $K - \alpha$ 曲线,如图 6 - 3(b)所示。然后作水平线与曲线相切,切点所对应的纵、横坐标就是设计边坡的最小稳定系数 K_{min} 和该滑裂面倾角 α。在边坡稳定性检算中,常将最小稳定系数 K_{min} 所对的滑裂面称为危险滑裂面。

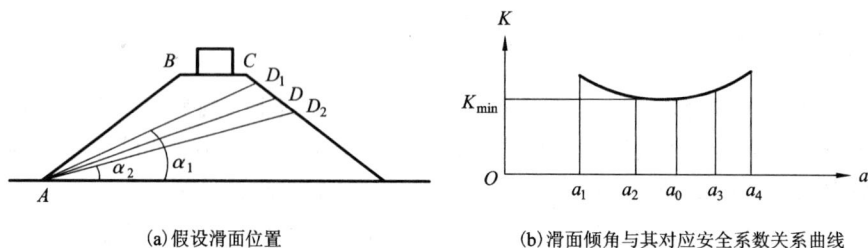

(a)假设滑面位置   (b)滑面倾角与其对应安全系数关系曲线

图 6 - 3 K_{min} 的确定方法

当路堤以不同的砂、石填料或透水土体分层填筑,土体产生滑动破坏时,其滑面亦常接近于平面,故仍可采用上述直线滑裂面法进行检算。因在破裂面上各层填料的计算指标不同,所以在检算时当滑裂面确定以后,应按滑裂面和各层面的交点,以垂直线将滑动土体分块,计算每一分块的填料重 W_i 和外荷载 p_i(如果存在),由此可得各分块的总重力 $W_i' = W_i + p_i$,及其在滑裂面上各分段上的法向分力 $N_i = W_i' \cdot \cos\alpha$ 和切向分力 $T_i = W_i' \cdot \sin\alpha$;因而可得各分段的抗滑力 $W_i' \cdot \cos\alpha_i \cdot \tan\varphi_i + c_i l_i$。以各分段的抗滑力之和与各分段的下滑力之和的比值求该滑裂面上土体的稳定系数 K,则

$$K = \frac{\sum_1^n W_i' \cdot \cos\alpha \cdot \tan\varphi_i + \sum_1^n c_i \cdot l_i}{\sum_1^n W_i' \cdot \sin\alpha} \qquad (6 - 2)$$

不同填料分层填筑时的稳定性计算图式如图 6 - 4 和图 6 - 5 所示。

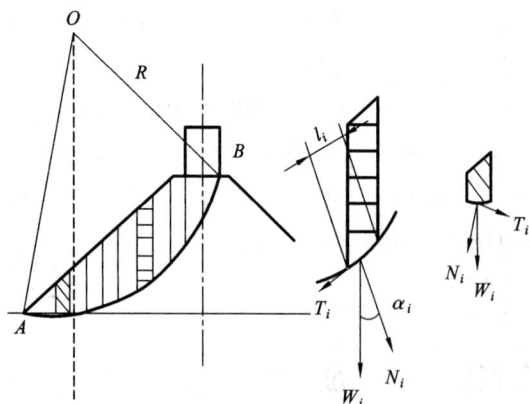

图 6 - 4   分层填料路堤的计算图式   图 6 - 5   直线滑裂面计算简图

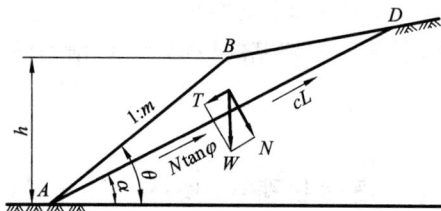

　　当分层中存在强度较低的厚层填土时，应在该层内增加滑裂面的检算数量，以免漏失危险滑裂面及真正的稳定安全系数的最小值 K_{min}。

　　(2)解析法

　　由式(6-1)可以看出，稳定安全系数 K 是滑裂面倾角 α 的一元函数关系，要想求得稳定安全系数的最小值 K_{min}，只需通过式(6-1)对滑裂面倾角 α 求一阶导数，就可以求得安全系数的最小值 K_{min}。

　　如图 6-5，土楔 ABD 沿假设滑动面 AD 滑动，单位长度滑动土体重力 W，则：

$$W = \frac{1}{2}Lh\gamma \tag{6-3}$$

$$h = AB\sin(\theta-\alpha) = \frac{\sin(\theta-\alpha)}{\sin\theta}H \tag{6-4}$$

式中：L 为滑动面长度，m；h 为滑动面至土楔 B 点的垂直距离，m；γ 为土体容重，kN/m^3。

$$K = \frac{F}{T} = \frac{W\cdot\cos\alpha\cdot\tan\varphi + cL}{W\sin\alpha} = \frac{\tan\varphi}{\tan\alpha} + \frac{cL}{W\sin\alpha} = \frac{\tan\varphi}{\tan\alpha} + \frac{2c}{\gamma H}\cdot\frac{\sin\theta}{\sin(\theta-\alpha)\sin\alpha} \tag{6-5}$$

令 $f = \tan\varphi$，$a_0 = \dfrac{2c}{\gamma H}$，则 $K = f\cdot\cot\alpha + a_0\cdot\dfrac{\sin\theta}{\sin(\theta-\alpha)\sin\alpha}$，其中：

$$\frac{\sin\theta}{\sin(\theta-\alpha)\sin\alpha} = \frac{\sin[(\theta-\alpha)+\alpha]}{\sin(\theta-\alpha)\sin\alpha} = \frac{\sin(\theta-\alpha)\cos\alpha + \cos(\theta-\alpha)\sin\alpha}{\sin(\theta-\alpha)\sin\alpha}$$

$$= \frac{\cos\alpha}{\sin\alpha} + \frac{\cos(\theta-\alpha)}{\sin(\theta-\alpha)} = \cot\alpha + \cot(\theta-\alpha)$$

$$K = f\cdot\cot\alpha + a_0\cdot[\cot\alpha + \cot(\theta-\alpha)] = (f+a_0)\cdot\cot\alpha + a_0\cdot\cot(\theta-\alpha) \tag{6-6}$$

欲求稳定安全系数的最小值 K_{min}，只需利用式(6-6)，求

$$\frac{\mathrm{d}K}{\mathrm{d}\alpha} = 0 \tag{6-7}$$

通过求解式(6-7)，得

$$K_{min} = (f+2a_0)m + 2\sqrt{a_0(f+a_0)(m^2+1)} \tag{6-8}$$

式中：f 为滑动土楔的内摩擦系数，$f = \tan\varphi$；a_0 为参数，$a_0 = \dfrac{2c}{\gamma H}$；$m$ 为边坡坡率；c、φ、γ 分别为土体的凝聚力，kN，内摩擦角，(°)和容重，kN/m^3；H 为边坡的竖向高度，m。

　　利用式(6-8)可求路堑边坡的最小稳定性系数；可在其他条件固定时反求稳定的边坡角(即确定边坡)；也可在其他条件固定时计算路堑边坡的限制高度。

　　例 6-1　某砂类土挖方边坡 $\varphi = 25°$，$c = 14.70\ kPa$，$\gamma = 16.90\ kN/m^3$，$H = 6.50\ m$，采用边坡 1:0.5。假定 $[K_c] = 1.25$，求：①验算边坡的稳定性；②当 $[K_c = 1.25]$ 时，求允许边坡坡度；③当 $[K_c] = 1.25$ 时，求边坡允许最大高度。

　　解：据题意，砂类土挖方边坡适用于直线滑动面解析法计算公式求算。

$$f = \tan25° = 0.4663$$

$$a_0 = \frac{2c}{\gamma H} = \frac{2\times14.70}{16.90\times6.50} = 0.2676,\ m = c\tan\alpha = 0.5$$

　　①求边坡最小稳定性系数 K_{min}。

　　由式(6-8)得

$$K_{\min} = (f + 2a_0)m + 2\sqrt{a_0(f + a_0)(m^2 + 1)}$$
$$= (0.4663 + 2 \times 0.2676)0.5 + 2\sqrt{0.2676(0.4663 + 0.2676)(0.5^2 + 1)}$$
$$= 1.49 > [K_c] = 1.25$$

因此，该边坡稳定。

②当$[K_c] = 1.25$时，求允许边坡坡度。

由式(6-8)得

$$K_{\min} = (f + 2a_0)m + 2\sqrt{a_0(f + a_0)(m^2 + 1)}$$
$$1.25 = (0.4663 + 2 \times 0.2676)m + 2\sqrt{0.2676(0.4663 + 0.2676)(m^2 + 1)}$$

经整理得，$-0.2174m^2 + 2.5038m - 0.777 = 0$。

解得$m = 0.3192$，取$m = 0.32$。

因此，当$[K_c] = 1.25$时，求允许边坡坡度$m = 0.32$。

③当$[K_c] = 1.25$时，求边坡允许最大高度。

$$K_{\min} = (f + 2a_0)m + 2\sqrt{a_0(f + a_0)(m^2 + 1)}$$
$$1.25 = (0.4663 + 2a_0)0.5 + 2\sqrt{a_0(0.4663 + a_0)(0.5^2 + 1)}$$

经整理得，$5a_0^2 + 3.3315a_0 - 1.0169 = 0$，解得$a_0 = 0.2275$，由$a_0 = \dfrac{2c}{\gamma H}$得，

$$H = \frac{2c}{\gamma a_0} = \frac{2 \times 14.70}{16.90 \times 0.2275} = 7.6 \text{ m}$$

因此，当$[K_c] = 1.25$时，求边坡允许最大高度H为7.6 m。

6.3　圆弧滑面的边坡稳定性分析方法

6.3.1　圆弧滑面的边坡稳定性分析方法简介

大量现场观察和调查资料表明，黏性土土坡失稳时，其滑裂面接近于一个圆柱面。工程计算中常将它假设为圆弧形滑动面的平面应变问题。

用圆弧形滑面进行土坡稳定分析的方法很多。常用的有瑞典条分法(W. Fellenius, 1963)、毕肖普法(A. W. Bishop, 1955)、稳定参数图解法等。

(1)瑞典条分法

瑞典条分法是土坡稳定分析中的一种基本方法。它不但可以用来检算简单土坡，也可以用来检算各种复杂情况的土坡，如不均匀土土坡、分层填筑的土坡、存在渗流场的土坡、坡顶有荷载作用的土坡等，瑞典条分法在工程中广为应用。

该方法假定土坡稳定分析是一个平面应变问题，滑裂面成圆弧形。图6-6为圆弧形滑面滑坡的示意图，其中$ABCD$为滑动土体，CD为圆弧形滑面。路堤土体失稳时，滑动土体$ABCD$同时整体地沿CD弧向下滑动。对圆心O来说，相当于整个滑动土体沿CD弧绕圆心O点转动。

在具体计算中，将滑动土体$ABCD$分成n个土条，为保证计算的精确度，土条的宽度一般取$2 \sim 4$ m。如用i表示土条的编号，则作用在第i土条上的力如图6-6(b)所示。从

图 6-6(b)可知，作用于各土条上的
下滑力和圆弧面上各点的抗滑力均相
切于圆弧面，为了便于检算滑裂面上
滑动土体的稳定性，稳定系数 K 以滑
动面上各点对圆心 O 点的抗滑力矩之
和与各土条的下滑力矩之和的比值来
表示。具体分析如下所述。

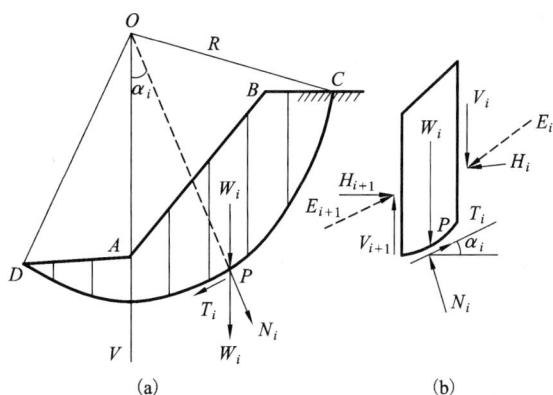

图 6-6　瑞典圆弧滑面法计算图式

1)土条的下滑力 T_i

在滑动体各分块土条的面积确定
以后，便可按各分条的断面积，以纵
向延长为 1 m 求体积，并据土的已知
重度求各分条的重力 W_i(若分条上存在列车与轨道的换算土柱，仍应包括换算土柱的荷载
重)，通过重心作垂线与滑裂面相交于 P 点，则交点切线与水平面的夹角为 α_i。如图 6-6(b)
所示，土条自重在与滑面交点 P 上的法向分力为 N_i 和切向分力 T_i。其中法向分力 N_i 通过滑
面的圆心 O 点，对土坡不起滑动作用，但却是影响滑面摩擦力大小的重要因素；切向分力 T_i
为分条土体的下滑力，与滑裂面相切。

值得注意的是，如以图 6-6(a)中通过圆心的垂线 OV 为界，则 OV 线右侧各土条的切向
分力 T_i 对滑动土体起下滑的作用，构成了滑动土体的下滑力，计算时取正号；OV 线左侧各
土条的切向分力 T_i 对整个滑动土体起到抗滑和稳定作用，计算时应视为抗滑力，并取负号。

2)滑面上的抗滑力 T_i'

第 i 土条所处滑面上的抗滑力 T_i' 作用于滑面上的 P 点并与滑面相切，其方向与滑动的方
向相反。若第 i 土条在滑面上的弧长为 l_i，土条的内摩擦角与黏聚力分别为 φ_i、c_i，则抗滑力
$T_i' = N_i\tan\varphi_i + c_i l_i = W_i\cos\alpha_i\tan\varphi_i + c_i l_i$。

3)条间的作用力 H_i、V_i、H_{i+1}、V_{i+1}

如图 6-6(b)所示，条间力 H_i、V_i、H_{i+1}、V_{i+1} 作用在土条两侧的内切面上。它们每侧的
合力为图中的 E_i 和 E_{i+1}，瑞典条分法假定 E_i 和 E_{i+1} 大小相等，方向相反，作用在同一条直
线上，因而在土体的稳定分析中不予考虑。

4)稳定系数 K

将各土条圆弧面上土的抗滑力与下滑力乘以对滑动圆心的力臂 R，就可得到抗滑力矩
$M_r = R(\sum\limits_1^n W_i \cdot \cos\alpha_i \cdot \tan\varphi_i + c_i l_i)$，滑动力矩 $M_s = R\sum\limits_1^n W_i \cdot \cos\alpha_i$，以抗滑力矩 M_r 与滑动
力矩 M_s 的比值表示稳定系数 K，并消去分式中分子分母的半径 R，则：

$$K = \frac{\sum\limits_1^n W_i \cdot \cos\alpha_i \cdot \tan\varphi_i + \sum\limits_1^n c_i \cdot l_i}{\sum\limits_1^n W_i \cdot \sin\alpha_i} \tag{6-9}$$

上式便是瑞典条分法计算路堤土坡稳定系数的基本检算式。当通过圆心的铅垂线将滑动
土体分为左右两部分时，左侧部分 $1 \sim m(m < n)$ 条土条重力的切向分力与半径相乘形成的力
矩，因切向分力的作用方向与滑动方向相反而成为抗滑力矩，此时式(6-10)应改写成下列

式子：

$$K = \frac{\sum\limits_{1}^{n} W_i \cdot \cos\alpha_i \cdot \tan\varphi_i + \sum\limits_{1}^{n} c_i \cdot l_i + \sum\limits_{1}^{m} W_i \cdot \sin\alpha_i}{\sum\limits_{m+1}^{n} W_i \cdot \sin\alpha_i} \qquad (6-10)$$

以上公式可以计算某个位置已经确定的滑动面的稳定安全系数，但这一安全系数并不代表边坡的真正稳定性，因为滑动面是任意取的。稳定分析必须找出最危险滑面的位置，也就是安全系数 K 值最小的滑裂面位置。最危险滑裂面的位置与路堤填料的性质、边坡形式和坡度、地基土质条件有很大关系；在稳定分析过程中要假设一系列的滑面进行试算，因而找出最危险滑裂面圆心的位置需要做大量的计算工作。在工程实践中存在一些经验方法，对于较快地确定最危险滑裂面很有帮助。

工程实践表明，当地基的承载力低，或地基土的强度低于路堤填料的强度时，路堤的危险滑面常常切入地基内，可能在坡脚和坡脚外出现如图 6-7(a) 所示的滑面位置。所以在地基稳固，边坡坡度为 1:1.5 或更缓的条件下，试算圆弧滑动面的下端可定在坡脚并向坡脚外移动。

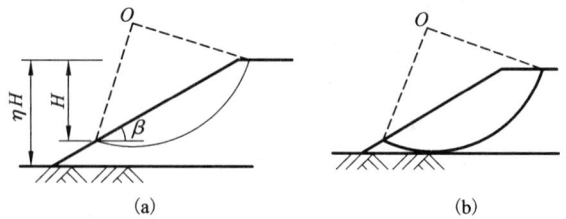

图 6-7 可能的滑面位置

而当边坡较陡或填料强度较低以及边坡高度较高时，滑裂面的下端可能出现在边坡面上[图 6-7(b)]；故在圆弧滑动面检算时，可将圆弧滑面的下端定在坡脚而向边坡方向试算。圆弧滑动面的上端，对于单线路堤，常以换算土柱的外侧边线与路基面交点为端点，危险圆弧的上端点可能向换算土柱内移动，也可向外侧路肩移动，直至路肩边缘点，它与填料的性质和堤身高度有关。双线路堤的危险滑面上端点在填料强度较高时会向两线的中部移动；但当填料强度较低时，仍然可能出现在与单线路堤相似的部位。

(2)毕肖普法

毕肖普法(A. N. Bishop)也是将滑动土体进行分条的土坡稳定检算方法之一。但它考虑条块间的侧向作用力，在理论上相对于瑞典条分法更为完善。图 6-8(a) 为从圆弧滑动体中取出土条 i 进行分析。作用在条块 i 上的力有重力 W_i(若存在外荷载也应计入)，滑动面上的反力 N_i 和抗

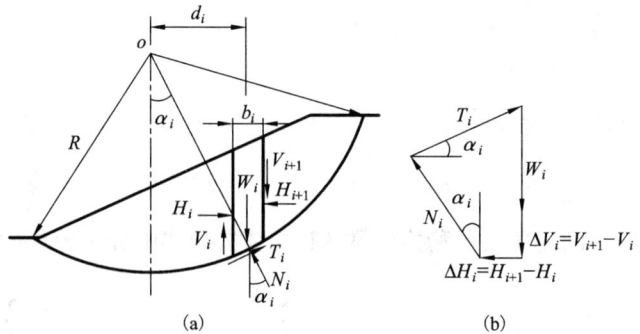

图 6-8 毕肖普法计算图式

滑力 T_i，条块的两侧面上的竖向力 V_i、V_{i+1} 和横向力 H_i、H_{i+1}，如图 6-8(b)。

若土条处于静力平衡状态，根据竖向力的平衡条件 $\sum Y = 0$ 得：

$$W_i + V_{i+1} - V_i - T_i \cdot \sin\alpha_i - N_i \cdot \cos\alpha_i = 0$$

即
$$N_i \cdot \cos\alpha_i = W_i + V_{i+1} - V_i - T_i \cdot \sin\alpha_i \qquad (6-11)$$

考虑到边坡土体处于稳定状态时的安全储备 $K(K>1)$，也就是滑动面上的抗滑力缩小 K 倍，即

$$T_i = \frac{1}{k}(N_i \cdot \tan\varphi_i + c_i \cdot l_i) \qquad (6-12)$$

将式(6-12)代入式(6-11)，并整理得

$$N_i = \frac{1}{m_{\alpha i}}(W_i + V_{i+1} - V_i - \frac{c_i \cdot l_i \cdot \sin\alpha_i}{K}) \qquad (6-13)$$

$$m_{\alpha i} = \cos\alpha_i + \frac{\tan\varphi_i \cdot \sin\alpha_i}{K} \qquad (6-14)$$

当整个滑动土体处于整体平衡状态时，各土条所受的力对滑面圆心力矩之和为零。这时条间作用力 H_i、V_i、H_{i+1}、V_{i+1} 作为内力，其力矩将出现正负各一次而相互抵消。滑动面上的反力 N_i 通过圆心，也不产生力矩。只有重力 W_i 和抗滑力 T_i 对圆心产生力矩。即

$$\sum W_i \cdot R \cdot \sin\alpha_i - \sum T_i \cdot R = 0$$

将式(6-12)代入上式得：

$$\sum W_i \cdot R \cdot \sin\alpha_i = \sum \frac{1}{K}(N_i \cdot \tan\varphi_i + c_i \cdot l_i) \cdot R$$

将式(6-13)代入上式，简化后得：

$$K = \frac{\sum \frac{1}{m_{\alpha i}}[c_i l_i \cos\alpha_i + (W_i + V_{i+1} - V_i)\tan\varphi_i]}{\sum W_i \sin\alpha_i} \qquad (6-15)$$

以上公式就是毕肖普法的土坡稳定一般计算公式。但由于条间力 $V_{i+1} - V_i$ 为未知量，式(6-15)仍然不能求解。考虑到 $(V_{i+1} - V_i)\tan\varphi_i$ 项一般较小，毕肖普进一步假定 $V_{i+1} - V_i = 0$，于是式(6-15)进一步简化为：

$$K = \frac{\sum \frac{1}{m_{\alpha i}}[c_i l_i]\cos\alpha_i + W_i \tan\varphi_i}{\sum W_i \sin\alpha_i} \qquad (6-16)$$

式(6-16)称为简化的毕肖普公式。式中参数 $m_{\alpha i}$ 包含有安全系数 K，因而不能直接由式(6-16)求出稳定安全系数，而需要采用试算的办法迭代计算 K 值。为减少计算工作量，便于计算，工程中已预先编制出 $m_{\alpha i} - \alpha_i$ 关系曲线，如图6-9所示。

试算时，一般先假定一个 K 值(可先假定 $K=1.0$)，由图6-9查出各土条滑面倾角 α_i 所对应的 $m_{\alpha i}$ 值，代入式(6-16)求 K 值，若计算的新 K 值与前面假设的 K 值之差大于规定的误差，则用新 K 值查取 $m_{\alpha i}$ 值，重新计算 K，如此反复迭代计算，直至前后两次计算的安全系数非常接近，满足规定的精度要求为止。通常迭代总是收敛的，据经验一般迭代 3~5 次即可满足精度的要求。

应该指出的是对于 α_i 为负值的那些土条，要注意是否使 $m_{\alpha i}$ 值趋于零的问题(图6-9)。如果出现这种情况，式(6-16)将失去意义。根据研究结果，当任一土条的 $m_{\alpha i} \leq 0.2$ 时，将导致计算的 K 值出现较大的误差，此时应考虑采用其他的稳定性分析方法。

与瑞典条分法相比，简化毕肖普法是在不考虑条块间竖向力的前提下，满足力多边形的

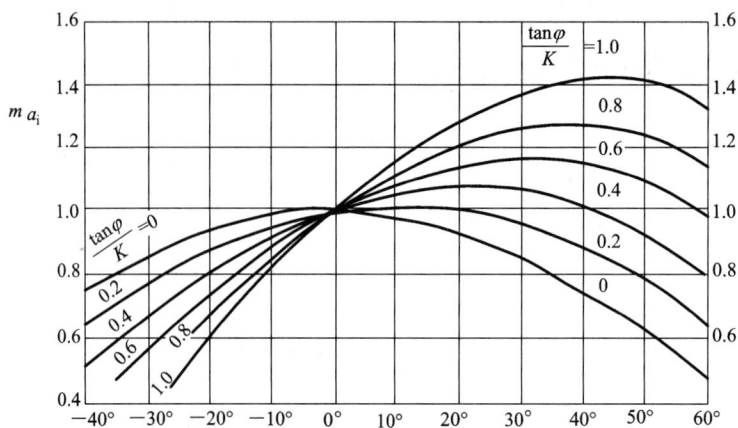

图 6-9　$m_{\alpha i} - \alpha_i$ 曲线

闭合条件，但隐含着条块间有水平力的作用，虽然在公式中水平作用力并未出现，由于考虑了条块间水平力的作用，得到的安全系数较瑞典条分法略高一些。很多工程计算表明，毕肖普法与严格的极限平衡分析法相比，结果很接近。由于计算不很复杂，精确度较高，所以是目前工程中很常用的方法。

6.3.2　圆弧滑面的边坡稳定分析方法在路基工程中的应用

　　以上两种方法在路基工程稳定分析中经常用到，但是上述方法是在滑动面位置确定的情况下，计算确定的滑动面的稳定系数。故在应用该方法时候重要的是确定最不利圆心位置和其对应半径大小，通常的计算步骤为：

　　①按比例画出所求边坡的几何形态。

　　②确定圆心位置。

　　③过边坡脚取圆弧，划分一定宽度的垂直土条。一般取宽度 2~4 m。

　　④计算每条土重，并进行分解。

　　⑤计算每一小段滑动面上的抗滑力矩和滑动力矩。

　　⑥计算总的抗滑力矩和滑动力矩。

　　⑦求稳定系数。

　　⑧选取不同圆心位置和不同半径进行计算，求最小的安全系数，如果 K_{min} 在 1.25~1.50 之间，则边坡稳定，否则重新计算。

　　简单介绍常用的两种确定最不利圆心位置的经验方法，危险圆弧滑面的圆心位置，常常采用 4.5H 线法或 36° 线法来确定圆心轨迹线。

　　图 6-10(a)、图 6-10(b) 所示为 4.5H 线法确定危险圆弧滑面圆心的辅助线位置。以图 6-10(a) 为例，先由坡脚 A 点向下引竖直线，在竖直线上截取高度 $H = h + h_0$（边坡高度及荷载换算土柱高度 h_0）得 F 点，自 F 点向右引水平线至 4.5H 线处得 M 点；然后连接边坡坡脚 E 和换算土柱顶点 S，求得 ES 线的坡度，据此值查表 6-1 得 β_1 和 β_2 值。再从 E、S 点分别引直线 EI（与 ES 线成 β_1 角）、SI（与水平线成 β_2 角）相交于 I 点，则 IM 连线就是危险滑裂面圆心轨迹线。若不考虑荷载换算土柱高度 h_0，则方法可以简化 [图 6-10(b)]，即 $H = h$

（路堤高度），边坡坡度取坡脚和坡顶的连线 AB 的坡度值。β_1 和 β_2 值仍按表 6 - 1 查取。

36°线法确定危险滑弧的圆心轨迹线如图 6 - 10(c)、图 6 - 10(d)所示。可由荷载换算土柱顶点（或路肩边缘点）E 作与水平线成 36°角的引线 EF，即得圆心辅助线。

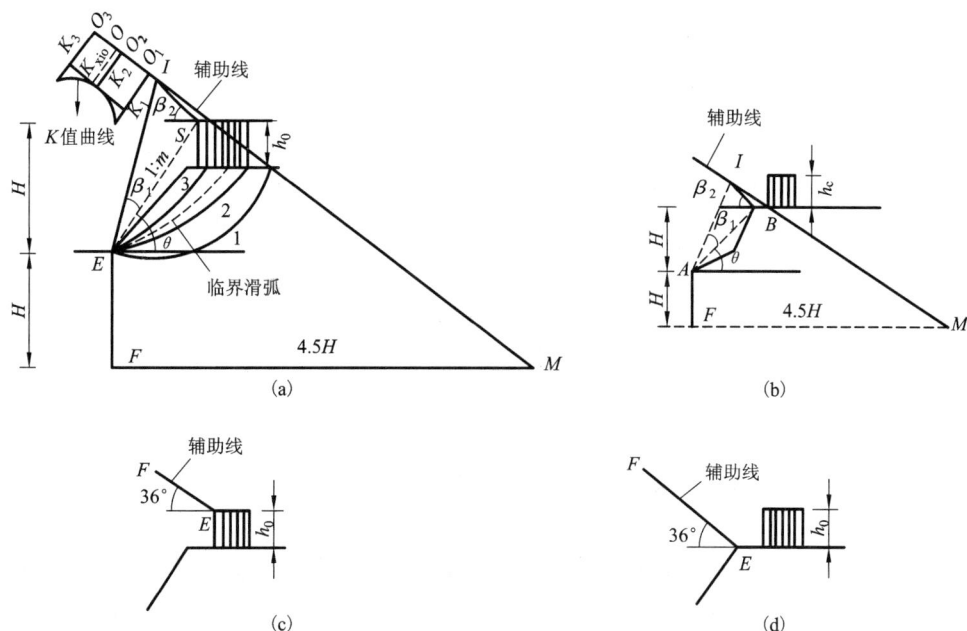

图 6 - 10　危险圆弧滑面的圆心辅助线

上述方法的计算结果相差不大，均可采用。36°线法比较简便，4.5H 线法则比较精确，且求出的稳定系数 K 值最小，故常用于路堤边坡的稳定性分析。

表 6 - 1　确定黏性土坡危险滑面圆心的 β_1 和 β_2 角

土坡坡度	β_1	β_2	土坡坡度	β_1	β_2
1:0.75	29°	39°	1:2	25°	35°
1:1	28°	27°	1:2.5	25°	35°
1:1.25	27°	35°30′	1:3	25°	35°
1:1.5	26°	35°	1:4	25°	36°
1:1.75	25°	35°	1:5	25°	37°

例 6 - 2　已知路堤断面如图 6 - 11 所示，路堤高 24 m，填土物性指标 $\gamma = 17$ kN/m³，$\varphi = 22°$，黏聚力 $c = 21.6$ kPa，试以条分法检算假设滑动面 $\overset{\frown}{AB_3}$（圆心为 O_3，半径 $R = 55$ m）的稳定性，即求稳定系数。

解：将滑动圆弧 $\overset{\frown}{AB_3}$ 以上的土体按宽度 2 ~ 4 m 分为 11 条，视每条之重心在该条之中分线上，在求各条之 α_i 角时，从其重心线与圆弧的交点作圆心连线与圆心的铅重线，据此三角

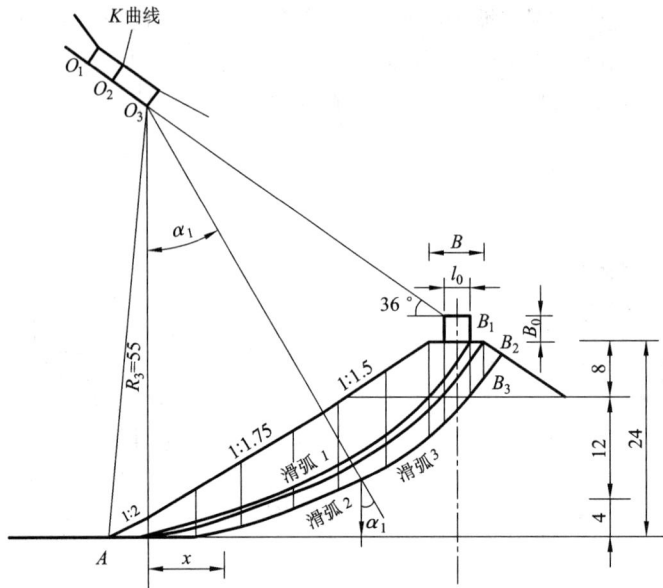

图 6 - 11　计算路堤断面(单位: m)

形求出 α_i，则其余弦亦可知。本例将换算土柱重量分别纳入相应的土条中计算。在解题时也可将土柱重量单独计算，视其为独立土条，与其他土条同样计算。其计算结果如表 6 - 2 所示。

表 6 - 2　例 6 - 2 计算结果

分块号	距圆心的水平距离 /m	$\sin\alpha_i$	$\cos\alpha_i$	分块面积 ω_i /m²	分块重量 $W = \gamma_i$	抗滑力 $N_i = W\cos\alpha_i$ /kN	下滑力 $T = Q\sin\alpha_i$ /kN	T_i' /kN	$k = \dfrac{\sum N\tan\varphi + \sum cl + \sum T}{\sum T}$
1	2	0.0364	0.9993	10.2	173.4	173.3		6.31	
2	3	0.0545	0.9985	28.2	479.4	478.7	26.13		
3	9	0.1636	0.9865	42.6	724.2	714.4	118.48		$K = \dfrac{5993.4 \times 0.404 + 1243}{2915.6} = 1.26$
4	15	0.2727	0.9621	54.0	918.0	883.2	250.34		
5	21	0.3818	0.9242	62.4	1060.8	980.4	405.01		
6	27	0.4909	0.8712	66.8	1152.6	1004.1	565.81		
7	33	0.6000	0.8000	68.4	1162.8	930.2	696.7		
8	36.8	0.669	0.743	16.8	285.6	212.2	191.1		$K = \dfrac{5993.4 \times 0.404 + 1243}{2915.6} = 1.26$
9	39.35	0.715	0.697	40.08	681.4	474.9	486.2		
10	42.05	0.7640	0.644	8.48	144.2	92.9	110.2		
11	43.55	0.7918	0.6108	4.73	80.4	49.1	63.7		
Σ						5993.4	2915.6		1.26

注: $R_{AB_3} = 55$ m, $\alpha_{AB_3} = 60°$。

6.4　稳定参数图解法

6.4.1　稳定参数图解法简介

　　前面介绍的滑动土体稳定分析方法，都需要大量的计算工作，以找出最危险的滑动面位置。为简化计算工作量，工程中根据大量的设计计算资料，整理出了单坡形的黏土路堤坡高 H、坡角 β，与土体的抗剪强度指标 c、φ 及重度 γ 等参数之间的关系，并绘成图，如图 6 - 12 所示，供直接查阅。

　　图 6 - 12 中的 $N_s = \dfrac{\gamma H}{c}$ 称为稳定参数，它综合反映了土坡体维持稳定的能力，其中 c 为黏聚力，以 kPa 计；γ 为土的重度，以 kN/m^3 计；H 为土坡高度，以 m 计。

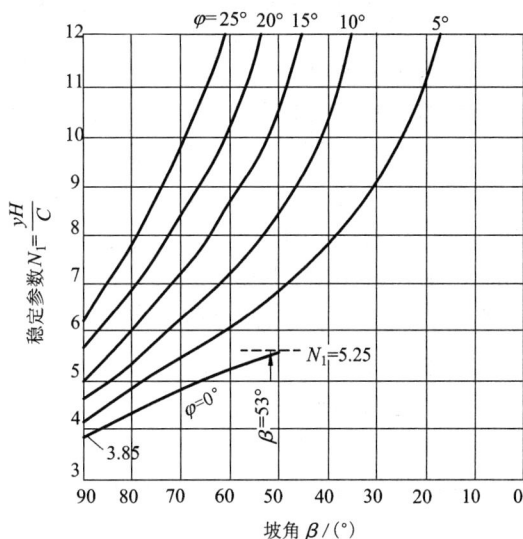

图 6 - 12　稳定参数图

6.4.2　稳定参数图解法在路基工程中的应用

　　利用稳定参数图可以解决下列两大主要土坡体稳定问题：已知坡角 β、土体的抗剪强度指标 c、φ 及重度 γ，求土坡的允许高度；已知坡高 H、土体的性质指标 c、φ 及 γ，求许可的坡角 β。

　　应该指出，稳定参数(图 6 - 12)常用于初步设计阶段，判断路堤允许高度及边坡坡角选择，不能代替施工图设计阶段的具体设计工作。

　　例 6 - 3　一简单土坡 $\varphi = 15°$，$c = 12.0$ kPa，$\gamma = 16.8$ kN/m^3，若坡高为 5 m。试确定：①安全系数为 1.2 时的稳定坡角。②若坡角为 60°，安全系数为 1.5 时的最大坡高。

　　解：①在稳定坡角时的临界高度：$H_{cr} = K \cdot H = 1.2 \times 5 = 6$ m

　　稳定参数：$N_s = \dfrac{\gamma H_{cr}}{c} = \dfrac{17.8 \times 6}{12.0} = 8.9$

　　由 $\varphi = 15°$，$N_s = 8.9$ 查图得稳定坡角 $\beta = 57°$

　　②由 $\beta = 60°$，$\varphi = 15°$ 查图得泰勒稳定数 N_s 为 8.6

　　稳定参数：$N_s = \dfrac{\gamma H_{cr}}{c} = \dfrac{17.8 \times H_{cr}}{12.0} = 8.6$

　　求得坡高 $H_{cr} = 6.80$ m，稳定安全系数为 1.5 时的最大坡高 H_{max} 为

$$H_{max} = \frac{5.80}{1.5} = 3.87 \text{ m}$$

6.5 折线滑面的边坡稳定性分析方法——传递系数法

6.5.1 折线滑面的边坡稳定性分析方法——传递系数法简介

传递系数法也称为不平衡推力传递法,亦称折线滑动法或剩余推力法,它是我国工程技术人员创造的一种实用滑坡稳定分析方法。由于该法计算简单,并且能够为滑坡治理提供设计推力,因此在水利部门、铁路部门得到了广泛应用,在国家规范和行业规范中也将其列为推荐的计算方法。当滑动面为折线形时,滑坡稳定性分析可采用折线滑动法。

传递系数法的基本假设有以下六点:

①将滑坡稳定性问题视为平面应变问题。

②滑动力以平行于滑动面的剪应力 τ 和垂直于滑动面的正应力 σ 集中作用于滑动面上。

③视滑坡体为理想刚塑材料,认为整个加荷过程中,滑坡体不会发生任何变形,一旦沿滑动面剪应力达到其剪切强度,则滑坡体即开始沿滑动面产生剪切变形。

④滑动面的破坏服从摩尔-库仑准则。

⑤条块间的作用力合力(剩余下滑力)方向与滑动面倾角一致,剩余下滑力为负值时则传递的剩余下滑力为零。

⑥沿整个滑动面满足静力的平衡条件,但不满足力矩平衡条件。

折线滑裂面求解步骤(图6-13)如下所述:

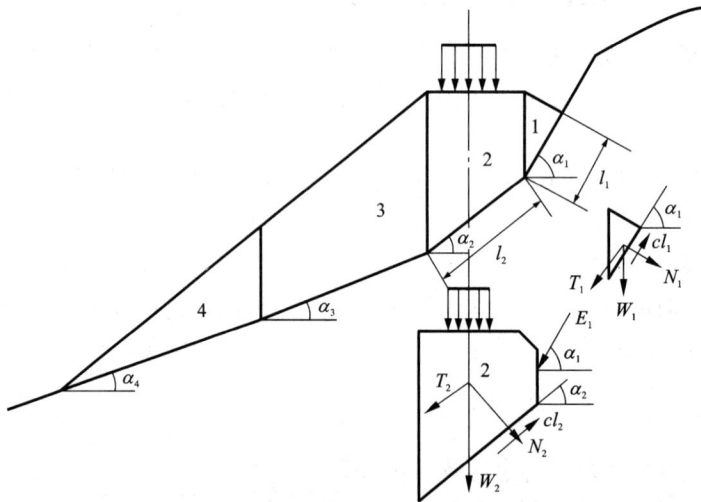

图6-13 折线滑面法求解示意图

①把破裂面上的土体按折线分块。

②求去各分块的重量 W_i,计算 W_i 沿着本段滑面的分力,即

下滑分力 $$T_i = W_i \sin\alpha_i$$

法向分力 $$N_i = W_i \cos\alpha_i$$

③由各破裂面段的段长 l_i 和 c_i 值,计算各分块的抗滑力。

$$T_i' = N_i \tan\varphi_i + c_i l_i。$$

注意：为了使验算中的路堤具有稳定系数规定值 K，可将下滑力 T_i 加大为 KT_i，或者将 $\tan\varphi_i$ 和 c_i 减小 K 倍，即取 $\dfrac{\tan\varphi_i}{K}$ 和 $\dfrac{c_i}{K}$ 作计算指标，其意义相同。按照极限平衡理论，取路堤在斜坡上的稳定性为 K 后，折线破裂面上土体的下滑力与抗滑力应平衡。

④检算从坡顶段开始，求第一块剩余下滑力 E_1。

$$E_1 = KT_1 - (N_1 \tan\varphi_1 - c_1 l_1)$$

⑤求第二块剩余下滑力。

$$E_2 = KT_2 + E_1 \cos(a_1 - a_2) - c_2 l_2 - [N_1 + E_1 \sin(a_1 - a_2)] \tan\varphi_2$$

注意：在第二段内，应计算由第一段传来的作用力 E_1，并求它在第二段内形成的下滑力和由法向分力形成的摩擦阻力，即 $E_1 \cos(a_1 - a_2)$，及 $E_1 \sin(a_1 - a_2) \tan\varphi_2$，加入第二段内后，便成为第二段的作用力。

⑥求第 n 块剩余下滑力。

$$E_n = KT_n + E_{n-1} \cos(a_{n-1} - a_n) - c_n l_n - [N_n + E_{n-1} \sin(a_{n-1} - a_n)] \cdot \tan\varphi_n$$

将上式中与传递下滑力 E_{n-1} 有关的两项合并，则可写成

$$E_n = KT_n - N_n \tan\varphi_n - c_n l_n + E_{n-1} \psi$$

式中：ψ 为传递系数，$\psi = \cos(a_{n-1} - a_n) - \cos(a_{n-1} - a_n) \cdot \tan\varphi_n$。

⑦以此类推，可以求得最末端的条块的剩余下滑力。

⑧根据最末端的力平衡条件，判定坡体的稳定性。

如 $E_n \leq 0$，则表示坡体在斜坡上稳定，反之则不稳定。

在检算中，如果出现 $E_i \leq 0$，则 i 段与以前各段整体为稳定的，但如果最后仍不稳定，则说明堤身下部仍有破坏的可能。应按最末端的剩余下滑力 E_n 考虑边坡加固处理。

同时，折线破裂面法还可以用于路堑边坡稳定性检算和滑坡推力计算，当计算结果 $E_n > 0$ 时，可借以确定堑坡或滑坡将失去稳定，并以 E_n 作设计支挡建筑物的依据。

6.5.2　任意形状滑面的边坡稳定性分析方法——传递系数法在路基工程中的应用

修筑在横坡陡于或等于 1∶2.5 地面上的路堤，称为陡坡路堤。陡坡路堤的地基面如为一单坡时，则路堤沿坡面滑动的可能性可用直线破裂面法直接确定，此时直线破裂面的倾角 α 等于坡角 i。同理，当坡面土起伏，但下有陡斜的硬层面时，可按坡面的情况，把坡面土的一部分作堤身，验算它在修筑路堤时的整体稳定性。计算中，坡角取硬层的倾角，c、φ 取硬层面上土的计算指标。当地面起伏，无下卧硬层或硬层面倾角很小时，则应按坡面形成的折线滑动面检算路堤基底的稳定性。

路堑边坡也同样适用。

借用实例阐述传递系数法在路基工程重的应用。

例 6-4　根据图 6-14 求整个路堑边坡的剩余下滑力，滑动土体的容重 $\gamma = 18.0\ \text{kN/m}^3$，内摩擦角 $\varphi = 12°$，凝聚力 $c = 4\ \text{kN/m}^2$，安全系数 $K = 1.05$，滑块分块重量 W、滑块地面长度 L 和倾角 α 如下：

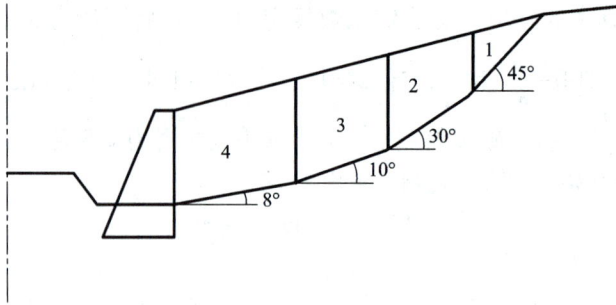

图 6 – 14 某路堑边坡稳定分析示意图

$$W_1 = 112.4 \text{ kN} \qquad L_1 = 6.6 \text{ m} \qquad \alpha_1 = 45°$$
$$W_2 = 690.0 \text{ kN} \qquad L_2 = 9.0 \text{ m} \qquad \alpha_2 = 30°$$
$$W_3 = 686.3 \text{ kN} \qquad L_3 = 8.2 \text{ m} \qquad \alpha_3 = 10°$$
$$W_4 = 684.5 \text{ kN} \qquad L_4 = 9.2 \text{ m} \qquad \alpha_4 = 8°$$

计算方法及步骤：

①将实际分析的边坡，结合勘察资料，按一定的比例尺绘出计算横断面及折线滑动面，并按照折线段划分为若干垂直土块。

②自上而下分别计算每土块本身的力系（取一延米计算）。

自重：$W_i = A_i \gamma_i \cdot 1$；切向分力：$T_i = W_i \sin\alpha_i$；法向分析：$N_i = W_i \cos\alpha_i$；凝聚力：$c_i L_i$。

③按力的传递法则，自上而下逐块分析其稳定性。

第 i 块：
$$E_i = K T_i - N_i \tan\varphi_i - c_i L_i + \psi E_{i-1} \qquad (6-27)$$

式中：$\psi = \cos(\alpha_{i-1} - \alpha_i) - \sin(\alpha_{i-1} - \alpha_i)\tan\varphi$，$\psi$ 为传递系数。

如 E_i 小于等于零，则表示本块自身稳定，无剩余下滑力；如 E_i 大于零，则表示本块自身不能稳定，传给下一块的下滑力为 E_i，方向平行于本块滑面。

④按式（6 – 27）自上而下逐块计算，用最后一块的 E_i 确定边坡稳定性，即 $E_n \leqslant 0$ 时，边坡稳定，$E_n > 0$ 时，边坡不稳定。

以上计算过程通常用 excel 等数据处理表格计算，本例计算结果如表 6 – 3。

表 6 – 3 例 6 – 4 计算数据和结论

滑块号	单宽重加附加荷载 W_i /(kN·m^{-1})	滑动面黏聚力 c_i	滑动面内摩擦角 φ_i	滑动面倾角 α_i	滑面长 l_i /m	传递系数 ψ_n $\psi_i = \cos(\alpha_{i-1} - \alpha_i) - \sin(\alpha_{i-1} - \alpha_i)\tan\varphi_i$	正压力 $N_i = W_i \cdot \cos\alpha_i - N_{wi}$ /(kN·m^{-1})
1	112.4	4	12	45	6.60	0.000	79.48
2	690.0	4	12	30	9.00	0.911	597.56
3	685.3	4	12	10	8.20	0.867	674.89
4	684.5	4	12	8	9.20	0.992	677.84

滑块号	下滑分力 $T_i = W_i \cdot \sin\alpha_i$ /（kN·m^{-1}）	安全系数 K_s 1.05	$K_s T_i$ ①	$\psi_i E_{i-1}$ /（kN·m^{-1}） ②	$N_i \tan\varphi_i$ ③	$c_i l_i$ ④	剩余下滑力 E_i /（kN·m^{-1}） $E_i = ① + ② - ③ - ④$
1	79.48	1.05	83.45	0.00	16.89	30.40	36.16
2	345.00	1.05	362.25	32.94	127.01	36.00	232.17
3	119.00	1.05	124.95	201.29	143.45	32.80	149.99
4	95.26	1.05	100.03	148.79	144.08	36.80	67.94

第 4 块的剩余下滑力为 67.94 kN/m，大于零，故此判定该边坡不稳定。

6.6　边坡稳定性计算的程序设计与常用软件

边坡稳定性分析是岩土工程研究的重要方向之一，国内外有很多学者专注于边坡稳定性分析方法的研究和程序研发，目前商业软件比较多，下面挑选三种常用软件作简单介绍。

6.6.1　理正边坡稳定性分析系统

理正边坡稳定分析系统是北京理正软件设计研究院有限公司开发的理正岩土系列软件之一，最初是针对铁路、公路路基设计而开发的专业设计软件，经半年多的推广应用已经得到行业内的认可，并于 1999 年 12 月通过了铁道部的鉴定，证明是高效的计算机辅助设计软件。该软件同时引起其他行业，尤其是水利、港工等行业的关注，在使用中迫切希望补充完善相关内容。在此基础上开发的《理正边坡稳定分析系统》在内容和功能上都作了较大的调整和改进，发展成为面向各个行业，能够处理各种复杂情况的通用边坡稳定分析系统，并且于 2002 年通过水利部水规总院的鉴定。目前国内设计院多用该软件作设计计算。

该软件的功能特点：

①利用 CAD 快速建模。可在 AutoCAD 中快速绘制边坡模型，再读入边坡软件进行分析计算。

②水的作用。选择"考虑"或"不考虑"水的作用。可设置任意形式水面浸润线；自动施加静水压力；自动计算水浮力、渗透压力；可按《堤防工程设计规范》《碾压土石坝设计规范》等进行计算；可自动读取理正渗流软件原始数据及浸润线；镜像功能自动转换数据后，依次计算临水侧、背水侧的边坡稳定。

③其他荷载的作用。施加水平垂直或任意方向的作用力，真实反应水压力及其他荷载的作用；自动计算地震荷载。

④计算方法的选择。计算方法有瑞典条分法、简化 Bishop 法和 JanBu 法。

⑤计算公式及参数的选择。与滑动方向相反的土条切向力，可按抗滑力（分子项）或负的下滑力（分母项）考虑；选择"有效应力法"或"总应力法"。采用十字板剪切强度进行稳定计算。

⑥滑动破裂面。直线、圆弧、折线和圆弧任意组合；水面、滑动面、土层层面与土条的交

点，自动作为计算控制点。

⑦计算剩余下滑力。自动搜索最危险滑动面形状；指定安全系数，反推 C、φ 参数值。

⑧开放式专业设计模板。系统提供分不同土层情况的高路堤、陡坡路堤、路堑、浸水堤基等例题，并可由用户不断扩充。

⑨三种土层模型。等厚土层——土层分界线互相平行（水平）；不等厚土层——土层分界线倾斜；任意复杂土层——土层任意分布，处理断层、夹层、互层、透镜体等各种复杂情况。

⑩加筋材料对稳定的贡献。锚杆；土工布。

⑪输入输出。操作简单直观，输入动态指示；计算简图与计算书，左右对照相得益彰；安全系数彩色云图及其他可视化计算结果；从每个土条到整个土坡的自重、水浮力、渗水压力、地震力、附加力、下滑力、抗滑力等一系列详尽的计算结果。

6.6.2　Slide 边坡稳定性分析软件（下文简称 Slide 软件）

Slide 软件是加拿大 Rocscience 公司开发的系列岩土软件之一，是一款功能全面的边坡稳定分析软件，能够分析所有类型的土质和岩质、天然或人工边坡、路堤、坝体、挡土墙等，能够进行水位骤降分析、参数敏感性分析和边坡失效概率分析以及支护设计。Slide 软件的另一个分析功能是基于有限元法的渗流分析，可以进行稳态和瞬态渗流计算，可以独立使用，也可以与边坡稳定分析耦合使用求解水位变化的边坡稳定性问题。

Slide 软件具有强大的概率分析功能——几乎所有输入的参数都可以指定为统计分布，包括材料的参数、支护的参数、荷载和水位线位置都可指定为某种统计分析，从而计算边坡的失效概率或可靠性指数，为边坡风险设计提供客观依据。参数敏感性分析帮助用户了解边坡安全系数对于哪一个参数的变化最为敏感。

Slide 软件提供不少于 17 种土和岩石的强度模型，包括摩尔 - 库仑、各向异性模型和广义霍克布朗模型等。边坡加固的支护类型包括锚杆、端结型锚杆、土钉、桩和土工布。Slide 还具备反分析功能，帮助用户确定要达到预期安全系数所需的支护力大小。

Slide 软件高级的搜索方法大大简化了用户搜索最危险滑移面的工作，用户只需花极少的时间和设定就能得到可靠的计算结果。

Slide 软件具有圆弧、非圆弧及符合滑移面等多种滑移面的自动搜索；Bishop，Spencer，GLE Morgenstern - Price 等多种极限平衡分析方法；各向异性、非线性等多种材料破坏准则；水位线、孔隙水压力系数、稳态有限元渗流分析等多种孔隙水压力分析方法；材料参数的灵敏性分析；随机稳定性分析；滑移面裂隙分析；线性、分布、拟静力等外荷载分析；土钉、土层锚杆、土工织物、桩等结构荷载；详细的滑移面分析结果输出等特点。

6.6.3　SLOPE/W 边坡稳定性分析软件（下文简称 SLOPE/W 软件）

SLOPE/W 软件是加拿大 GEO - SLOPE 公司 D. G. Fredlund 教授从 20 世纪 70 年代开始研发的 GeoStudio 系列软件之一，已成为全球最大的岩土软件开发公司之一，用户覆盖全球 100 多个国家。

SLOPE/W 软件是计算岩土边坡安全系数的主流软件产品。SLOPE/W 软件对于综合问题公式化的特征使得它可以同时用八种方法分析计算简单的或复杂的边坡稳定问题，用户可以利用其对简单或者复杂的滑移面形状改变、孔隙水压力状况、土体性质、不同的加载方式等岩土工程问题进行分析。

SLOPE/W 软件使用极限平衡理论对不同土体类型、复杂地层和滑移面形状的边坡中的孔隙水压力分布状况进行建模分析，提供多种不同类型的土体模型，并使用确定性和随机输入参数的方法来进行分析，也可让用户做随机稳定性分析。除用极限平衡理论计算土质和岩质边坡（含路堤）的安全性外，SLOPE/W 软件还使用有限元应力分析法来对大部分边坡稳定性问题进行有效计算和分析。

（1）主要应用范围

SLOPE/W 软件可以对几乎所有的稳定性问题进行建模分析，主要包括：天然岩土边坡、边坡开挖、岩土路堤、开挖基坑挡墙、锚固支撑结构、边脚护提、边坡顶部的附加载荷、增强地基（包括土钉和土工布）、地震载荷、拉伸破坏、部分或全部浮容重、任意点的线性载荷、非饱和土的性质。

（2）软件特点

极限平衡理论的应用包括：Morgenstern - Price、GLE、Spencer、Bishop、Ordinary、Janbu、Sarma 等各种方法。土体强度模型包括：摩尔 - 库仑准则、双线性准则、不排水准则、各向异性强度准则、切向/法向函数准则及其他各种类型的强度准则等；指定条块间切向/法向函数类型；孔隙水压力模型包括：Ru 系数、压力线、等压力线、水力梯度值、有限元计算的压力和压力水头；通过同心圆栅格和半径线、滑移面前端的块体或全部指定的形状定义的可能滑移面；用针对各种土体特性和加载条件的正态分布函数来进行随机近似分析。使用蒙特卡洛逼近法，SLOPE/W 软件可以计算除传统的安全系数之外的随机失稳问题。

思考与练习

1. 土坡稳定有何实际意义？影响土坡稳定的因素有哪些？

2. 试述用条分法分析土坡稳定的一般计算步骤；分条时应注意些什么？瑞典圆弧法与毕肖普法的主要差别是什么？

3. 已知土坡高 $H = 13.5$ m，坡度为 1:2.0，土的重度 $\gamma = 18.5$ kN/m^3，内摩擦角 $\varphi = 12°$，黏聚力 $c = 20$ kPa，试采用瑞典圆弧法估算临界滑裂面的位置，并计算其稳定系数。

4. 已知某均匀土坡，坡角 $\beta = 30°$，土的物理力学性质为重度 $\gamma = 16.5$ kN/m^3，内摩擦角 $\varphi = 20°$，黏聚力 $c = 5$ kPa，试计算此边坡的安全高度。

5. 已知某路基填筑高度 $H = 12$ m，填土重度 $\gamma = 18$ kN/m^3，内摩擦角 $\varphi = 20°$，黏聚力 $c = 25$ kPa，求此路基的稳定坡角。

第7章

路基支挡结构设计

7.1 概述

路基支挡结构是指各种为使路基本体稳定，或者使与路基本体性状有关的周围土体稳定而修建的建筑物。支挡结构广泛应用于铁路、公路、矿山、水利、航运及建筑行业等，在铁道工程中主要用于支撑路堤或路堑边坡，以减少开挖方量或者收回坡脚，使工程更加经济合理；支挡结构可设置在隧道洞口以及桥梁与路堤连接处。设置在隧道或明洞口的挡土墙，可以缩短隧道或明洞长度，降低工程造价；设置在桥梁端部的挡土墙，作为翼墙或桥台，起着护坡和连接路堤的作用。支挡建筑物还常可和其他功用的结构物结合使用，如在路堑边坡中常见的支撑渗沟，在滨河及水库地段设置挡土墙，可防止水流对路基的冲刷和侵蚀，并不失为减少压缩河床或少占库容的有效措施。而抗滑挡土墙常用于整治崩塌、滑坡等路基病害。本章重点介绍路基工程中常用的重力式挡土墙及其设计方法。

7.1.1 挡土墙在路基工程中的应用和分类

（1）挡土墙的应用

挡土墙的功能就是抵抗土体的侧压力，防治墙后土体坍塌，保证路基的稳定。在路基工程中遇到下列情况时可考虑修建挡土墙：

①陡坡路堑边坡薄层开挖、路堤边坡薄层填方地段或为加强路堤本体稳定地段。

②避免大量挖方及降低高边坡和加强边坡稳定性的路堑地段。

③不良地质条件下，为加固地基、边坡、山体、危岩，或拦挡落石地段。

④水流冲刷严重或长期受水浸泡的沿河、滨海路堤地段。

⑤为节约用地、减少拆迁或少占农田的地段。

⑥为保护重要的既有建筑物、生态环境或其他特殊需要的地段。

在选择挡土墙设计方案时，应与其他方案进行技术经济比较。如采用路堑或山坡挡土墙，常须与隧道、明洞或刷缓边坡方案相比较；采用路堤或山坡挡土墙，须与栈桥或陡坡填方等相比较，以获得既经济又合理的工程设计方案。

（2）挡土墙的分类

在路基工程中，挡土墙结构类型的分类方法很多，包括所使用的材料类型、修筑的位置和用途、所处的环境条件以及结构形式等。

1）按所用材料分类

挡土墙墙身可采用石砌体、片石混凝土、素混凝土和钢筋混凝土挡土墙等。

2）按修筑的位置分类

如图 7-1 所示，一般分为路肩式、路堤式和路堑式挡土墙等。路肩式[图 7-1(a)]或路堤式挡土墙[图 7-1(b)]设置在高填路堤或陡坡路堤的下方，防止路基边坡或基底滑动，确保路基稳定，同时可收缩填土坡脚，减少填方数量，减少拆迁和占地面积，保护临近线路的既有重要建筑物。路堑式挡土墙[图 7-1(c)]设置在靠山侧的堑坡底部，主要用于支撑开挖后不能自行稳定的山坡，同时减少刷坡数量，降低路堑高度。

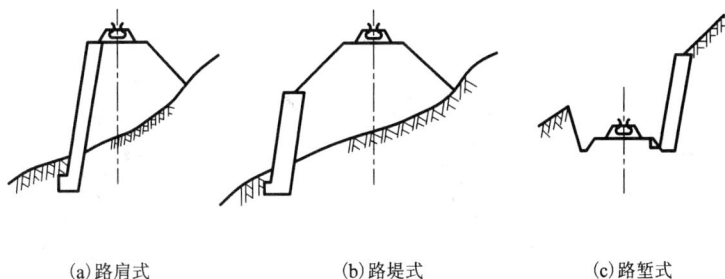

(a)路肩式　　　　　　　(b)路堤式　　　　　　　(c)路堑式

图 7-1　路肩式、路堤式和路堑式挡土墙

3）按所处的环境条件分类

可以分为一般地区、浸水地区和地震地区挡土墙等。

4）根据建筑材料、计算理论和结构形式的不同分类

①重力式挡土墙。

重力式挡土墙主要依靠墙体自重抵抗土压力、维持路基稳定的挡土结构。重力式挡土墙多用干砌片石、浆砌片石、混凝土及砖等土石圬工建造，由于石料来源丰富，就地取材方便，不需复杂的施工设备和技术，所以使用相对普遍。

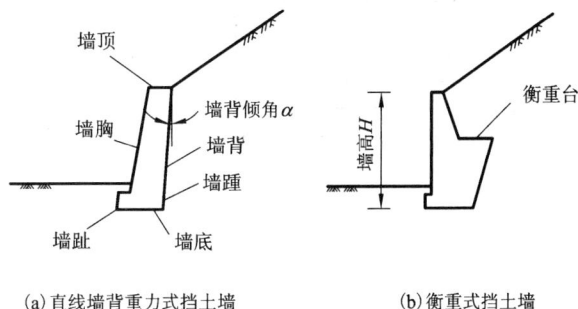

(a)直线墙背重力式挡土墙　　　　(b)衡重式挡土墙

图 7-2　重力式挡土墙两种主要形式

重力式挡土墙有一般重力式 [图 7-2(a)]和衡重式[图 7-2(b)]两种主要形式，衡重式挡土墙依靠衡重台上填土和墙身自重维持稳定，是重力式挡土墙的一种特殊结构形式。为适应各种不同地形、地质条件及经济要求，重力式挡土墙墙背具有多种形式，多见的为直线墙背和折线墙背，其中直线墙背又分为俯斜式、仰斜式和竖直式，如图 7-3。

②轻型挡土墙。

从 20 世纪 50 年代以来，为了力求经济合理，充分利用新技术，挡土墙的结构形式有了很大的发展，逐步形成了薄壁式(包括悬臂式和扶臂式)、加筋土式和土钉式、锚杆式和锚定板式、板桩式和抗滑桩、预应力锚索等轻型支挡结构。这些挡土墙多采用钢筋混凝土或不完全由土石圬工建造，其设计计算理论各异，将它们统称为轻型挡土墙(图 7-4)。

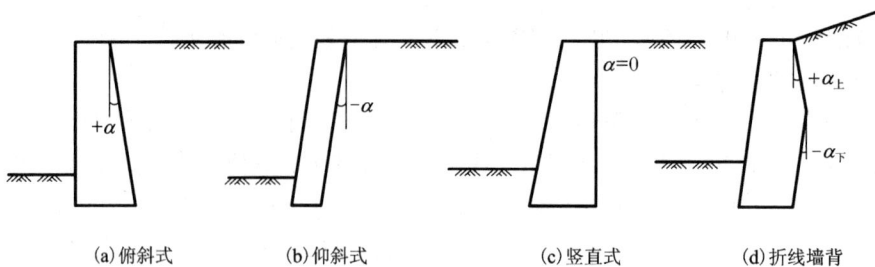

图 7-3 重力式挡土墙墙背形式

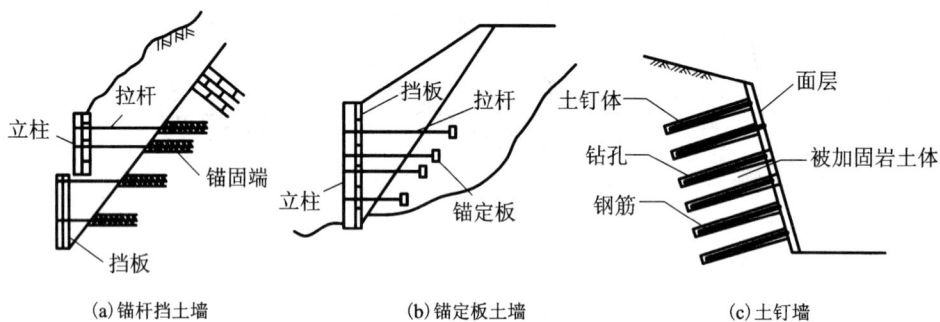

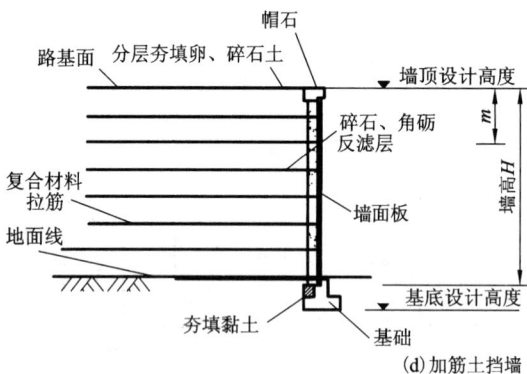

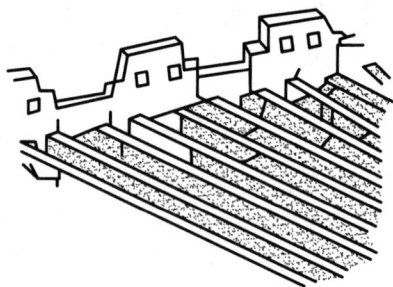

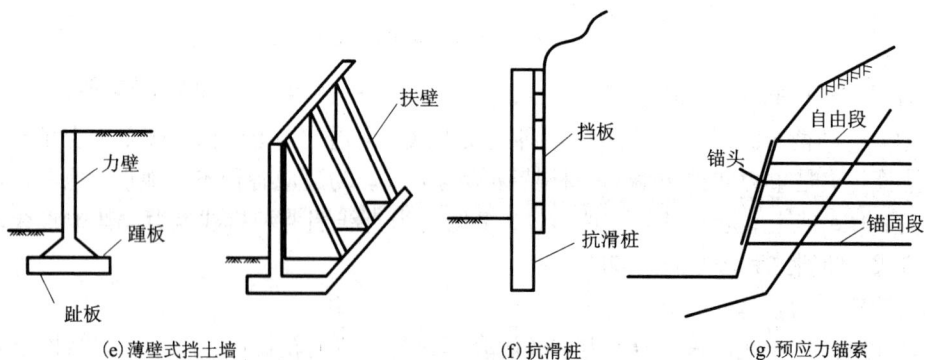

(a)俯斜式　(b)仰斜式　(c)竖直式　(d)折线墙背

(a)锚杆挡土墙　(b)锚定板土墙　(c)土钉墙

(d)加筋土挡墙

(e)薄壁式挡土墙　(f)抗滑桩　(g)预应力锚索

图 7-4 几种轻型挡土墙

7.1.2　作用于挡土墙上的荷载

在挡土墙设计计算过程中，首先必须分析和计算作用在挡土墙上的力系，根据荷载发生的概率分为主要力系、附加力系和特殊力系。在一般情况下只考虑主要力的作用，如图 7-5 所示。在浸水和地震等特殊情况下，尚应考虑附加力和特殊力的作用。设计时应按表 7-1 所列的可能荷载组合情况进行检算。

单线挡土墙应按有列车荷载与无列车荷载分别进行检算；双线铁路及站场内的挡土墙，除按实际轨道均作用有列车荷载考虑外，尚应按邻近挡土墙的一线、二线有列车荷载及无列车荷载等组合进行检算。

图 7-5　挡土墙上的主要力系

挡土墙前的被动土压力一般不予考虑。当基础埋置较深且地层稳定，不受水流冲刷和扰动破坏时，结合墙身的位移条件，可采用 1/3 被动土压力值。

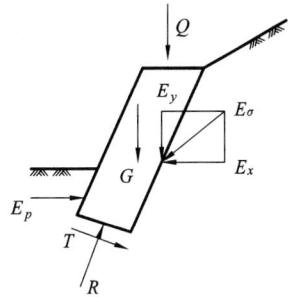

表 7-1　作用于挡土墙上的荷载力系

荷载分类	荷载名称
主力系 （图 7-5）	①挡土墙自重 G ②由墙背填料自重及轨道和列车荷载或路面及荷载引起的主动土压力 E_a ③墙顶有效荷载和可能有的墙背与第二破裂面之间的有效荷载 Q ④基底法向反力 R 和抗剪力 T ⑤常水位时的静水压力和浮力 ⑥当基础埋深较深，且地层稳定，不受水流冲刷和扰动破坏是，结合墙身的位移条件，可以考虑适量的墙前被动土压力 E_p，一般情况可以不予考虑
附加力	①设计水位的静水压力和浮力 ②水位涨落时的动水压力 ③波浪压力 ④冻胀力和冰压力
特殊力	①地震力 ②施工及临时荷载 ③其他特殊力

注：1. 常水位系指每年大部分时间保持的水位。2. 冻胀力和冰压力不与波浪压力同时计算。3. 洪水和地震不同时考虑。

设计中，对于铁路列车荷载的影响，应按有荷及无荷分别考虑，对于双线、多线及站场挡土墙，除按实际股道均作用有列车荷载外，尚应考虑一线、二线有荷及无荷等组合，按照最不利的情况计算。

7.2 土压力理论在路基工程中的应用

土压力是土体作用在支挡建筑物上的侧压力，是支挡结构设计中的主要荷载。在挡土墙设计前必须求取其大小、方向及沿墙高的土压应力分布图形（目的求取合力作用点）。所以土压力的计算实际包括土压力的大小、方向和土压应力分布规律等的求解。

土压力的计算是一个十分复杂的问题，它涉及到填料、墙体和地基三者之间的共同作用问题。土压力不仅与挡土墙的高度、墙背的倾斜度、形状及粗糙度有关，还与填土的物理力学性质、填土的顶面形状及其上所受荷载有关，此外墙体的刚度和墙后填土的施工方法也会影响土压力的大小。尤其是挡土墙受力后的位移状态和位移量的大小将直接影响土压力的性质。

根据土力学理论，土压力可以分为静止土压力、主动土压力和被动土压力三种，而求取主动土压力和被动土压力通常采用 1733 年由法国库仑（C. A. Comlomb）提出的库仑土压力理论和 1857 年英国朗肯（W. J. M. Rankine）提出的朗肯土压力理论。究竟采用哪种理论计算、采用哪种性质的土压力作为设计荷载，需根据挡土墙的具体条件而定。

路基挡土墙一般都可能有向外位移或倾覆的条件，因此在设计中按主动土压力考虑，另外，由于路基工程中挡土墙背后边界条件的复杂性一般采用库仑土压力理论，且设计时取一定的安全系数，以保证墙背土体的稳定。

7.2.1 路基工程中各种边界条件下的库仑主动土压力计算

挡土墙是条形建筑物，其长度远远大于其高度和宽度，且其断面积在相当长的范围内是不变的，因而计算土压力时取一延米挡土墙进行力学分析，而不考虑其相邻部分的影响，即将土压力计算视作平面问题处理，这种简化的理论基础来源于弹性理论。

（1）库仑主动土压力大小求取公式理论推导

在路基工程中，因路基的形式不同，以及挡土墙的设计位置和路基面上的荷载作用形式的差异，土压力的计算存在多种计算图式和实用公式，可根据具体情况查阅有关的计算手册。这里以图 7 - 6 所示的俯斜式路堤坡脚挡土墙为例，按破裂面交于路基面的不同位置，即 C_1、C_2、C_3、C_4、C_5，即破裂面交于作用荷载的内侧、荷载内角点、荷载分部范围中间、荷载外角点、荷载外侧等。当破裂面交于荷载角点（C_2 或者 C_4 位置）时，破裂棱体为 ABC_2D 或者 ABC_4D，此时利用几何关系就可以求出破裂棱体的面积，进而可以求取破裂棱体的重力和对应土压力大小。下面分别介绍内、中间和外侧三种库仑土压力计算方法的具体应用。

1）破裂面交于荷载的中间

当破裂面交于路基面时，即破裂面为 BC_3 时，破裂棱体的面积 S 随着挡土墙及破裂面的位置而变化，如图 7 - 6 所示，当破裂面交于荷载中间时，破裂棱体 ABC_3D + 换算土柱 C_1EFC_3 的断面面积 S 为：

$$S = \frac{1}{2}(a+H)^2(\tan\theta + \tan\alpha) - \frac{1}{2}(b + a\tan\alpha) + [(a+H)\tan\theta + H\tan\alpha - b - d]h_0$$

$$= \frac{1}{2}(a + H + 2h_0)(a+H)\tan\theta - \frac{1}{2}ab + (b+d)h_0 + \frac{1}{2}H(H + 2a + 2h_0)\tan\alpha \quad (7-1)$$

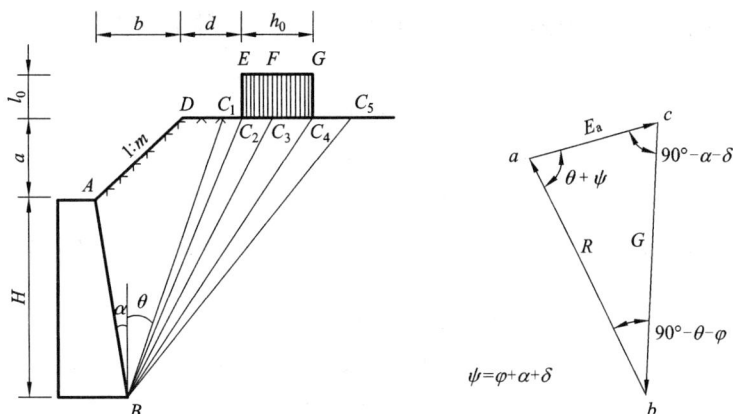

图 7 - 6　破裂面的各种位置计算图

令
$$
\begin{cases}
A_0 = \dfrac{1}{2}(a + H + 2h_0)(a + H) \\
B_0 = \dfrac{1}{2}ab + (b + d)h_0 - \dfrac{1}{2}H(H + 2a + 2h_0)\tan\alpha
\end{cases}
\tag{7-2}
$$

则
$$
S = A_0\tan\theta - B_0 \tag{7-3}
$$

因此破裂棱体的重量为 $G = \gamma(A_0\tan\theta - B_0)$，其中 γ 为填土容重。

当破裂楔体处于极限平衡状态时，将会有图 7 - 6 中闭合的力三角形，从力三角形中，根据正弦定理，并将 G 的表达式代入可得：

$$
E_a = \gamma(A_0\tan\theta - B_0)\frac{\cos(\theta + \varphi)}{\sin(\theta + \psi)} \tag{7-4}
$$

式中：$\psi = \varphi + \delta + \alpha$，此时 E_a 是 θ 的函数，封闭的力三角形(图 7 - 6)可以看出，当 $\theta = 90° - \varphi$ 时，R 与 G 重合，$E_a = 0$；当 $\theta = -\alpha$ 时，$G = 0$，$E_a = 0$；当 θ 等于某一定值时，E_a 为最大，即为所求的主动土压力值，E_a 的求解问题，实际为一元函数求极值问题。

由 $d_{E_a}/d_\theta = 0$ 得：

$$
\gamma\left[(A_0\tan\theta - B_0)\frac{-\sin(\theta + \psi)\sin(\theta + \varphi) - \cos(\theta + \psi)\cos(\theta + \varphi)}{\sin^2(\theta + \psi)} + A_0\frac{\cos(\theta + \varphi)}{\sin(\theta + \psi)\cos^2\theta}\right] = 0
$$

经整理化简后得：

$$
\tan^2\theta + 2\tan\psi\tan\theta - \cot\varphi\tan\psi - \frac{B_0}{A_0}(\cot\varphi + \tan\psi) = 0
$$

即
$$
\tan\theta = -\tan\psi \pm \sqrt{(\tan\psi + \cot\varphi)\left(\tan\psi + \frac{B_0}{A_0}\right)} \tag{7-5}
$$

将上式求得的 θ 值代入式(7 - 4)，即可求得主动土压力 E_a。如用 $\tan\theta$ 来表达 E_a，则(7 - 4)通过三角函数变换可以表达为：

$$
E_a = \gamma\lambda_a\frac{A_0\tan\theta - B_0}{\tan\theta + \tan\alpha} \tag{7-6}
$$

式中：λ_a 为主动土压力系数，必须指出，式(7 - 3)、式(7 - 4)、式(7 - 5)和式(7 - 6)具有普

遍意义。

此外，无论破裂面交于荷载内侧、中间或外侧，破裂棱体的断面面积 S 都可以归纳为下列表达式：

$$S = A_0 \tan\theta - B_0$$

$$\begin{cases} A_0 = f(H, \ a, \ h_0) \\ B_0 = f(H, \ a, \ b, \ h_0, \ d, \ l_0, \ \alpha) \end{cases} \tag{7-7}$$

式（7-7）中 A_0、B_0 为边界条件系数，当边界条件已定时，A_0、B_0 为常数，并可以从破裂棱体的几何关系中求得，从而可求得与之相应的破裂角和主动土压力。

当地面坡度为 i 时，由土力学课程中已导出

$$E_a = \frac{1}{2}\gamma H^2 \lambda_a，式中 \lambda_a = \frac{(1 + \tan\alpha\tan i)(\tan\theta + \tan\alpha)(\cos\theta + \varphi)}{(1 - \tan\theta\tan i)\sin(\theta + \varphi + \delta + \alpha)} \tag{7-8}$$

当地面水平即 $i = 0$，由式（7-9）可知

$$\lambda_a = \frac{(\tan\theta + \tan\alpha)(\cos\theta + \varphi)}{\sin(\theta + \varphi + \delta + \alpha)} \tag{7-9}$$

当只需求土压力而不求破裂角时，可用式（7-4）直接求得，如需求破裂角时，可根据式（7-5）先求出破裂角，后代入式（7-4）求 E_a。

另外，为了检算挡土墙稳定时应用方便，常将主动土压力 E_a 分解为水平土压力 E_x 和竖直土压力 E_y，如图 7-7。图中 δ 为墙背与土体之间的内摩擦角。

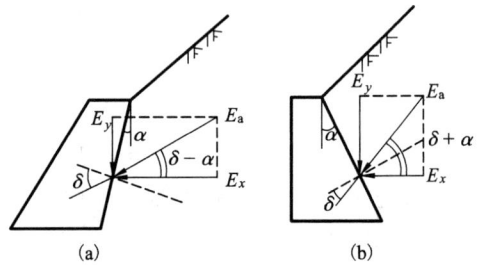

图 7-7 E_a 分解为 E_x 和 E_y

2）破裂面交于荷载的内侧

如图 7-6 所示，当破裂面交于荷载的内侧时，即破裂面为 BC_1 时，在式（7-1）、式（7-2）中，令 $h_0 = 0$，则：

$$\begin{aligned} S &= \frac{1}{2}(a + H)^2(\tan\theta + \tan\alpha) - \frac{1}{2}(b + a\tan\alpha)a \\ &= \frac{1}{2}(a + H)^2\tan\theta - \frac{1}{2}ab + \frac{1}{2}H(H + 2a)\tan\alpha \end{aligned} \tag{7-10}$$

则

$$S = A_0\tan\theta - B_0$$

其中

$$\begin{cases} A_0 = \frac{1}{2}(a + H)^2 \\ B_0 = \frac{1}{2}ab - \frac{1}{2}H(H + 2a)\tan\alpha \end{cases} \tag{7-11}$$

3）破裂面交于荷载的外侧

如图 7-6 所示，即破裂面为 BC_3 时，破裂棱体的断面面积 S 为：

$$S = \frac{1}{2}(a + H)^2(\tan\theta + \tan\alpha) - \frac{1}{2}(b + a\tan\alpha)a + l_0 h_0$$

$$= \frac{1}{2}(a + H)^2 \tan\theta - \frac{1}{2}ab + l_0 h_0 + \frac{1}{2}H(H + 2a)\tan\alpha \qquad (7-12)$$

其中

$$\begin{cases} A_0 = \frac{1}{2}(a + H)^2 \\ B_0 = \frac{1}{2}ab - l_0 h_0 - \frac{1}{2}H(H + 2a)\tan\alpha \end{cases} \qquad (7-13)$$

以上仅解决了土压力大小问题，土压力同样存在大小、方向、作用点等三要素。

（2）库仑主动土压力方向

土压力方向与墙背的特性有关，当墙背为俯斜时，土压力与水平方向夹角为墙背与土体内摩擦角与墙背倾角之和，当墙背为仰斜时，土压力与水平方向夹角为墙背与土体内摩擦角与墙背倾角之差。

（3）库仑主动土压力作用点

土压力在墙背上的作用点与应力分布有关。影响应力分布的因素很多，根据现场实测和模型试验，所得应力分布图形近似抛物线形，合力作用点（应力图形心）$Z_x = (1/3 \sim 1/4)H$，欲求得十分接近实际的 Z_x 是比较困难的，目前尚无完善的计算方法。库仑理论假定应力沿墙高成直线变化，应力图形为三角；为了确定土压力作用点或求挡土墙某一截面以上所受的土压力，常需作土压应力图。若沿墙高 H 以变量 h 代替，结合式（7-8），得墙高 h 时的主动土压力为：

$$E_a(h) = \frac{1}{2}\gamma h^2 \lambda_a$$

将 $E_a(h)$ 对 h 求导数，则得深度为 h 处的土压力应力 σ_h 为：

$$\sigma_h = \frac{dE_a(h)}{dh} = \gamma h \lambda_a$$

可见 σ_h 为 h 的一次函数，土压应力的方向平行于 E_a 的方向。土压应力图的面积就等于主动土压力 E_a。

欲求图 7-8 边界条件下的土压应力分布图及合力作用点，可以用变量 h 代替墙高，根据式（7-6）、式（7-9），有：

$$\lambda_a = \frac{(\tan\theta + \tan\alpha)\cos(\varphi + \theta)}{\sin(\theta + \psi)}$$

$$E_a = \lambda_a \gamma \frac{A_0 \tan\theta - B_0}{\tan\theta + \tan\alpha}$$

$$\left.\begin{array}{l} A_0 = \frac{1}{2}(a + h)^2 \\ B_0 = \frac{1}{2}ab - l_0 h_0 - \frac{1}{2}h(2a + h)\tan\alpha \end{array}\right\} \qquad (7-14)$$

$$\psi = \varphi + \delta + \alpha$$

可见 E_a 是 h 的函数，将 E_a 对 h 求导数，得土压应力为

$$\sigma_h = \gamma \lambda_a (a + h_0 + h) \qquad (7-15)$$

在图 7-8 中，过 N、G、D、作 BC 的平行线与墙背 AB 分别交于 J、L、M 点，设墙背 AJ、

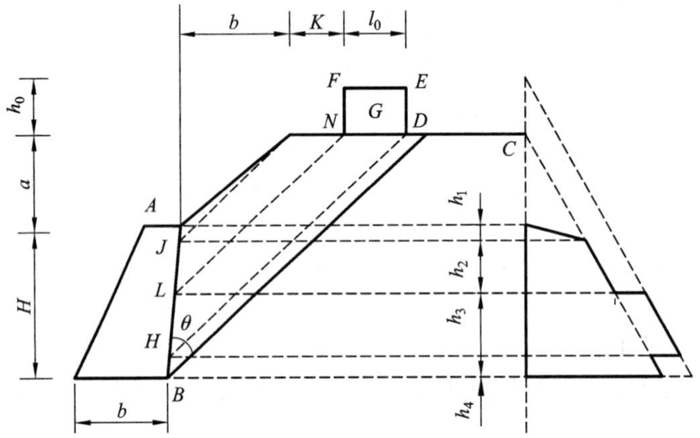

图 7 - 8 破裂面交于路基面荷载分布范围外的土压应力图

JL、LM、MB 的高度分别为 h_1、h_2、h_3 和 h_4，按图示几何关系，有：

$$\left. \begin{aligned} h_1 &= \frac{b - a\tan\theta}{\tan\theta - \tan\alpha} \\ h_2 &= \frac{K}{\tan\theta - \tan\alpha} \\ h_3 &= \frac{l_0}{\tan\theta - \tan\alpha} \\ h_4 &= H - h_1 - h_2 - h_3 \end{aligned} \right\} \tag{7-16}$$

在墙顶 A 处，填土高度为零，土压力也不受土柱影响，$h_0 = 0$、$H = 0$，所以 $\sigma_h = 0$；在墙高 h_1 范围内，当 h 由零增至 h_1 时，填土高度由零增至 a，且仍不受土柱影响，$h_0 = 0$，由式(7-15)可知，σ_h 为 h 的一次函数，土压应力图为直线，在墙顶下 h_1 处土压应力为：

$$\sigma_1 = \gamma(a + h_1)\lambda_a$$

在墙高 h_2 范围内，填土高为常数 a，在 G 点左边 $h_0 = 0$，在 G 点右边有土柱 h_0，据式(7-15)得墙顶下 $h_1 + h_2$ 处土压应力为：

$$\sigma_2 = \gamma\lambda_a[a + (h_1 + h_2)] = \sigma_1 + \gamma h_2\lambda_a$$

$$\sigma_2' = \gamma\lambda_a[a + h_0 + (h_1 + h_2)] = \sigma_1 + \gamma(h_0 + h_2)\lambda_a$$

在墙高 h_3 范围内，因 h_0 是常数，土压应力随 h 增长，即：

$$\sigma_3 = \gamma\lambda_a[a + (h_1 + h_2 + h_3)] = \sigma_1 + \gamma(h_2 + h_3)\lambda_a$$

$$\sigma_3' = \gamma\lambda_a[a + (h_1 + h_2 + h_3) + h_0] = \sigma_1 + \gamma(h_2 + h_3 + h_0)\lambda_a$$

在墙底 B 处，填土高 a 有影响，$h = H$，故土压应力为：

$$\sigma_H = \gamma\lambda_a(a + H)$$

根据土压力图，主动土压力为：

$$E_a = \frac{1}{2}\sigma_1 h_1 + \frac{1}{2}(\sigma_1 + \sigma_2)h + \frac{1}{2}(\sigma_2' + \sigma_3')h_3 + \frac{1}{2}(\sigma_3 + \sigma_H)h_4$$

E_a 的作用点与墙底垂直距离 Z_x 可按土压应力图的形心求得：

$$Z_x = \frac{H^3 + a(3H^3 - 3h_1H + h_1^2) + 3h_0h_3(h_3 + 2h_4)}{3(H^2 + 2aH - ah_1 + 2h_0h_3)}$$

E_a 的垂直分力与墙趾间的力臂为：

$$Z_y = b - Z_x \tan\alpha$$

例 7 - 1 有一路肩挡土墙，墙高 $H = 5$ m，墙身及路基断面尺寸如图 7 - 9 所示，试计算该挡土墙所受主动土压力。墙后填土 $\gamma = 17$ kN/m³，$\varphi = 35°$，$\delta = \dfrac{2}{3}\varphi$。

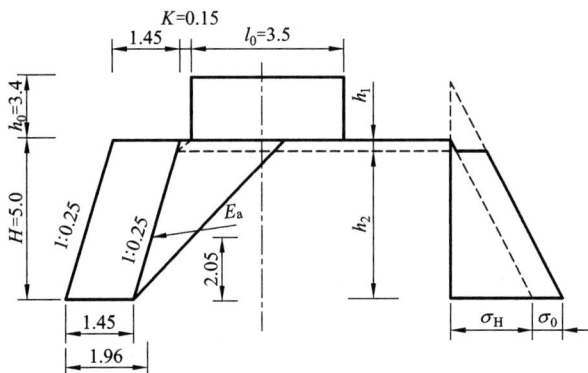

图 7 - 9 墙身及路基断面尺寸（单位：m）

解： ①求破裂角 θ。

根据已知条件得：

$$\alpha = \arctan 0.25 = 14°02'$$

$$\psi = \varphi + \delta - \alpha = 35° + 23°20' - 14°02' = 44°18'$$

假设破裂面交于荷载分布范围以外，按式(7 - 13)、式(7 - 5)计算得：

$$A_0 = \frac{1}{2}H^2 = \frac{1}{2} \times 5^2 = 12.5$$

$$B_0 = \frac{1}{2}H^2\tan\alpha - l_0h_0 = \frac{1}{2} \times 5^2 \times 0.25 - 3.5 \times 3.4 = -8.775$$

$$\tan\theta = -\tan\psi \pm \sqrt{(\tan\psi + \cot\psi)(\tan\psi + B_0/A_0)}$$

$$= -0.9759 \pm \sqrt{(0.9759 + 1.4281)\left(0.9759 + \frac{-8.775}{12.5}\right)}$$

$$= -0.9759 + 0.8115 = -0.1644$$

所以

$$\theta = -9°20'$$

计算结果显然与原假设不符合。故重新假定破裂面交于荷载分布范围内，按式(7 - 2)和式(7 - 5)计算。

$$A_0 = \frac{1}{2}H(H + 2h_0) = \frac{1}{2} \times 5 \times (5 + 2 \times 3.4) = 29.5$$

$$B_0 = \frac{1}{2}H(H + 2h_0)\tan\alpha + K \cdot h = \frac{1}{2} \times 5 \times (5 + 2 \times 3.4) \times 0.25 + 0.15 \times 3.4 = 7.885$$

$$\tan\theta = -\tan\varphi \pm \sqrt{(\tan\varphi + \cot\varphi)(\tan\varphi + B_0/A_0)}$$

$$= -0.9759 \pm \sqrt{(0.9759 + 1.4281)(0.9759 + \frac{7.885}{29.5})} = 0.7529$$

所以 $\theta = 36°58'$

校核假定：

$$H \cdot \tan\theta = 5 \times 0.7529 = 3.76 \text{ m}$$

$$H \cdot \tan\alpha + d = 5 \times 0.25 + 0.15 = 1.4 \text{ m}$$

$$H \cdot \tan\alpha + d + l_0 = 5 \times 0.25 + 0.15 + 3.5 = 4.9 \text{ m}$$

$$H \cdot \tan\alpha + d < H \cdot \tan\theta < H \cdot \tan\alpha + d + l_0$$

故破裂面交于荷载分布范围内，与假设符合。

若 $H \cdot \tan\theta < H \cdot \tan\alpha + d$，则破裂面交于路肩，应再按式(7-11)或式(7-5)，且令 $h_0 = 0$ 计算出破裂角；若 $H \cdot \tan\theta > H \cdot \tan\alpha + d + l_0$，则破裂面交于荷载分布宽度外，应再按式(7-3)式(7-5)计算破裂角。有时在上述试算过程中结果均不符合，则此时应按破裂面交于荷载内缘点或外缘点计算破裂角。有时也会出现两种边界条件都符合的情况，即出现双解区，此时应分别计算两种情况的土压力，然后按大者进行设计。

②求土压力系数、土压力及土压力作用点。

$$\lambda_a = (\tan\theta - \tan\alpha)\frac{\cos(\theta + \varphi)}{\sin(\theta + \varphi)} = (0.7529 - 0.25)\frac{\cos(36°58' + 35°)}{\sin(36°58' + 44°18')} = 0.1575$$

式中：λ_a 计算使用的 $\tan\theta$ 值，是通过前面试算后确定的。

$$E_a = \gamma(A_0 \cdot \tan\theta - B_0)\frac{\cos(\theta + \varphi)}{\sin(\theta + \varphi)} = 17 \times (29.5 \times 0.7529 - 7.885)\frac{0.3096}{0.9884} = 76.28 \text{ kN/m}$$

$$E_x = E_a \cdot \cos(\delta - \alpha) = 76.28 \times \cos(23°20' - 14°02') = 75.28 \text{ kN/m}$$

$$E_y = E_a \cdot \sin(\delta - \alpha) = 76.28 \times \sin(23°20' - 14°02') = 12.33 \text{ kN/m}$$

$$h_1 = \frac{d}{\tan\theta - \tan\alpha} = \frac{0.15}{0.7529 - 0.25} = 0.30 \text{ m}$$

$$h_2 = H - h_1 = 5 - 0.30 = 4.70 \text{ m}$$

$$Z_x = \frac{H^3 + 3h_0 \cdot h_2^2}{3(H^2 + 2h_0 \cdot h_2)} = \frac{5^3 + 3 \times 3.4 \times 4.70^2}{3 \times (5^2 + 2 \times 3.4 \times 4.7)} = 2.05 \text{ m}$$

$$Z_y = B + Z_x \cdot \tan\alpha = 1.45 + 2.05 \times 0.25 = 1.96 \text{ m}$$

③如需绘制应力图形求土压力时，还应计算：

$$\sigma_0 = \gamma \cdot h_0 \cdot \lambda_a = 17 \times 3.4 \times 0.1575 = 9.10 \text{ kPa}$$

$$\sigma_h = \gamma H \lambda_a = 17 \times 5 \times 0.1575 = 13.39 \text{ kPa}$$

$$E_a = \sigma_0 h_2 + \frac{1}{2}\sigma_H \cdot H = 9.1 \times 4.7 + \frac{1}{2} \times 13.39 \times 5 = 76.25 \text{ kN/m}$$

7.2.2　折线形墙背的土压力计算

对于折线形墙背挡土墙，如衡重式和凸形墙背挡土墙(图7-10)，通常以墙背转折点为界，将全墙分为上墙和下墙，取 $H_1 : H_2 = 2:3$，计算土压力时，先分别计算上墙和下墙各直线段墙背上的土压力，然后取上、下墙土压力的矢量和作为全墙的土压力。

计算上墙土压力时，衡重式挡土墙按假想墙背(墙顶内缘和衡重台后缘的连线为假想墙背)、凸形墙按实际墙背采用库仑直线墙背公式计算土压力；若墙背较缓，出现第二破裂面时，应按第二破裂面的库仑主动土压力计算。

下墙土压力的计算比较复杂，目前在路基工程中普遍采用的简化方法有延长墙背法和力多边形法。

（1）延长墙背法

如图 7 - 11 所示，在上墙土压力算出后，延长下墙墙背交于填土表面 C，以 BC 为假想墙背，根据延长墙背的边界条件，用相应的库仑公式计算土压力，并绘出墙背应力分布图，从中截取下墙 AB 部分的应力图作为下墙的土压力。将上下墙两部分应力图叠加，即为全墙土压力。

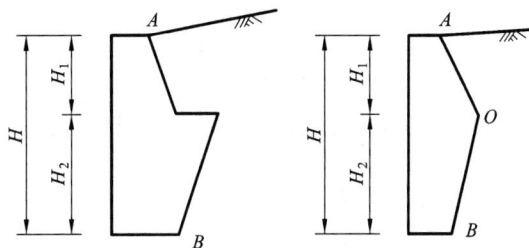

图 7 - 10　折线墙背挡土墙

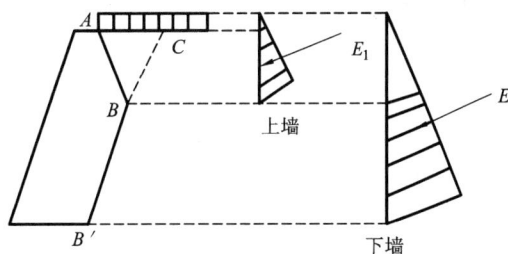

图 7 - 11　延长墙背法下墙土压力计算简图

这种方法存在着一定误差。第一，忽略了延长墙背与实际墙背之间的土楔及荷载重，但考虑了在延长墙背和实际墙背上土压力方向不同而引起的垂直分力差，虽然两者能相互补偿，但未必能相互抵消。第二，绘制土压应力图形时，假定上墙破裂面与下墙破裂面平行，但大多数情况下两者是不平行的，由此存在计算下墙土压力所引起的误差。以上误差一般偏于安全，并且由于此法计算简便，至今仍被广泛采用。

（2）力多边形法

根据极限平衡条件下破裂楔体的实际力多边形推求下墙土压力，不借助假象墙背，可以避免自总应力图中截取下墙土压应力图形计算下墙土压力引起的误差。

在墙背土体处于极限平衡条件下，作用于破裂棱体上的诸力，应构成矢量闭合的力多边形。在算得上墙土压力 E_1 后，就可绘出下墙任一破裂面力多边形。利用力多边形来推求下墙土压力，这种方法叫力多边形法。

现以路堤挡土墙下墙破裂面交于荷载范围内的情况（图 7 - 12）为例说明下墙土压力的推导过程。在极限平衡的条件下，破裂棱体 $AOB'CD$ 的力平衡多边形为 $abed$，其中 abc 为上墙破裂棱体 $AOC'D$ 的力平衡三角形，$bedc$ 为下墙破裂棱体 $C'OB'C$ 的力平衡多边形。图中 $eg // bc$，$cf // be$，$gf = \Delta E$。在 $\triangle cfd$ 中，由正弦定律可得：

$$E_2 = G_2 \frac{\cos(\theta_2 + \varphi)}{\sin(\theta_2 + \psi)} - \Delta E \tag{7-17}$$

$$\psi = \varphi + \delta_2 - \alpha_2$$

挡土墙下部破裂棱体重量：

$$G_2 = \gamma (A_0 \tan\theta_2 - B_0) \tag{7-18}$$

式中：$A_0 = \dfrac{1}{2}(H_2 + H_1 + a + 2h_0)(H_2 + H_1 + a)$

$B_0 = \dfrac{1}{2}(H_2 + 2H_1 + 2a + 2h_0)H_2\tan\alpha_2 + \dfrac{1}{2}(a + H_1)^2\tan\theta_1 + (d + b - H_1\tan\alpha_1)h_0$

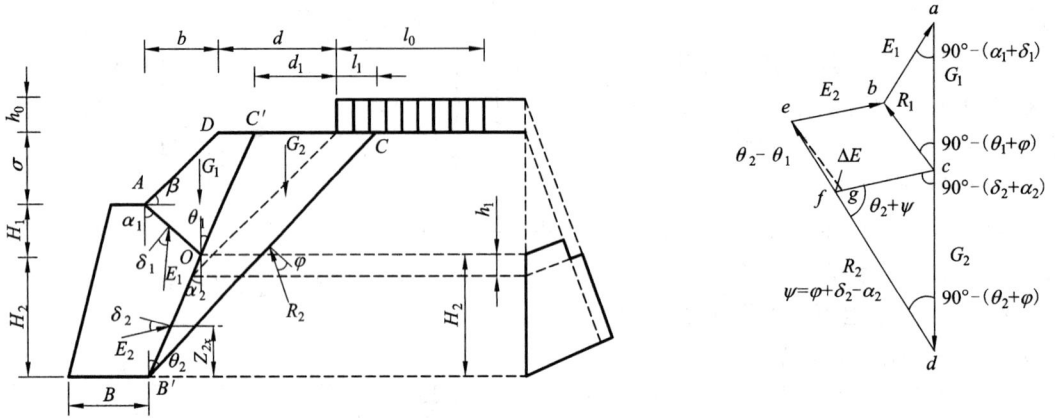

图 7 - 12 力多边形法

在 $\triangle efg$ 中，有：

$$\Delta E = R_1 \frac{\sin(\theta_2 - \theta_1)}{\sin[180° - (\theta_2 + \psi)]} = R_1 \frac{\sin(\theta_2 - \theta_1)}{\sin(\theta_2 + \psi)} \qquad (7 - 19)$$

在 $\triangle abc$ 中，上墙土压力 E_1 已求出，

$$R_1 = E_1 \frac{\sin[90° - (\alpha_1 + \delta_1)]}{\sin[90° - (\theta_1 + \varphi)]} = E_1 \frac{\cos(\alpha_1 + \delta_1)}{\cos(\theta_1 + \varphi)} \qquad (7 - 20)$$

将 G_2 及 ΔE 代入式 $(7 - 17)$，得：

$$E_2 = \gamma(A_0 \tan\theta_2 - B_0) \frac{\cos(\theta_2 + \varphi)}{\sin(\theta_2 + \psi)} - R_1 \frac{\sin(\theta_2 - \theta_1)}{\sin(\theta_2 + \psi)} \qquad (7 - 21)$$

由上式可知，下墙土压力 E_2 计算值是试算破裂角 θ_2 的函数。为求 E_2 的最大值，可令 $\dfrac{\mathrm{d}E_2}{\mathrm{d}\theta_2} = 0$，得：

$$\tan\theta_2 = -\tan\psi \pm \sqrt{(\tan\psi + \cot\varphi)\left(\tan\psi + \frac{B_0}{A_0}\right) - \frac{R_1 \sin(\psi + \theta_1)}{A_0 \gamma \sin\varphi \cos\psi}} \qquad (7 - 22)$$

将求得的破裂角 θ_2 代入式 $(7 - 21)$，可求得下墙土压力 E_2。

图 7 - 12 中作用于下墙的土压力图形，可近似假定 $\theta_i \approx \theta_2$，即

$$\frac{h_1}{H_2} = \frac{d_1}{l_1 + d_1}$$

则

$$h_1 = \frac{H_2}{l_1 + d_1} \cdot d_1 = \frac{H_2[d + b - H_1 \tan\alpha_1 - (H_1 + a)\tan\theta_1]}{(H_2 + H_1 + a)\tan\theta_2 - H_2 \tan\alpha_2 - (H_1 + a)\tan\theta_1}$$

土压力作用点

$$Z_{2x} = \frac{H_2{}^3 + 3H_2{}^2(H_1 + a + h_0) - 3h_0 h_1(2H_1 - h_1)}{3[H_2{}^2 + 2H_2(H_1 + a) + 2h_0(H_2 - h_1)]} \qquad (7 - 23)$$

$$Z_{2y} = B + Z_{2x} \tan\alpha_2 \qquad (7 - 24)$$

各种边界条件下折线墙背下墙土压力的力多边形法计算公式，见有关设计手册。

7.2.3　第二破裂面的土压力计算

（1）第二破裂面出现的条件

衡重式挡土墙上墙墙背由于有衡重台，通常把墙顶内缘和衡重台后缘的连线视为假想墙背；悬臂式挡土墙也可以把墙顶内缘和墙踵的连接视为假象墙背，按库仑公式计算土压力，如图 7 – 13 所示。假象墙背和实际墙背的土楔，假设与实际墙背一起移动，故假想墙背的墙背摩擦角 δ 即为填土的内摩擦角 φ。

俯斜墙背（包括假想墙背）坡度平缓时，其后填土中可能产生第二破裂面，滑动土体此时不沿墙背（包括假想墙背）滑动，而沿第二破裂面滑动（图 7 – 13），因此，对于平缓俯斜墙背（包括假想墙背）应该检算第二破裂面是否出现，如出现第二破裂面，则须按第二破裂面计算土压力。

必须同时满足以下条件，才一定出现第二破裂面：

①墙背或假想墙背的倾角 α 大于第二破裂面的倾角 α_i，即墙背或假想墙背不妨碍第二破裂面的出现，$\alpha > a_i$。

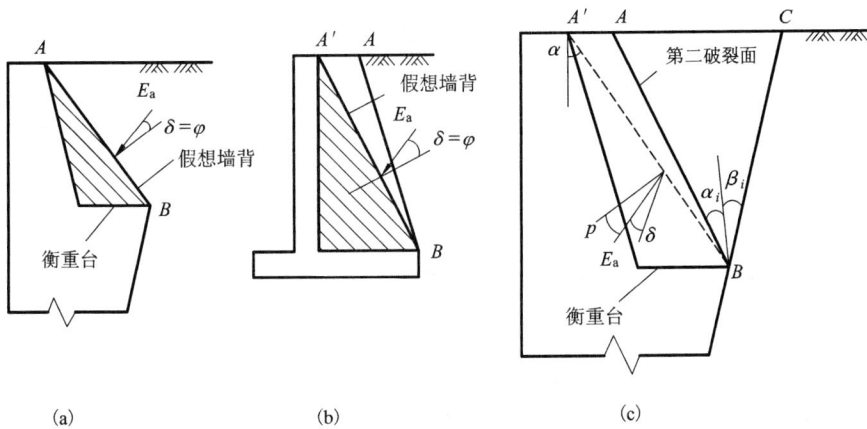

图 7 – 13　假想墙背和第二破裂面

②作用于墙背或假想墙背 $A'B$ 面[图 7 – 14（a）]上的总压力引起的下滑力 N_Q 小于该面上的抗滑力 N_E，即土楔不会沿 $A'B$ 面滑动[图 7 – 14（b）]。这一条件也就是土压力 E_a 和 Q 的合力偏角 ρ 应小于墙背摩擦角 δ，即 $\rho < \delta$。据图 7 – 14（c），当 $\rho < \delta$ 时，$E_x \tan(a + \delta) > E_y + Q$（或 $N_E > N_Q$），其中 Q 为第二破裂面于强身间的土楔重量，所以也可以用此式检算。

（2）第二破裂面土压力公式的推导

用库仑方法求第二破裂面的土压力时，作用在第二破裂面上的主动土压力是两个破裂面倾角的函数，即近墙背破裂角 α_i 和远墙背破裂角 β_i[图 7 – 13（c）]。

根据破裂面可能出现的范围，可分为三种情况：

1）两个破裂面的倾角都是变数

两个破裂面的倾角都是未知数时，其求算过程与前面求土压力的方法近似，相同点是都要作极限平衡的破裂楔体的力多边形，不同点是本方法先求 E_a 的水平分力 E_x，然后通过矢

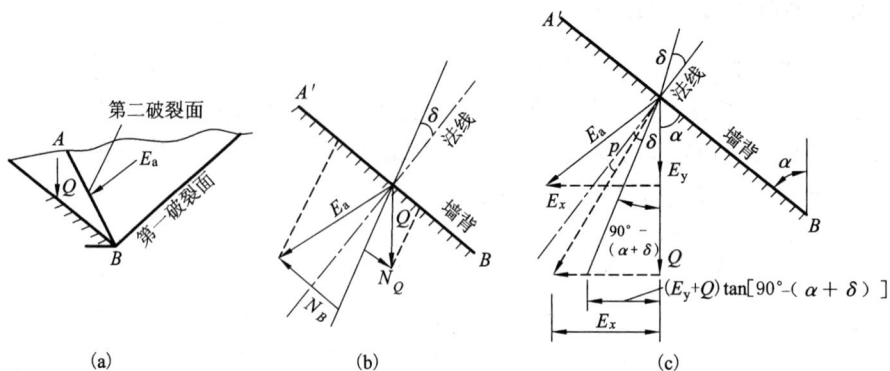

图 7 – 14　第二破裂面的产生

量方法求 E_y 和 E_a，即：

$$E_x = f(\alpha_i, \beta_i)$$

取 E_x 为最大值时作为出现第二破裂面的极限条件，有

$$\frac{\partial E_x}{\partial \alpha_i} = 0 \qquad \frac{\partial E_x}{\partial \beta_i} = 0$$

$$\frac{\partial^2 E_x}{\partial \alpha_i^2} < 0 \qquad \frac{\partial^2 E_x}{\partial \beta_i^2} < 0$$

$$\frac{\partial^2 E_x}{\partial \alpha_i^2} \frac{\partial^2 E_x}{\partial \beta_i^2} - \left(\frac{\partial^2 E_x}{\partial \alpha_i \partial \beta_i}\right)^2 > 0$$

由上式可导出图 7 – 15 边界条件下两个破裂角的公式为

$$\begin{cases} \alpha_i = \dfrac{1}{2}(90° - \varphi) - \dfrac{1}{2}(\varepsilon - i) \\ \beta_i = \dfrac{1}{2}(90° - \varphi) + \dfrac{1}{2}(\varepsilon - i) \end{cases} \tag{7 – 25}$$

式中：$\varepsilon = \arcsin \dfrac{\sin i}{\sin \varphi}$。

下面以衡重式路堤挡土墙中第一破裂面交于边坡情况为例，说明通过力多边形求作用在第二破裂面上的主动土压力公式和步骤。

挡土墙断面如图 7 – 15 所示。

$$E_x \tan(\alpha_i + \varphi) + E_x \tan(\beta_i + \varphi) = G$$

$$E_x = \frac{G}{\tan(\alpha_i + \varphi) + \tan(\beta_i + \varphi)} \tag{7 – 26}$$

式中：$G = \dfrac{1}{2}\overline{AC} \times h'' \cdot \gamma$。

γ 为填土的重度。因为

$$\overline{AC} = h''[\tan(\alpha_i - i) + \tan(\beta_i + i)]$$

$$h'' = H_1 \sec\alpha \cdot \cos(\alpha - i) = (m + n)H_1 \sin i$$

将 G 代入式(7 – 26)得：

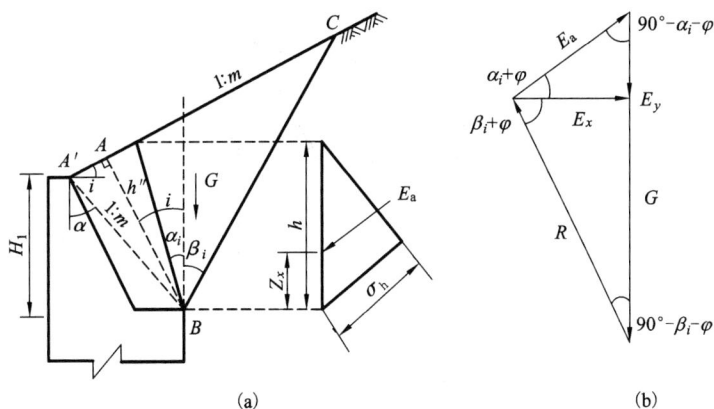

图 7 - 15　第二破裂面上的土压力

$$E_x = \frac{\gamma}{2} [H_1 \sec\alpha_1 \cdot \cos(\alpha - i)]^2 \cdot \frac{\tan(\alpha_i - i) + \tan(\beta_i + i)}{\tan(\alpha_i + \varphi) + \tan(\beta_i + \varphi)} \qquad (7 - 27)$$

将式(7 - 25)代入式(7 - 27)得:

$$E_x = \frac{\gamma}{2} h'' [1 - \tan(\varphi - i)\tan(\beta_i + i)]^2 \cos^2(\varphi - i) \qquad (7 - 28)$$

因此

$$E_y = E_x \tan(\alpha_i + \varphi) \qquad E_a = E_x \sec(\alpha_i + \varphi)$$

　　土压力作用点的位置由第二破裂面上应力分布图确定,应力分布图可根据土压力系数 λ_a 计算出各点的应力值,然后绘制。图 7 - 15(a) 中的应力图同时表示土压力的大小、方向、作用点,如:

$$\sigma_h = \gamma h \lambda_a$$

$$\lambda_a = \frac{(1 + \tan\alpha_i \tan i)(\tan\alpha_i + \tan\beta_i)\cos(\beta_i + \varphi)}{(1 - \tan\beta_i \tan\alpha_i)\sin(\beta_i + \alpha_i + 2\varphi)}$$

$$h = h'' \sec(\alpha_i - i)\cos a_i$$

$$Z_x = \frac{1}{3} h = \frac{1}{3} h'' \sec(\alpha_i - i)\cos a_i$$

　　以上是具有边界条件的计算公式,其他各种边界条件下第二破裂面土压力计算公式详见《铁路工程设计技术手册》。

　　例 7 - 2　如图 7 - 16 所示已知衡重式挡土墙墙背填土内摩擦角 $\varphi = 35°$,重度 $\gamma = 18 \text{ kN/m}^3$,上墙高 $H_1 = 4 \text{ m}$,$B_1 = 3 \text{ m}$,$\tan\alpha = 3/4 = 0.75$,$\alpha = 36.87°$,墙后土坡坡度 $1 : m = 1 : 4$,$i = 14.04°$,求作用在第二破裂面上的主动土压力作用点及土压力分布图。

　　解: ①确定破裂角并计算土压力。

$$\varepsilon = \arcsin\frac{\sin i}{\sin\varphi} = \arcsin\frac{0.243}{0.574} = 25.06°$$

$$\alpha_i = \frac{1}{2}(90° - \varphi) - \frac{1}{2}(\varepsilon - i) = \frac{1}{2}(90° - 35°) - \frac{1}{2}(25.06° - 14.04°)$$

$$= 27.5° - 5.51° = 21.99° = 22°$$

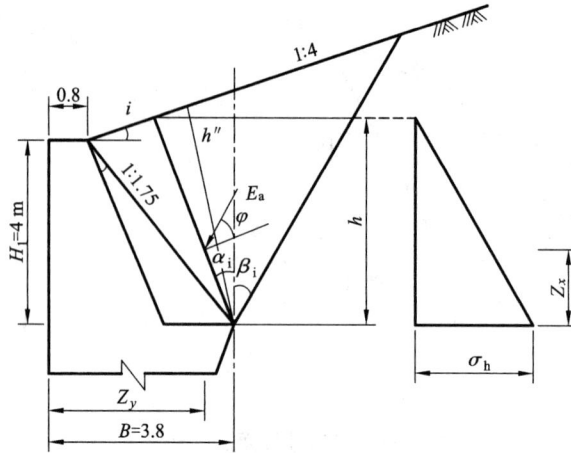

图 7 – 16　荷载挡土墙（单位：m）

$$\beta_i = \frac{1}{2}(90° - \varphi) + \frac{1}{2}(\varepsilon - i) = 27.5° + 5.51° = 33.01° = 33°$$

$$h'' = H_1 \sec\alpha \cos(\alpha - i) = 4 \times 1.25 \times 0.922 = 4.61 \text{ (m)}$$

$$K_x = \frac{1}{2}\gamma h''^2 \left[1 - \tan(\varphi - i)\tan(\beta_i + i)\right]^2 \cos^2(\varphi - i)$$

$$= \frac{1}{2} \times 18 \times 4.61^2 \left[1 - \tan(35° - 14.04°)\tan(33° + 14.04°)\right]^2 \cdot \cos^2(35° - $$

$$14.04°) = 191.27 \left[1 - 0.383 \times 1.074\right]^2 \times 0.872$$

$$= 57.79 \text{ (kN/m)}$$

$$E_y = E_x \tan(\alpha_i + \varphi) = 57.79 \times \tan(22° + 35°)$$

$$E_a = E_x \sec(\alpha_i + \varphi) = 57.79 \times 1.836 = 106.11 \text{ (kN/m)}$$

$$h = h'' \sec(\alpha_i - i)\cos\alpha_i = 4.61 \sec(22° - 14.04°)\cos 22° = 4.32 \text{ (m)}$$

②求土压力作用点。

$$Z_x = \frac{1}{3}h = \frac{1}{3} \times 4.32 = 1.44 \text{ (m)}$$

$$Z_y = B - Z_x \tan\alpha_i = 3.8 - 1.44\tan 22° = 3.22 \text{ (m)}$$

③求主动土压力系数即土压力分布图。

$$\lambda_a = \frac{(1 + \tan\alpha_i \tan i)(\tan\alpha_i + \tan\beta_i)\cos(\beta_i + \varphi)}{(1 - \tan\beta_i \tan i)\sin(\beta_i + \alpha_i + 2\varphi)}$$

$$= \frac{(1 + \tan 22°\tan 14.04°)(\tan 22° + \tan 33°)\cos(33° + 35°)}{(1 - \tan 33°\tan 14.04°)\sin(33° + 22° + 70°)}$$

$$= \frac{(1 + 0.101) \times 1.053 \times 0.375}{0.838 \times 0.819} = \frac{0.435}{0.686} = 0.634$$

$$\sigma_h = 18 \times 4.32 \times 0.634 = 49.30 \text{ (kN/m}^2)$$

2）两个破裂面中有一个沿已知位置出现，另一个倾角为变数

此时　　　　　　　　　　　　$$E_a = f(\alpha_i) \text{ 或 } E_a = f(\beta_i)$$

　　这种情况包括第二破裂面于墙背重合和两破裂面之一通过局部荷载与路基面的交点两种情况,此时,一个破裂面的位置可根据几何关系求得,而另一个破裂面的位置和土压力的计算公式可由库仑公式($\delta = \varphi$)化简求出,详见例 7 - 4 所示。

　　3)两个破裂面均沿已知位置出现

　　包括一个破裂面于墙背重合,另一个破裂面通过局部荷载于路基面的交点,或者两个破裂面均通过局部荷载与路基面的交点,此时,两个破裂面的位置可根据几何图形确定,土压力的计算公式与前两种情况相同。

　　当第二破裂面于墙背或假想墙背重合时,墙背内摩擦角应根据实际情况选用,土压力计算公式与一般重力式挡土墙各种边界条件下主动土压力公式相同。

　　例 7 - 3　衡重式路肩挡土墙的墙高 $H_1 = 3.2$ m,墙后填土的 $\varphi = 40°$,$\gamma = 19$ kN/m³,列车荷载及墙身断面如图 7 - 17 所示。求土压力及其作用点。

　　解:①假定破裂角。

　　假定角 α_i 交于荷载内缘,β_i 交于荷载内,由附表 3 - 3 中公式 1 可知

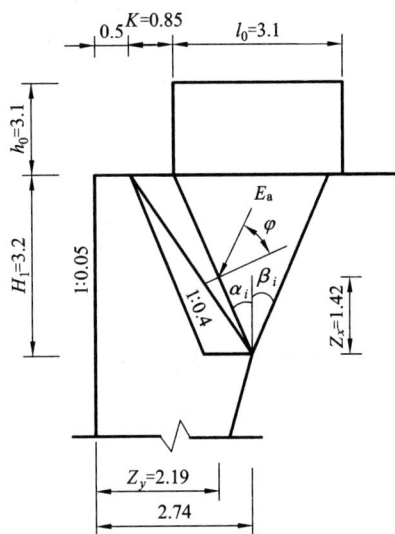

图 7 - 17　荷载路肩挡土墙(单位: m)

$$\tan\alpha = \frac{1.28 + 0.8}{3.2} = 0.65$$

$$\tan\alpha_i = \tan\alpha - \frac{K}{H_{i1}} = 0.65 - \frac{0.85}{3.20} = 0.3844$$

由 $\psi = 2\varphi + \alpha_i = 2 \times 40° + 21.02° = 101°02'$ 得

$$\tan\psi = -5.1286$$

$$\tan\beta_i = -\tan\varphi \pm \sqrt{(\tan\psi + \cot\varphi)(\tan\psi - \tan\alpha_i)}$$

$$= 5.1286 \pm \sqrt{(-5.1286 + 1.1918)(-5.1286 - 0.3844)} = 0.4699$$

$$\beta_i = 25°10'$$

验证:　　　　$H_1(\tan\alpha_i + \tan\beta_i) = 3.20(0.3844 + 0.4699) = 2.73$ (m)

2.73 m < 3.1 m,所以公式符合假设。

　　如不利用判别曲线,则应反复假定 α_i、β_i 出现位置进行试算,然后在计算土压力。

　　②计算土压力及其作用点。

$$A_0 = \frac{1}{2}H_1(H_1 + 2h_0) = \frac{1}{2} \times 3.2 \times (3.2 + 2 \times 3.1) = 15.04$$

$$B_0 = -A_0\tan\alpha_i = -15.04 \times 0.3844 = -5.7814$$

$$E_a = \gamma(A_0\tan\beta_i - B_0)\frac{\cos(\beta_i + \varphi)}{\sin(2\varphi + \alpha_i + \beta_i)}$$

$$= 19 \times (15.04 \times 0.4699 + 5.7814) \times \frac{0.42}{0.807} = 127.04 \text{ (kN/m)}$$

$$E_x = E_a \cos(\varphi + \alpha_i) = 127.04 \times \cos 61°02' = 61.54 \text{ kN/m}$$

$$E_x = E_a \sin(\varphi + \alpha_i) = 127.04 \times \cos 61°02' = 111.13 \text{ kN/m}$$

$$Z_x = \frac{H_1}{3}\left(1 + \frac{h_0}{H_1 + 2h_0}\right) = \frac{3.2}{3} \times \left(1 + \frac{3.1}{3.2 + 2 \times 3.1}\right) = 1.42 \text{ m}$$

$$Z_y = B - Z_x \cdot \tan\alpha_i = 2.74 - 1.42 \times 0.384 = 2.19 \text{ m}$$

4)第二破裂面土压力计算的判别曲线

由于铁路路基挡土墙的边界条件比较复杂,计算土压力时需先假设破裂面出现的位置(即交于荷载内、荷载外、荷载边缘、路肩或边坡等情况),然后选用相应公式计算并验证,如不符合假设需重新计算。为了简化计算程序,可根据破裂面可能出现的位置,推导边界方程式,绘制判别曲线,参见《路基工程设计技术手册—路基》。判别曲线与线路等级、单线、双线、轨道类型及填料性质等有关。计算时根据所设挡土墙边界条件中的墙高 H_1 及墙背或假想墙背倾角 α,即可在曲线图中查得使 E_x 最大的相应边界条件下的计算式。

7.2.4 地震和浸水条件下的土压力

(1)地震条件下的土压力

国内外地震区的实地调查和理论研究表明:地震时建筑物的破坏,主要来自地震水平惯性力,故在分析土压力时,通常只考虑地震水平加速度的影响,而对地震引起的竖向运动分量和转动分量,则常常不予考虑。在计算地震区的土压力时,目前常规的作法是先采用惯性力法(也称为静力法)计算地震力,即将地震发生时的地面设计地震动峰值加速度 A_g 所产生的惯性力 $A_g \cdot m$ 作为一个静力,水平施加于滑动土楔上,然后再按照库仑土压力理论计算作用于挡土墙上的土压力。具体计算方法如下所述。

由于地震引起的水平地震力作用在破裂棱体的重心处,其大小由下式确定:

$$P_x = \eta_c \cdot A_g \cdot m \qquad (7-29)$$

式中:P_x 为水平地震力,kN;η_c 为综合影响系数,采用 0.25;A_g 为设计地震动峰值加速度 A_g,m/s^2;m 为第 i 条块土的质量,t。

水平方向的地震力如图 7-18 所示,地震力 P_x 与破裂棱体的重力 G 的合力 G_1 为:

$$G_1 = \frac{G}{\cos\eta}$$

式中:η 为地震角,合力 G_1 偏离竖直线的角度,其值可参考表 7-2。

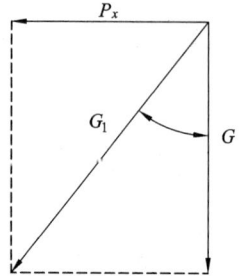

图 7-18 水平地震力和地震角

表 7-2 地震角

地震角	$A_g/(\text{m·s}^2)$	$0.1 \sim 0.5g$	$0.2g$	$0.3g$	$0.4g$
η	水上	1°30′	3°	4°30′	6°
	水下	2°30′	5°	7°30′	10°

与非地震区的库仑土压力计算图式(7-6)相比较，图7-19所示破裂棱体的平衡力系中，E_a、R 的方向仍保持不变，只是合力 G_1 与 E_a 的夹角变为 $90° - \alpha - \delta - \eta$，与 R 的夹角变为 $90° - \theta - \varphi + \eta$，因此采用库仑土压力理论计算 E_a 时，只要将土的内摩擦角 φ、墙背摩擦角 δ、土的重度 γ 分别按下列公式进行修正：

$$\begin{cases} \varphi_E = \varphi - \theta \\ \delta_E = \delta + \eta \\ \gamma_E = \gamma / \cos\eta \end{cases} \quad (7-30)$$

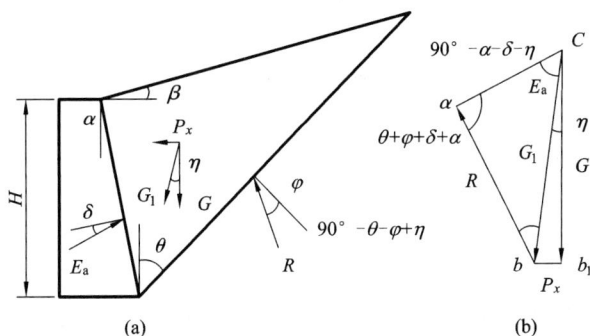

图7-19 地震作用下的主动土压力

代替原公式中的 γ，δ，φ 值，则可用一般库仑土压力公式计算地震时的主动土压力。如图7-19所示，当填土表面倾角为 β 时的地震主动土压力为：

$$E_a = \frac{1}{2}\gamma_E H^2 \lambda_{aE} = \frac{1}{2}\gamma_E H^2 \frac{\cos^2(\varphi_E - \alpha)}{\cos^2\alpha\cos(\alpha + \delta_E)\left[1 + \sqrt{\dfrac{\sin(\varphi_E + \delta_E)\sin(\varphi_E - \beta)}{\cos(\alpha + \delta_E)\cos(\alpha - \beta)}}\right]^2} \quad (7-31)$$

各种边界条件下的地震土压力均可用 γ_E，δ_E，φ_E 取代 γ，δ，φ 而按一般土压力公式求解。应该指出，经上述替代后所求得的地震主动土压力的方向，仍为实际墙背的内摩擦角 δ。

(2)浸水条件下的土压力

当挡土墙后土体浸水后，墙后土体若为砂性土，则将会受到水的浮力作用且重度减少，其内摩擦角受水的影响较小，可以认为不变；而黏性土的抗剪强度将会降低；当墙前水位骤然降落，或墙后暴雨下渗在土体内出现渗流时，墙体会受到动水压力的作用，此时应考虑动水压力对土压力的影响。

1)当填土为砂性土时

如图7-20所示的墙后填土面水平并作用着满布荷载情况，当墙后填土的浸水深度为 H_b 时，墙背土压力 E_b 可采用不浸水时的土压力 E_a 扣除水位以下因浮力影响而减少的土压力 ΔE_b，即：

$$E_b = E_a - \Delta E_b \quad (7-32)$$

$$\Delta E_b = \frac{1}{2}(\gamma - \gamma_b)H_b^2\lambda_a \quad (7-33)$$

式中：γ 为水位以上土体的天然重度，kN/m^3；γ_b 为水位以下土体的浮重度，kN/m^3；λ_a 为主动土压力系数。

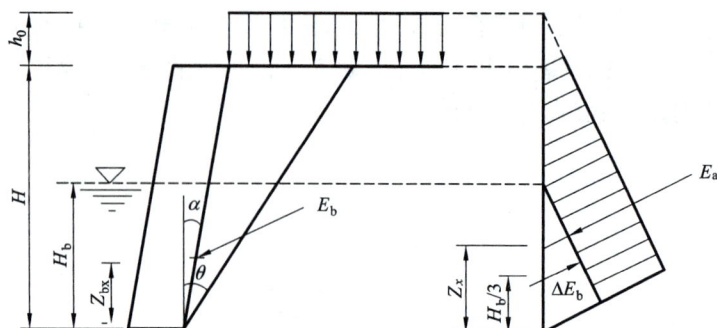

图 7 – 20　浸水砂性土的主动土压力

此时土压力作用点的位置为：

$$Z_{bx} = \frac{E_a Z_x - \Delta E_a \dfrac{H_b}{3}}{E_a - \Delta E_b} \qquad (7-34)$$

对于其他边界条件下的浸水土压力计算可参阅相应的设计计算手册。

2）当填土为黏性土时

考虑黏性土浸水后的内摩擦角 φ 值显著降低，故将填土中计算水位上下两部分视为不同性质的土层，分别计算土压力。

如图 7 – 21 所示，先求出计算水位以上填土的土压力 E_{a1}；然后再将上层填土重量作为荷载，计算浸水部分的土压力 E_{a2}，E_{a1} 与 E_{a2} 的矢量和即为全墙土压力。

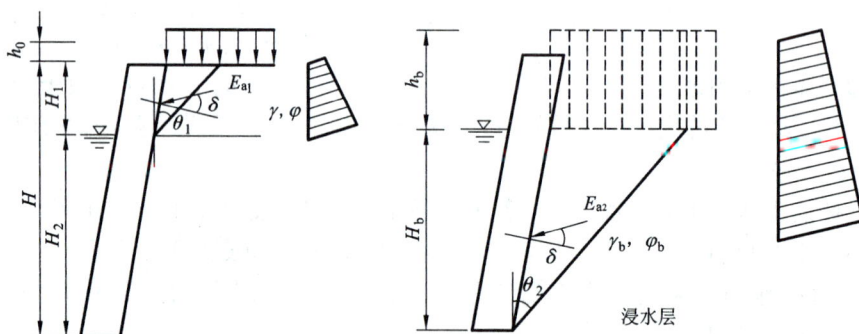

图 7 – 21　浸水黏性土的主动土压力

在计算浸水部分的土压力 E_{a2} 时，将上部土层及其上超载换算为与下部土层性质相同的土层，土层厚度 h_b 为：

$$h_b = \frac{\gamma(h_0 + H_1)}{\gamma_b} = \frac{\gamma}{\gamma_b}(h_0 + H - H_b) \qquad (7-35)$$

3）考虑渗流时的动水压力

当墙后为弱透水性填料时，由于墙外水位急骤下降，在填料内部将产生渗流，由此而引起动水压力(图 7 – 22)。受渗流影响的动水压力计算方法目前尚不完善,计算时可假定破裂角不受渗流影响,按以下近似公式计算动水压力:

$$D = \gamma_w I_j \Omega \tag{7-36}$$

式中:γ_w 为水的重度;I_j 为渗流降落曲线的平均坡度;Ω 为破裂棱体的浸水面积,即图中的阴影部分,可近似地取梯形 $abcd$ 的面积,其值可按下列式计算。

$$\frac{1}{2}(H_b^2 - H_b'^2)(\tan\theta + \tan\alpha) \tag{7-37}$$

动水压力 D 的作用点通过破裂棱体浸水面积 Ω 的重心,其作用方向平行于 I_j。

至于透水性填料,动水压力一般很小,可略而不计。

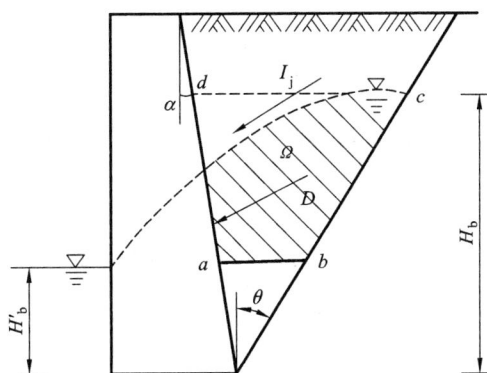

图 7 – 22　渗流时的动水压力

7.3　重力式挡土墙设计计算

重力式挡土墙主要依靠自身重力抵抗土体和附加荷载应力,重力式挡土墙的设计主要包括以下内容:①应根据现场的实际情况,进行挡土墙的墙体材料、墙体形式和基础埋置深度的选择,然后初步拟定墙身各部位的结构尺寸(可参考重力式挡土墙的构造)。②根据 7.2 节内容计算作用于挡土墙的荷载,其中包括土压力的计算。③检算在各种荷载的组合力系作用下,挡土墙沿基底的滑动稳定性及绕基础趾部转动的倾覆稳定性,和基底的压应力。当基底以下存在软弱土层时,尚应检算该土层的滑动稳定性。在地基承载力小于挡土墙基底压应力的情况下,应采取工程措施,对挡土墙基础或地基进行处理,以满足全墙的稳定性要求。如果不满足要求再考虑采取重新拟定挡墙尺寸或改变挡墙形式与构造等措施。

综上,挡墙设计计算过程中,有三个重要步骤,首先拟定挡土墙尺寸、计算库仑主动土压力、挡土墙各种破坏模式的检算。

7.3.1　重力式挡土墙的构造

挡土墙尺寸的合理拟定,首先需要满足挡土墙的一般构造要求,其次断面要经济,还应考虑当地材料来源、施工养护方便与安全等因素。

(1)墙身断面形式

重力式挡土墙的断面形式如图 7 – 23 所示,墙胸一般均为平面,而墙背主要根据地形条件及挡土墙所设位置，可做成仰斜、垂直、俯斜、凸形折线和衡重式等形式。断面形式的选择主要从结构经济、开挖回填量少以及稳定性好等方面考虑。如在其他条件相同的情况下，仰斜墙背所受的土压力较俯斜墙背小，断面较经济；且仰斜墙背的倾斜方向与开挖、回填边坡方向一致，开挖回填量较小。若当地面横坡较陡时，采用仰斜墙背将使墙高增大，断面尺寸加大，如图 7-24 所示，此时宜采用俯斜墙背，利用垂直的墙面，以减少墙高。但其所承受的土压力较仰斜墙背大，故俯斜墙背可设计成台阶形，以增加墙背与填料之间的摩擦力，提高墙体的整体稳定性。

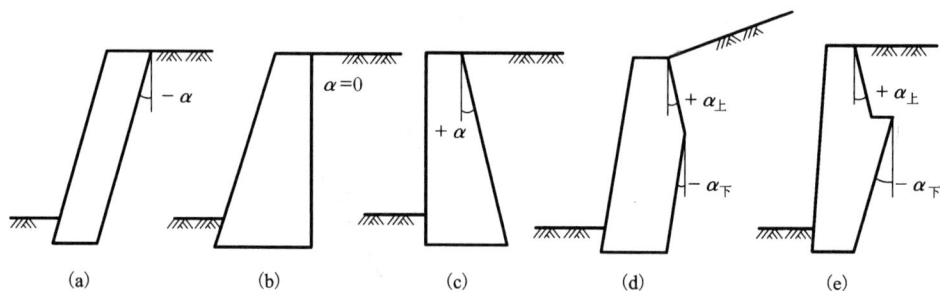

图 7-23　重力式挡土墙的断面形式

(a)仰斜；(b)垂直；(c)俯斜；(d)凸形折线；(e)衡重式

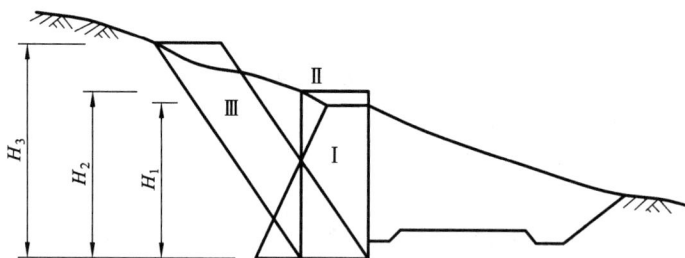

图 7-24　墙背形式和墙高的关系

垂直墙背的特点介于仰斜与俯斜墙背之间。

凸形墙背系将仰斜式挡土墙的上部墙背改为俯斜，以减少上部断面尺寸，多用于路堑墙，也可用于路肩墙。

衡重式墙在上下墙背间设置衡重台，利用衡重台上填土的重量增加墙体的稳定性。因采用陡直的墙面可减少墙身高度，多用于山区地形陡峻段的路肩墙和路堤墙，也可用于路堑墙。

重力式挡土墙的墙胸坡度应与墙背坡度相协调，同时还应考虑墙址处的地面横坡。墙胸坡度将直接影响墙体高度，地面横坡较陡时，墙面坡度一般采用$(1:0.05)\sim(1:0.20)$，也可保持直立，以利于争取高度；在地面横坡平缓地带，一般采用$(1:0.2\sim1:0.3)$，最缓不宜低于 $1:0.4$，衡重式墙一般采用陡直的墙胸。

至于墙背坡度，俯斜墙背坡度常采用$(1:0.25)\sim(1:0.4)$；仰斜墙背坡度不宜缓于与$1:0.35$。衡重式挡土墙的上墙墙背坡度一般取$(1:0.25)\sim(1:0.4)$；下墙背一般为 $1:0.25$

左右。上下墙高度之比,多采用2:3较为合理。应该注意的是,在同一地段,挡土墙断面形
式不宜太多以免造成施工困难,并影响外观。

重力式挡土墙的顶面宽度一般设计为 $H/12$ 左右(H 为挡土墙的垂直墙高),采用混凝土
整体灌注时,顶宽不应小于0.4 m;采用砌体时,墙顶宽度不应小于0.5 m;采用钢筋混凝土
材料时,顶宽不应小于0.2 m。路肩挡土墙墙顶应设置帽石,其材料可采用C15混凝土或粗
石料,厚度不小于0.4 m,宽度不小于0.6 m,突出墙身的飞檐宽应为0.1 m。

为保证交通安全,在地形险峻地段,或过高过长的路肩墙顶部应设置护栏。

(2)沉降缝与伸缩缝

为避免因地基不均匀沉降而引起墙身开裂,须按地质条件的变化和墙高、墙身断面的变
化情况设置沉降缝。同时为防止圬工砌体因收缩硬化和温度变化而产生裂缝,还应设置伸缩
缝。在设计时,一般将沉降缝与伸缩缝合并设置。如图7-25所示,沿线路方向每隔10~
20 m,以及与其他建筑物衔接处,设置一道,缝宽为2~3 cm,缝内沿墙内、外、顶三边填塞
沥青麻筋或沥青木板,填塞深度不小于0.2 m。对于岩石路堑挡土墙或填石路堤时,可设置
空缝。路肩、路堤挡土墙两端应设置锥体护坡。

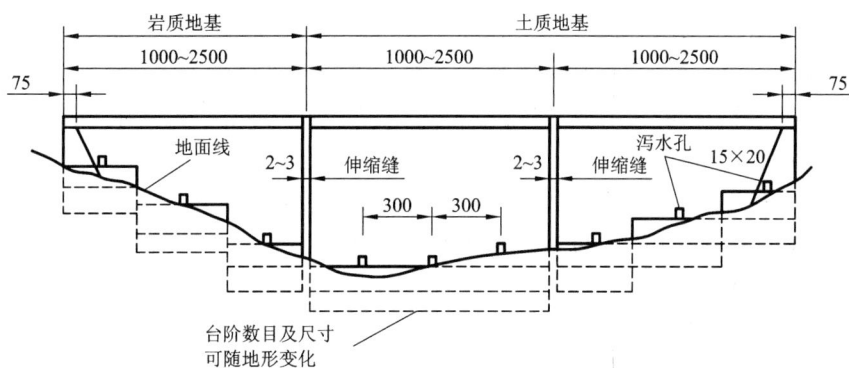

图7-25 沉降缝与伸缩缝设置(单位:cm)

(3)排水设施

为疏干墙后土体,防止地表水下渗而导致墙后积水形成静水压力,或减少寒冷地区回填
土的冻胀压力等,重力式挡土墙应设置排水措施,通常由地面排水和墙身排水两部分组成。
地面排水措施主要是防止地表水渗入墙后土体或地基;墙身的排水措施主要是为了疏排墙后
积水。

地面排水措施主要包括:①设置地面排水沟,引排地面水。②夯实回填土顶面和地面松
土,防止雨水及地面水下渗,必要时可加设铺砌。③对路堑挡土墙墙趾前的侧沟应予以铺砌加
固,以防侧沟水渗入基础。

墙身的排水措施通常是在墙身的适当高度处布置一排或多排向墙外坡度不应小于4%的
泄水孔(图7-25),一般采用孔口尺寸为5 cm×10 cm、10 cm×10 cm、15 cm×20 cm的方
孔,或直径为5~10 cm的圆孔。孔眼间距为2~3 m,呈梅花形交错布置。最下一排泄水孔
应高出地面或侧沟水位(路堑墙)0.3 m,浸水挡土墙的泄水孔应高出常水位0.3 m。为防止
水分渗入地基,最下排泄水孔的进口侧下部应铺设隔水层。

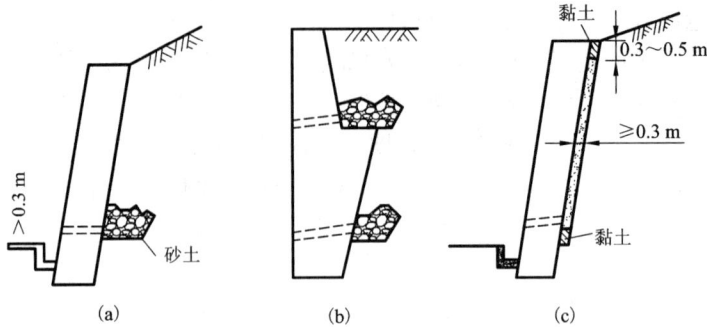

图 7 – 26　挡土墙的泄水孔与反滤层的设置

为防止泄水孔淤塞，应在泄水孔进口侧设置厚度不小于 0.3 m 的粗粒料反滤层（如粗砂、卵石、碎石等），如图 7 – 26 所示。当墙背回填土渗水性不良或可能发生冻胀时，应在最低一排泄水孔至墙顶以下 0.5 m 的范围内，填筑厚度不小于 0.3 m 的砂卵石层［图 7 – 26（c）］。

7.3.2　基础设置的一般规定

挡土墙宜采用明挖基础。当基坑开挖较深且边坡稳定性较差时，应采取临时支护措施；当基底下为松软土层时，可采用加宽基础、换填土或地基处理等措施。水下挖基困难时，也可采用桩基础或沉井基础。明挖基础的基坑应及时回填夯实，顶面应设计为不小于 4% 的排水横坡。对湿陷性黄土等特殊土地基，应采取消除湿陷或防止水流下渗的措施。

基础埋置深度的确定一般应符合下列要求：

①一般情况下不小于 1.0 m。

②当冻结深度小于或等于 1.0 m 时，基础埋深在冻结深度线以下不小于 0.25 m，同时不小于 1.0 m。当冻结深度大于 1.0 m 时，基础埋深不小于 1.25 m，同时应将基底至冻结线下 0.25 m 深度范围内的地基土换填为不冻胀土。

③受水流冲刷时，在冲刷线下不小于 1.0 m。

④路堑挡土墙基底在路肩以下不小于 1.0 m，并低于侧沟砌体底面不小于 0.2 m。

⑤在软质岩层地基上，不小于 0.1 m。

⑥膨胀土地段基础埋置深度不宜小于 1.5 m。

基础在稳定斜坡地面其趾部埋入深度和距地面的水平距离，应符合表 7 – 3 的规定。

表 7 – 3　斜坡地面墙趾埋入最小尺寸（m）

地层类别	埋入深度/h	距斜坡地面的水平距离/L	示意图
硬质岩层	0.60	1.50	
软质岩层	1.00	2.00	
土层	≥1.00	2.50	

基础位于较完整的硬质岩层构成的稳定陡坡上时，石砌体可采用台阶式基础，其最下一级台阶底宽不宜小于 1.0 m。当位于纵向斜坡上时，基底纵坡若大于 5%，也应将基底设计为台阶式。

挡土墙受滑动稳定控制时，除浸水地区外，一般地区可采用斜坡不大于 0.2∶1 的倾斜基底。挡土墙受倾覆稳定、基底偏心或基底承载力控制时，可设置墙趾台阶，台阶的连线与竖直线的夹角不应大于 45°（混凝土基础）或 35°（石砌体基础）。

7.3.3　重力式挡土墙检算

挡土墙检算项目如表 7－4 所示。对支挡结构基底下持力层范围内的软弱层，应检算其整体稳定。重力式挡土墙的整体稳定系数，不得小于 1.2，其他挡土墙不得小于 1.3。

表 7－4　挡土墙检算项目

检算部位	检算项目	检算应满足要求
全墙	滑动稳定系数 K_c	≥1.3
	倾覆稳定系数 K_0	≥1.6
墙身截面	偏心距 e	土质地基≤$B/6$，≤$B/4$
	基底应力 σ	≤容许值
	压应力 σ	≤容许值
	剪应力 σ	≤容许值
	偏心矩 e	混凝土及片石砌体≤$0.3B'$（B'墙身截面）

（1）挡土墙的稳定性检算

当挡土墙设置位置的地基条件比较好时，墙的整体稳定性常为控制因素。挡土墙的稳定性包括抗滑稳定和抗倾覆稳定两方面。

1）抗滑稳定性检算

挡土墙的抗滑稳定性是指在土压力和其他外力作用下，基底摩擦阻力抵抗墙体滑移的能力，用抗滑稳定系数 K_c 表示。即作用于挡土墙的最大可能抗滑力与实际下滑力之比，如图 7－27 所示。

对于一般地区底面水平的挡土墙，可按下式计算：

$$K_c = \frac{(G + E_y)f + E_p}{E_x} \tag{7－38}$$

式中：G 为墙身自重；E_x、E_y 分别为墙后土压力的水平、竖向分力；E_p 为可能考虑的墙前被动土压力，如不存在被动土压力时，$E_p = 0$；f 为基底摩擦系数。

如果挡土墙抗滑稳定性不足，可采取以下措施：

①基底换填，在基底以下换填摩擦系数大或与墙体能产生较大凝聚力的土层，换填厚度不小于 0.5 m。

②设置倾斜基底，是保持墙胸高度不变，而使墙踵下降一个高度 Δh（图 7－28），从而使基底具有向内倾斜的逆坡，与水平基底相比，可减小滑动力，增大抗滑力，增强挡土墙的抗滑稳定性。如将竖直方向的力和水平方向的力分别按倾斜基底的法线方向和切线方向分解，

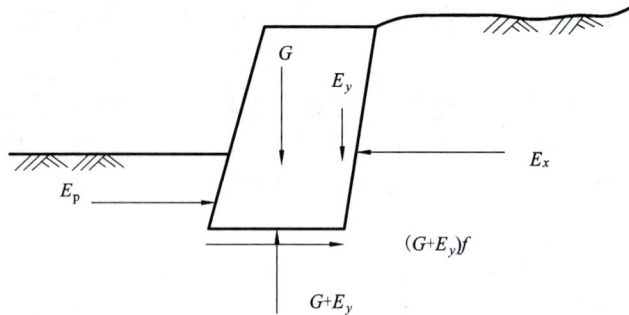

图 7 – 27 滑动稳定性检算

则倾斜基底法向力为：

$$\sum N' = \sum N\cos\alpha_0 + \sum E_x\sin\alpha_0 \tag{7 – 39}$$

切向力为

$$\sum T' = \sum E_x\cos\alpha_0 - \sum N\sin\alpha_0 \tag{7 – 40}$$

式中：α_0 为基底倾角，即基底与水平面的夹角。

由式(7 – 38)可知，设置倾斜基底后挡土墙的抗滑动稳定系数为：

$$K_c = \frac{f\sum N' + E_p\sin\alpha_0}{\sum T'} = \frac{f(\sum N' + \sum E_x\tan\alpha_0) + E_p\tan\alpha_0}{\sum E_x - \sum N\tan\alpha_0} \tag{7 – 41}$$

③设置凸榫。在基础底面设置一个与基础连成整体的凸榫，如图 7 – 29，其作用是利用榫前岩土体产生的被动土压力增加挡土墙的抗滑能力。凸榫基础的最大优点是无需改变挡土墙的其他条件，但因凸榫的高度和宽度受到结构设计限制，其增加的抗滑力较小，一般只在 $1.0 < K_c < 1.3$ 时采用。为使榫前被动土楔能够完全形成，墙背主动土压力不因设置凸榫而增大，必须将整个凸榫置于通过墙趾与水平线成 $(45° - \varphi/2)$ 角及通过墙趾与水平线成 φ 角的直线所包围的三角形范围内，如图 7 – 29 所示。

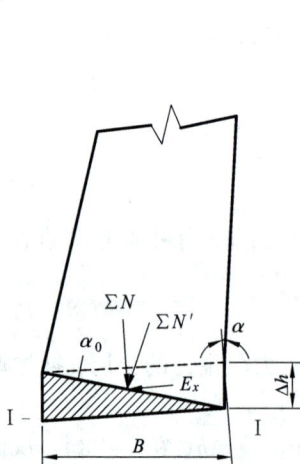

图 7 – 28 倾斜基底

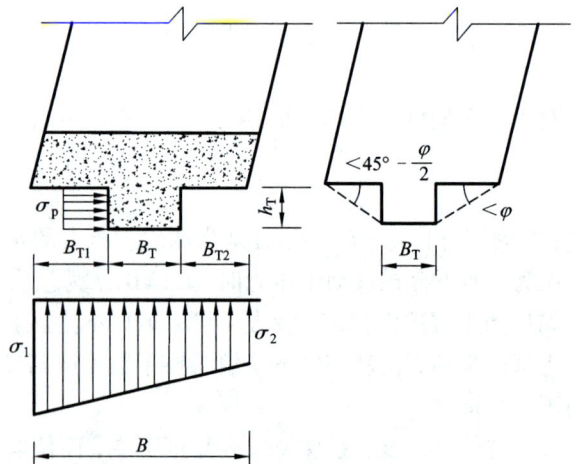

图 7 – 29 凸榫设计计算简图

（2）抗倾覆稳定性检算

挡土墙的抗倾覆稳定性是指墙体抵抗绕墙趾向外转动倾覆的能力，用抗倾覆稳定系数 K_0 表示。如图 7 - 30 所示，K_0 是对于墙趾的稳定力矩之和 $\sum M_y$ 与倾覆力矩之和 $\sum M_0$ 的比值，即：

$$K_0 = \frac{\sum M_y}{\sum M_0}$$

对于一般地区挡土墙可按下式计算：

$$K_0 = \frac{G \cdot Z_G + E_y \cdot Z_y + E_p \cdot Z_p}{E_x \cdot Z_x}$$

（7 - 42）

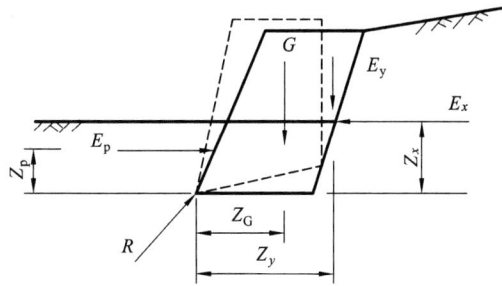

图 7 - 30　倾覆稳定性检算

式中：Z_G、Z_x、Z_y、Z_p 分别为 G、E_x、E_y、E_p 对墙趾的力臂，其他符号意义同前。

为改善挡土墙抗倾覆稳定性，可以采取如下措施：

①改变墙身胸坡或背坡。当横向断面净空不受限制，地面较平缓，可放缓胸坡使墙体重心后移，增大抗倾力臂。也可变竖直墙背为仰斜墙背，可减小土压力。

②改变墙身断面类型。当横向坡度较陡，净空受限制时，可采用衡重台或卸荷板等减小土压力，增大稳定力矩，图 7 - 31 所示为具有卸荷平台或卸荷板的挡土墙。

③展宽墙趾。增设襟边或展宽已有扩大基础，直接增大稳定力矩，这是常用方法，展宽的宽度应满足刚性角要求，如图 7 - 32 所示。$\sum N$ 为作用于基底的法向力之和，则展宽尺寸 Δb 按下式求算：

由　　　　　　　$$[K_0] = \frac{[\sum M_y]}{\sum M_0} = \frac{\sum M_y + \sum N \cdot \Delta b}{\sum M_0}$$

得：

$$\Delta b = \frac{[K_0] \sum M_0 - \sum M_y}{\sum N}$$

（7 - 43）

式中：$[K_0]$ 为要求达到的抗倾覆系数。

当展宽较大时，可采用钢筋混凝土基础板或分级加宽。

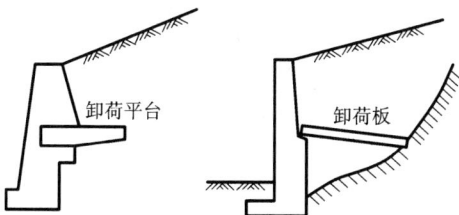

图 7 - 31　卸荷挡土墙

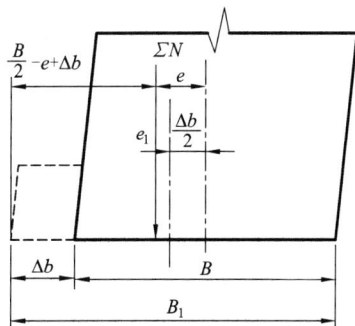

图 7 - 32　展宽墙趾

（3）挡土墙基底合力偏心距及基底应力检算

进行基底应力检算，是为保证挡土墙的基底应力不超过地基允许承载力，控制作用于挡土墙基底的合力偏心距，以避免挡土墙基础发生明显的不均匀沉降。

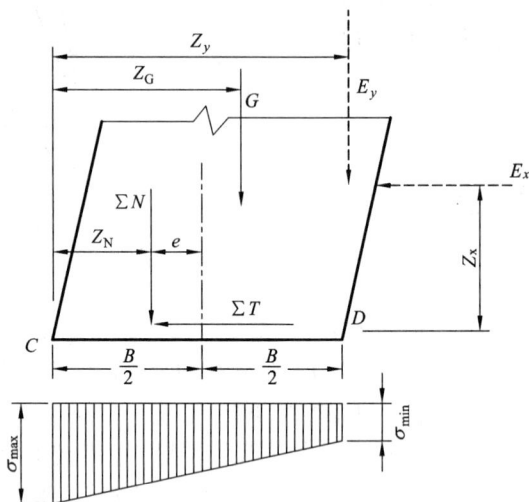

图 7－33　基底合力偏心

如图 7－33 所示，设作用于基底的合力法向分力为 $\sum N$，其对墙趾的力臂为 Z_N，则合力偏心距 e 应为：

$$e = \frac{B}{2} - Z_N \tag{7-44}$$

$$Z_N = \frac{\sum M_y - \sum M_0}{\sum N} = \frac{G \cdot Z_G + E_y Z_y - E_x \cdot Z_x}{G + E_y} \tag{7-45}$$

所求 e 值应满足要求。

此时，基底两边缘的最大和最小法向应力为：

$$\sigma = \frac{\sum N}{B}\left(1 \pm \frac{6e}{B}\right) \tag{7-46}$$

式中：B 为基础底面宽度。

当偏心 e 值大于要求值，即 $e > \dfrac{B}{6}$ 时，基底一侧将出现拉应力，而基础和地基之间不能承受拉力，将会出现应力重分布，此时最大压应力计算如图 7－34 所示。重分布基底应力图形由虚线变为实线三角图形，三角形的形心在 $\sum N$ 作用线上，底边长为 $3Z_N$，可得：

$$\sum N = \frac{1}{2}\sigma_{max} \cdot 3Z_N$$

$$\sigma_{max} = \frac{2\sum N}{3Z_N} \tag{7-47}$$

即：计算 e 值和 σ_{max} 值均应满足规定要求。

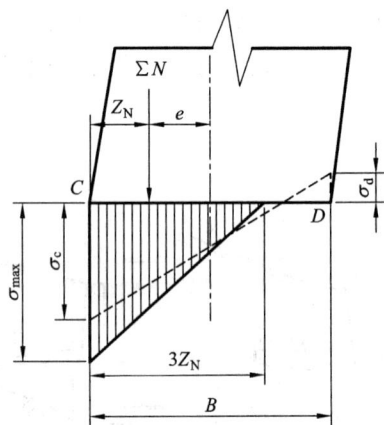

图 7－34　基底应力重分布

（4）墙身截面强度检算

墙身截面强度检算是为了保证墙身具有足够的强度。对于一般挡土墙，可取 1~2 个控制截面进行检算。当墙身截面变化不大时，可取墙高 1/2 处截面进行。截面强度检算包括法向应力检算和剪应力检算两个方面。

1）法向应力检算

如图 7－35 所示，要检算截面 I—I 的强度，首先要计算出截面以上墙背所受的主动土压力 E_a 值和墙身自重 G，若 E_a 与 G 两个向量和为 P，则 P 的竖向分力为 $\sum N$，水平分力为 $\sum T$，则在截面两边缘的法向应力为：

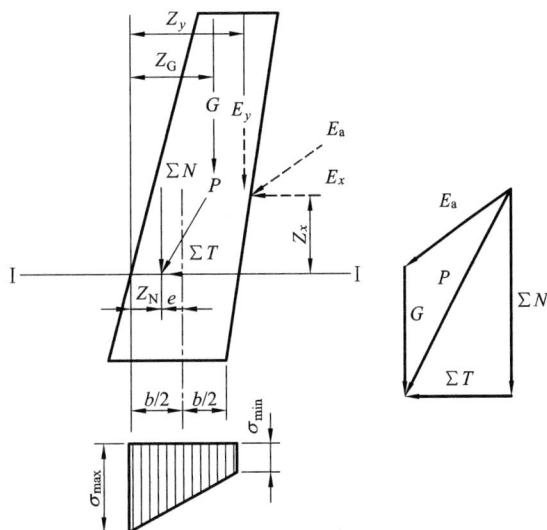

$$\sigma = \frac{\sum N}{F} \pm \frac{\sum M}{W} = \frac{\sum N}{b}\left(1 \pm \frac{6e}{B}\right)$$

$$(7-48)$$

式中：b 为截面宽度；F 为单位墙长的该截面面积 $F=b$；e 为截面法向合力偏心距。

e 可采用下列公式计算：

$$e = \frac{b}{2} - Z_N = \frac{b}{2} - \frac{G \cdot Z_G + E_y \cdot Z_y - E_x \cdot Z_x}{G + E_y}$$

$$(7-49)$$

图 7－35　截面法向应力检算

式中：$\sum M$ 为外力对截面中心的力矩之和，其值为：$\sum M = e \cdot \sum N$。

当法向应力出现应力重分布时，因截面出现裂缝，受剪面积减小，按下式计算：

$$b' = b - \Delta b$$

$$\Delta b = \frac{b^2(\sigma_L - [\sigma_L])}{2(b\sigma_L + \sum N)}$$

$$b' = b - \Delta b$$

$$\Delta b = \frac{b^2(\sigma_L - [\sigma_L])}{2(b\sigma_L + \sum N)} \qquad (7-50)$$

式中：σ_L 为截面上的拉应力；$[\sigma_L]$ 为截面抗拉强度。

2）剪应力检算

一般情况下，重力式挡土墙墙身截面的剪应力远小于容许值，通常可以不检算，但当出现应力重分布和截面突变及有薄弱截面时，应检算。

剪应力检算又分为平剪检算和斜剪检算两种。对于一般矩形，梯形断面的重力式挡土墙只进行平剪检算，而对于衡重式挡土墙的上下墙变截面处的截面，则应进行平剪和斜剪检算。平剪检算方法，如图 7－34 所示。

$$\tau = \frac{\sum T}{b} = \frac{E_x}{b} \leqslant [\tau] \qquad (7-51)$$

式中：$[\tau]$ 为圬工容许剪应力。

例 7－4　如例题 7－1 及图 7－9 中所示，路肩式挡土墙墙身为 M7.5 浆砌片石圬工，墙与地基土之间的摩擦系数 $f = 0.4$，地基为黏性土质，容许承载力 $[\sigma]_\pm = 200 \text{ kN/m}^2$，墙身圬工容重 $\gamma_圬 = 22 \text{ kN/m}^3$，墙后填土 $\gamma_\pm = 17 \text{ kN/m}^3$，$\varphi = 35°$，墙背摩擦角 $\delta = \dfrac{2}{3}\varphi$，墙高 $H = 5 \text{ m}$，在例题 $7-1$ 土压力作用下，试确定该墙尺寸(墙身截面 $[\sigma]_圬 = 1300 \text{ kPa}$，$[\tau] = 210 \text{ kPa}$)。

解: 如例图 $7-36(a)$ 所示，墙重 G：

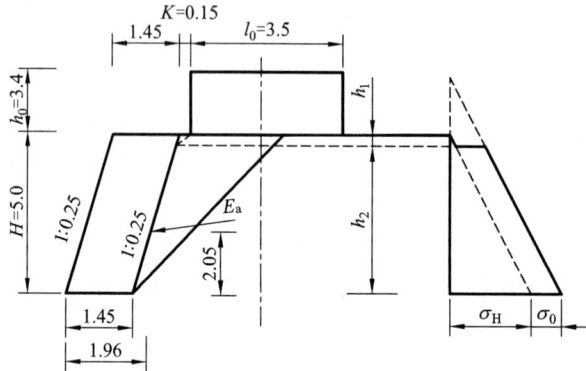

图 7 – 36(a)(单位: m)

$$G = 1.45 \times 5 \times 22 = 159.5 \text{ kN/m}$$

抗滑稳定检算：

$$K_c = \frac{(G + E_y)f}{E_x} = \frac{(159.5 + 12.33) \times 0.4}{75.28} = 0.913 < 1.3$$

所以不能满足抗滑要求，需重新拟定挡土墙尺寸。取墙顶宽为 2 m，胸坡坡度为 $1:0.3$，墙背坡度为 $1:0.25$，墙高不变，如图 $7-36(b)$ 所示。

检算其稳定性：

①抗滑稳定检算：

$$G = (2.0 + 2.25) \times \frac{5}{2} \times 22 = 233.75 \text{ kN/m}$$

$$K_c = \frac{(233.75 + 12.33) \times 0.4}{75.28} = 1.308 > 1.3(\text{满足})$$

②抗倾覆稳定检算：

$$G \cdot Z_G = 0.583 \times 0.25 \times 5 \times \frac{1}{2} \times 22 + (0.25 + 1.0 + 2.5 \times 0.25) \times 2.0 \times 5 \times 22$$
$$= 420.516 \text{ kN} \cdot \text{m}$$

③合力偏心矩检算：

$$Z_N = \frac{\sum M_y - \sum M_0}{\sum N} = \frac{420.516 + 12.33 \times 2.76 - 75.28 \times 2.05}{233.75 + 12.33} = 1.22 \text{ m}$$

$$e = \frac{B}{2} - Z_N = 1.125 - 1.22 = -0.095 \text{ m} < 0(\text{合力在中心线右侧})$$

$$|e| = 0.095 < \frac{B}{6} = 0.375(\text{满足})$$

$$\sigma = \frac{\sum N}{B}\left(1 \pm \frac{6e}{B}\right) = \frac{246.08}{2.25} \times \left(1 \pm \frac{6 \times 0.095}{2.25}\right) = \frac{137.04}{81.70} \text{ kN/m}^2 < [\sigma]_\pm = 200 \text{ kN/m}^2$$

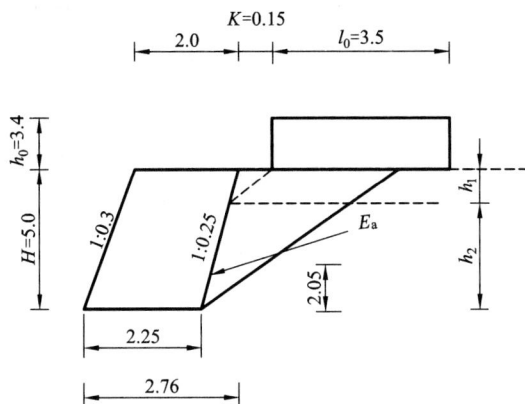

图 7 – 36(b)（单位：m）

④挡土墙墙身 $H/2$ 截面强度检算：如图 7 – 36(c)所示，取 $H/2$ 截面。

法向应力：

$$B' = 2.0 + 2.5(0.3 - 0.25) = 2.125 \text{ m}$$

$$\sigma'_H = \frac{\sigma_H}{2} = 6.7 \text{ kPa}$$

$$E'_a = \left(h_2 - \frac{H}{2}\right)\sigma_0 + \frac{1}{2}\sigma'_H\frac{H}{2} = 20.02 + 8.38 = 28.40 \text{ kN/m}$$

$$E'_x = E'_a\cos(\delta - \alpha) = 28.4 \times \cos(23°20' - 14°02') = 28.03 \text{ kN/m}$$

$$E'_y = E'_a\sin(\delta - \alpha) = 28.4 \times \sin(23°20' - 14°02') = 4.59 \text{ kN/m}$$

$$Z'_x = \frac{20.02 \times \dfrac{2.2}{2} + 8.38 \times \dfrac{2.5}{3}}{28.40} = 1.02 \text{ m}, \; z'_y = 2.125 + Z'_x\tan\alpha = 2.38 \text{ m}$$

$$G' = \frac{2.125 + 2.0}{2} \times 2.5 \times 2.2 = 113.44 \text{ kN/m}$$

$$G' \cdot Z'_G = \left[0.5 \times (2.125 - 2) \times 2.5 \times 0.252 + 2 \times 2.5 \times \left(0.125 + 1.0 + \frac{2.5}{2} \times 0.25\right)\right] \times 22$$

$$= 159.13 \text{ kN} \cdot \text{m}$$

$$Z'_N = \frac{G' \cdot Z'_G + E'_y \cdot Z'_y - E'_x \cdot Z'_x}{G' + E'_y} = \frac{159.13 + 4.59 \times 2.38 - 28.03 \times 1.02}{113.44 + 4.59} = 1.20 \text{ m}$$

$$e' = \frac{2}{2} - Z'_N = \frac{2.125}{2} - 1.20 = -0.14 < 0$$

（合力在中心线右侧）

$$|e'| = 0.14 < 0.3B' = 0.638 \; m（满足）$$

$$\sigma = \frac{\sum N}{B}\left(1 \pm \frac{6e}{B}\right) = \frac{4.59 + 113.44}{2.125} \times \left(1 \pm \frac{6 \times 0.14}{2.125}\right)$$

$$= \frac{33.60}{77.48} \text{ kN/m}^2 < [\sigma]_{\pm} = 1300 \text{ kN/m}^2$$

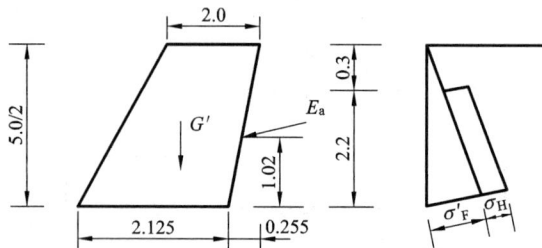

图 7 - 36(c)(单位: m)

剪应力:

$$\tau = \frac{\sum T'}{B'} = \frac{\sum E'_x}{B'} = \frac{28.03}{2.125} = 13.19 \ kN/m^2 < [\tau]_{坊} = 210 \ kN/m^2 (满足)$$

因此, 所拟定的挡土墙尺寸满足稳定要求。

7.3.4 重力式挡土墙常用设计参数

挡土墙背后填料的物理力学指标, 最好根据试验确定。无试验指标时, 可参照表 7 - 5 的数据选用。

路堑挡土墙墙背地层的物理力学指标, 在无不良地质情况下, 可参考路堑边坡设计数据综合确定。

(1)土与墙背的摩擦角 δ

土与墙背的摩擦角 δ 应根据墙背的粗糙程度、土质和排水条件确定, 也可按表 7 - 6 所列数值采用。

表 7 - 5 墙背填料的物理力学指标

填料种类		综合内摩擦角 φ_0	内摩擦角 φ	重度/(kN·m^{-3})
细粒土 (有机土除外)	墙高 $H \leqslant 6$ m	35°	—	18、19
	6 m < 墙高 $H \leqslant 12$ m	30 ~ 35°		
砂类土		—	35°	19、20
碎石类、砾石类土		—	40°	20、21
不易风化的块石类土		—	45°	21、22

注: 1. 计算水位以下的填料重度采用浮重度; 2. 填料的重度可根据填料性质和压实等情况, 作适当修正; 3. 全风化岩石、特殊土的 φ、C 值宜根据试验资料确定。

表 7 - 6 土与墙背间的摩擦角 δ

墙身材料 ＼ 墙背土	巨粒土及粗粒土	细粒土(有机土除外)
混凝土或片石混凝土	$1/2\varphi$	$1/2\varphi_0$
第二破裂面或假想墙背土体	φ	φ_0

注: 1. φ 为土的内摩擦角, φ_0 为土的综合内摩擦角; 2. 计算墙背摩擦角 $\delta > 30°$ 时仍采用 30°; 3. 基底与地层间的摩擦系数。

基底与地层间的摩擦系数，根据基底粗糙程度、排水条件和土质而定，无试验资料时，可采用表 7-6 所列数值。

表 7-7　基底与地基间的摩擦系数 f

地基类别	f
硬塑黏土	0.25 ~ 0.30
粉质黏土、粉土、半干硬的黏土	0.30 ~ 0.40
砂类土	0.30 ~ 0.40
碎石类土	0.40 ~ 0.50
软质岩	0.40 ~ 0.60
硬质岩	0.60 ~ 0.70

（2）建筑材料的强度等级及容许应力

重力式挡土墙墙身材料一般采用混凝土或片石混凝土，其强度等级及适用范围按表 7-8 采用。混凝土、片石混凝土的容许应力应按表 7-9 采用。

表 7-8　重力式挡土墙墙身材料强度等级及适用范围

材料种类	重度 /(kN·m^{-3})	材料强度等级		适用范围
		水泥砂浆	混凝土	
混凝土或 片石混凝土	23	—	C15	$t \geqslant -15℃$ 地区
		—	C20	浸水及 $t < -15℃$　地区

注：表中 t 系最冷月平均气温。

表 7-9　混凝土、片石混凝土的容许应力（MPa）

应力种类	符号	混凝土强度等级			
		C30	C25	C20	C15
中心受压	$[\sigma_c]$	8.0	7.8	5.4	4.0
弯曲受压及偏心受压	$[\sigma_b]$	10.0	8.5	7.8	5.0
弯曲拉应力	$[\sigma_{bl}]$	0.55	0.50	0.43	0.35
纯剪应力	$[\tau_c]$	1.10	1.00	0.85	0.70
局部承压应力	$[\sigma_{c-1}]$	$8.0 \times \sqrt{\dfrac{A}{A_c}}$	$7.8 \times \sqrt{\dfrac{A}{A_c}}$	$5.4 \times \sqrt{\dfrac{A}{A_c}}$	$4.0 \times \sqrt{\dfrac{A}{A_c}}$

注：1. 片石混凝土的容许压应力同混凝土，片石掺用量不应大于总体积的20%；2. A 为计算底面积，A_c 为局部承压面积。

第 **8** 章

特殊岩土体路基设计

特殊路基包括特殊土地区路基和特殊条件下的路基。特殊土地区路基包括软土路基、膨胀土(岩)路基、黄土路基、盐渍土路基、冻土路基和振动液化土路基等。特殊条件下的路基包括风沙地区路基,雪害地区路基,滑坡地段路基,危岩、落石、崩塌与岩堆地段路基,岩溶与人为坑洞地段路基,浸水路基和水库路基等。

8.1 软土地区路基

8.1.1 软土的成因类型及分类

软土在我国滨海平原、河口三角洲、湖盆地周围及山涧谷地均有广泛分布。在软土地基上修筑路基,若不加处理,往往会发生路基失稳或过量沉降,导致路基病害的产生,继而影响列车正常运行。

我国软土,按其成因可分为四类,按其沉积环境不同可分为七种沉积相,如表 8 − 1 所示。

表 8 − 1 软土的成因类型

类型		厚度/m	特征	分布概况
滨海沉积	滨海相	60 ~ 200	面积广,厚度大,常夹有砂层,极疏松,透水性较强,易于压缩固结	沿海地区
	三角洲相	5 ~ 60	分选性差,结构不稳定,粉砂薄层多,有交错层理、不规则尖灭层及透镜体	
	泻湖相	2 ~ 60	颗粒极细,孔隙比大,强度低,常夹有薄层泥炭	
	溺谷相	—	颗粒极细,孔隙比大,结构疏松,含水量高,分布范围较窄	
湖泊沉积	湖相	5 ~ 25	粉土颗粒占主要成分,层理均匀清晰,泥炭层多是透镜体状,但分布不多,表层多有小于 5 m 的硬壳	洞庭湖、太湖、鄱阳湖、洪泽湖周边,古云梦泽边缘地带
河滩沉积	河漫滩相牛轭湖相	<20	成层情况不均匀,以淤泥及软黏土为主,含砂与泥炭夹层	长江中下游、珠江下游及河口、淮河平原、松辽平原
谷地沉积	谷地相	<10	呈片状、带状分布,靠山浅,靠谷中心深,谷底有较大的横向坡,颗粒由山前到谷中心逐渐变细	西南、南方山区或丘陵地区

软土一般是指主要由细粒土组成的孔隙比大($e \geqslant 1.0$)、天然含水量大于、等于液限,压缩性高(压缩系数 $a_{0.1-0.2} \geqslant 0.5$ MPa^{-1})、强度低(不排水抗剪强度小于 30 kPa)和具有灵敏结构性的土层。根据软土的孔隙比及有机质含量,并结合其他指标,可将其划分为软黏性土、淤泥质土、淤泥、泥炭质土及泥炭五种类型,如表 8 - 2 所示。

表 8 - 2 软土的分类

名称 分类指标	软黏性土	淤泥质土	淤泥	泥炭质土	泥炭
有机质含量 w_u/%	$w_u < 3$	$3 \leqslant w_u < 10$		$10 \leqslant w_u \leqslant 60$	$w_u > 60$
天然孔隙比 e	$e \geqslant 1.0$	$1.0 < e \leqslant 1.5$	$e > 1.5$	$e > 3$	$e > 10$
天然含水量 w/%	$w \geqslant w_L$			$w \geqslant w_L$	
渗透系数 k/(cm·s^{-1})	$k < 10^{-6}$			$k < 10^{-3}$	$k < 10^{-2}$
压缩系数 $\alpha_{0.1-0.2}$/MPa	$\alpha_{0.1-0.2} \geqslant 0.5$			—	
不排水抗剪强度 c_u/kPa	$c_u < 30$			$c_u < 10$	
静力触探比贯入阻力 P_θ/kPa	$P_\theta < 800$				
标准贯入试验锤击数 N/击	$N < 4$	$N < 2$			

注:当粉土的物理力学性质大部分与表中指标相符时,可定名为"软粉土"。

习惯上把淤泥、淤泥质土、软黏性土总称为软土,而把有机质含量高的泥炭、泥炭质土总称为泥沼。泥沼比软土具有更大的压缩性,但它的渗透性强,受荷后能迅速固结,工程处理比较容易。本章主要讨论天然强度低、压缩性高且透水性小的软土路基问题。

8.1.2 软土的力学性质

因为软土是在水下沉积中形成的,所以除了形成后因水位下降而使表土干硬成硬壳外,水位以下的软土则常处于饱和状态。因此,在软土地基上修筑建筑物时,土中应力常由孔隙水和土的颗粒共同承担,由土颗粒承受的荷载应力可在土体发生剪切变形中起抗剪作用,所以称为有效应力 δ';而孔隙水承受的应力,仅使其压力升高,通常把孔隙水承受的荷载应力称为孔隙水压力 u。于是,饱和土在荷载作用下的有效应力为 δ'

$$\delta' = \sigma - u \qquad (8-1)$$

式中:σ 为荷载形成的总应力。

在荷载的持续作用下,承压高的孔隙水会向承压低的方向流动,使孔隙水量减少,土的密实度提高。在土中,原由孔隙水承受的压力则由土颗粒承担,使有效应力增大,这一现象称为固结。由土颗粒承受的有效应力变化可以用它与总应力的比值来表示,比值 U 称为固结度,其值用式(8-2)计算

$$U = \frac{\sigma'}{\sigma} = \frac{\sigma - u}{\sigma} \qquad (8-2)$$

于是,在荷载作用下,地基土的抗剪强度 S_t 可以用式(8-3)表示。

$$S_t = S_u + S_t' \qquad (8-3)$$

式中：S_t' 为在软土地基上加载后由土颗粒承受的有效应力形成的强度，可用式(8-4)表示。

$$S_t' = \sigma' \cdot \tan\varphi_{cu} = U \cdot \sigma \cdot \tan\varphi_{cu} \tag{8-4}$$

式中：φ_{cu} 为土的固结不排水剪试验值；S_u 为地基土在自重作用下已处于正常固结状态时的强度，可按式(8-5)计算。

$$S_u = \sigma_0 \cdot \tan\varphi_u + c_u \tag{8-5}$$

式中：σ_0 为地基土的自重应力。

上述按土在荷载作用下的固结强度来计算强度增量的方法，称为固结有效应力法。在软土路堤稳定分析中，它可较好地得出路堤填筑过程中地基的稳定性和路堤荷载在土中的有效应力变化的相关关系。在天然地基中，大多数的软土地基已经在自重下固结，式(8-5)就是按此条件建立的；只有在新沉积形成的软土地基内才会出现欠固结状态，此时式(8-5)的 σ_0 应改为 $U'\sigma_0$，U' 为欠固结土的固结度。式(8-3)表示的软土地基在加荷中的强度增长，如图8-1所示。

当软土地基在正常固结下土的强度随深度而有规律地增长时，如图8-2所示，则 S_u 也可写为：

$$S_u = S_0 + \lambda \cdot h \tag{8-6}$$

式中：λ 为软土强度随深度变化的递增率，kN/m^3；h 为计算点深度，m；S_0 为地基各点强度连线在地面上的截距，kN/m^3。

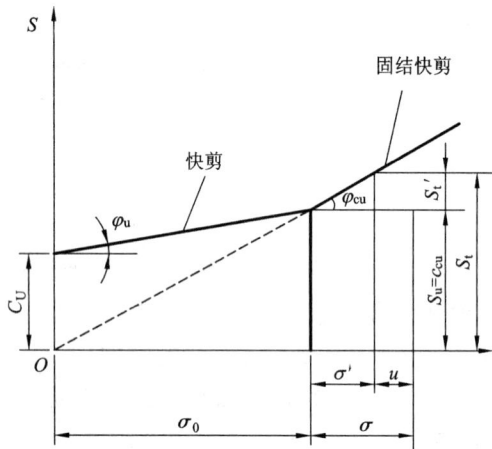

图8-1　正常固结软土在加荷中的强度变化　　　图8-2　正常固结软土的强度随深度增长的规律

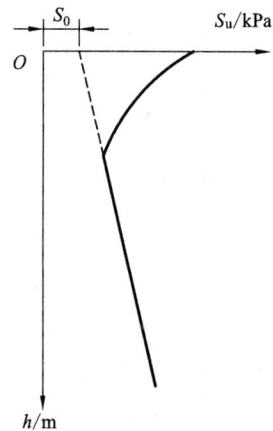

8.1.3　软土地区路基设计

(1)软土地区路基稳定性验算

由于软土地基松软，在软土地区修筑路堤，可能产生各种破坏失稳现象，如施工期发生路堤开裂、坍滑；施工及运营期出现长期不断的路堤下沉，或突然的大量下沉、滑移等现象。这些现象中最严重的是路堤整体坍滑，滑弧切入地基软弱土层之中。因此，软土地基的稳定分析是设计工作中的一项重要任务。

决定软土地基稳定的因素是多方面的，它不仅取决于路堤的断面形式、填土高度、加荷速度、地基土性质，而且也与软土成因类型、地层成层情况、地层应力历史等有关。例如地层倾斜能使滑动面产生，又如加荷速率快，剪应力迅速增长，在施工期更易产生滑动；相反，填土速率慢，地基土发生固结，土的强度得以提高，路堤的稳定性也会得到提高。软土地基稳定分析的方法较多，由于均质软土地基的滑动多呈弧形滑面，一般多采用圆弧法进行验算。依据假设条件的不同，可分为固结有效应力法、宫川勇法、毕肖普法等，其中以固结有效应力法最为常用。软土地基上的路堤破坏时，滑动面是一条通过地基及路堤的滑动圆弧，检算时应将路堤和地基分别进行考虑。此外，填土荷载是逐渐施加的，地基受荷后将产生固结，强度得以提高，固结有效应力法及时间对软土地基的以上特点，将地基的原有强度与加荷后地基产生固结而增长的强度分别计算，如图 8-1 所示。地基因加荷增长的强度随加荷时间、固结度大小而变化，加荷时间愈长，地基固结度愈大，则强度增长也愈多，反之则愈少。这既符合软土的抗剪强度变化特性，又能分析地基在加荷后不同时期的稳定性。软土路基稳定性最低的时期是在路堤竣工时，当填土经历了一个时期之后，地基将产生一定固结，经历的时间愈长，地基固结度愈大，因而强度愈大，路基稳定性也愈高。

当软土层较厚时(图 8-3)，土的抗剪强度随深度变化有明显规律时稳定安全系数 F 可按下式计算：

$$F = \frac{\sum (S_0 + \lambda h_i) l_i + \sum \overline{U} N_{\Pi_i} \tan \varphi_{cui}}{\sum T_i}$$

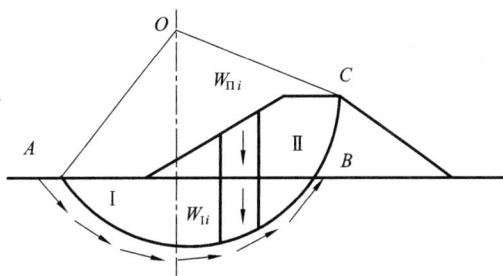

图 8-3　固结有效应力法

(8-7)

式中：h_i 为地基分条深度，m；l_i 为分条圆弧长，m；T_i 为荷载与地基分条重力在圆弧上的切向分力，kN/m；$\overline{U}$ 为地基平均固结度；N_{Π_i} 为填土重力和上部荷载在圆弧上的法向分力，kN/m；φ_{cui} 为第 i 层地基土固结不排水剪的内摩擦角，(°)。

当软土层较多，其抗剪强度随深度变化无明显规律时，稳定安全系数 F 可根据分层抗剪强度平均值计算：

$$F = \frac{\sum S_{ui} l_i + \sum \overline{U} N_{\Pi_i} \tan \varphi_{cui}}{\sum T_i} \tag{8-8}$$

式中：S_{ui} 为第 i 层的平均抗剪强度，kPa。

在此条件下，若其中有较厚层，且其抗剪强度随深度变化又有明显规律时，可按式(8-7)和式(8-8)综合计算。

路堤基底铺设土工合成材料时，需要考虑因土工合成材料受拉力而增加的稳定力矩。根据土工合成材料变形情况可按两种模型计算。

第一类模型假设在滑弧的滑移处，土工合成材料产生与滑弧相适应的弯曲，土工合成材料的拉力方向切于滑弧，如图 8-4 所示。稳定安全系数为

$$F = \frac{\sum (S_0 + \lambda h_i) l_i + \sum \overline{U} N_{\Pi_i} \tan \varphi_{cui} + P}{\sum T_i} \tag{8-9}$$

或

$$F = \frac{\sum S_{ui} l_i + \sum \overline{U} N_{\Pi_i} \tan \varphi_{cui} + P}{\sum T_i} \tag{8-10}$$

式中：P 为土工合成材料承受的拉力，kN/m。

第二类模型假定土工合成材料的拉力方向与原来铺设时的水平方向一致，故产生两个稳定力矩，如图 8-5 所示。此时稳定安全系数为：

$$F = \frac{\sum (S_0 + \lambda h_i) l_i + \sum \overline{U} N_{\Pi_i} \tan\varphi_{cui} + P(a + b\tan\varphi)/R}{\sum T_i} \qquad (8-10)$$

或

$$F = \frac{\sum S_{ui} l_i + \sum \overline{U} N_{\Pi_i} \tan\varphi_{cui} + P(a + b\tan\varphi)/R}{\sum T_i} \qquad (8-11)$$

除检算圆弧穿过土工合成材料的稳定性外还应检算圆弧是否有在土工合成材料铺设范围以外产生滑动的可能性，即路堤整体滑动的可能性。

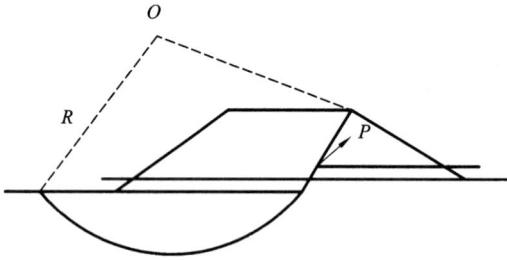

图 8-4 切于滑弧变形模型

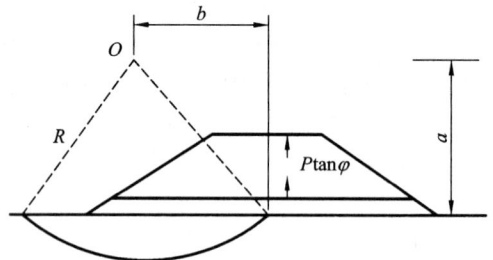

图 8-5 水平方向变形模型

软基上的高路堤，经常在路堤未填到设计高度时发生问题，因此，计算中不仅要对最终填筑高度做稳定分析，而且必须对填筑过程中的稳定进行分析。

一般计算时，应考虑路堤内滑动面上的抗剪阻力。但对于软土层厚的地基上的路堤，由于地基的侧向位移，使路堤受拉，因而稳定分析计算中，可以忽略路堤内的抗剪阻力，按路堤部分整个高度内产生竖向裂缝进行计算。对于路堤高度比软土层的厚度大得多的高路堤稳定性计算，还要对整个路堤高度上开裂的滑动面进行计算。

危险滑弧的圆心轨迹，根据大量试算，并不在一般黏性土的辅助线上（36°线），而在一个四边形内，如图 8-6 所示，即沿路堤坡顶 B 作水平线 GB 及与 GB 线成 36°角的 FB 线，再过坡脚 A 点及边坡中点 E 作两条铅垂线 FA 及 HE，由这四条线所构成的梯形 $FGIH$ 即为最危险滑弧圆心的范围，滑弧上缘在路肩 C 点附近，下缘与地面交于坡脚之外。

列车荷载可按"中-荷载"荷重换算成土柱计入。一般规定，当不考虑列车荷载时，稳定安全系数 $F \approx 1.15 \sim 1.25$；考虑列车荷载时，稳定安全系

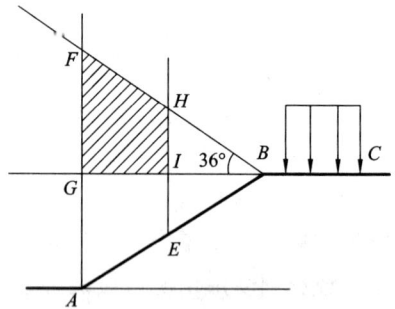

图 8-6 危险圆心位置范围

数 $F \approx 1.10 \sim 1.15$；有架桥机作业的桥头路堤，稳定安全系数 $F \geqslant 1.05$。稳定安全系数也可根据铁路等级按表 8-3 进行选取。

表 8 - 3　路堤的稳定安全系数

铁路等级	旅客列车设计行车速度 /(km·h^{-1})	安全系数	
		不考虑轨道及列车荷载	考虑轨道及列车荷载
Ⅰ级铁路	120 ~ 160	≥1.20	≥1.15
Ⅱ级铁路	< 120	≥1.20	≥1.10

（2）软土地区路基临界高度

软土路堤的临界高度在以地基稳定为要求时，可分为填筑临界高度和设计临界高度。填筑临界高度是按地基土仅承受快速施工中形成的路堤荷载得出。在路堤竣工后需立即铺轨并通行工程列车时，则软土地基除承受快速施工中形成的路堤荷载外，还应加上列车和轨道荷载，由此计算得出的路堤临界高度即为设计临界高度。由于软土路堤在竣工后常需立即铺轨和行驶工程列车，所以，线路纵断面设计中常取设计临界高度。设计临界高度和填筑临界高度的高差是由列车与轨道荷载引起的，其值约在 2 m 左右。因此，为使计算简便起见，常将填筑临界高度减去 2 ~ 3 m 成为设计临界高度。为使筑成后的路堤沉降量小，在定临界高度时应尽可能取较低值。

临界高度的大小取决于软土的性质和成层情况，软土表层硬壳的厚度与性质、填料的情况等。

（1）均质厚层软土地基上路堤的临界高度

均质厚层软土地基上路堤的临界高度可按下属两种方法计算。

1）理论估算公式

$$H_c = 5.52 \frac{c_u}{\gamma} \qquad (8-12)$$

式中：c_u 为地基土快剪测得的软土黏聚力，kPa；γ 为填土重度，kN/m^3。

2）近似公式

$$H_c = 0.3 c_u \qquad (8-13)$$

式中：符号意义同前。

（2）均质薄层软土地基上路堤的临界高度

均质薄层软土地基的路堤临界高度采用下式计算（图 8 - 7）。

$$H_c = N_s \frac{c_u}{\gamma} \qquad (8-14)$$

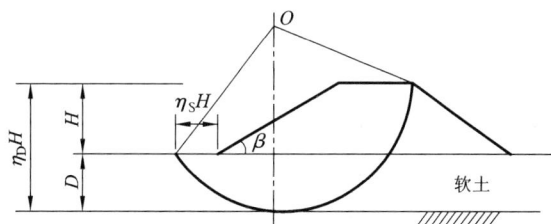

图 8 - 7　均质薄层软基路堤的极限高度

式中：N_s 为稳定数，与边坡角 β、深度因数 η_D（$\eta_D = \frac{D+H}{H}$）有关，可由图 8 - 8 中查得。

计算时首先假定一个路堤高 H，计算深度因数 η_D，根据 η_D 和边坡角 β，由图 8 - 8 查得稳定数 N_s，再根据式（8 - 14）计算临界高度 H_c，如所得的 H_c 与假定的 H 十分接近，即为所求之值。否则重新假设堤高 H 计算,直至 H 与 H_c 接近为止。

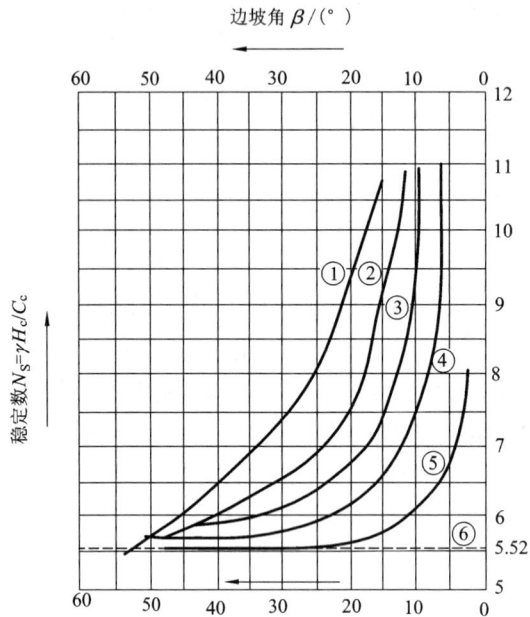

图 8 – 8 稳定数与边坡角、深度因数关系曲线

注:①$\eta_D = 1.0$;②$\eta_D = 1.2$;③$\eta_D = 1.5$;④$\eta_D = 2.0$;⑤$\eta_D = 4.0$;⑥$\eta_D = \infty$

当软土下卧硬层顶面有较大横向坡度时,实际的临界高度将比计算所得值偏小一些。

(3)非均质软土地基路堤的临界高度

非均质软土地基,因土层性质各不相同,无法估算,只能按圆弧法进行稳定性验算确定路堤临界高度。检算时地基的强度指标采用快剪法测定。

如果条件允许,根据工地填筑试验确定临界高度是最直接可靠的方法。

8.1.4 软土地区路基沉降计算

软土地区的路堤沉降主要由地基沉降造成。地基沉降量的大小与地基土的性质、路堤修筑引起的附加应力大小等因素有关。

(1)最终沉降量计算

路堤基底的最终沉降量 S_∞ 是指地基从受到荷载应力作用起到沉降完全终止的总沉降量。当路堤基底为软土时,次固结沉降一般较小,它主要由固结沉降 S_c 和侧向变形引起的瞬时沉降 S_d 组成。所以 S_∞ 可以下式表示:

$$S_\infty = S_c + S_d \tag{8-15}$$

由固结而产生的沉降量 S_c 可按单向压缩的分层总和法计算:

$$S_c = \sum \frac{e_{0i} - e_{1i}}{1 + e_{0i}} h_i \tag{8-16}$$

式中:e_{0i} 为地基中各分层的天然孔隙比;e_{1i} 为受荷载后各分层的稳定孔隙比;h_i 为各分层的厚度。

如为厚层软土，由于软土压缩性高，受压层下限应计算到附加应力等于土层自重应力的10%处为止。当受压层下限以上遇稳定砂层或岩层时，则沉降计算到该层顶面为止。

根据一些实测的沉降资料，对于正常固结或稍超固结的饱和软黏土地基（超固结情况除外）固结沉降在最终沉降量中占的比例，统计得到如下关系：

$$S_\infty = m S_c \tag{8-17}$$

式中：m 为考虑地基侧向变形及其他影响因素的经验系数。

从国内外若干工程的实测资料统计得 $m = 1.2 \sim 1.4$，如为超固结黏性土，则 m 值将更大，可能接近于 2。

系数 m 与以下因素有关：①地基土的变形特性；②荷载的大小及其与天然固结压力之比；③荷载形状（梯形荷载作用下地基的侧向变形大）；④荷载的宽度与压缩土层厚度之比；⑤加荷速率等。

瞬时沉降 S_d 的计算采用弹性理论公式，当荷载比较大，加荷速率比较快的情况下，地基中容易产生局部塑性区或侧向变形，由此引起的瞬时沉降占有总沉降的较大比例，计算时不可忽视。当黏土地基厚度很大，作用于其上的圆形或矩形面积上的压力为均布时，S_d 可按式(8-18)计算，即

$$S_d = C_d p b \left(\frac{1 - \mu^2}{E} \right) \tag{8-18}$$

式中：p 为均布荷载的大小；b 为荷载面积的直径或宽度；C_d 为考虑荷载面积形状和沉降计算点位置的系数，见表 8-4；E、u 分别为土的弹性模量、泊松比。

表 8-4 半无限弹性体个面各种均布荷载面积上各点的 C_d 值

形状	中心点	角点或边点	短边中点	长边中点	平均
圆形	1.00	0.64	0.64	0.64	0.85
圆形（刚性）	0.79	0.79	0.79	0.79	0.79
方形	1.12	0.56	0.76	0.76	0.95
方形（刚性）	0.99	0.99	0.99	0.99	0.99
矩形					
长宽比：					
1.5	1.36	0.67	0.89	0.97	1.15
2	1.52	0.76	0.98	1.12	1.30
3	1.78	0.88	1.11	1.35	1.52
5	2.10	1.05	1.27	1.68	1.83
10	2.53	1.26	1.49	2.12	2.25
100	4.00	2.00	2.20	3.60	3.70
1000	5.47	2.75	2.94	5.03	5.15
10000	6.90	3.50	3.70	6.50	6.60

对于黏性土地基为有限厚度（如厚度为 H），下卧层为基岩等刚性底层情况，式(8-18)

中 C_d 改用表 8 - 5 中的数值。

表 8 - 5　下卧层为刚性基岩的各种均布荷载面积中心点的 C_d 值

H/b	圆形 （直径 = b）	矩形 l/b						条形 $l/b = \infty$
		1	1.5	2	3	5	10	
0	0.00	0.00	0.00	0.00	0.00	0.00	0.00	0.00
0.1	0.09	0.09	0.09	0.09	0.09	0.09	0.09	0.09
0.25	0.24	0.24	0.23	0.24	0.25	0.26	0.27	0.28
0.5	0.48	0.48	0.47	0.48	0.49	0.50	0.51	0.52
1.0	0.70	0.75	0.81	0.83	0.84	0.85	0.86	0.87
1.5	0.80	0.86	0.97	1.03	1.07	1.08	1.08	1.08
2.5	0.88	0.97	1.12	1.22	1.33	1.39	1.40	1.40
3.5	0.91	1.01	1.19	1.31	1.45	1.56	1.59	1.60
5.0	0.94	1.05	1.24	1.38	1.55	1.72	1.82	1.83
∞	1.00	1.12	1.36	1.52	1.78	2.10	2.53	∞

（2）路基面沉落加宽及土方量增加计算

软土路堤基底沉降形状近似为一条抛物线形（图 8 - 9），因此在施工期内由于基底沉降而增加的土方数量为：

$$\Delta V = 2 \times \frac{2}{3} \times \Delta S \times \frac{L}{2} = \frac{2}{3} \Delta S \cdot L \qquad (8 - 19)$$

式中：ΔS 为地基在施工期内的沉降量；L 为路堤基底宽度。

路基面沉落加宽值 ΔW 按下式计算：见图 8 - 10。

$$\Delta W = m(S - \Delta S) \qquad (8 - 20)$$

式中：S 为地基最终沉降量；m 为道床边坡坡率。

由于软土地基的沉降速度很缓慢，有时甚至达几十年之久，因此没有必要把几十年的沉降加宽值全部提前预留，一般乘以折减系数 0.5 ~ 0.6，即路堤一侧实际加宽值用式（8 - 21）计算。

$$\Delta W' = (0.5 \sim 0.6) \Delta W \qquad (8 - 21)$$

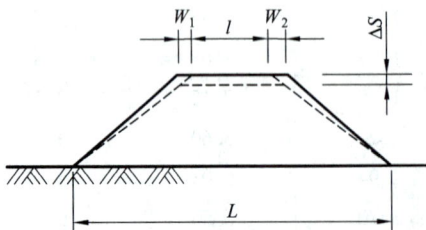

图 8 - 9　软土路堤基底沉降形状　　　　图 8 - 10　路基面加宽及土方量增加

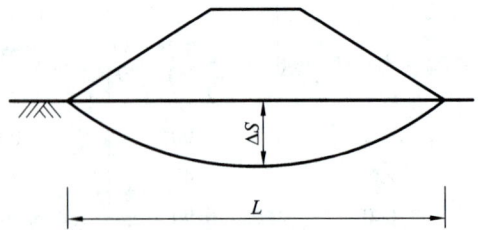

8.1.5 软土地基处治方法

路堤超过临界高度时，为确保路堤在施工和运营期的安全使用，必须进行路堤和地基加固处理。关于加固处理措施，国内外均有丰富的经验，随着技术的进步，各种新的加固方法更是得到了蓬勃的发展，不论是加速软土的渗透固结，改变地基土的性质，还是采用新材料等方面，都有新的突破。软土地基路堤的加固技术，归纳起来可大致分为以下几类。

（1）改变路堤的结构形式

1）反压护道

反压护道是通过在路堤两侧填筑一定宽度和高度的护道起反压作用，防止地基破坏，保证路堤稳定的一种有效工程措施。反压护道使路堤下地基土不被挤出和隆起，以保证路堤的稳定。这种方法施工简便，不需要控制填土速率，但土方量大，占地面积广，仅适用于非耕作区和取土困难的地区。后期沉降大，需经常抬道，给养护遗留困难。

反压护道本身的高度和边坡必须处于稳定状态，因此，它的高度不能超过天然地基的填筑临界高度。反压护道的高度以采用路堤高度的 $\frac{1}{3} \sim \frac{1}{2}$ 较为经济合理，所以这种方法适用于路堤高度不大于填筑临界高度的 $1\frac{2}{3} \sim 2$ 倍的情况，如图 8-11 所示。

反压护道的宽度，一般采用圆弧法检算决定，当软土层较薄且其下卧岩层面具有明显的横向坡度时，路堤两侧应采用不同宽度的反压护道，横坡下方的护道应较横坡上方的护道宽些，见图 8-12。

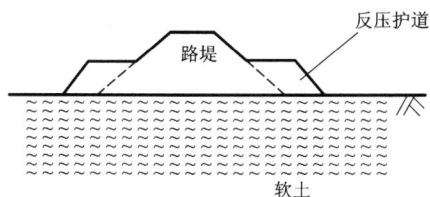

图 8-11 两侧等宽度的反压护道

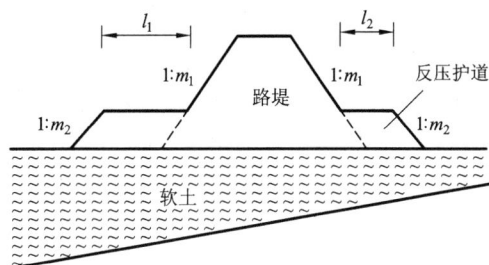

图 8-12 两侧不同宽度的反压护道

（2）铺设土工合成材料

在路堤底部铺设一层或多层土工合成材料，可起到柔性加筋的作用。土工合成材料主要是聚酯类高分子材料的化合物，耐酸碱，耐腐蚀，并具有较大的抗拉强度，土工合成材料的种类很多，用时可根据工程要求选用。土工合成材料铺设于路堤底层后，由于其具有较高的强

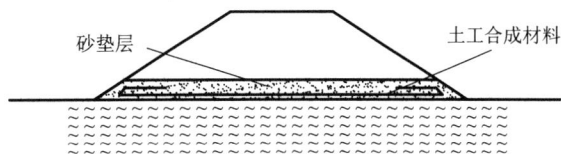

图 8-13 铺设土工合成材料

度和韧性，能紧贴于地表，使上部填土荷载较均衡地分布到地层中（图 8-13），并能抵抗土坡滑动，阻止冲切破坏面的产生，提高地基承载力，增强路堤稳定性。

此外，还有在路堤坡角附近设置板桩、木排桩、钢筋混凝土桩或片石墙等限制软土地基侧向位移的方法。

（2）人工地基

人工地基是在软土地基内设置各种材料制成桩，构成复合地基，或将地基土换成性能良好的土料，来保证路堤稳定的一类方法。

1）换土

换土是以人工、机械或爆破方法将软土挖除，换填强度较高的黏性土或砂、砾石、碎石等渗水材料。因为彻底改变了地基土的性质，效果较好。它适用于软土层较薄（一般小于3 m）、无硬土覆盖的情况。若软土被水淹没，施工时可在路堤两侧筑以围堰，以便于施工，并使填土过程不受水的浸泡，保证填土质量。

当软土的液性指数较大，水不宜抽干时，可采用抛石挤淤的方法强迫换土。直接抛石施工时，先抛中间部分，将淤泥挤向两侧，再向两侧抛石，挤出淤泥。当软土埋藏较深，但厚度不大，换填施工困难或路堤较高、工期紧迫时，可利用爆破法排除淤泥以加速施工。由于抛石挤淤和爆破挤淤一般仅是局部置换，不易计算工后沉降，所以现行规范一般不建议使用这种处理方法，常用于施工便道的局部换填工程。

2）挤密砂桩

将砂桩打入软土地基，挤密软弱土层，形成复合地基。有外荷载作用时，应力向砂桩集中，使桩周围土层承受的压力减小，沉降也相应减小。根据我国在淤泥质黏土中打桩前后的荷载试验，其沉降量可比天然地基减小20% ～30%，因而适用于对沉降要求较高的工程。同时，砂桩与砂井一样，在土中形成排水通路，能加速地基土固结沉降的速率，改善地基的整体稳定性，提高地基的承载力。

挤密砂桩采用中、粗混合砂料，含泥量不得大于3%，也可用砂与角砾的混合料。设计规则规定，灌砂要密实，灌砂率不应小于90%。砂桩直径根据置换率要求以及施工机械、成桩方法等综合因素考虑，宜用较大直径。我国目前常用30 cm的直径，最大达50～70 cm，国外多用60～80 cm，最大可达150～200 cm。桩在平面上布置成三角形或正方形，桩长不应小于危险滑弧的深度，对于厚度不大的软土，桩长应穿透软弱层。砂桩顶面应铺以砂垫层以利于水平向排水。

3）碎石桩

碎石桩的结构与砂桩相同，桩身由碎石填充，其加固机理与砂桩不同的是它不是挤密而是置换。由于碎石桩的刚度大于地基中的软黏土，地基应力重分布，荷载大部分由碎石桩承担，桩土应力比一般为3～5。碎石桩受荷后，产生径向变形，且引起周围土体产生被动土压力。如黏土强度过低，碎石桩得不到所需的径向支持力，就不能达到加固的目的。因此天然地基的强度大小是碎石桩形成复合地基的重要条件，根据经验，天然地基的抗剪强度大于29 kPa时，碎石桩复合地基才有较好效果。

碎石桩的直径较大（常用80～90 cm），桩长设计方法与砂桩相同，当软土较厚桩身不穿透软弱层时，复合地基可起垫层作用，将荷载扩散使应力分布均匀，提高地基的承载力并减小沉降及沉降差。选用碎石桩材料时若考虑级配，则形成的桩能起排水砂井的作用，因而它也能提高土的抗剪强度，增大路堤的稳定性。

4）生石灰桩

生石灰桩是用直径2～5 cm的生石灰块填入软土孔眼中，形成生石灰桩地基，桩的平面布置与砂井相同。桩径通常为20～40 cm，桩距为桩径的3倍左右，桩长视软土层的厚度而定,一般不宜很长,常在 10 m 以内。

生石灰桩加固软土地基的机理是生石灰遇水反应生成熟石灰,吸收去其重量约 32% 的水,且体积膨胀一倍,同时放出大量的热,是桩周围土体含水量降低,土体压密;石灰与土之间的离子交换和胶凝反应使土的性质和结构得以改善,从而提高土的强度。

由于石灰桩吸水膨胀,桩身含水量增加,桩的强度软化,而桩周土体被挤实压密,含水量降低,因而在桩周形成一圈较硬的土壳。由此可见,生石灰桩的作用主要是土的挤密而不是桩的承载。为解决桩身强度的软化问题,可在生石灰中掺入砂料以堵塞石灰块件的空隙,改善桩身含水量及强度,而且这样更能充分发挥石灰的胀发力,挤密桩周土体。也曾有人试验用粉煤灰代替砂料掺入石灰桩内,取得了较好的效果。

生石灰桩加固软弱地基,可大量减少沉降量,适合于对沉降要求严格的工程。

5)粉体喷射搅拌法

粉体喷射搅拌法是国内外近年来常用的一种深层软基加固技术。它以生石灰粉或水泥粉等粉体材料作为固化剂,通过特制的施工机械,用压缩空气将粉体呈雾状喷入土中,使粉体与原软土搅拌形成石灰(水泥)黏土混合的柱体。它的强度大,水稳定性好,可提高软土地基的承载力,减小沉降量和增加路堤稳定,加固深度一般为 10～15 m。

(3)排水固结

排水固结是在软土中设置垂直砂井,在地表铺设砂垫层,以缩短孔隙水的流程,加速土体固结的一类方法。这类加固方法,对提高土体的强度和地基承载力,增强路堤稳定性,效果十分显著,因而在国内外软基工程中广泛采用。

1)排水固结法的组成

实际上,排水固结法是由排水系统和加压系统两部分共同组合而成的(图 8-14)。排水系统主要在于改变地基原有的排水边界条件,增加孔隙水排出的途径,缩短排水距离。加压系统的目的是在地基土中产生水力梯度,从而使地基土中的自由水排出而孔隙比减小。

①排水砂井。

软土地基在荷载作用下,孔隙中的水慢慢排出,孔隙水压力逐渐消散,有效应力渐渐提高,孔隙体积渐渐减小,地基发生固结沉降,地基强度相应增大。根据固结理

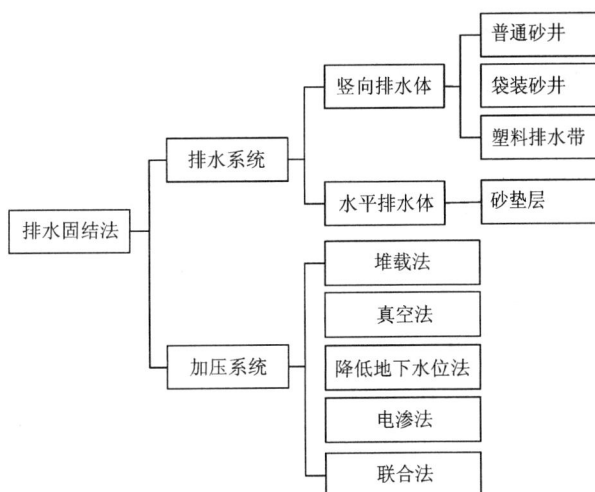

图 8-14　排水固结法的组成

论,黏性土固结所需的时间和排水距离的平方成反比。土层越厚,固结所需时间越长。为了加速土层固结,最有效的方法是增加土层的排水通道,缩短排水距离。砂井(袋装砂井、塑料排水板)就是按照这个原理而设置的。

砂井是由打桩机具击入钢管,或用高压射水、爆破等方法在地基中形成按一定规律排列的孔眼(这些孔眼具有一定的深度和直径),并在其中灌以中粗砂而成。砂井顶面铺设厚度不

大于砂垫层以连通砂井，构成完整的地基排水系统，如图 8 – 15 所示。

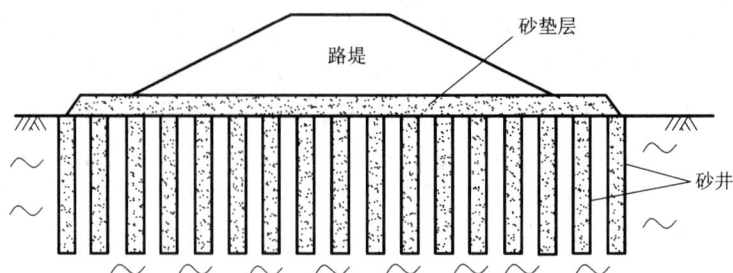

图 8 – 15　排水砂井横断面布置示意图

　　软土地基设置砂井后，改善了地基的排水条件，在附加荷载作用下，排水固结过程大大加快，地基强度迅速提高，因而也增大了地基承载力与路堤的稳定性。砂井直径要能满足地基排水固结的要求，在地基的沉降过程中不至于被剪断或被细粒土淤塞。虽然理论上需要的直径很小，但在实用上，直径过小难以施工，并且在使用过程中容易发生侧向位移造成上下错断而失效。根据实践经验，井径采用 20 ~ 50 cm 为宜，并视打桩机具的套筒尺寸而定。井距直接关系着排水固结速度，井距愈小，固结愈快。采用小的井距，在理论上是合理的。瑞恰特(F. E. Richart)通过理论计算证明，砂井有效间距缩短一半，将使地基固结度达 90% 所需要的时间缩短 1/6；而砂井直径增大 20 倍，只能使固结度达 90% 所需的时间减少 1/4。说明砂井设计应采取小而密的原则。

　　井距应保证在给定的施工期限内达到要求的地基固结度，使路堤安全填筑。井距的大小用固结理论计算确定，一般为井径的 8 ~ 10 倍，常用 2 ~ 4 m。砂井在平面上的布置，有三角形和正方形两种排列形式，一般采用三角形布置。砂井深度即砂井长度，应根据地基土层情况及路堤高度而定。当软土层较薄时，砂井应贯穿整个软土。当软土层较厚时，砂井不必贯穿软土，其长度通过稳定分析确定。用砂井加固软土地基时，路堤底部必须铺设砂垫层或砂沟以沟通砂井，将砂井中渗透出来的孔隙水引到路堤坡脚之外。垫层的厚度应保证地基沉降后不致错断和便于施工，一般不小于 0.5 m。垫层和砂井的分布宽度稍大于路堤底面宽度。

　　②袋装砂井。

　　袋装砂井是在合成材料编织袋内充填中粗砂，装入地基孔内，以加速地基排水固结，其加固原理、设计方法与砂井完全相同。袋装砂井的直径按排水及施工工艺要求确定，一般采用 7 ~ 12 cm，我国目前较多采用 7 cm 直径。

　　袋装砂井的编织袋应具有良好的透水性，袋内的砂不易漏失，袋子的材料有足够的强度，有一定的抗老化及耐地下水腐蚀的性能。与普通砂井相比，袋装砂井有如下一些优点：

　　a. 袋装砂井的直径小，用砂量小，其费用仅为普通砂井的 40% ~ 50%，造价低。

　　b. 由于编织袋是一个整体，能够保持沙井的连续性和密实性，不会因地基变形而切断，使用效果良好。

　　c. 砂井的直径细小，施工时对土层的扰动小。

　　d. 由于砂井断面小，袋装砂井已被普遍采用，几乎完全代替了普通砂井。

③塑料排水板。

塑料排水板法是将预制的带状塑料排水板用插板机将其竖直插入土中,形成类似砂井的排水通道,使孔隙水沿塑料板的通道排出,从而加固地基土的方法。

塑料板的结构形式可分为多孔质单一结构和复合结构型两大类。

多孔质单一结构型用聚氯乙烯经特殊加工而成,由于其素材本身能形成连通的孔隙,故透水性极好。复合结构型是由塑料芯板(起竖向排水作用)外套既透水又挡泥的滤膜组成,芯板用硬质聚氯乙烯和聚丙烯制成,断面成"回"字形或"十"字形等,使其能纵向排水,透水挡泥滤膜由透水性好的涤纶类或丙烯类合成纤维制成,如图 8 - 16 所示。

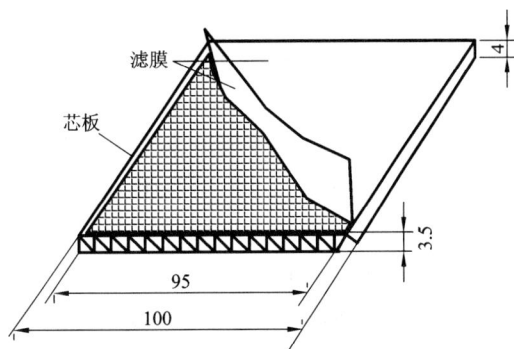

图 8 - 16　塑料排水板(单位: m)

④排水砂垫层。

排水砂垫层是在路堤底部的地面上铺设一层砂垫层,如图 8 - 17 所示,其作用是在软土层顶面增加一个排水面。在填土过程中,软土中渗出的水就可以从砂垫层中排除,加速地基固结,提高软土的强度,增强路堤稳定性。

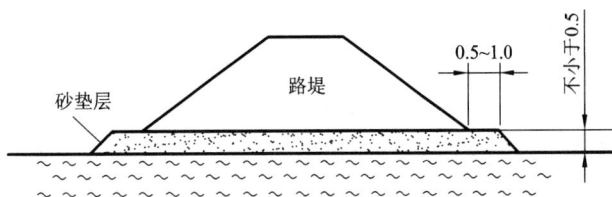

图 8 - 17　排水砂垫层(单位: m)

2) 排水系统的设计

①竖向排水体材料的选择。

竖向排水体可采用普通砂井、袋装砂井和塑料排水板。若需要设置竖向排水体长度超过 20 m,建议采用普通砂井。

②竖向排水体深度设计。

竖向排水体深度主要根据土层的分布、地基中的附加应力大小、施工期限和施工条件以及地基稳定性等因素确定,竖向排水体的一般长度为 10 ~ 25 m。

a. 当软土层不厚、底部有透水层时,排水体应尽可能穿过软土层。

b. 当深厚的高压缩性土层间有砂层或砂透镜体时,排水体应尽可能打至砂层或砂透镜体;而采用真空预压时应尽量避免排水体与砂层相连接,以免影响真空效果。

c. 对于无砂层的深厚地基则可根据其稳定性及路基在地基中造成的附加应力与自重应力之比值确定(一般为 0.1 ~ 0.2)。

d. 按稳定性控制的工程,如路堤、岸坡等,排水体深度应通过稳定分析确定,排水体长度应大于最危险滑动面的深度。

e. 按沉降控制的工程,排水体长度可从压载后沉降量满足上部建(构)筑物容许的沉降量来确定。

③竖向排水体平面布置设计。

普通砂井直径一般为 200 ~ 500 mm。袋装砂井直径一般为 70 – 120 mm。塑料排水板常用当量直径表示，塑料排水板宽度为 b，厚度为 δ，则换算当量直径按下式计算：

$$dp = \frac{2(b + \delta)}{\pi} \qquad (8-22)$$

式中：dp 为塑料排水板当量换算直径，mm；b 为塑料排水板宽度，mm；δ 为塑料排水板厚度，mm。

竖向排水体直径和间距主要取决于土的固结性质和施工期限的要求。从原则上讲，为达到同样的固结度，缩短排水间距比增加排水体直径效果要好，即井径和井间距的关系是"细而密"比"粗而稀"为佳。

排水竖井的间距可根据地基土的固结特性和预定时间内达到的固结度确定。设计时，竖井的间距可按井径比 n（n = d_e/d_w，d_w 为竖向直径，对塑料排水板为 d_p，d_e 处理的等效直径，正方形布置时 $d_e = 1.13l$，三角形布置时 $d_e = 1.05l$）。塑料排水板或袋装砂显示器的间距可按 n = 15 ~ 22 选用，普通砂井可按 n = 6 ~ 8 来选用。

竖向排水体的布置范围一般比路基范围稍大为好，扩大范围可由路基边缘向外增大 2 ~ 4 m。

④砂料设计。

制作砂井的砂宜用中粗砂，砂的粒径必须能保证砂井具有良好的透水性。砂井粒度要不被黏土颗粒堵塞。砂应是洁净的，不应有草根等杂物，其黏粒含量不应大于 3%。

⑤地表排水砂垫层设计。

为了使砂井排水有良好的通道，不至于排至路基底排不出路基之外，因此在砂井与路堤底必须铺设砂垫层，以连通各砂井将水排到工程场地以外。砂垫层采用中粗砂，含泥量应小于 3%。

砂垫层应形成一个连续的、有一定厚度的排水层，以免地基沉降时被切断而使排水通道堵塞。陆上施工时，砂垫层厚度不应小于 500 mm；水下施工时，一般为 1 m。砂垫层宽度应大于堆载宽度，并伸出砂井区外边线 2 倍砂井直径。在砂料贫乏地区，可采用边通砂井的纵横砂沟代替整片砂垫层。

3）排水固结法的相关计算

对于有竖向排水体和水平向排水体的地基，其固结度计算包括竖向固结度计算与水平向固结度计算。

①竖向排水的平均固结度计算。

对于土层为双面排水条件或土层中的附加压力为平均分布时，某一时刻竖向固结度可以用太沙基一维固结理论求解，其计算公式为：

$$\overline{U_z} = 1 - \frac{8}{\pi^2} \sum_{m=1}^{m=\infty} \frac{1}{m^2} e^{-\frac{m^2\pi^2}{4}T_v} \qquad (8-23)$$

$$T_v = \frac{C_v t}{H^2} \qquad (8-24)$$

$$C_v = \frac{k_v(1 + e_1)}{\alpha\gamma_w} \qquad (8-25)$$

当 $\overline{U_z} \geqslant 30\%$ 时，可采用级数的第一项近似计算，式（8 – 23）简化为：

$$\overline{U_z} = 1 - \frac{8}{\pi^2} e^{-\frac{\pi^2}{4}T_v} \tag{8 – 26}$$

式中：H 为土层的竖向排水距离。单面排水时，取土层的厚度；双面排水取土层厚度的一半；m 为正奇数（1，3，5，…）；e 为自然对数底，自然数，可取 $e = 2.718$；T_v 为为时间因数；t 为固结时间。

②径向排水的平均固结度。

巴伦（Barron）曾分别在自由应变和等应变两种条件下求得径向固结度 $\overline{U_r}$ 的解答，但以等应变求解比较简单，其结果为：

$$\overline{U_r} = 1 - e^{-\frac{8}{F(n)}T_r} \tag{8 – 27}$$

式中：T_h 为径向固结的时间因数，无量纲：

$$T_h = \frac{C_h t}{d_e^2} \tag{8 – 28}$$

$F(n)$ 为与井径比有关的函数：

$$F(n) = \frac{n^2}{n^2 - 1} \ln(n) - \frac{3n^2 - 1}{4n^2} \tag{8 – 29}$$

式中：n 为井径比；$n = d_e / d_w$，d_w 砂井的直径，当用塑料排水板，用当量直径 d_p。

3）竖向和径向总的平均固结度

排水系统的总的平均固结度计算如式（8 – 30）所示：

$$\overline{U_{rz}} = 1 - (1 - \overline{U_r})(1 - \overline{U_z}) \tag{8 – 30}$$

式中：$\overline{U_{rz}}$ 为每一个砂井影响范围内圆柱的平均固结度。

8.1.6　软土地区路基施工观测与控制

在路堤施工中，由于附加荷载是逐渐起作用的，因此软土超静水压力的消散必须经历一定时间才能完成。为了使路堤填筑所产生的应力增加量与路堤底地基强度的增量相适应，就必须进行施工观测与控制。

（1）施工观测的范围

①接近或超过临界高度的路堤。

②采用砂垫层、排水砂井加固的路堤。

③必须进行试压或预压的桥头路堤及采用堆载加固措施的较高路堤。

④超过设计允许填土速度施工的路堤。

⑤对全面施工具有指导意义的代表性路堤。

（2）施工观测的主要项目

1）人工巡回观察地表变化

人工巡回观察是由有经验的施工人员沿着线路巡回观察路堤外貌的微小变形、微小裂缝及其他发展情况，观察路堤坡脚附近底面的微小隆起和出水现象等。当发现上述现象时，应考虑缓填或停填。

2）边桩位移观测

在填土过程中，利用边桩来观测土的侧向位移及其发展趋势，从而判断地基的稳定性。

①边桩设置。在路堤坡脚外侧 10～20 m 范围内,按顺线路方向布置 1～2 排(如仅布置一排则应距离路堤坡脚外侧 2～4 m 范围),桩间距以 10～20 m 为宜。每排位移边桩两端,在不受荷重影响范围以外设置固定桩(用混凝土浇灌固定)。

边桩多用 100 mm×100 mm×1000 mm 的硬木制成。使用时按要求打入土中,其桩顶露出地面 2～3 cm,并在桩顶钉一小钉,以备观测用。

②位移观测。位移应用精度较高的经纬仪、水准仪进行观测。观测精度应准确到 ±1 mm。一般填土低于临界高度时,每两天观测一次即可;接近或超过临界高度时,应每天观测并绘制填土高－时间－位移量关系曲线图,即时分析填筑期间的稳定情况,以指导施工。通常每上、下班时各观测一次,两次观测值之差除以观测时间(h)再乘以 24(h)即可作为日平均沉降量、位移量。一般认为,日平均位移水平量小于 15 mm,日平均垂直位移量小于 10 mm 是安全的。若连续数日平均位移量超过以上数值,应停止填筑,加强观测。特别要注意路堤中是否有裂缝出现及发展情况,必要时应立即采取措施。

(3)地面沉降观测

在填土过程中,利用地面沉降观测来掌握地表的总沉降量及沉降量随填土增高和时间的变化情况,以判断地基在填筑过程中的稳定性。

①地面沉降观测仪器。地面沉降观测仪器有沉降板、沉降杯、剖面沉降仪和水平测斜仪等几种。

②沉降观测。路堤填土低于临界高度时每两天观测一次;在接近或超过临界高度时,每天观测一次。在沉降量急剧加大的情况下,每天观测次数不应少于 2～3 次。观测精度应准确到 ±1 mm。观测后应整理绘制填土高－时间－沉降量关系曲线图。

一般认为,日平均沉降量在 10 mm 以内是安全的。如采用砂井加固地基的路堤,每天沉降量在 20 mm 以内仍是安全的。若每天连续超过上述数值,应加强观测,必要时采取措施。

(4)孔隙水压力仪观测

孔隙水压力仪是测定不同时间、不同荷载作用下孔隙水消散过程,以推算地基强度的增长情况,检算地基的稳定性,控制施工速度的一种主要仪器。但其构造复杂,只有在重要工程中才使用。

(5)十字板剪切试验

十字板剪切试验是在路堤填高超过临界高度后,随着路堤的继续增高,通过测定不同时间和不同荷载作用下地基土强度的增长情况,检算路堤的稳定状态,借以指导砂垫层加固路堤施工的一种试验方法。

(6)软土路堤施工控制

①软土路堤处理前,除采用抛石挤淤方法外,均应于开工前疏干地表水,有条件时可采用降低地下水位措施,如挖槽、井点抽水等。施工现场应按有关规定要求,做好取土、弃土、堆料及运土道的平面布置,安排好作业顺序及机械运行路线,施工中不得随意更改。

②软土路堤宜提前安排施工,以利加强预压固结效果,使路堤在铺轨通车前具有足够的稳定性,减少再加固费用。

③路堤填筑材料以渗水性砂或矿碴为宜,非渗水性也可。在二者兼用时,应将渗水性土填在路堤底部。严禁用泥炭及有机质含量较多的土作为填料,亦不宜采用软土做填料。

④软土底面路堤应有足够的天然护道宽度。当路堤的施工路肩高程至取土坑或排水沟底

的高程之差小于临界高度时，护道宽度可按一般规定办理。若高差大于临界高度，则取土坑应远离路堤。其位置应保证路堤稳定，可采用圆弧检算法确定。如缺乏资料时，天然护道的宽度不宜小于路堤高度的 2～3 倍。如不能保持稳定时，应考虑从远处取土填筑。

⑤填筑软土路堤时，应考虑地基和路堤的后期沉降量，一并填筑并预留沉降量所需的土方。地基后期沉降量可取预计总沉降量与施工阶段观测的沉落量之差。路堤本体的预留沉落量可按一般规定办理。

⑥为保证路堤在施工和运营期间的安全，对填筑后准备进行架梁作业的桥头路堤和已采取加固措施的较高路堤（指接近或大于临界高度的路堤），应进行试压或预压。

试压一般采用轻型机车进行。

预压可在筑成路基面上逐层堆叠钢轨、土料或其他重物。预压的总荷载一般相当于"中－荷载"的轴重，最小不小于轴荷载的 2/3。

进行预压时，要特别加强边桩观测工作，严格控制预压荷载的增加速度。预压总荷载堆叠完毕，需待边桩位移－时间关系曲线的坡度趋向平缓之后方可卸载。

⑦在路堤接近临界高度或易于丧失稳定时，应注意不将重物堆于堤顶。

⑧为了排除地表水和降低地下水，路堤两侧均应设置排水沟。

8.1.7　排水固结法处理工程实例

（1）工程概况

拟建某港口港岸线长达 8.37 km，纵深可达 1.5 km，可建 3 万～30 万吨泊位 30 余个，年吞吐量可达 7500 万吨。港区水域宽达 9～15 km，10 m 以上深水区域宽度达 1～3 km，最大天然水深达 19 m，可满足 20 万吨级以上大型船舶的靠泊和调头需要。且后方陆域宽阔，多为浅滩、盐田和低小丘陵旱地；靠海岸侧又有 40 km^2 的平坦旱地，及近百平方千米的浅滩，浅滩多为海积淤泥和淤泥质土，可供开发工业区用地。

港区设置大面积集装箱区，由支线铁路与干线铁路相连。但港区内主要为淤泥或淤泥质土，厚度达 15～20 m，不能满足集装箱承载及支线铁路建设要求。

（2）软土的加固设计

港口集装箱和铁路支线一区需要处理的软土面积 10000 m^2，软土厚度为 15 m，其下粉砂层，地下水位为 −1.5 m，重度 $\gamma = 18.5$ kN/m^3，孔隙比 $e_1 = 1.10$，平均压缩系数 $a = 0.58$ MPa^{-1}，竖向渗透系数 $k_v = 2.5 \times 10^{-7}$ cm/s，水平向渗透系数 $k_h = 3 k_v$。设计荷载 120 kPa，采用堆载与真空联合预压，堆载预压加荷 4 个月，等荷预压 4 个月。

采用普通砂井作为竖向排水体，砂井直径 33 cm，井距 3 m，井位采用正三角形布置（图 8－18），砂井打至粉砂层，双向排水固结（图 8－19）。求预压后地基的固结度能否满足 80% 的固结度要求。

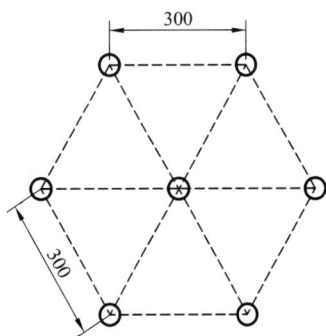

图 8－18　砂井布置图（单位：m）

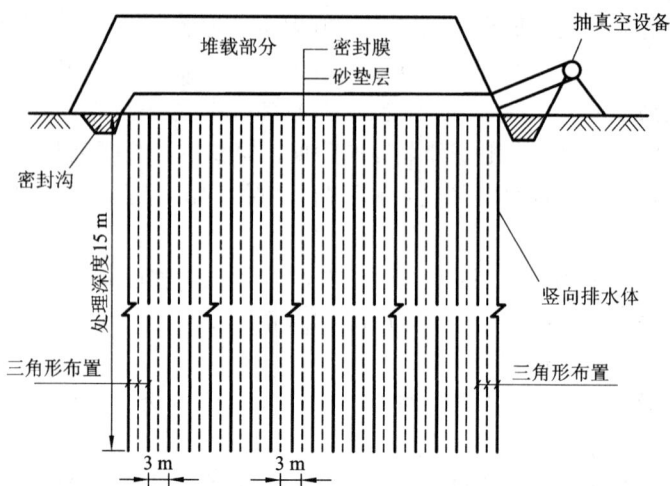

图 8 – 19 排水固结法设计图

(3)综合平均固结度计算

假定堆载与真空加压荷载是等速施加,计算历时可以从加荷期的中点起算,故计算所用的预压历时为 2 + 4 = 6 个月。

竖向固结度由式(8 – 25)计算:

$$C_v = \frac{k_v(1 + e_1)}{\alpha\gamma_w} = \frac{2.5 \times 10^{-7} \times (1 + 1.1)}{0.58 \times 10^{-3} \times 10 \times 10^{-2}} = 0.00905 \ (\text{cm}^2/\text{s})$$

竖向时间因素由式(8 – 24)计算:

$$T_v = \frac{C_v t}{H^2} = \frac{0.00905 \times 183(\text{d}) \times 86400(\text{s})}{750^2} = 0.254$$

竖向固结度由式(8 – 26)计算:

$$\overline{U_z} = 1 - \frac{8}{\pi^2}e^{-\frac{\pi^2}{4}T_v} = 1 - \frac{8}{\pi^2}e^{-\frac{\pi^2}{4} \times 0.0254} = 0.567$$

径向固结度计算:

砂井按正三角形排列时,其等效直径为:

$$d_e = 1.05l = 1.05 \times 300 = 315 \ (\text{cm})$$

井径比:$n = \dfrac{d_e}{d_w} = 315/33 = 9.54$

径向固结系数:

$$C_r = \frac{k_h(1 + e_1)}{\alpha\gamma_w} = 3 \times 0.00905 = 0.0272 \ (\text{cm}^2/\text{s})$$

径向时间因素按式(8 – 28)计算:

$$T_r = \frac{C_r t}{d_e^2} = \frac{0.0272 \times 183 \times 86400}{315^2} = 0.43$$

根据式(8 – 29)计算 $F(n)$,得:

$$F(n) = \frac{n^2}{n^2 - 1}\ln(n) - \frac{3n^2 - 1}{4n^2} = \frac{9.54^2}{9.54^2 - 1}\ln(9.54) - \frac{3 \times 9.54 \times 9.54 - 1}{4 \times 9.54^2} = 1.533$$

径向固结度按式(8 - 27)计算：

$$\overline{U_r} = 1 - e^{-\frac{8}{F(n)}T_r} = 1 - e^{-\frac{8}{1.533} \times 0.43} = 0.894$$

排水系统的总的平均固结度根据式(8 - 30)计算：

$$\overline{U_{rz}} = 1 - (1 - \overline{U_r})(1 - \overline{U_z}) = 0.983$$

由计算结果可以看出，港区经过软基处理后可以满足80%的固结度要求。当需处理软基深度较大，垂直向渗透系数较小的情况下，垂直向固结度较小，有时可忽略不计，总固结度与径向固结度相差不大。

8.2　黄土地区路基

黄土是指第四纪以来在干旱、半干旱气候条件下陆相沉积的一种特殊土，土颗粒成分以粉粒为主，富含钙质，呈棕黄、灰黄或黄褐色。其主要特征为：颜色以黄色为主，也有灰黄、褐黄等色；含有大量粉粒，含量一般在55%以上；具有肉眼可看见的大孔隙，孔隙比在1.0左右；富含碳酸钙成分及其结核；无层理，垂直节理发育；具有易融蚀、易冲刷尤其是湿陷性等工程特性。上述特征和特性，导致黄土地区的路基容易产生多种特有的问题和病害。

根据黄土沉积年代和成因的不同，可将黄土分为新黄土、老黄土两大类。新黄土从地质年代上可分为全新世(近代 Q_4^{dl}、$Q_4^{al、pl}$)和晚更新世(新第四纪 Q_3^{dl}、$Q_3^{al、pl}$、Q_3^{eol})；从地层上分，晚更新世黄土又称为马兰黄土。老黄土从地质年代上可分为中更新世(中第四纪 Q_2^2、Q_2^1)和早更新世(老第四纪 Q_1)；从地层上分，中更新世和早更新世黄土又分别称为离石黄土和午城黄土。

我国黄土广泛分布于北纬34° ~ 45°之间的干旱和半干旱区内，而以黄土高原的黄土分布最为集中，黄土沉积最为典型。黄土高原的范围是太行山以西，日月山以东，秦岭以北，长城以南，包括青海、甘肃、宁夏、陕西、山西、河南等省(区)的一部分或大部分，总面积为 $3.585 \times 10^5 km^2$。

黄土的主要特征有：

①颜色以黄色、褐黄色为主，有时呈微红、棕红、灰黄色等。

②颗粒组成以粉粒(0.005 ~ 0.05 mm)为主，含量一般在60%以上，几乎没有粒径大于0.25 mm的颗粒。

③具有多孔隙性，孔隙比一般大于0.8，有时存在肉眼可见的大孔隙，直径为0.5 ~ 1.0 mm。

④天然含水量小，一般为3% ~ 25%，呈干硬或半干硬状态，遇水后易崩解、冲蚀，有的黄土具有湿陷性。

⑤富含碳酸钙盐类($CaCO_3$)。

⑥垂直节理发育，在天然状态下能经常保持垂直边坡。

一般认为典型黄土为不具有层理的由风的动力作用形成的原生黄土(老黄土)，分布在黄土高原平坦的顶部(特别是分水岭地带)。原生黄土经过流水冲刷、搬运和重新沉积而形成的称为次生黄土(新黄土)，具有层理，并含有较多的砂粒以至细砾，分布在河谷地带。次生黄土的结构强度一般较原生黄土低。

根据黄土沉积地质年代和成因的不同，将黄土分为老黄土和新黄土两大类，具体见表8 - 6。

表 8-6 黄土的分类和主要工程性质(《铁路特殊路基设计规范》TB 10035—2006)

时代		地层名称		工程性质				
				湿陷性	抗水性	透水性	压缩性	直立性
全新世(Q_4)黄土	近期(Q_4^2)	新黄土	黄土状土	一般具湿陷性	易冲蚀、潜蚀、崩解	中	高至中	直立性较差,不能维持陡边坡
	早期(Q_4^1)							
晚更新世(Q_3)黄土			马兰黄土		易冲蚀、潜蚀、崩解	中	中	直立性一般,不能维持陡边坡
中更新世(Q_2)黄土		老黄土	离石黄土上部(Q_2^2)	上部部分土层具湿陷性	冲蚀、潜蚀、崩解较慢	弱	中至低	直立性强,能维持高、陡边坡
			离石黄土下部(Q_2^1)					
早更新世(Q_1)黄土			午城黄土	不具湿陷性	冲蚀、潜蚀、崩解慢	弱	低	直立性强,能维持高、陡边坡,但易剥落

8.2.1 黄土的工程特性

(1)黄土的水理特性

1)渗水性

由于黄土具有大孔隙及垂直节理等特殊构造,故其垂直方向的渗透性较水平方向更大。黄土经压实后大孔构造被破坏,其透水性也大大降低。此外,黏粒的含量也会影响黄土的渗透性。黏粒含量较多的埋藏土及红色黄土经常成为透水不良或不透水的土层。

2)收缩和膨胀

黄土遇水膨胀,干燥后又收缩,多次反复容易形成裂缝及剥落。由于黄土在堆积过程中,土的自重作用使粉粒在垂直方向的粒间距离变小,所以具有天然含水量的黄土在干燥后,水平方向的收缩量比垂直方向的收缩大,一般为 50% ~ 100%。

3)崩解性

各类黄土的崩解性相差很大,新黄土浸入水中后,很快就全部崩解;老黄土则要经过一段时间才能全部崩解;红色黄土浸水后基本不崩解。

(2)黄土的抗剪强度

由于垂直节理及大孔隙的存在,原状黄土的强度随方向而异,黄土水平方向的强度一般较大,45°方向强度居中,垂直方向强度最小。但是,冲积、洪积黄土则因存在水平层理的关系,以水平方向强度为最低,垂直方向强度为最大,45°方向仍居中。原状黄土抗剪强度的峰值和残值差值较大,是黄土地区多崩解性滑坡和高速滑坡的重要原因。

黄土的抗剪强度除与土的颗粒组成、矿物成分、黏粒含量等有关外,还与土的密实程度和含水量有很大关系。

当黄土作为路基填料,或天然黄土用重锤夯实、土垫层、土桩挤密处理后,原状结构遭到破坏,例如某工程黄土强度变化如表 8-7 所示。试验表明,压实黄土的抗剪强度随着干重度的增加而增大。

表 8 – 7　压实前后黄土抗剪强度的变化比较

	$\gamma_d/(kN \cdot m^{-3})$	c/kPa	$\varphi/(°)$
加固前	16	26 ~ 35	23 ~ 36
加固后	17	60	29

某工程含水量的变化对黄土抗剪强度的影响如图 8 – 20 所示。当天然含水量低于塑限时,水分变化对强度的影响最大;当天然含水量超过塑限时,降幅减少;而超过饱和含水量时,则抗剪强度变化不大。

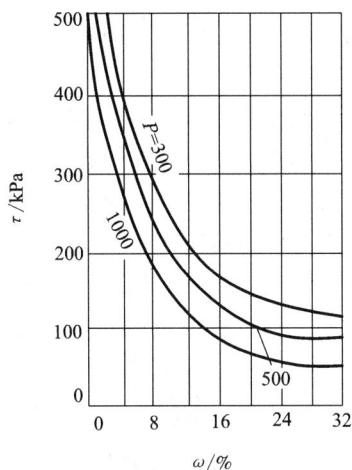

图 8 – 20　黄土抗剪强度与含水量的关系曲线
P—直剪试验垂直压力

黄土在天然含水量时、湿陷过程中和湿陷后的强度变化如表 8 – 8 所示。

表 8 – 8　含水量增加时黄土抗剪强度的变化

土样编号	天然含水量时				湿陷过程中		湿陷后	
	w /%	γ_d /$(kN \cdot m^{-3})$	c /kPa	φ /(°)	c /kPa	φ /(°)	c /kPa	φ /(°)
1	11.7	12.9	20	38	2	24	5	33
2	8.1	14.5	28	36	2	24	5	33

(3)黄土的湿陷性

1)黄土的湿陷机理

黄土浸水后在外荷载或土自重作用下发生的下沉现象,称为湿陷。湿陷性黄土又可分为自重湿陷与非自重湿陷两类。自重湿陷是指土层浸水后仅仅由于土的自重发生的湿陷;非自重湿陷是指土层浸水后,由于土自重及附加压力的共同作用而发生的湿陷。黄土湿陷发生在一定的压力下,这个压力称为湿陷起始压力,当土体受到的压力小于起始压力时,不产生湿陷。黄土的非自重湿陷比较普遍,其工程意义比较大。

黄土的湿陷机理是一个尚待深入研究的问题。黄土的湿陷现象是一个非常复杂的物理、化学变化过程,受多方面因素的制约和影响。目前,对黄土湿陷的原因有各种不同的观点,如毛细管假说、溶盐假说、欠压密理论、结构学说等,其中以欠压密理论最为著名。该理论认为黄土是在干旱和半干旱条件下形成的,干燥少雨的气候环境使水分因蒸发而不断减少,盐类析出,产生了加固黏聚力,即由于土体中钙、镁等胶结物的存在而对土粒产生的胶体凝结作用;在土体湿度不太大的情况下,上覆土层不足以克服土中形成的加固黏聚力,形成欠压密状态。一旦受水浸湿,加固黏聚力消失,就易产生湿陷。比较公认的说法是,黄土浸水时,胶结物质发生化学和物理化学反应,使结构强度降低,从而产生湿陷;而黄土中存在孔隙直径大于周围颗粒直径的架空结构,则是产生湿陷的条件。

2)黄土湿陷评价

黄土地基的湿陷性评价一般包括三个方面的内容:第一,判定黄土地基是湿陷性黄土还是非湿陷性黄土。第二,如果是湿陷性黄土,还要判定是自重湿陷性黄土还是非自重湿陷性黄土。第三,判定湿陷性黄土地基的湿陷等级,也就是在规范给定的压力作用下,地基充分浸水后的湿陷变形量,它反映了地基的湿陷程度。

①湿陷性判断。一般采用湿陷系数 δ_{sh}(也称相对湿陷系数)来反映黄土的湿陷变形特征。它是单位厚度土样在一定压力作用下受水浸湿后所产生的湿陷量。采用浸水压缩试验方法,将黄土原状样放入固结仪内,在无侧限膨胀条件下进行压缩试验,测出天然湿度下变形稳定后的试样高度 h_p 及浸水饱和条件下变形稳定后的试样高度 h_p',然后按式(8-31)求湿陷性系数。δ_{sh} 的确定方法是在现场通过探井或钻孔取原状土样放入室内固结仪容器内逐渐加荷,至某一压力下沉降稳定后浸水,测出土样前后的高度,按式(8-31)计算:

$$\delta_{sh} = \frac{h_p - h_p'}{h_0} \qquad (8-31)$$

式中:h_p 为土样在某压力 p 作用下稳定后的高度,cm;h_p' 为上述加压稳定后的土样在浸水作用下,变形稳定后的高度,cm;h_0 为土样原始高度,cm。

测定湿陷系数时的浸水压力 p 如何取值,以及划分湿陷性与非湿陷性黄土的 δ_s 界限值定多少合适,在国内外存在不同的建议。我国的《湿陷性黄土地区建筑规范》(GB 50025—2004)规定:当黄土层位于基底以下 10 m 以内,采用 $p = 200$ kPa;当黄土层位于基底以下10 m 以下,采用上覆土的饱和自重压力,若 $p > 300$ kPa 时仍采用 300 kPa;当基底压力大于300 kPa 时宜按实际压力测定。

可以根据 δ_{sh} 对黄土进行湿陷性判别:

$\delta_{sh} < 0.015$ 为非湿陷性黄土;

$0.015 \leqslant \delta_{sh} \leqslant 0.03$ 为轻微湿陷性黄土;

$0.03 \leqslant \delta_{sh} \leqslant 0.07$ 为中等湿陷性黄土;

$\delta_{sh} > 0.07$ 为强烈湿陷性黄土。

尽管黄土产生湿陷的原因还不甚清楚,但是黄土内部疏松的结构、水的浸入和一定的附加压力是引起湿陷的内在、外部条件,应当针对这些条件采取相应的防治措施。首先是防水措施,防止地表水下渗和地下水位的升高;其次对地基进行处理,降低黄土的孔隙度,加强内部联结和土的整体性,提高土体强度。

②湿陷类型的划分。如前所述,湿陷性黄土分为自重湿陷性和非自重湿陷性两种。湿陷性黄土湿陷类型的划分可按实测自重湿陷量 Δ'_{zs}(进行室内压缩试验时的浸水压力采用上覆土的饱和自重压力)或计算自重湿陷量 Δ_{zs} 来判定。《湿陷性黄土地区建筑规范》(GB 50025—2004): Δ'_{zs}(或 Δ_{zs})≤7 cm 时,为非自重湿陷性黄土; Δ'_{zs}(或 Δ_{zs}) >7 cm 时,为自重湿陷性黄土。

实测自重湿陷量应根据现场试坑浸水试验确定,该方法符合实际情况,比较可靠;但常限于现场条件或受工期限制,不易做到。

计算自重湿陷量 Δ_{zs} (cm)可按下式计算:

$$\Delta_{zs} = \beta_0 \sum_{i=1}^{n} \delta_{zsi} h_i \qquad (8-32)$$

式中: δ_{zsi} 为第 i 层土在上覆土的饱和($S_r > 85\%$)自重压力下的自重湿陷系数; h_i 为第 i 层土的厚度,m; β_0 为因地区土质而异的修正系数。陇西地区可取 1.5,陇东陕北地区可取 1.2,关中地区可取 0.7,其他地区可取 0.5。

计算自重湿陷量 Δ_{zs} 的累计值,应自天然地面(当挖、填方的厚度和面积较大时,自设计地面)算起,至其下全部湿陷性黄土的底面为止,其中自重湿陷系数小于 0.015 的土层不予累计。

③湿陷等级的划分。湿陷性黄土地基湿陷的强弱程度,可按受水浸湿饱和至下沉稳定为止的总湿陷量来划分湿陷的等级(表 8 – 9)。湿陷等级高,地基受水浸湿时可能发生的湿陷变形越大,对建筑物的危害性也较严重;湿陷等级低,地基受水浸湿时可能发生的湿陷变形小,对建筑物的危害也轻。

表 8 – 9 中的总湿陷量(Δ_s)的大小取决于基底下各黄土层的湿陷性质(即湿陷系数),可按下式计算:

$$\Delta_s = \sum_{i=1}^{n} \beta \delta_{si} h_i \qquad (8-33)$$

式中: δ_{si} 为第 i 层土的湿陷系数; h_i 为第 i 层土的厚度,m; β 为考虑地基土的侧向挤出和浸水几率等因素的修正系数。基底下 5 m(或压缩层)深度内可取 1.5。5 m 以下,在非自重湿陷性场地,可不计算;在自重湿陷性场地,可按 β_0 的值取用。

表 8 – 9　湿陷性黄土地基的湿陷等级

湿陷类型		非自重湿陷性场地	自重湿陷性场地	
计算自重湿陷量 Δ_{zs}/cm		$\Delta_{zs} \leq 7$	$7 < \Delta_{zs} \leq 35$	$\Delta_{zs} > 35$
总湿陷量 Δ_s/cm	$\Delta_s \leq 30$	Ⅰ(轻微)	Ⅱ(中等)	—
	$30 < \Delta_s \leq 60$	Ⅱ(中等)	Ⅱ 或 Ⅲ	Ⅲ(严重)
	$\Delta_s > 60$	—	Ⅲ(严重)	Ⅳ(很严重)

注: 1. 当总湿陷量 30 cm< Δ_s <50 cm,计算自重湿陷量 7 cm< Δ_{zs} <30 cm 时,可判为 Ⅱ 级。 2. 当总湿陷量 Δ_s ≥50 cm,计算自重湿陷量 Δ_{zs} ≥30 cm 时,可判为 Ⅲ 级。

关于总湿陷量的计算深度,应自基底算起。在非自重湿陷性场地,累计至基底下 5 m(或压缩层)深度为止;在自重湿陷性场地,对较重要的结构物,累计至非湿陷性土层顶面为止。对一般结构物,当基底下的湿陷性土层厚度大于 10 m 时,其累计深度可根据工程所在地区确定(陇西、陇东陕北地区不应小于 15 m,其他地区不应小于 10 m)。其中,湿陷性系数或自重湿陷系数小于 0.015 的土层不累计。

3)黄土的湿陷性影响因素

①黄土的微观结构。根据对黄土微观结构的研究,可分为接触胶结、接触基底胶结和基底胶结等三种结构。接触胶结中,粒径大于 0.05 mm 的粗颗粒较多,胶结物多呈薄膜状,骨架颗粒彼此接触较多,结构较松散,湿陷性强;接触基底胶结的骨架颗粒有的彼此接触,有的在粒间镶嵌有胶结物,其湿陷性较接触胶结为少;基底胶结的骨架颗粒较细,胶结物丰富,多呈团聚状,结构致密,湿陷性小。

②黄土的物理性质。黄土的物理性质指标的变化范围列于表 8 - 10。其中影响黄土湿陷性的主要物理性质指标为天然孔隙比、天然含水量和液限。

表 8 - 10 黄土的物理性质指标

土粒比重	2.51 ~ 2.84	饱和度	15% ~ 77%
天然重度	13.3 ~ 18(kN/m³)	塑限	14% ~ 21%
干重度	11.4 ~ 16.9(kN/m³)	液限	20% ~ 35%
孔隙比	0.8 ~ 1.25	塑性指数	3 ~ 18
含水量	3% ~ 25%	液限指数	在 0 上下波动

在其他条件相同的条件下,黄土的天然孔隙比越大,大孔隙占总孔隙体积的比率越高,湿陷性越强;否则反之。

黄土的湿陷性与土的天然含水量关系密切。有研究表明,当天然含水量超过 25% 时,黄土不再具有湿陷性。有人认为低含水量黄土的湿陷性是水膜楔入的结果。低含水量黄土在细颗粒(主要是黏粒)表面上包裹的结合水膜一般很薄,其中离子引力较强,将表面带负电荷的黏粒连接起来,具有一定的凝聚强度。当水进入土中使结合水膜增厚,土颗粒孔隙膨胀,体积增大,引力减弱,凝聚强度降低,产生了湿陷。

液限是决定黄土力学性质的另一个重要指标。当黄土的液限超过 30% 时,黄土的湿陷性较弱,且多表现为非自重性湿陷。若液限小于 30%,则黄土的湿陷性一般较强烈。

(4)黄土陷穴

黄土地区地下常常有天然或人工的洞穴,这些洞穴的存在和发展容易造成上覆路基突然陷落,称为黄土陷穴。

天然洞穴主要由黄土自重湿陷和地下水潜蚀形成。在黄土地区地表略凹处,雨水积聚下渗,黄土被浸湿发生湿陷变形下沉。地下水在黄土的孔隙、裂隙中流动时,既能溶解黄土中的易溶盐,又能在流速达到一定值时把土中细小颗粒冲蚀带走,从而形成空洞,这就是潜蚀作用。随着地下水潜蚀作用不断地进行，土中空洞由少变多，由小变大，最终导致地表塌陷或路堤破坏，潜蚀作用多发生在黄土中易溶盐含量高、大孔隙多、地下水流速及流量较大的部位。地表水下渗或地下水汇集，是潜蚀洞穴分布较多的地方。

人工洞穴包括古老的采矿、掏砂坑道和墓穴等，这些洞穴分布无规律、不易发现，容易造成隐患。所以在黄土地区必须注意对黄土陷穴位置、形状及大小进行勘察调研，然后有针对性的采取整治措施。

8.2.2 黄土路基设计

（1）黄土路堑设计

1）黄土路堑边坡形式和边坡坡度

黄土路堑边坡形式的设计，要考虑路堑边坡的稳定性、耐久性和路堑断面的经济性，并兼顾施工和养护的方便。可根据地层的时代成因、边坡高度、年降水量、自然稳定边坡的形状等确定。黄土路堑边坡形式一般分为直线形（一坡到顶）、折线形（上缓下陡）和阶梯形（小平台、大平台）三种主要类型。直线形边坡适用于新黄土坡高 $H \leqslant 15$ m、老黄土坡高 $H \leqslant 20$ m 的均质土层和坡高 $H \leqslant 10$ m 的非均质土层。折线形边坡适用于坡高 $H \leqslant 15$ m 的非均质土层。小平台阶梯形边坡的适用条件同于直线形坡高的情况，对于非均质土层，其坡高可更大些，即 $H > 15$ m。大平台阶梯形边坡适用于坡高 $H > 30$ m 的情况。确定边坡坡度时应考虑时代成因、所属地貌单元、构造节理、地面水和地下水条件、边坡高度等因素的影响，具体可参照表 8 – 11。

表 8 – 11 黄土高原地区路堑边坡坡度

分类	地层及成因	适用地区	边坡坡度		
			$H \leqslant 10$ m	10 m $< H \leqslant 20$ m	20 m $< H \leqslant 30$ m
新黄土	全新世坡积黄土	①	$(1:0.75) \sim (1:1)$		—
		②	$(1:0.5) \sim (1:0.75)$	$(1:1) \sim (1:1.25)$	
	全新世冲积、洪积黄土	①	$(1:0.5) \sim (1:0.75)$		$(1:1) \sim (1:1.25)$
		②	$(1:0.3) \sim (1:0.5)$	$(1:0.75) \sim (1:1)$	
	晚更新世坡积黄土	①	$(1:0.5) \sim (1:0.75)$		—
		②	$(1:0.5) \sim (1:0.75)$	$(1:1) \sim (1:1.25)$	
	晚更新世冲积、洪积黄土	①	$(1:0.3) \sim (1:0.5)$		—
		②	$(1:0.3) \sim (1:0.5)$	$(1:0.5) \sim (1:0.75)$	$1:1$
	晚更新世风积黄土	①	—		
		②	$(1:0.3) \sim (1:0.5)$	$(1:0.5) \sim (1:0.75)$	$1:1$
老黄土	中更新世上部黄土	①	$1:0.5 \sim 1:1$		—
		②	$1:0.3$	$1:0.5$	$1:0.75$
	早更新世黄土	①	—		—
		②	$1:0.3$	$1:0.5$	

注：①指华北、东北平原及内蒙古高原东部地区；②指黄土高原、豫西等地区。

2）路堑边坡变形及防护

黄土地层经开挖后，受自然营力的作用，路堑边坡常产生剥落、冲刷、滑塌、崩塌等变形，严重影响路基的正常功能，为此对黄土路堑坡面有必要进行防护。黄土路堑坡面防护类型应根据土质、降水量、气候、边坡陡缓及高度、防护材料的来源等条件，因地制宜地按表 8 – 12 选用。

3）黄土路堑基床处理

在年平均降水量大于 500 mm 的地区，当路堑基床土为老黄土或古土壤，其液限大于 32%，塑性指数大于 12 时，基床表层土应挖除，换填符合基床要求的新黄土或就地掺入石灰或水泥以改变土的物理力学性质。

表 8 – 12 黄土路堑坡面防护类型及适用条件

防护类型		适用条件
植物防护	种草或灌木（小冠花、紫穗槐等）	年平均降水量大于 500 mm 的地区，气候适宜植物生长，边坡坡度不陡于 1:1.25。防止坡面冲蚀，表面滑坍
工程防护	轻型防护 四合土捶面和四合土砖防护	边坡坡度不陡于 1:0.5，边坡土体呈半干硬状态，当地缺乏片石而有炉碴、石灰。防止坡面冲蚀、剥落、流泥
	浆砌片石骨架内捶面	边坡坡度不陡于 1:0.5，防护边坡较高，面积较大，当地缺乏片石而有炉碴、石灰。防止坡面冲蚀、剥落、流泥
	预制混凝土骨架内捶面	边坡坡度不陡于 1:1，防护边坡较高，面积较大，当地有片石、炉碴、石灰。防止坡面冲蚀、剥落、流泥
	混凝土块板	边坡坡度不陡于 1:0.5，防护高度不大。防止坡面冲蚀、剥落
	喷射混凝土	老黄土及古土壤层。防止坡面冲蚀、剥落，表层局部崩坍
	重型防护 浆砌片石护坡	边坡坡度不陡于 1:1，防护边坡较高，面积较大，当地有片石。防止坡面冲蚀、剥落，表层滑坍或局部崩坍
	浆砌片石护墙	边坡坡度不陡于 1:0.3，防护边坡较高，面积较大，当地有片石。防止坡面冲蚀、剥落，表层滑坍或局部崩坍

（2）黄土路堤设计

1）边坡设计

在地基稳定、边坡高度不大于 30 m 时，路堤断面形式和边坡坡度可按表 8 – 12 和表 8 – 13 选用。

当路堤高度大于 30 m 时，先用工程类比法初拟路堤断面形式和边坡坡度，再用圆弧法检算其稳定性，抗剪强度采用填土的夯后快剪指标，安全系数不得小于 1.25。作为填料而言，新黄土较好，但由于含水量远低于最佳含水量，分层夯填时往往需要洒水并加大压实功能，以确保压实密度。

表 8 – 13　路堤断面形式及边坡坡度

断面形式	基面以下边坡分段坡度		
	0 ~ 10 m	10 ~ 20 m	20 ~ 30 m
折线形	1∶1.5	1∶1.75	1∶2.0
阶梯形	1∶1.5	1∶1.75	1∶1.75

（2）黄土路堤的变形及处理措施

黄土路堤经常发生本体下沉、坡面冲刷、坡面滑坍、基床变形等灾害，必须采取相应措施加以处理。为防止雨水冲蚀，大风吹蚀，湿胀干裂对路堤坡面的破坏，对高路堤的边坡部分宜用新黄土填筑，并严格控制压实密度，以减少雨水下渗，防止边坡冲蚀和滑坍，必要时宜设坡面防护工程。其防护类型可按表 8 – 14 选用。

表 8 – 14　黄土路堤坡面防护类型及适用条件

防护类型	适用条件
种草或灌木（小冠花、紫穗槐等）	年平均降水量大于 500 mm 的地区，气候适宜植物生长
干砌片石骨架内种草	边坡部分用老黄土、古土壤填筑，或用于整治边坡滑坍，当地雨水和气候适宜植物生长

8.2.3　黄土地区地基加固

湿陷性黄土地基处理的方法很多，在不同的地区，根据不同的地基土质和不同的结构物，地基处理应选用不同的处理方法。在勘察阶段，经过现场取样，以试验数据进行分析，判定属于自重湿陷性黄土还是非自重湿陷性黄土，以及湿陷性黄土层的厚度、湿陷等级及类别后，通过经济分析比较，综合考虑工艺、工期等诸多方面的因素。最后选择一个最合适的地基处理方法，经过优化设计后，确保满足处理后的地基具有足够的承载力和变形条件的要求。所采用的有垫层法、强夯法、灰土桩挤密法、深层搅拌桩法、振冲碎石桩法等。

（1）湿陷性黄土地基的处理方法

黄土地基湿陷性处理应根据地基特性、处理深度、施工设备、材料来源和对周围环境的影响等因素进行分析，可选择表 8 – 15 中的一种或多种相结合的措施。当需要采用注浆或桩基础等特殊处理措施时，应通过试验确定其可行性、设计参数和施工工艺。

表 8 – 15　湿陷性黄土地基常用的处理措施

处理措施	适用范围	可处理的湿陷性黄土层厚度/m
换填垫层法	地下水位以上	1 ~ 3
强夯法	地下水位以上，$S_r \leqslant 60\%$ 的湿陷性黄土	3 ~ 7
挤密法	地下水位以上，$S_r \leqslant 65\%$ 的湿陷性黄土	5 ~ 15

　　为了减少下沉及其所带来的危害，可采取下列措施：

　　①施工时应按设计要求的压实标准填筑，确保碾压质量。

　　②当地基为湿陷性黄土时，应采取拦截、排除地表水的措施，防止地表水下渗，减少地基土层的湿陷下沉。

　　③当地基厚层黄土具有强湿陷性或较高的压缩性，且地基容许承载力低于路基本体自重时，应考虑地基土层在路堤自重作用下所产生的压缩下沉。必要时可采用灌水预先浸湿或重夯夯实的方法提高表层土的密实度，以减少下沉和防止地表水下渗。

　　④对高度大于 20 m 的路堤，设计时应按竣工后期的下沉量，预留路基面每侧的加宽值。

　　黄土路堤在一定条件下极易产生基床变形。主要原因在于夯填土抗变形能力差和夯后黄土湿陷所致。在年平均降水量大于 500 mm 的地区，基床土应优先采用新黄土填筑，施工时宜用重型碾压机具，按基床土的填筑压实标准碾压，确保质量。对强湿陷性黄土必要时采取提高表层土的密度并进行预先灌水浸湿的有效措施。此外，近年来采用各种柔性封闭层、土工织物垫层、双灰土（掺入石灰或水泥）、灰土桩或换填好土等工程措施也取得了明显的效果。

　　1）素土或灰土垫层法

　　素土垫层（简称土垫层）或灰土垫层在湿陷性黄土地区使用较为广泛，这是一种以土治土的处理湿陷性黄土地基的传统方法，处理厚度一般为 1～3 m。通过处理路基下部分湿陷性土层，可达到减小地基的总湿陷量，并控制未处理土层湿陷量的处理效果。处理湿陷性黄土地基时，如果仅仅是为了消除黄土的湿陷性，可以使用素土垫层；如果既要消除黄土的湿陷性，又要增加黄土的承载力及水稳定性，可以使用灰土垫层。垫层的承载力一般应由载荷试验确定，当无试验资料时，对土垫层，设计承载力不宜超过 150 kPa，对于灰土垫层不宜超过 250 kPa。

　　素土垫层采用素土作为垫层材料，素土土料中的有机质含量不得超过 5%，亦不得含有冻土或膨胀土，不得夹有砖、瓦和石块等渗水材料。

　　灰土垫层采用石灰和土的混合物作为垫层材料，石灰与土的体积比一般为 2∶8 或 3∶7。土料宜用黏性土及塑性指数大于 4 的粉土，不得含松软杂质，并应过筛，其颗粒粒径不得大于 15 mm。石灰宜用新鲜的消石灰，其颗粒不得大于 5 mm。

　　路基工程一般采用整片垫层，且设置在路基的平面范围内，每边超过路基边缘宽度不应小于垫层的厚度，并不得小于 2 m。整片垫层的作用是消除被处理土层的湿陷量，以及防止水从垫层上部渗入下部未经处理的湿陷性土层。

　　施工中应注意的问题：

　　①对于含水量较大，或曾局部基坑进水者，要采取相应的措施（如凉晒等），严格控制灰土（或素土）的最佳含水量，对接近最佳含水量时，宁小勿大，偏大时土体强度则显著下降，变形明显增大。

　　②垫层处理的宽度要达到规范要求，使碾压设备能充分碾压到位，不应使形成的垫层压实度产生差异。

　　③严把质量关，施工中碾压分层的厚度不宜大于 30 cm，并逐层检测压实度，达到设计规范要求。

　　2）强夯法

　　对湿陷性黄土这样的特殊土体，其湿陷是由于其内部架空，孔隙多，胶结强度差，遇水微结构强度迅速降低而突变失稳，造成孔隙崩塌，因而引起附加的沉降。所以强夯法加固湿陷性黄土就着眼于破坏其土体结构，使微观结构在遇水前崩塌，减少其孔隙，消除其湿陷性。

强夯法常用来加固湿陷性黄土等类地基，广泛应用于工民建、公路、铁路路基、机场跑道、码头等地基处理工程。该处理方法具有效果显著、设备简单、施工方便、适用范围广、经济易行和节省材料等优点。它通过用巨锤（锤重一般为 80 ~ 250 kN）从高处自由下落（落距一般为 8 ~ 40 m）对地基施加巨大的冲击能及冲击波，使土中出现很大的冲击应力。由于土由固液气三态组成，在冲击力作用下土体产生瞬间变形，土层孔隙压缩，土体局部液化，在夯击点周围产生裂缝，形成良好的排水通道，土中的孔隙水和气体逸出，使土粒重新排列，经时效压密达到固结，从而提高地基承载力，降低压缩性。强夯法是一种适用面广、加固效果显著、经济有效的地基加固方法。

施工中注意的问题：

①在设计阶段，首先应考虑湿陷性黄土属于哪一种类别、等级，以及场地等因素，因为强夯的夯击能量、夯点布置、夯击深度、夯击次数和遍数等因场地而异，土的含水量、孔隙比及夯击的单位面积夯击能对湿陷性黄土的强夯有效加固深度起着重要的作用。在经过试夯后确定出设计参数，确定施工设计方案，不经试夯确定施工参数往往会给工程造成后患。

②由于强夯影响深度内土的含水量差异，会导致局部处理效果不佳，对于此种情况必须采取土的增湿或减湿措施，以免出现橡皮土情况。如有此种情况，应立即停止夯击，当凉晒一定时间后，在夯击坑内加入碎石类的粗骨料，继续夯击。

③施工中在控制关键工序上严把质量关，因为一份设计提供后，锤重、落距、夯点布置等是没有随意性的，而唯一可能被人为改变的是夯击次数，因在试夯时是根据最后夯击的沉降量来确定夯击次数的，当别的参数已确定后，它就成为影响处理的唯一因素，所以施工中应以它为质量控制的关键工序管理点。

④强夯结束后，检测的重点是判定它的有效加固深度是否达到设计要求，因为有效加固深度的第一标准应是消除湿陷性，也就是以 $\delta_s < 0.015$ 作为判别指标。所以检验手段应采用探井取不扰动土试样进行检测。当这一指标达到要求后，一般情况下对承载力的要求等也均可满足。

3）深层搅拌桩法

深层搅拌桩是复合地基的一种，近几年在黄土地区应用比较广泛，可用于处理含水量较高、湿陷性弱的黄土。它具有施工简便、快捷、无振动，基本不挤土，低噪音等特点。

深层搅拌桩的固化材料有石灰、水泥等，一般都采用后者作固化材料。其加固机理是将水泥掺入黄土后，与黄土中的水分发生水解和水化反应，进而与具有一定活性的黏土颗粒反应生成不溶于水的稳定结晶化合物，这些新生成的化合物在水中或空气中发生凝硬反应，使水泥有一定的强度，从而使地基土达到承载的要求。

深层搅拌桩的施工方法有干法施工和湿法施工两种，干法施工就是"粉喷桩"，其工艺是用压缩空气将固化材料通过深层搅拌机械喷入土中并搅拌而成。因为输入的是水泥干粉，因此必然对土的天然含水量有一定的要求，如果土的含水量较低时，很容易出现桩体中心固化不充分、强度低的现象，严重的甚至根本没有强度。在某些含水量较高的土层中也会出现类似的情况。因此，应用粉喷桩的土层中含水量应超过 30%，在饱和土层或地下水位以下的土层中应用更好。

湿法施工是将水泥搅拌成浆后注入土中的方法。水泥浆通过柱塞式泥浆泵强制注入,除特殊情况外很少断浆,施工中一般采用复搅工艺,因此桩体的均匀性比干法施工好。但喷浆增加了水泥土的含水量,强度会受到一定影响,实际应用时需根据土的工程性质,尤其是含水量情况作出适当的选择。

施工中应注意的问题:

①必须在设计或施工中采取有效措施来保证搅拌桩复合地基各参数能达到各自的设计值,否则设计的可靠度会降低。如桩端为硬土,或桩长超过临界桩长时,桩间土承载力拆减系数取值高于规定,就必须采取设置褥垫层或其他方法使桩间土发挥较高的强度。选用较高的桩体强度时,就必须采取增加水泥用量、掺加外加剂、复搅等措施,这样才能保证设计与预期的实际结果比较一致。

②施工中为达到强度要求,有必要进行复搅。复搅是在桩的一部分或桩的全长重复搅拌一次,其作用是改善桩体的均匀性。如第一次注浆不均匀时,可通过复搅调节,提高桩长方向上的均匀程度,同时,也使桩截面内的均匀性得到改善;现场不同桩段有不同的水泥掺入比,使不同桩段有不同的桩身强度。

③加强施工管理。因为桩体的固化材料需由压缩空气作载体,而气体流速、流量受土层情况的影响,人工难以调节,所以施工机械应采用带有自动控制喷浆、喷粉的装置,以消除施工中的一些人为因素,便于监督检查,避免由于喷浆和喷粉不均匀或者喷浆量、喷粉量未达到设计要求而发生断桩问题。

④现场施工中应勤于检查,严格监督。深层搅拌桩属于一种柔性桩,桩身检测较困难,施工时质量有疏忽,就可能发生断桩现象。目前用低应变动测法检测搅拌桩的质量得到了肯定,可用此法结合抽芯取样检测法控制质量。

4)土桩与灰土桩

土(或灰土)桩是利用沉管、冲击或爆扩等方法在地基中挤土成孔,通过"挤"压作用,使地基土得到加"密",然后在孔中分层填入素土(或灰土)后夯实而成土桩(或灰土桩)。由于该方法主要通过成孔和成桩时实现对桩周土的挤密,因此又称为挤密桩法。

土桩和灰土桩的特点是:就地取材、以土治土、原位处理、深层加密和费用较低。因此在我国西北和华北等黄土地区已广泛采用。

土(或灰土)桩适用于处理深度 5 ~ 15 m、地下水位以上、含水量 14% ~ 23% 的湿陷性黄土。当以消除地基的湿陷性为主要目的时,宜选用土桩;当以提高地基的承载力或水稳定性为主要目的时,宜选用灰土桩或双灰桩。当地基土的含水量大于 24%、饱和度大于 0.65 时,由于无法挤密成孔,故不宜采用该方法。

(2)黄土陷穴及处理

黄土陷穴包括由于水的冲蚀、溶蚀形成的陷穴、古墓和掏砂洞等。普遍存在和危害严重的是天然陷穴(岩溶陷穴、冲蚀形成的陷穴)。各种陷穴如不查明、处理,将造成严重后果。

1)黄土陷穴的主要特点

①黄土陷穴的形成多与地表排水不畅有关,导致地表水下渗、冲蚀形成暗穴。

②黄土陷穴的发展较快,在水的冲蚀作用下可能迅速发展。

③黄土陷穴的形成与发展与降雨有关,大雨、暴雨往往是其重要条件。对黄土陷穴的形成统计表明,无一是在雨季以外形成的。

④黄土陷穴在填挖交界处形成的较多。其次，各类道碴陷槽也可能造成路基基床内部陷穴的形成与发展。

2）黄土陷穴的处理方法及预防

①处理方法及适用条件。在查明黄土陷穴发生的部位、深度和范围之后，根据不同条件采取表 8 – 16 所列的相应措施予以处理。各类陷穴无论何种处理方法一律要充填密实。

表 8 – 16　黄土陷穴的工程处理方法及适用条件

处理方法	适用条件
回填夯实	明陷穴
明挖回填夯实	暗穴埋藏浅
支撑回填夯实	暗穴埋藏较深
灌砂	暗穴小而直
灌泥浆	暗穴大而深

②黄土陷穴的预防。黄土陷穴的预防应从控制其形成的主要因素入手，因此，须做好以下几项工作：a. 做好可能形成黄土陷穴地段的排水工程。路堑堑顶的地面坑洼、裂缝和积水洼地应当填平夯实，防止因地表排水不畅下渗。路堤地段做好路基迎水一侧地表排水工程，积水洼地应预填平夯实。b. 新建铁路路基要严格控制填料质量，不使用湿陷性黄土填筑基床。同时路堤各部分的压实应当严格掌握压实标准。c. 路基的基床病害处理采用各种封闭层、垫层时应加强夯实，做好基床顶面的排水工程。对已发现可能形成或已经形成的陷穴及时处理并拦截和引排流向陷穴的地表水。d. 夯实土层表面，在路堤、路堑的边坡坡面上种草或其他多年生植物，采用植被护坡加固边坡。

8.2.4　黄土地区路基处理实例

（1）工程概况

某铁路工程地表面以下自上而下依次是耕植土、黄土状土、黄土、细砂、中砂、粗砂和基岩。其中以下第二层和第三层黄土具有湿陷性，该路段位于溶岩性低谷区域，黄土层分布不均匀，属于典型的湿陷性黄土路基，需采取一定措施以满足交通载荷的作用。对黄土状土进行力学试验性能分析，得到其承载力为 0.155 MPa，压缩模量为 10.02 MPa；对黄土进行分析，得到其承载力为 0.17 MPa，压缩模量为 8.26 MPa。取黄土状土与黄土进行湿陷性试验，湿陷性系数分别为 0.061 和 0.072，分别属于中等和强烈湿陷性黄土。

（2）强夯法参数设计

工程上处理湿性黄土路基的方法主要有强夯法、碾压法、灰土挤密桩和垫层法等。该工程路段的湿陷层厚度大于 6 m，适宜使用强夯法和灰土挤密桩。强夯法的工期较短且适宜处理湿陷性黄土路基，因此选用强夯法。

强夯法处理湿性黄土路基需计算以下几个参数：夯实厚度 D、夯击能 W、黄土含水率、夯击路基沉降量等。夯击厚度加上路基沉降量等于处理厚度 H，其计算式为：

$$H = \alpha \sqrt{\frac{M \cdot h}{10}} \qquad\qquad (8-34)$$

式中：M 为夯击锤的重量，kN；h 为夯击锤下落距离，m；α 为修正系数，可取 0.2 ~ 0.95。

修正系数 α 只与夯击能 W 有关，W 越大，α 越小，试夯中的单次夯击能为 1000 ~ 2400 kN·m，根据夯击能概率密度函数，计算得到 α 的平均值为 0.58。

强夯分主夯、副夯、满夯三步进行，其中主、副夯的夯击能为 2000 kN·m，满夯夯击能为 1000 kN·m，夯点布置为边长 4 m 的等边三角形。施工时，第 1 遍为主夯，平面隔行进行(图 8 – 21)；间隔 3 ~ 5 d 进行第 2 遍副夯，夯点在各主夯点中间穿插进行；第 3 遍为满夯，夯印彼此搭接 1/4。

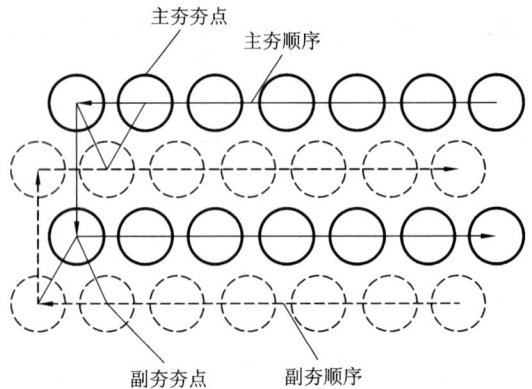

图 8 – 21   强夯夯点布置图与夯击顺序

施工工序：原地面清理→布点→主夯→间歇 72 h 推土机推平→副夯→间歇 72 h 推土机推平→满夯→间歇 15 d 以上强夯效果检验。主夯和副夯的停夯标准：最后两击的夯锤下沉量沉降差小于 5 cm。

（3）黄土处理效果

夯点结束后，通过静载荷试验得到处理后的地基承载力都能达到 200 kPa 以上。经过 4 个测点的取样检测可得：1 号测点的湿陷性消除度为 86.3%；2 号测点的湿陷性消除度为 90.1%；3 号测点的湿陷性消除度为 91.5%；4 号测点的湿陷性消除度为 95.5%。综上所述，通过强夯，基本达到了消除湿陷的目的。

8.3   膨胀土路基

膨胀土是指主要由亲水矿物组成，具有吸水膨胀、软化、崩解和失水急剧收缩开裂，并能产生往复变形的黏性土。含有大量亲水矿物，含水量变化时能产生较大体积变化的岩石为膨胀岩。由于膨胀土有强烈的胀缩性，膨胀土路基容易产生病害。

8.3.1   膨胀性土（岩）的工程特性

（1）胀缩性

膨胀性土（岩）吸水体积膨胀，使其上建筑物隆起，如膨胀受阻即产生膨胀力；失水体积收缩，造成土体开裂，并使其上建筑物下沉。膨胀土在缩限与液限含水量的收缩量与膨胀量，称为极限胀缩潜势。土中有效蒙脱石含量越多，胀缩潜势越大，膨胀力越大。土的初始含水量越低，膨胀量与膨胀力越大。击实土的膨胀性远比原状土大，密实度越高，膨胀量与膨胀力越大，这是在膨胀土（岩）路基设计中值得特别注意的问题。

（2）崩解性

膨胀土（岩）浸水后体积膨胀，在无侧限条件下则发生吸水湿化。不同类型的膨胀土

（岩）其崩解性是不一样的，强膨胀土（岩）浸入水中后，几分钟内很快就完全崩解；弱膨胀土（岩）浸入水中后，则需经过较长时间才逐步崩解，且有的崩解不完全。此外，膨胀土（岩）的崩解特性还与试样的起始湿度有关，一般干燥土试样崩解迅速且较完全，潮湿土试样崩解缓慢且不完全。

（3）多裂隙性

普遍发育各种形态的裂隙是膨胀土的另一显著特征。膨胀土裂隙成因复杂，形状各异，大小不一，但在土体中广泛分布。膨胀土裂隙的形成与其成土过程、胀缩效应、风化作用等许多因素有关。

按照膨胀土裂隙的成因，可划分为原生裂隙和次生裂隙。原生裂隙是在膨胀土形成过程中由于温度、湿度、固结、卸载和物理化学作用与胀缩效应形成的。地表以下 3 m 的土体很少受气候变化的影响，可称为原生裂隙。次生裂隙一般由原生裂隙发育成形，多分布于地表 3 m 以内，呈张开开展状态，用肉眼很容易观察到，因此在工程中，应特别注意临空面与某方向高密度裂隙一致的可能性。此时土体稳定性差，易造成坍塌。

膨胀土的裂隙面大多有次生的灰白膨胀土充填，充填物具蜡状光泽，可见镜面擦痕。充填物多由蒙脱石矿物组成，具强亲水性，当水浸入后，很容易使裂隙面高度软化，抗剪强度降低。

（4）超固结性

膨胀土（岩）大多具有超固结性，天然孔隙比较小，干密度较大，初始结构强度较高。超固结性膨胀土（岩）路基开挖后，将产生土体超固结应力释放，边坡与路基面出现卸荷膨胀，并常在坡脚形成应力集中区和较大的塑性区，使边坡容易破坏。

（5）强度衰减性

膨胀土（岩）的抗剪强度为典型的变动强度，具有峰值强度极高、残余强度极低的特性。由于膨胀土（岩）的超固结性，其初期强度极高，一般现场开挖都很困难。然而，由于土中蒙脱石矿物的强亲水性以及多裂隙结构，随着土受胀缩效应和风化作用的时间增加，抗剪强度将大幅衰减。强度衰减的幅度和速度，除与土的物质组成、土的结构和状态有关外，还与风化作用特别是胀缩效应的强弱有关。这一衰减过程有的是急剧的，也有的是比较缓慢的。因而，有的膨胀土边坡开挖后，很快就出现滑动变形破坏；有的边坡则要几年，乃至几十年后才发生滑动。在大气风化作用带以内，由于土体湿胀干缩效应显著，抗剪强度变化较大，经过多次湿胀干缩循环以后，黏聚力大幅度下降，而内摩擦角则变化不大。一般干湿反复循环 2 ~ 3 次以后强度即趋于稳定。

8.3.2　膨胀土的膨胀性指标及判别

目前，国内外存在多种膨胀土的判别与分类方法，但并无统一标准。所有的这些方法都着重反映膨胀土某些方面的工程特性，并结合不同类型的工程建设对土质的不同要求而建立相应的评判标准。

一般膨胀土的判断标准和分类指标都采用综合判定的方法，即根据现场的工程地质特征、自由膨胀率和建筑物的破坏程度三部分来综合确定。其中工程地质特征和自由膨胀率是判别膨胀土的主要依据（初判），终判则是在初判的基础上对建筑物的破坏程度进行分类。

我国许多地方缺乏好的填料，沿线分布较为广泛的膨胀土，对于膨胀性较弱的弱膨胀土可以进行改良使用。一般来讲，黏性土都有一定的膨胀性，只是膨胀量小，没有达到危害程度。为了正确评价膨胀土与非膨胀土，必须测定其膨胀收缩指标，表示膨胀土的胀缩性指标有下列几种：

①自由膨胀率（F_s）。指人工制备的烘干土，在水中吸水后体积增量（$V_w - V_0$）与原体积（V_0）之比：

$$F_s = \frac{V_w - V_0}{V_0} \times 100\% \qquad (8-35)$$

$F_s > 40\%$ 为膨胀土，$40\% \leqslant F_s < 60\%$ 为弱膨胀土，$60\% \leqslant F_s < 90\%$ 为中膨胀土，$F_s \geqslant 90\%$ 为强膨胀土。原铁道部规定 $F_s > 40\%$、$w_L > 40\%$ 为膨胀土（w_L 为液限含水量）。

②膨胀率（C_{sw}）。人工制备的烘干土，在一定压力下，侧向受限浸水膨胀稳定后，试样增加的高度（$h_w - h_0$）与原高度（h_0）之比：

$$C_{sw} = \frac{h_w - h_0}{h_0} \times 100\% \qquad (8-36)$$

$C_{sw} \geqslant 4\%$ 为膨胀土。

③线缩率（e_{sl}）。为土样收缩后高度减小量（$l_0 - l$）与原高度（l_0）之比：

$$e_{sl} = \frac{l_0 - l}{l_0} \times 100\% \qquad (8-37)$$

$e_{sl} \geqslant 5\%$ 为膨胀土。

《铁路特殊土路基设计规范》（TB 10035—2006）中关于综合判定膨胀土的判别与分类由初判与详判两个阶段完成。初判是根据膨胀土的野外特征及自由膨胀率进行综合判别，即具有表8-17所列的野外地质特征，且自由膨胀率 $F_s \geqslant 40\%$ 的土，应判定为膨胀土；或当野外地质特征明显具有表8-18所列特征，且自由膨胀率 $F_s \geqslant 35\%$，或当野外地质特征不明显具有表8-17所列特征，且自由膨胀率 $F_s \geqslant 45\%$ 时，也应判定为膨胀土。

表8-17　膨胀土的野外地质特征

项目	特征
地层	以第四系中、上更新统为主，少量为全新统和新第三系
地貌	分布于山前丘陵区，盆地边缘区及河谷高阶地区为主，岗顶多呈浑圆状，无明显的天然陡坎，自然坡度平缓
颜色	以褐黄、棕黄、棕红、黄褐、灰白、灰绿色为主，且常呈夹层出现，其中灰白、灰绿色土质更差
黏性	土质细腻，手触摸有滑感，雨天走路易贴鞋底
含有物	含有钙质结核（砂、礓石），有时富集成层，并有豆状铁锰质结核
结构	结构致密，土块破碎后呈菱块状，更细小的碎屑鳞片状，俗称鸡粪土
裂隙	裂隙发育，有2~3组以上的裂隙，裂面光滑或有擦痕，或为铁锰胶膜附着，裂隙中常有灰白、灰绿色黏土矿物充填
崩解性	含水量低于硬塑状态的土块浸水，很快沿裂隙崩解
胀缩性	晴天新挖的坑壁，裂隙迅速张开，土块易剥落；雨后表层裂隙很快闭合，坑壁土体易沿裂隙坍塌

初判适应于铁路勘测的初测及以前各阶段。详判是在初判已经判定为膨胀土后按其强度指标作进一步的分类，划分出一般路基地段或重点路基工点膨胀土土质的差异程度。

在膨胀土强度的衰减程度分类时，《铁路特殊土路基设计规范》（TB 100035—2006）建议：

①对于边坡深层破坏的模式，采用残余内摩擦角 φ_r 作为分类指标；同时将残余剪切强度系数 α 作为辅助分类指标。

②对于边坡浅层破坏的模式，选用胀限含水量（土样吸水膨胀稳定后的最大含水量）下的无侧限抗压强度 q_u 作为分类指标。具体的分类等级见表 8 – 18。

表 8 – 18　膨胀土强度衰减程度分类

边坡破坏形式	指标名称	分类等级		
		弱	中	强
深层破坏	残余内摩擦角 φ_r/(°)	>20	20 ~ 15	<15
	残余剪切强度系数 α	<0.4	0.4 ~ 0.6	>0.6
浅层破坏	胀限（单向膨胀）下无侧限抗压强度 q_u/kPa	>25	25 ~ 15	<15

注：1. 表内 $\alpha = \dfrac{\varphi_f - \varphi_r}{\varphi_r}$，式中 φ_f 为峰值内摩擦角，φ_r 为残余内摩擦角；2. 分类等级弱、中、强分别为抗剪强度衰竭微弱、中等、强烈；3. 深层破坏是指边坡整体破坏，有坍滑和滑坡；浅层破坏是指边坡局部破坏，有冲蚀与溜坍。

8.3.3　膨胀土(岩)的路基设计

（1）路堑段设计

膨胀土(岩)路堑边坡坡度应根据岩土的性质、软弱层和裂隙的组合关系、气候特点、水文地质条件，以及自然山坡、人工边坡的稳定坡度等综合确定。

边坡设计应遵循"缓坡度、宽平台、加固坡脚和适宜的坡面防护相结合"的原则。边坡坡度及平台宽度视边坡的高度和土质可按表 8 – 19 设计，边坡高度大于 10 m 时应进行个别设计，必要时与隧道通过方案做比较。

表 8 – 19　路堑边坡坡度及平台宽度

边坡高度 /m	边坡坡度			边坡平台宽度/m			侧沟平台宽度/m		
	弱	中	强	弱	中	强	弱	中	强
<6	1:1.5	(1:1.5) ~ (1:1.75)	(1:1.75) ~ (1:2.0)	可不设			1.0	1.0 ~ 2.0	2.0
6 ~ 10	1:1.75	(1:1.75) ~ (1:2.0)	(1:2.0) ~ (1:2.5)	1.0 ~ 2.0	2.0	≥2.0	1.0 ~ 2.0	2.0	≥2.0

路堑弃土应远离堑顶或弃于低侧山坡。

边坡应加强排水，及时引排地面水和地下水以及坡面积水。根据地下水发育情况，可采用仰斜排水孔、支撑渗沟和纵向盲沟排水。

1）路堑横断面设计

膨胀土路堑横断面形式的选择应依据膨胀土的特性，以防止地表水渗入、冲蚀，防止风

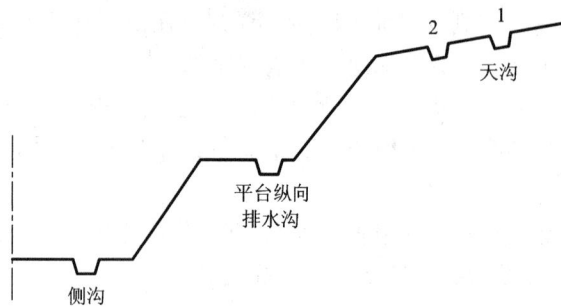

图 8 – 22 膨胀土路堑横断面形式

化作用发展，防止胀缩变形和强度衰减为出发点，并加强地表排水设施和坡面防护，防止地表水下渗。

如图 8 – 22 所示为膨胀土路堑横断面的示意。

对于边坡高度不大于 10 m 的路堑，边坡坡度和平台的设置应根据土的分类等级和边坡高度，按表 8 – 19 所列数值设计。迎水一侧的堑顶应设置天沟。路堑的所有排水设施、侧沟平台、边坡平台均须用浆砌片石或混凝土加固，防止地表水下渗。

当边坡的高度大于 10 m 时，其边坡坡度应根据土的性质，软弱层和裂缝面的组合关系，当地气候特点，水文地质条件等综合确定。

2）膨胀土路堑的稳定性分析

根据对膨胀土路堑边坡破坏类型及特征的分析可知，坡面冲蚀和表层溜坍是一种浅层破坏现象，可通过采取各种边坡防护措施予以解决，一般不作为边坡断面设计的依据；大量的工程实践表明，膨胀土地区的滑坡多是由于边坡开挖，切断了下部支撑，使斜坡土体失去了原有平衡而产生滑动所致。膨胀土地区的滑坡破坏，基本符合滑坡的一般规律，可应用一般滑坡处理所采用的计算方法进行稳定分析和计算，其稳定安全系数不小于 1.25。

（2）路堤段设计

1）路堤段横断面设计

膨胀土（岩）属于 D 组填料，是不符合填料规定要求的。但是在膨胀土（岩）地区往往缺乏其他填料，且考虑到膨胀土（岩）路堑的弃土也不容易处理，因此，用膨胀土（岩）作路堤填料是难以避免的。对于各类膨胀土（岩）要有选择地利用，尽可能选择弱、中膨胀土（岩）作填料，不用强膨胀土（岩）作填料。用弱、中膨胀土（岩）填筑路堤时，其边坡坡度应根据路堤边坡的高度、填料重塑后的性质、区域气候特点，并参照既有路堤的成熟经验综合确定。

边坡高度不大于 10 m 的路堤边坡坡度和平台的设置，可按表 8 – 20 进行。

表 8 – 20　路堤边坡坡度及平台宽度

边坡高度 /m	边坡坡度		边坡平台宽度/m	
	弱	中	弱	中
<6	1:1.5	(1:1.5) ~ (1:1.75)	可不设	
6 ~ 10	1:1.75	(1:1.75) ~ (1:2.0)	2.0	≥2.0

　　强膨胀土(岩)不应作为路堤填料,如不得已采用时,必须采取改良或其他加固措施,并通过试验确定。研究和试验表明,在膨胀土中掺入非膨胀土、砂或卵石土,可以在一定程度上降低膨胀土的胀缩性,改善和适度提高其强度。在仅有强膨胀土地段,可采用强膨胀土填筑路堤堤心,外围填筑厚度不小于 2 m 的渗水性土。在整治膨胀土路堤病害中,可掺入生石灰、水泥、砂、粉煤灰等添加剂。

　　考虑到既有线膨胀土(岩)路堤普遍沉降这一实际情况,以及膨胀土(岩)的胀缩特性将会使填土产生后期沉降,因此,对于膨胀土(岩)路堤,应预先适当加大路基面宽度,以便在路堤沉降后抬高道床时能保持有足够的路肩宽度。加宽值可根据施工碾压条件、填料实际含水量、土质分类等级、路堤高度等综合考虑决定。用膨胀土作为路基填料的填筑标准如下:

　　①用膨胀土作路堤填料,土块应击碎。基床以下填土的压实系数不得小于 0.9。

　　②强膨胀土不得作为路堤填料,如不得已而采用时,必须外包一层低塑性土、砂类土或改良土,包层厚度垂直坡面方向不得小于 1.5 m,如图 8-23 所示。

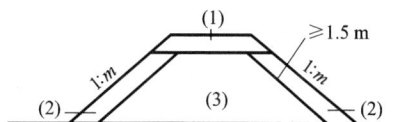

图 8-23　非膨胀土与膨胀土结合填筑路堤示意图
(1)基床填料;(2)改良土;(3)膨胀土填料

　　③膨胀土路堤应预留沉降加宽量,可根据路堤高度,每侧加宽 0.5~1.5 m。

　　3)膨胀土路堤的稳定性分析

　　膨胀土路堤的稳定性分析方法与路堤的破坏模式密切相关。膨胀土路堤边坡的破坏模式主要表现为表层溜坍和深层坍滑两种类型。因而路堤的稳定性分析应从以上两方面进行综合考虑,见图 8-24。

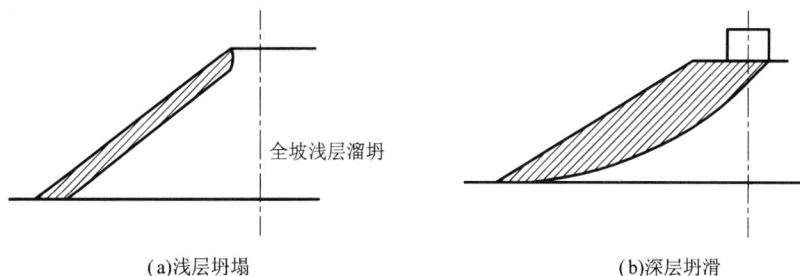

(a)浅层坍塌　　　　　　　　　　　　　　　(b)深层坍滑

图 8-24　路堤的破坏模式

　　①路堤边坡的表层稳定性分析。

　　在路堤的设计断面中,路堤边坡表层的破坏模式可假定为图 8-25 所示的计算图式。

　　表层的抗滑安全稳定系数可以根据滑块体的力学平衡条件按下式计算:

$$F_s = \frac{4c(D\sin2\alpha + H)}{\gamma D(2H + D\sin^2\alpha)\sin2\alpha} \qquad (8-38)$$

式中: c 为黏聚力,采用反复胀缩后的强度值; γ 为土的重度,kN/m³; α 为滑面的倾角,(°); H 为滑面的高度,m; D 为滑面的深度,即表层软化深度,m。

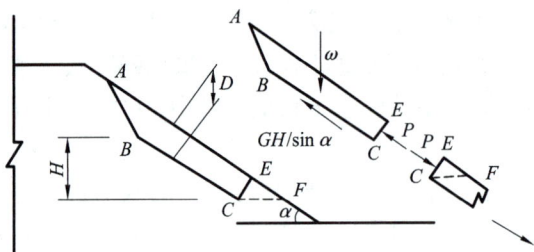

图 8 - 25　膨胀土路堤边坡表层破坏计算分析模式　　图 8 - 26　膨胀土路堤边坡深层破坏计算分析模式

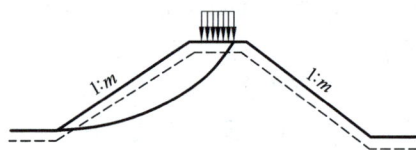

如果检算得到的安全系数 F_s < 1.25，须进一步改缓边坡或采取破面防护措施。具体采用哪种方案应根据实际情况进行技术经济比较，直至满足要求为止。

②路堤的整体稳定性检算。

膨胀土路堤的整体稳定性分析可按图 8 - 26 所示的破坏模式，取一般铁路路堤的标准断面，采用圆弧滑裂面法进行稳定性分析，检算时强度采用浸水后的指标，并假定滑弧通过表层 1.0 m 范围内的抗剪强度为零(考虑到表层的抗剪强度已经丧失)。如果检算得到的安全系数 F_s < 1.25，须进一步改缓边坡并重新检算修改后路堤断面的稳定性，直至安全系数达到 1.25 为止。

(3)基床设计

膨胀土(岩)是不得用作基床填料的，主要有以下原因：一是在既有线路基出现的各种病害中，基床病害所占的比例远大于其他部位的病害；二是膨胀土(岩)在胀限状态下的无侧限抗压强度一般为 15 ~ 30 kPa，远小于列车换算荷载 50 ~ 60 kPa。如果用膨胀土(岩)作为基床材料，显然路基面的承载力是不足的；三是膨胀土(岩)的液限大于 32% 、塑性指数大于 12，不能满足现行《铁路路基设计规范》(TB 10001—2005)对基床填料要求的规定。

路堑基床表层范围内应换填低塑性土、砂类土或其他适合的填料土，否则应进行土质改良或采取其他适宜的加固措施。对强膨胀土(岩)、地下水发育、运营中处理困难的路堑，基床的换填深度应加深至 0.9 ~ 1.5 m，并应采取地下排水措施(设纵横向排水渗沟、渗管等)。

路堤基床表层应采用低塑性土、砂类土或其他适合的填料填筑。基床土质改良的掺料，宜用石灰或水泥、粉煤灰等。基床表层可选用适宜的土工合成材料分别作为基床的封闭、排水、加筋或反滤层。地下水丰富的路堑和沉降还没有完成的路堤基床，不宜采用封闭层处理。

(4)边坡防护加固

为了防止膨胀土(岩)路基的边坡因土的特殊性质而出现病害，必须十分重视边坡的防护与加固，特别是强膨胀土(岩)地区修建的深(高)度较大的路堑和高路堤。边坡防护加固应遵循下列规定：可能发生浅层破坏时，宜采取半封闭的相对保湿防渗措施，可能发生深层破坏时，应先解决整体边坡的长期稳定，并采取浅层破坏的防护措施；膨胀土(岩)强度指标应采用低于峰值的强度值，可采用反算和经验指标；支挡结构基础埋深应大于气候影响层深度，反滤层应适当加厚(大于 0.5 m)。

膨胀土(岩)和一般地区的路基边坡防护与加固相比，有以下特点。

由于膨胀土(岩)的湿涨干缩,裂隙发育,都在一定程度上与大气降水、温湿变化等能使土获得水的补充和消失的因素有关,在有地面水、地下水补给的情况时也相似。所以在膨胀土(岩)地区的边坡坡面防护中,应力求减弱大气因素对边坡坡面土的影响,并且在边坡土需要加固时,应选用可兼具两种功用的防护、加固设施。能起边坡防护兼具不同程度加固作用的设施有:

①植被防护。植被防护是一种基本防护方法,选用生长迅速,根系发达,能深入土层深处,且枝叶茂密,可减弱地表湿度变化的植物。应使边坡形成良好的植被,既能防止地表水流冲刷,又能减少入渗和减缓土的干湿变化。

②干砌片石护坡。干砌片石护坡可以改善大气、日晒等对坡面土的影响。

由于膨胀土(岩)的稳定性低,易于失稳坍塌,尤其是应力强度大的坡脚点处,所以,应按需要对边坡加固。常用的加固设施如下:

①坡脚挡土墙及片石垛。路堑和路堤的坡脚,在膨胀土(岩)地区的路基中都是应力强度大而地基承载力多变、易形成病害的地方。所以,修筑坡脚墙是保证边坡稳定的一项措施。坡脚墙为低矮墙,它的基础需埋入稳定土层。由于膨胀土(岩)的稳定性受土质因素的影响,所以墙背土压力不易确切计算,可按最不利条件作近似计算得出。路堤的坡脚在可设片石垛时,也可以用支垛作支挡。

②边坡支撑渗沟和骨架护坡。当边坡内有水排出时,可以修支撑渗沟。为支撑边坡表土,防止溜塌,可在支撑渗沟间设拱或作"人"字形支沟,支撑渗沟底部应有稳固的支承结构和排水设施。

在边坡内无地下水渗出时,为了防止边坡土溜塌,可设骨架护坡。

在膨胀土(岩)路基中,各种防护与加固设施大体上和一般路基相同,只是在设置时必须依据膨胀土(岩)的特性和路基稳固的需要来考虑,使之起到应有的作用。

8.3.5　膨胀土路基设计实例

(1)工程概况

某新建铁路某段地质为剥蚀丘陵、垄岗区、坡残积膨胀土,谷地表为坡洪积膨胀土。12合同段(DK147+000～DK161+910)设计膨胀土路基$3.9×10^5$ m³,以伊利石为主,含蒙脱石。实测其主要化学成分为SiO_2(约46%)、Al_2O_3(约25%)、TiO_2(约0.36%)、Fe_2O_3(约10%)、MgO(约7%)、K_2O(约9%),其余微量元素约2.64%。该标段膨胀土从地表自上而下依次为棕黄、褐黄、灰黄色、黑色、灰白、灰绿色,其天然含水量大多在13%～26%,室内击实试验室最大干容重为16.5～18.1 kN/m³。

本段路堤地处垄岗地带,表层为第四系上更新统冲积层老黏土,褐黄色,呈网纹状结构,硬塑,厚4～6 m,其中地表有0.3～0.6 m的种植土,下部为志留系(S_{1L})的泥质页岩,路堤填料取自附近垄岗地表(Q_3^{al})黏土层,矿物成份以伊利石、拜来石为主,夹有蒙脱石等其他黏土矿物。通过膨胀性试验,按《铁路工程地质膨胀土勘测规则》评判,填料为黏土,具有弱膨胀性,属 D 类填料,其特性指标为:自由膨胀率$F_s=28%～66%$,平均47.8%;蒙脱石含量$M=13.7%～27.3%$,平均19.66%;阳离子交换量$[mmol(NH_4^+)/100$ g 干土]$CEC=21.4%～36.2%$,平均26.74%。

（2）处理措施及效果

1）边坡坡率与一般加固措施

①全部膨胀土路堤坡脚设厚 0.5 m，高 1.0 m 小脚墙坡面喷播植草防护。

②边坡高度 $H<6$ m，边坡坡率为 1:1.5；边坡高度 6~8 m，边坡坡率为 1:1.75；边坡高度 $H>8$ m 时，上部 6 m 边坡坡率为 1:1.5，且留 2.0 m 平台，6 m 以下边坡坡率为 1:1.75，见图 8-27。

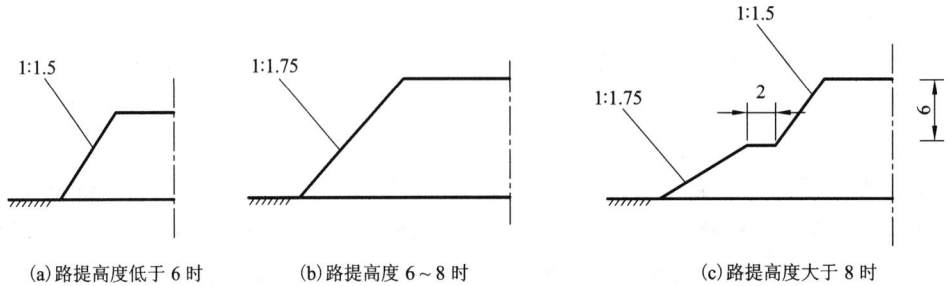

（a）路提高度低于 6 时　　　（b）路提高度 6~8 时　　　（c）路提高度大于 8 时

图 8-27　不同路堤高度的边坡坡率设计（单位：m）

2）土工格栅和土工网垫加固膨胀土路堤边坡

考虑了不同应用条件和加固目的综合性，在膨胀土路基工程中有针对性地采用了多种土工合成材料，一是为增强路堤边坡稳定性，采用铺设土工格栅、土工网垫加筋防护边坡；二是为防止路堤基床病害，采用铺设复合土工膜（二布一膜）和土工格室加固基床等措施。当膨胀土路堤边坡高度 6~10 m 时，边坡内铺设 SDL-25 型土工格栅，格栅横断面方向宽度 2.5 m，分层铺设，每层间距 0.7 m。当边坡高度大于 10 m 时，边坡内铺设 3.5 m 宽 SDL-25 型土工格栅，每层间距 0.7 m，如图 8-28 所示。

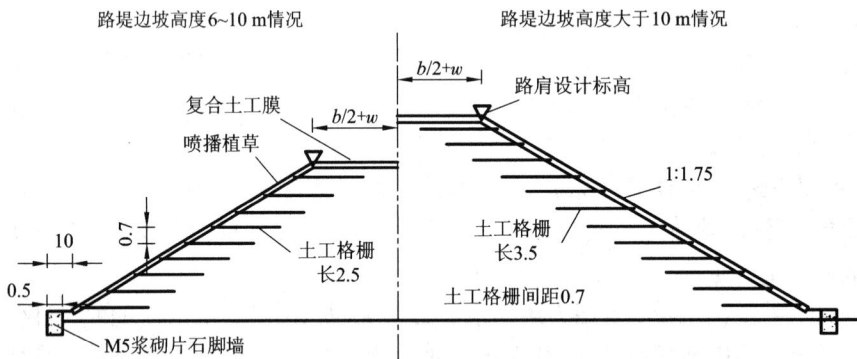

图 8-28　土工格栅处理膨胀土边坡示意图（单位：m）

土工格栅随路基填筑铺设，为保证土工格栅 70 cm 分层间距，并满足压实层铺土厚度不大于 30 cm 的要求，必须较均匀地分 3 层填筑，并要求表面平整采用重型机械振动压实。土工格栅需尽量拉紧平整铺设，不容许有褶皱并用 8 号铁丝制成"U"形土钉固定，格栅搭接采用铁丝绑扎。严禁碾压机械直接在土工格栅表面碾压。

坡面采用土工网垫并喷播植草防护。土工网垫在不大于 10 m 的膨胀土路堤填筑完成、边坡压密、整平后自上而下坡面密贴铺设，上、下边坡按 L 形埋入土中，埋深不小于 40 cm，回转长度不宜小于 20 cm。网垫四周用木钉固定，木钉间距 30 cm，钉长不小于 15 cm，疏松地表加长至 25 ~ 30 cm。网垫搭接长度不小于 2 cm，搭接处木钉应顺垫钉入，密度增加 1 倍。如图 8 - 29 所示。

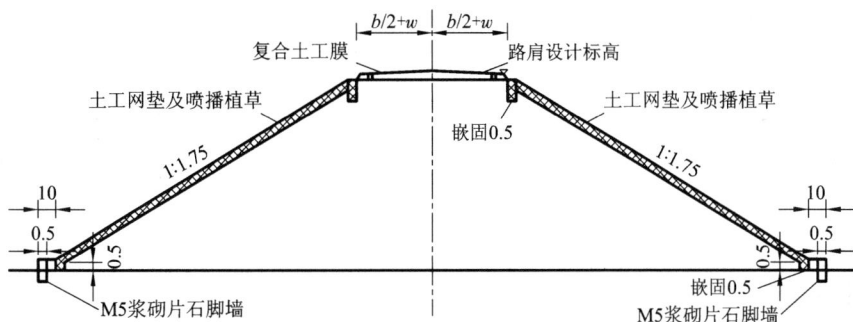

图 8 - 29　土工网垫防护边坡设计图(单位：m)

3)全部路基基床铺设二布一膜无纺土工布加固

铁路全线采用二布一膜无纺土工布透水性土工合成材料，其等效孔径 ESO 为 0.05 ~ 0.5 mm，$O_{95} = 0.05 ~ 0.08$ mm。渗透系数 $10^{-3} ~ 10^{-2}$ cm/s 在列车荷载作用下处于"双向排水"状态时具有较好的隔浆、渗水作用(图 8 - 28)。

全部土工合成材料施工质量和使用效果良好，有效地防治了基床沉陷、纵裂、翻浆冒泥、边坡溜坍等膨胀土路基常见病害，为铁路膨胀土路基地段线路安全运营奠定了坚实的基础。

8.4　冻土路基

8.4.1　冻土的基本概念

凡是土温等于或低于零摄氏度、且含有冰的土(石)，称为冻土。这种状态保持三年或三年以上者，称为多年冻土。

季节性冻土是受季节气候的影响，冬季冻结、夏季全部融化而呈周期性冻结融化，冻结状态持续时间小于一年的土。季节性冻土在我国的华北、西北、和东北地区均有分布，因其周期性的冻结融化，对地基土的稳定性影响较大。

多年冻土是指冻结状态持续时间多于两年的土。多年冻土常存在地面下的一定深度，其上接近地表部分，往往也受季节性影响，冬冻夏融，此部分常称为季节融冻层。我国多年冻土分布的地区很广，约占全国总面积的 1/5。

我国多年冻土分布较集中的地区是东北大小兴安岭和青藏高原。前者是古代冰川沉积残留物，目前处于退化阶段，具有不稳定性的特点；后者是高海拔的近代大陆性气候的产物，至今仍在发展。

8.4.2 冻土冻胀分类与分级

（1）季节性冻土冻胀分级

季节性冻土应根据土的类别、天然含水量、地下水位、平均冻胀率按表 8 – 21 进行冻胀分级。

表 8 – 21 季节性冻土的冻胀分级

土的类别	冻前天然含水率 $w/\%$	冻结期间地下水位距冻结面的最小距离 h_w/m	平均冻胀率 $\eta/\%$	冻胀等级及类别
粉黏粒质量不大于 15% 的粗颗粒土（包括碎石类土、砾、粗、中砂，以下同），粉黏粒质量不大于 10% 的细砂	不考虑	不考虑	$\eta \leq 1$	I 级 不冻胀
粉黏粒质量大于 15% 的粗颗粒土，粉黏粒质量大于 10% 的细砂	$w \leq 12$	> 1.0		
粉砂	$12 < w \leq 14$	> 1.0		
粉土	$w \leq 19$	> 1.5		
黏性土	$w \leq w_p + 2$	> 2.0		
粉黏粒质量大于 15% 的粗颗粒土，粉黏粒质量大于 10% 的细砂	$w \leq 12$	≤ 1.0	$1 < \eta \leq 3.5$	II 级 弱冻胀
	$12 < w \leq 18$	> 1.0		
粉砂	$w \leq 14$	≤ 1.0		
	$14 < w \leq 19$	> 1.0		
粉土	$w \leq 19$	≤ 1.5		
	$12 < w \leq 22$	> 1.5		
黏性土	$w \leq w_p + 2$	≤ 2.0		
	$w_p + 2 < w \leq w_p + 5$	> 2.0		
粉黏粒质量大于 15% 的粗颗粒土，粉黏粒质量大于 10% 的细砂	$12 < w \leq 18$	≤ 1.0	$3.5 < \eta \leq 6$	III 级 冻胀
	$w > 18$	> 0.5		
粉砂	$14 < w \leq 19$	≤ 1.0		
	$19 < w \leq 23$	> 1.0		
粉土	$19 < w \leq 22$	≤ 1.5		
	$22 < w \leq 26$	> 1.5		
黏性土	$w_{p+} 2 < w \leq w_p + 5$	≤ 2.0		
	$w_{p+} 5 < w \leq w_p + 9$	> 2.0		

土的类别	冻前天然含水率 $w/\%$	冻结期间地下水位距冻结面的最小距离 h_w/m	平均冻胀率 $\eta/\%$	冻胀等级及类别
粉黏粒质量大于 15% 的粗颗粒土，粉黏粒质量大于 10% 的细砂	$w > 18$	≤ 0.5	$6 < \eta \leq 12$	Ⅳ级 强冻胀
粉砂	$19 < w \leq 23$	≤ 1.0		
粉土	$22 < w \leq 26$	≤ 1.5		
	$26 < w \leq 30$	> 1.5		
黏性土	$w_{p+} 5 < w \leq w_p + 9$	≤ 2.0		
	$w_{p+} 9 < w \leq w_p + 15$	> 2.0		
粉砂	$w > 23$	不考虑	$\eta > 12$	Ⅴ级 特强冻胀
粉土	$26 < w \leq 30$	≤ 1.5		
	$w > 30$	不考虑		
黏性土	$w_{p+} 9 < w \leq w_p + 15$	≤ 2.0		
	$w \geq w_p + 15$	不考虑		

注：1. 平均冻胀率为地表冻胀量与冻层厚度减地表冻胀量之比；2. w_p 为塑限含水率；3. 盐渍化冻土不在表列；4. 塑性指数大于 22 时，冻胀性降低一级；5. 碎石类土当充填物大于全部质量的 40% 时，其冻胀性按填充物土的类别判定。

（2）多年冻土的特征及分类

在我国东北、西北和青藏高原的高寒地区，寒冷季节日平均气温都在摄氏零度以下，部分地区最低气温达到摄氏零下五十多度。在这样的负温条件下，地表土层持续多年处于冻结状态，该地区即为多年冻土地区。若多年冻土层连续成整片的则为连续多年冻土；若多年冻土彼此不相连续，成岛状分布或在连续多年冻土中夹有一些岛状的非多年冻层的则称为岛状（非连续）多年冻土。这些非连续的多年冻土一般都分布在连续多年冻土的外边缘。

在多年冻土地区，有的地方在地表存在夏季融化、冬季冻结的季节融冻层，季节融冻层和下部多年冻土层相连接的称为衔接的多年冻土（图 8 – 30），若不相连接的称为不衔接的多年冻土（图 8 – 31）。对于多年冻土层的顶面，称为多年冻土的上限；其底面，称为多年冻土的下限。在大自然条件下形成的上限，称为天然上限；受人为活动影响形成的新上限，称为人为上限。

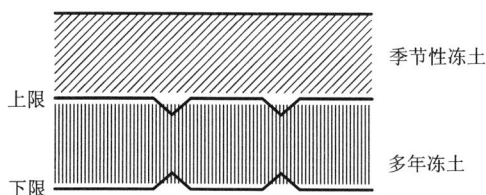

图 8 – 30　衔接的多年冻土

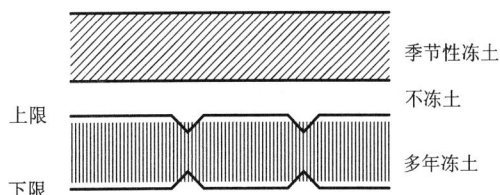

图 8 – 31　不衔接的多年冻土

多年冻土应根据土的分类、总含水量及其融沉情况按表 8 - 22 分类。

表 8 - 22 多年冻土分类总含水量及其融沉性分级表

多年冻土类型	土的名称	总含水率 $w_A/\%$	平均融沉系数 $\delta_0/\%$	融沉等级	融沉类别
少冰冻土	碎石类土、砾砂、粗砂、中砂（粉黏粒质量不大于15%）	$w_A < 10$	≤1	Ⅰ	不融沉
	碎石类土、砾砂、粗砂、中砂（粉黏粒质量大于15%）	$w_A < 12$			
	细砂、粉砂	$w_A < 14$			
	粉土	$w_A < 17$			
	黏性土	$w_A < w_P$			
多冰冻土	碎石类土、砾砂、粗砂、中砂（粉黏粒质量不大于15%）	$10 \leqslant w_A < 15$	$1 < \delta_0 \leqslant 3$	Ⅱ	弱融沉
	碎石类土、砾砂、粗砂、中砂（粉黏粒质量大于15%）	$12 \leqslant w_A < 15$			
	细砂、粉砂	$14 \leqslant w_A < 18$			
	粉土	$17 \leqslant w_A < 21$			
	黏性土	$w_P \leqslant w_A < w_P + 4$			
富冰冻土	碎石类土、砾砂、粗砂、中砂（粉黏粒质量不大于15%）	$15 \leqslant w_A < 25$	$3 < \delta_0 \leqslant 10$	Ⅲ	融沉
	碎石类土、砾砂、粗砂、中砂（粉黏粒质量大于15%）				
	细砂、粉砂	$18 \leqslant w_A < 28$			
	粉土	$21 \leqslant w_A < 32$			
	黏性土	$w_P + 4 \leqslant w_A < w_P + 15$			
饱冰冻土	碎石类土、砾砂、粗砂、中砂（粉黏粒质量不大于15%）	$25 \leqslant w_A < 44$	$10 < \delta_0 \leqslant 25$	Ⅳ	强融沉
	碎石类土、砾砂、粗砂、中砂（粉黏粒质量大于15%）				
	细砂、粉砂	$28 \leqslant w_A < 44$			
	粉土	$32 \leqslant w_A < 44$			
	黏性土	$w_P + 15 \leqslant w_A < w_P + 35$			
含土冰层	碎石类土、砂类土、粉土	$w_A \geqslant 44$	>25	Ⅴ	融陷
	黏性土	$w_A \geqslant w_P + 35$			

注：1. 总含水率包括冰和未冻水；2. 盐渍化冻土、泥炭化冻土、腐植土、高塑性黏土不在表列；3. 平均融沉系数

$$\overline{\delta_0} = \frac{h_1 - h_2}{h_1} = \frac{e_1 - e_2}{1 + e_1} \times 100\%$$

（8 - 39）

式中：h_1、e_1 为冻土试样融化前的高度(mm)和孔隙比；h_2、e_2 分别为冻土试样融化后的高度(mm)和孔隙比。

（3）高原多年冻土的地温分区

高原多年冻土的地温分区，可根据多年冻土年平均地温 T_{cp} 分为以下四类：

①多年冻土的年平均地温 $T_{cp} \geqslant -0.5\text{℃}$ 时，属高温极不稳定冻土区。

②多年冻土的年平均地温 $-1.0\text{℃} \leqslant T_{cp} < -0.5\text{℃}$ 时，属高温不稳定冻土区。

③多年冻土的年平均地温 $-2.0\text{℃} \leqslant T_{cp} < -1.0\text{℃}$ 时，属低温基本稳定冻土区。

④多年冻土的年平均地温 $T_{cp} < -2.0\text{℃}$ 时，属低温稳定冻土区。

8.4.3　冻土的工程性质及危害

（1）冻土的工程性质

1）物理性质

多年冻土是由矿物颗粒、固态冰、液态水和气体组成的四相体系。因此其物理性质取决于冻土中的总含水量（包括固相和液相含水量）、冻土中未冻水的含量、原状结构冻土的容重、固体矿物颗粒相对密度等四个方面的特征值。这些特征值可通过室内试验确定。

2）热物理性质

对于一般土体，其热物理性质并不重要，但对于多年冻土，其热物理性质如热容量、导热系数等指标对土的温度情况影响很大，其数值均应从实地现场试验获得。若概略计算路基的温度时，导热系数可通过查阅有关手册确定。

3）冻融特性

①冻胀特性。土体在冻结过程中，土中水分（包括外界向冻结锋面迁移的水分及孔隙中原有的部分水分）冻结成冰，形成冰层、冰透镜体、多晶体冰晶等冰侵入体，引起土粒间相对位移，使土体产生膨胀的现象。土体膨胀时对地基和基础产生力的作用，这种力称为冻胀力；其膨胀的数量即为冻胀量。土体的冻胀特性与土质、土温、水文地质条件、冻结深度等有密切关系。

②融沉特性。在热力作用下，冻土地基逐渐产生融化，随着土的一系列物理力学性质的改变，地基在自重和外荷载作用下将产生融化下沉和压缩下沉现象。冻土的这种融沉特性将使地基产生不均匀沉陷。

另外，冻土的力学性质如抗压、抗剪强度以及压缩性能等都是不稳定的，其关键是土中固态水与液态水的变化。当土中水结成冰时，土粒间胶结性增加，透水性减少，强度增高，压缩性低；反之当冻土融化时，冰的胶结程度降低，土的性质也产生相应的变化。

（2）多年冻土地区路基的主要病害及不良地质现象

1）多年冻土地区路基不良地质现象

①冰丘、冰锥：在寒季流出封冻地表或封冻冰面的地下水或河水，冻结后呈现丘状隆起的冰体称为冰锥；在寒季地面冻结，地下水受地面和下部多年冻土的遏阻，冻结膨胀在薄弱地带将地表抬起形成丘状隆起的土丘称为冰丘。

②热融坍滑：由于自然营力或人为活动，破坏了有地下冰分布的斜坡（一般横坡大于3°）的热平衡状态后，地表土体在重力作用下沿融冻界面呈牵引式位移而形成的滑坍。

③热融沉陷和热融湖（塘）：由于自然营力或人为活动，破坏了多年冻土（或地下冰）的热平衡状态后，使地表下沉（一般地面横坡小于3°）所形成的凹地或积水凹地。

④冻土沼泽：多年冻土层地表因受积雪及地表水的影响，在平坦与低洼地形成沼泽。此

种现象在东北较多,在青藏高原地区也有分布于缓山坡的低洼处。因沼泽中多长有喜水植物(如东北的塔头草)及覆盖有泥炭层,保护了多年冻土,因而上限浅,形成了隔水层,使地表长期积水或处于潮湿状态。

2)多年冻土的病害

在多年冻土地区不良地质地带,发生的主要病害有:

①融沉病害。融沉是多年冻土地区路基主要病害之一,一般多发生在含冰量大的黏性土地段。当路基基底的多年冻土或路堑边坡上分布有较厚的地下冰层时,由于地下冰层埋藏较浅,在施工及运营过程中各种人为因素的影响下,使多年冻土局部融化,上覆土层在土体自重和外力作用下产生沉陷,造成路基的严重变形,如路基下沉,路堤向阳侧路肩及边坡开裂、下滑,路堑边坡溜坍等。

②冻胀病害。冻胀病害是寒区铁路特有的主要病害之一,在季节冻结深度较大地区及多年冻土地区均有发生,尤以多年冻土地区严重,主要是地基上及填土中水冻结时体积膨胀所造成。形成路基冻胀病害的基本原因有以下几种情况:路基基床面不平整,积水冻结膨胀形成冻胀病害;碎石道床及垫层不洁,污染严重,混入泥土量较多,遇积水产生冻胀;地表水或地下水(或浅层潜水)对路基土的不均匀浸湿以及路基不同朝向形成的不均匀冻胀等。

③冰害。冰害主要是指在路堤上方出露地表的泉水,或开挖路堑后地下水自边坡流出,在隆冬季节随流随冻,形成积冰掩盖路基面或边坡挂冰,堑内积水等病害。对于路基工程来讲,路堑地段较路堤地段冰害要多,尤其发生在浅层地下冰发育的低填浅挖地段的冰害,危害程度更大。对有一定填土高度的路堤,危害程度相对较小。

8.4.4 多年冻土地区路基设计

(1)一般原则

设计时,应首先根据多年冻土的分带(分区),判明线路所在的地理位置,然后确定相应的设计原则,常采用保持多年冻土的设计原则和破坏多年冻土的设计原则。对于东北地区:在大片连续多年冻土带(或称连续多年冻土带)、岛状融区多年冻土带(或称大片岛状多年冻土带)及保温条件好的岛状多年冻土带(或称零星岛状多年冻土带),应采取保护多年冻土的原则,在保温条件差的邻近多年冻土带南界的零星岛状冻土,应采取破坏冻土的设计原则。青藏高原:在多年冻土发育的腹部地带及边缘地带的稳定型冻土,一般均可采用保护多年冻土的设计原则。在边缘地带的不稳定型多年冻土,应采取破坏多年冻土的设计原则。

路堤填料的类型,从防止冻胀看,粗粒土排水条件好,存水少,不易产生冻胀和融沉,从保温效果讲,细粒土(黏性土)较粗粒土为好。采用保护基底多年冻土原则的路堤,以保温性能好的细粒土填筑为宜。在地面排水良好的情况下,路堤填料可考虑就地取材。在地面排水不良,坡脚积水,易产生基底横向(或纵向)渗流时,路堤(或路堤的下部)应填黏性土,以防止或减少地面水渗入基底,起到保护冻土的作用。

对于坡面防护材料即保温材料的选择,以具有较低的导热性能、较好的持温能力、良好的防水性以及一定的抗压强度为宜。

此外,路基设计原则可根据多年冻土性质、类型和线路设计等级等因地制宜,采用换填渗水土、加固基底和边坡、保温和排水等工程措施。

（2）多年冻土的一般要求

①多年冻土地区线路宜以路堤通过。应尽量减少挖方、低填浅挖、不填不挖和半填半挖地段的段数和长度。

②线路通过山坡时，路基位置应选在坡度较缓、干燥、向阳的地带。

③路基位置应避免通过不良冻土现象发育和地下水丰富地段。当绕避困难时，应选择在病害轻、范围窄的地段通过，并采取合理的工程措施。线路位于下列不良冻土区时，宜以桥梁通过：大型的冻胀冰丘、冰锥发育地段；发展性热融湖（塘）、范围宽广的大片沼泽或横向坡度较陡的沼泽地段；高温极不稳定区或不易保温的岛状冻土区。

④少冰冻土、多冰冻土地段路基，可按一般地区设计处理，但路堤基底不宜清除地表草皮；高含冰量（富冰冻土、饱冰冻土、含土冰层）冻土地段以及有冻胀丘、冰锥、冻土沼泽、热融滑坍、热融湖（塘）等不良冻土现象地段的路基，应采取特殊处理措施。多年冻土沼泽、厚层地下冰和冻层上水发育的地段，应避免设路堑。

⑤多年冻土区的防护建筑物不得采用浆砌片石结构。挡土墙宜采用预制拼装化的轻型、柔性结构，基础宜采用混凝土拼装基础或桩基础，埋深不应小于该处多年冻土天然上限的 1.3 倍。

（3）多年冻土地区的路基设计

目前进行多年冻土地区的路基设计时，常规的作法是根据冻土地段的具体情况分别采用"保护"多年冻土和"破坏"多年冻土的原则进行设计，并采取不同的处理方法。如在富冰冻土、饱冰冻土、含土冰层等高含冰量冻土地区，冻土融化将会因融沉引起路基病害，宜采取保护冻土的设计原则；如不易保持或采用保护冻土措施不经济时，可采取预先挖除冻土或换填不融沉土等破坏冻土的设计原则；在融沉量不大的情况下，也可以采用加宽路基、预留沉落，让其自然融化等措施。选用何种设计原则和处理方法，将直接关系到路基的稳定、安全与工程造价的高低，因而应慎重对待之。以下按不同的设计原则分别加以叙述。

1）按保护多年冻土原则设计路基

在多年冻土地区修筑路基，由于人为地改变了原来天然地表的传热条件，破坏了天然条件下的热平衡状态，多年冻土的天然上限位置必然会发生相应的变化，这种变化了的上限即人为上限；保护多年冻土的设计原则就是要采取有效的综合保温措施，使路基建成后其基底的人为上限能控制在一定的深度范围内，保护路基下的多年冻土不被融化，保证路基的稳定。

①适宜按保护多年冻土原则设计路基的范围：饱冰冻土或含土冰层地段；富冰冻土地段且含水量较大时；多年冻土沼泽地段；大片多年冻土带和地温较低、保温条件好的岛状多年冻土带。

②路堤最小高度 H_{min}：是指采取保护多年冻土原则设计路堤时，能使基底人为上限维持在原天然上限位置的最小高度。路堤最小高度的确定，需要考虑多种因素，与所处的区域气候、地温、填料类别、冻土介质特性及保温措施有关。目前国内外一般都是根据调查资料统计分析后得出。我国青藏高原确定的黏性土填筑路堤最小高度为 1.0 ~ 1.5 m，东北多年冻土地区根据既有铁路的大量调查资料，提出了 1.5 ~ 2.0 m 的路堤最小高度经验值。对于多年冻土沼泽地段的路堤高度，当填筑细粒土时，应按路堤不产生冻害的最小高度确定；冰丘、冰锥地段的路堤，其高度不得低于冰丘、冰锥的最大高度。

对于青藏高原地区，一般路堤的设计高度可采用下式计算：

$$H_{d} = mH_{c} + S \qquad (8-40)$$

式中：m 为综合修正系数，主要考虑季节融化层物理性质在施工和运营过程中发生变化以及气温在设计年限内出现波动等因素的影响，其值根据冻土类型在 $1.0 \sim 1.4$ 之间变化；H_{c} 为路堤临界高度，即路堤填筑过程中保证上限不下降的最小填土高度，在青藏高原多年冻土相对稳定地带，这一高度经观测为 0.65 m；S 为季节融化层的沉降量，分别按照最大融沉季节施工和冻结期施工进行计算。

东北多年冻土地区根据既有铁路的大量调查资料，经统计分析，提出了路堤最小高度的经验值，见表 8-23。

表 8-23　东北地区路堤最小填土高度

多年冻土类型	大片连续多年冻土	岛状融区多年冻土	岛状多年冻土
最小填土高度/m	1.5	2.0	2.0

东北多年冻土地区的路堤，一般均在融化季节填筑。因路堤填料中大量的蓄热相继地散失及基底植被被压缩后保温性能减弱，因而使路堤基底的冻土土温升高，上限下降。因此，路堤断面多设置护道以对路堤保温和保证路堤稳定。

路堑设计主要做好堑顶排水和坡面保温防护措施并在堑坡坡脚设置集水渗沟。具体内容详可参考本节的工程实例。

③路堤的下沉量计算：应包括地基的融化沉降量和压缩沉降量计算，并按竣工后的地基沉降量和道床边坡坡度确定路基面每侧预留加宽值。沉降量的具体计算方法可参阅《铁路特殊路基设计规范》(TB 10035—2006)。

④保护措施：主要有片石气冷措施(图 8-32)、加强地面排水、设置工业保温材料保温层，路基下部埋设通风管(图 8-33)、热棒降温、遮阳板护坡、保温护道及两侧坡脚外 20 m 范围地表植被不得破坏等措施，其中排水措施应包括：a. 排水沟的横断面积除按流量计算外，一般可采取深度不超过 0.4 m、边坡坡度为

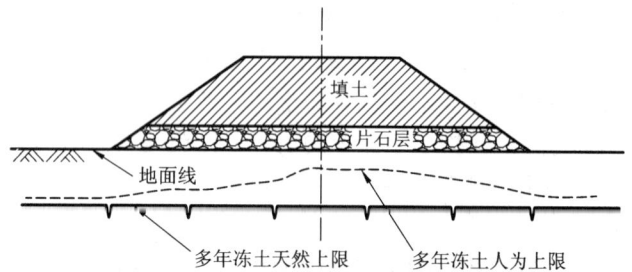

图 8-32　片石气冷路堤效果示意图

$(1:1) \sim (1:1.5)$ 的宽浅断面形式；富冰冻土、饱冰冻土地段排水沟的边缘至路堤坡脚的距离不得小于 5 m，含土冰层地段不得小于 10 m，在厚层地下冰和冻土沼泽地段可采用挡水埝或挡水埝与排水沟结合使用；b. 路堑地段如地面横坡明显时，应在路堑上方设挡水埝，不明显时可在两侧设置，挡水埝的高度不宜低于 0.6 m，当流量较大时，尚应在挡水埝外侧增设天沟；c. 对路基有危害的地下水，应根据地下水类型、水量、积水和地层情况，选用防冻结沟、积冰坑或渗沟等措施；采用渗沟排除地下水时，渗沟及检查井均应采取保温措施；出水口的位置应选在地势开阔、高差较大、纵坡较陡、向阳、避风处，并应采用掩埋式锥体或其他形式的保温措施。路堑边坡有地下水出露时，必须将水引排，并应在边坡上采取保温措施。

图 8 – 33　路基下部埋设通风管

　　路堤两侧保温护道的设置：护道尺寸应符合表 8 – 24 的规定；护道材料可采用黏性土或黏性土内埋设聚苯乙烯泡沫隔温板等。高原地区还可采用块、片、石保温护道，块、片石宜采用直径 0.1 ~ 0.3 m，无级配的不易风化的坚硬石块，其保温护道尺寸可取表 8 – 24 中细粒土的小值。

表 8 – 24　保温护道尺寸

填筑材料	护道/m		边坡坡率
	高度	宽度	
细粒土	1.5 ~ 2.0	2.5 ~ 3.0	1 : 1.75
聚本乙烯泡沫隔温板或聚氨脂板	0.5	1.5 ~ 3.0	1 : 1.75

　　注：1. 护道材料为聚苯乙烯泡沫隔温板（即 EPS 板）时，根据地层含冰情况选用双层或单层（EPS 板一般厚 30 mm 或 50 mm）。板下铺设 0.2 m 厚的中砂（或炉碴）作垫层，板上铺 0.2 m 细粒土厚防火层。聚氨脂板一般厚 60 ~ 80 mm。2. 护道顶面设 4% 排水横坡。

　　路基下侧埋设通风管时，通风管可采用预制钢筋混凝土管、钢管或 PVC 管、EP 双壁波纹管；埋设位置、有效孔径及间距应通过热工计算确定。

　　2）按破坏多年冻土原则设计路基

　　按破坏多年冻土原则设计路基，即为在路基修建完成后，允许路基下地基中的多年冻土全部或部分融化，或在筑路时预先使路基下的多年冻土融化，路基设计按非多年冻土地区的技术标准进行。

　　适宜按破坏多年冻土原则设计路基的有：基底地质情况良好，少冰冻土或多冰冻土，融化后下沉量小，不致造成路基病害者；基底地下冰较薄，埋藏浅，范围小，或难以保持其冻结状态，以下即为良好地层（少冰冻土、多冰冻土或基岩）的地段；在人为活动频繁、地温极高、地面保温条件差的岛状多年冻土带和零星岛状多年冻土带邻近边界区等。具体实施时，根据不同的地质及水文条件，可采取以下方案：

　　①基底地质情况良好，少冰冻土或多冰冻土地段，可按一般非多年冻土地区路基设计，不必采取任何特殊措施，因为冻土融化后不会产生融沉及冻胀病害。

②含冰量大的薄层冻土，若埋藏浅，或地下冰层下不深处即为少冰冻土、多冰冻土或基岩且无地下水，路堤高度低于路堤最小高度 H_{min} 的地段，可全部挖除含冰量大的冻土层，换填渗水土或黏性土，挖除换填的厚度应能满足计算保温层厚度的要求。当基床范围全部采用碎石类、砾石类等粗粒土时，应在地面上设复合土工膜防渗层，防渗层表面设 4% 的横向排水坡，路基边坡应做好保温层、加固及排水设备等。保温层厚度应根据当地经验确定，当无经验时可按《铁路特殊路基设计规范》(TB 10035—2006) 计算确定。

③含冰量大的冻土层厚度较薄，但埋藏稍深，冻土层以下的土层中饱含承压地下水地段，可挖除上部土层以渗水土换填，下部松动爆破，将冻土层震碎破裂，在施工过程中利用地下水温，加速碎裂冻土的融化，使冻土层消失。

8.4.3　冻土区的路基设计工程实例

(1)工程概况

青藏铁路格拉段第十六标段位于青藏高原腹地，总长 46.542 km。该段通过地段主要为高原极不稳定多年冻土区，不良地质问题主要为热融沉陷，要保证路基工程的施工质量必需对冻土采取相关措施。

(2)处理措施

1)填料措施

路堤填料应该选用保温、隔水性能较好的细粒土如砂性土、黏性土等，采用黏性土时必须控制土的含水量，不得用冻土块或草皮层及沼泽地含草根的湿土填筑。通过热融路堤，水下部分必须用渗水性良好的土填筑，并要高出水位 0.5 m，以隔断其毛细水上升通道。

2)保证最小填筑高度措施

对于含土冰层及饱冰冻土地段的路基，可采用保温隔热措施。保温隔热法是指在路基工程的底部或四周设置隔热层，增大热阻，以减少大气和人为热源进入到冻土层内。全部用粗粒土填筑时若填土高度达不

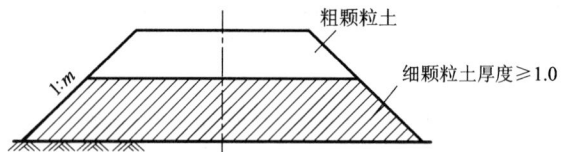

图 8 -34　粗粒土填筑路基示意图(单位：m)

到最小填土高度，可在路堤底部填筑一层细颗粒土，厚度不小于 1.0 m，如图 8 -34 所示，使形成的复式填土断面填土高度达到最小填土高度。

3)地基土换填

在路基工程热融病害的防治措施中，用粗砂、砾石等粗粒土置换冻胀性或融沉性地基土，以达到消减地基土的冻胀或融沉性。填土高度达不到时，若基底含土冰层或饱冰冻土较薄且埋藏较浅时，应全部挖除换填，其结构如图 8 -35 所示。

4)排水隔水

水的流动和侵入会带来大量的热，使多年冻土融化，上限下降。在季节融化层的冻结过程中，丰富的水份引起地基工程强烈的冻胀，一定条件下可能形成冻胀丘，冰锥等不良冻土现象。

路堑的开挖，使多年冻土上限下移，多年冻土季节融化层厚度增加，融沉量加大，因此在路堑设计中，应考虑保护多年冻土上限的相对稳定。

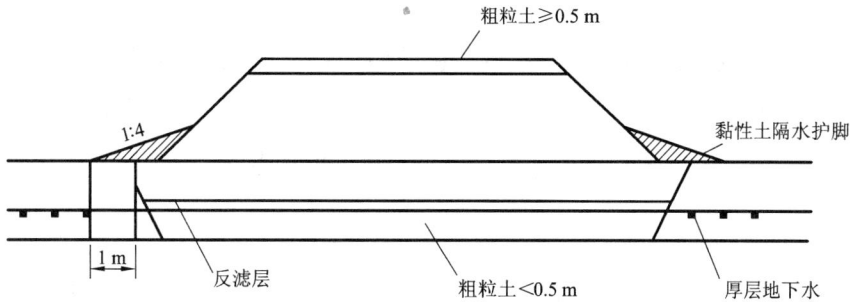

图 8 - 35　挖除换填示意图

对富冰冻土、饱冰冻土和含土冰层地段的路堑，一般是采用基底全部或部分换填，坡面设保温层等措施，分别如图 8 - 36、图 8 - 37 所示。

换填厚度同路堤要求，并应注意边坡放缓，采用边坡坡度（1:1.5）~（1:2.0）；当用叠砌草皮或反扣搭头草皮铺砌坡面时（图 8 - 36、图 8 - 37），边坡坡度采用（1:1.0）~（1:1.5）。边沟应全部采取防渗措施。

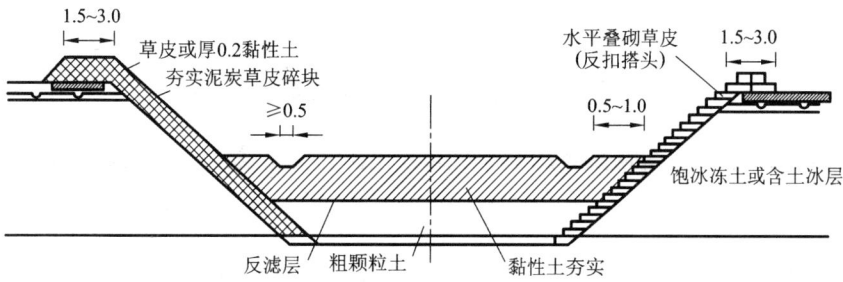

图 8 - 36　路堑处理示意图（一）（单位：m）

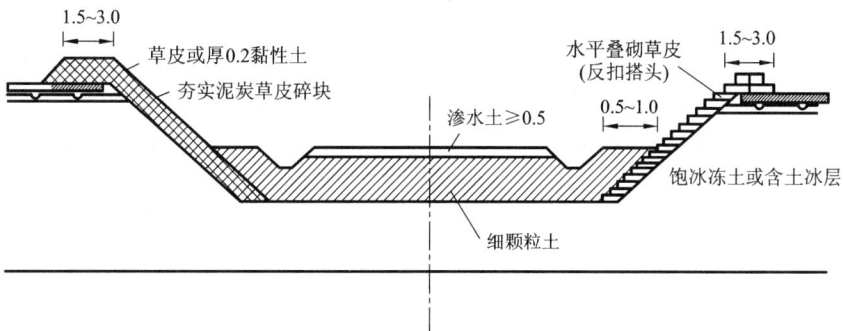

图 8 - 37　路堑处理示意图（二）（单位：m）

若仅是路堑边坡上局部埋藏有饱冰冻土或含土冰层，可采取拓宽路堑，若路堑较深可局部换填加固，用细颗粒土夯填至天然上限以上 0.5 m（图 8 - 38）。

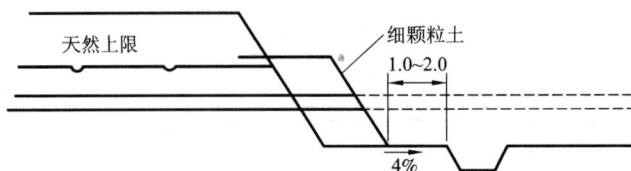

图 8-38　拓宽路堑局部换填加固(单位: m)

5) 保温层设计

保温材料细颗粒土比粗颗粒土保温性好,在有保温要求的部位宜尽量使用细粒的黏性土和砂性土。此外,苔藓、草皮、泥炭、抬头草皮亦是良好的当地保温材料,也可以采用矿藻土砖、石棉板、蛭石板、泡沫混凝土、泡沫塑料等建筑和化工产品作为保温材料。特别是一些化工产品有很好的保温或隔热性能。近年来,在青藏高原多年冻土地区改造工程中使用过无规立构聚丙烯(LMWAPP)混合料代替沥青混合料铺筑路面面层,隔热效果得到改善,可使多年冻土上限下降减少 40 cm。

有基底保温层、路堑边坡保温层和填方路堤保温护道。保温护道见图 8-39,保温护脚见图 8-40。

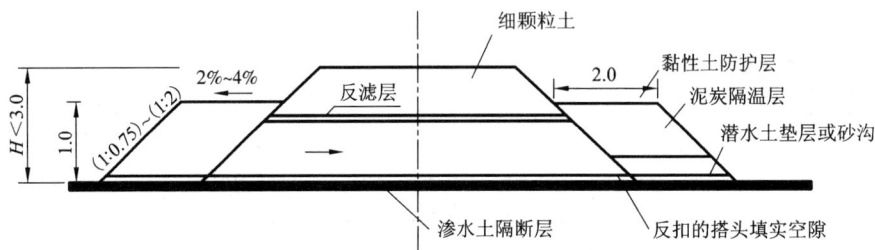

图 8-39　保温护道示意图(一)(单位: m)

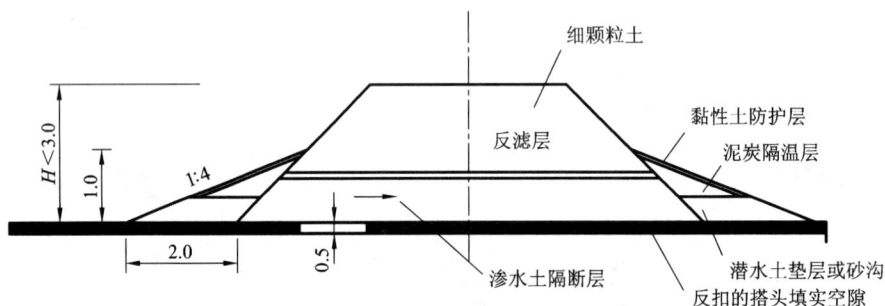

图 8-40　保温护脚示意图(二)(单位: m)

6) 热棒技术

热棒的工作原理是土体热量传至蒸发段,液体工质吸热蒸发,蒸气沿管内空腔上升至冷凝段。由于在地球重力场中,蒸气只可能往上升,冷凝液只可能往下流。所以,工作在地基中的热棒只可能单向传热,即将地基中的热量传向大气,而不用担心它会将大气中的热量向下传到地基。其工作原理如图 8-41 所示。

热棒的功用主要有:①降低地基温度,防止多年冻土融化。安装热棒后,可采集大气中能量,冷冻地基多年冻土,消除施工和运营带来的热干扰,防止多年冻土融化;②提高地基冻土的冻结强度、抗剪强度和抗压强度。冻土的力学强度是负温度的函数,热棒冷冻地基多年冻土后,冻土温度降低,地基中软弱土体的强度和抗渗性提高。③减小和消除基础冻胀。热棒的径向冻结作用,使水平方向的冰透晶体不能形成,从而减小和消除基础冻胀。对于桩基,由于冻结强度提高,桩基抗冻胀稳定性加大。④防止多年冻土的退化。在不连续多年冻土地段,通过热棒冷却地基土体,降低地基低温,防止冻土退化。

青藏铁路(1311 km + 350 m)~(1311 km +490 m)的路基段,为了保护铁路路基地下的多年冻土及观测热棒保护多年冻土的效果,在此段路基的两侧设置了热棒。热棒的尺寸为直径 φ589 × 6 mm,长 11 m,其中地下8 m,地上 3 m,材质为碳钢管,共 70 支。热棒安装采用倾斜式,与铅直线的夹角为 13°。热棒同侧的间距为 4 m,路基左右两侧对称布置。热棒平面尺寸如图 8 - 42 所示。

(3)处理效果

通过采用各种措施使路基基底的温度下降,有效地防治了该地区的热融沉陷,并做到工序衔接紧密,避免交叉作业,加快了施工速度,经过几年的运营,未出现路基下沉、开裂等现象,从而保证了青藏铁路路基的安全,达到了保护多年冻土的目的。

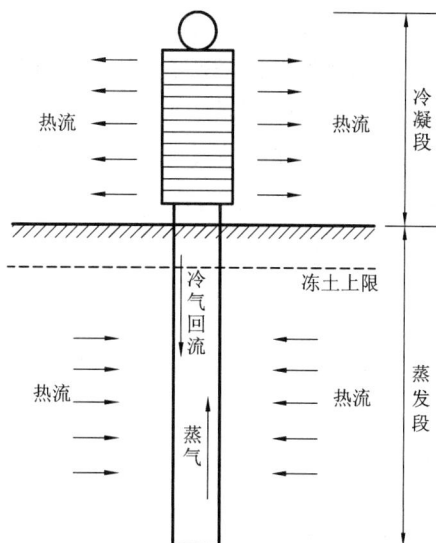

图 8 - 41 热棒的工作原理

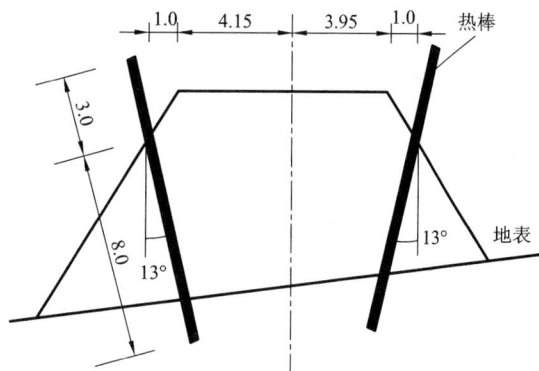

图 8 - 42 热棒横断面尺寸示意图(单位: m)

8.5 盐渍土路基

8.5.1 盐渍土的定名及分类

盐渍土指易溶盐含量大于 0.5% 的土。盐渍土具有较强的吸湿、松胀、溶失及腐蚀等特性。

(1)盐渍土的分类

1)按含盐的性质分类

盐渍土按含盐的性质分为氯盐类、硫酸盐类和碳酸盐类等三种。其中氯盐的盐溶解度大致相同，有较大的吸湿性，具有保持水分的能力，结晶时体积不膨胀；硫酸盐的最大特点是结晶时要结合一定数量水分子，体积膨胀剧烈，当结晶体转变为无水状态时，体积相应减少；碳酸盐(亦称碱性盐)一般在土中含量较少，但碳酸钠的水溶液具有较大的碱性反应，对黏土颗粒间的胶结起分散作用。

盐渍土所含盐的性质，通常以土中所含阴离子的氯根(Cl^-)和硫酸根(SO_4^{2-})以及CO_3^{2-}的、HCO_3^-的比值来表示，如表 8-25 所示。

表 8-25　盐渍土按含盐成分分类

盐渍土名称	$D_1 = \dfrac{b(Cl^-)}{2b(SO_4^{2-})}$	$D_2 = \dfrac{2b(CO_3^{2-}) + b(HCO_3^-)}{b(Cl^-) + 2b(SO_4^{2-})}$
氯盐渍土	$D_1 > 2$	—
亚氯盐渍土	$2 \geqslant D_1 > 1$	—
亚硫酸盐渍土	$1 \geqslant D_1 > 0.3$	—
硫酸盐渍土	$D_1 < 0.3$	—
碱性盐渍土	—	$D_2 > 0.3$

注：$b(Cl^-)$、$b(HCO_3^-)$、$2b(SO_4^{2-})$、$2b(CO_3^{2-})$是指 1 kg 土中所含括号内物质的质量摩尔浓度(单位为 mmol/kg)。

2)按盐渍化的程度分类

盐渍化的程度对盐渍土的工程性质影响巨大。根据各种盐类在土中含盐量的大小可将盐渍土分为弱、中、强、超强盐渍土，如表 8-26 所示。

表 8-26　盐渍土按含盐量分类

盐渍土名称	平均含盐量/%		
	氯盐渍土及亚氯盐渍土	硫酸盐渍土及亚硫酸盐渍土	碱性盐渍土
弱盐渍土	0.5~1		
中盐渍土	1~5	0.5~2	0.5~1
强盐渍土	5 8	2~5	1~2
超盐渍土	>8	>5	>2

8.5.2　盐渍土的矿物成分、结构及对工程性质的影响

盐渍土的黏土矿物成分主要为伊利石，其次为蒙脱石。化学成分以 SiO_2 为主，其次为三氧化二铝。土层主要由黏土粒组成，微孔隙极为发育，有不明显的微层理。土的组织结构随深度变化，靠近地表土中的微细颗粒多以点接触或接触胶接(接触胶接为主)、大孔隙架空排列；向下逐渐变为胶接接触或胶接连接(胶接连接为主)，颗粒孔隙呈镶嵌状排列。

土的微结构变化对土体的黏聚力 c 和内摩擦角 φ 都有较大的影响。当土的颗粒以粒状为主，具架空孔隙，点式接触或接触胶接时，土的 c 值较小。当土的颗粒为粒状凝块(特别是凝块团粒状)，以镶嵌的粒间孔隙为主，呈胶接接触或胶接连接时，土的 c 值较大。一般情况

下，c 值随着深度增加，而内摩擦角 φ 随深度略有减少。而且盐渍土的这种类似湿陷性黄土的粒状、架空、点式接触或接触胶结的组织结构，使得孔径远远大于颗粒直径，其结构具有不稳定性，在浸水的条件下，使颗粒间的剪应力减少，连接点遭到破坏，细小颗粒坠入土孔隙中，导致土体湿陷。

8.5.3　盐渍土地区的路基设计

（1）盐渍土地区的选线原则

①对于有可能遭受洪水冲淹的低洼地区，以及经常处于潮湿或积水的强盐渍土、超盐渍土或盐沼地带，线路应尽可能绕避，不能绕避时应考虑以最短距离通过。

②对于一般盐渍土地区或小面积零星分布地区，线路应尽可能选择地势较高，含盐量少，地下水位和矿化度低，排水条件好，通过距离最短的位置。

③在一般情况下，盐渍土地区的路基宜采用适当高度的路堤通过，尽量避免采用路堑形式。

（2）盐渍土路基填料的技术标准

路堤基床不得采用盐渍土、石膏土作填料；基床以下不应采用石膏土作填料。若采用盐渍土作填料时，其容许易溶盐含量（$\overline{DT}$）不应大于表 8 – 27 的规定。

表 8 – 27　盐渍土填料容许易溶盐含量

盐渍土名称	容许易溶盐含量（$\overline{DT}$）	说明
氯盐渍土	$5\% \leqslant \overline{DT} \leqslant 8\%$	一般为 5%，如增大压实系数，可提高其含盐量，但最高不得大于 8%；其中硫酸钠含量不得大于 2%
亚氯盐渍土	$\overline{DT} < 5\%$	其中硫酸钠含量不得大于 2%
亚硫酸盐渍土	$\overline{DT} < 5\%$	其中硫酸钠含量不得大于 2%
硫酸盐渍土	$\overline{DT} < 2.5\%$	其中硫酸钠含量不得大于 2%
碱性盐渍土	$\overline{DT} < 2\%$	其中易溶的碳酸盐含量不得大于 0.5%

注：在干燥度大于 50，年平均降水量小于 60 mm，相对湿度小于 40% 的西北内陆盆地地区，当无地表水浸泡时，路堤填料和地基上均不受氯盐含量的限制。

（3）盐渍土路堤高度的控制

在一般情况下，盐渍土路堤的最小高度不宜低于 2.5 m。而当地下水位较高时，若盐渍土地区的路堤高度不足，将可能出现多种路基病害，故应对盐渍土地区路基的最小高度进行控制。具体要求如下：

路堤不发生次生盐渍化的最小高度：在盐渍土地区，为满足不发生次生盐渍化的要求，路堤高出地下水位的最小高度一般由三个部分组成：①毛细水强烈上升高度；②安全高度；③蒸发强烈影响深度。如图 8 – 43 所示，路堤最小高度的计算式为：

$$H_{\min} = h_c + \Delta h + h_s \pm h_w \tag{8 – 41}$$

式中：h_c 为毛细水强烈上升高度，m；Δh 为安全高度，一般取 0.5 m；h_s 为蒸发强烈影响深度，m，指自地面或路面以下，天然含水率曲线有明显变化的深度；h_w 为最高地下水水位埋藏深度或最高地面积水深度，其中前者取负值，m。

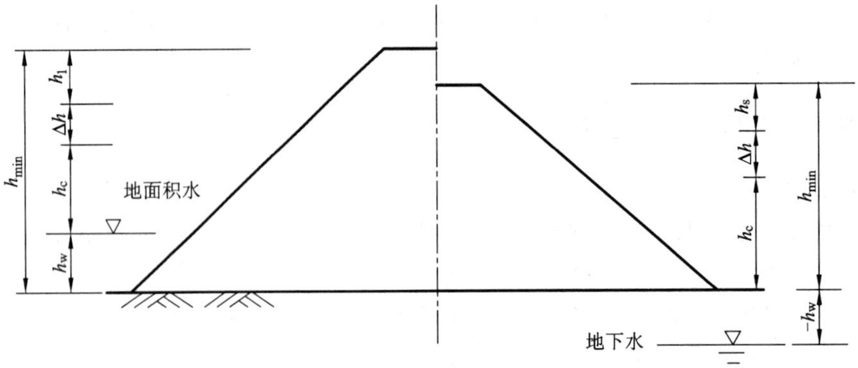

图 8 - 43　盐渍土最小路堤高度

路堤不产生冻害的最小高度：当盐渍土路基同时为季节性冻土路基时，应按下列公式计算路堤最小高度，并与式(8 - 41)比较，两者取其大值。

$$H_{min} = h_c + \Delta h + h_f + \pm h_w \qquad (8 - 42)$$

式中：h_f 为有害冻胀深度，m，可取最大冻结深度的 $60\% \sim 95\%$；h_w 为冻胀期地下水埋藏深度或地面积水深度(m)，计算地下水埋藏深度时取负号；其他符号 h_c、Δh 与式(8 - 41)相同。

上述规定中有关毛细水强烈上升高度、蒸发强烈影响深度、最高地下水埋藏或最高地面积水深度、及冻胀期地下水埋藏深度或地面积水深度等应根据现场测试确定。

8.5.4　盐渍土路基的主要病害

盐渍土路基的主要病害有溶蚀、盐胀、冻胀和翻浆等类型。

(1)溶蚀

溶蚀现象主要发生在最易溶解的氯盐渍土上，其次是硫酸盐渍土。受水浸时土中盐分溶解，可形成雨洞、洞穴，甚至湿陷、坍陷等路基病害。

(2)盐胀

硫酸盐渍土的盐胀作用最强烈。在冬季，盐胀可导致路面膨胀、变形、轨面抬高，年气温升高后，路基又开始下沉。路基边坡和路肩表层在昼夜温度变化所引起的盐胀作用下，变得疏松、多孔，并易遭风蚀。

(3)冻胀

当氯盐渍土含盐量在一定范围内时，由于冰点降低，水分聚流时间加长，可加重冻胀。但含盐量更多时，由于冰点降低多，路基将不冻结或减少冻结，从而不产生冻胀或只产生轻冻胀。硫酸盐渍土对于冻胀具有和氯盐渍土类似的作用，但由于吸湿性不如氯盐渍土，因此影响不如氯盐渍土显著。碳酸盐渍土由于透水性差，冻胀现象较其他类盐渍土轻。

(4)翻浆

氯盐渍土不仅聚冰多，而且液、塑限低，蒸发缓慢，可能引起严重的翻浆现象。硫酸盐渍土和氯盐渍土类似，只是不如氯盐渍土严重。但在春融时，结晶硫酸钠脱水可产生较严重的翻浆现象。碳酸盐渍土遇水崩解速度甚快，强度显著降低，常有翻浆现象发生。

8.5.5　盐渍土地基处理及边坡防护

（1）盐渍土地基处理方法

盐渍土地基处理方法主要有：①当盐渍土路堤不满足最小高度且难以降低地下水水位时，路堤底部应设置毛细水隔断层，隔断层的底面高程应高于当地最高地面积水高程。毛细水隔断层材料可采用渗水土、复合土工膜等。②当地基和天然护道的表土含盐量不满足规则要求时应予铲除或设置隔断层。③当地基为天然含水量大于液限的软弱土层时，应按照软土地基的处理方法对地基进行加固。

（2）盐渍土边坡防护

为防止盐渍土路堤边坡表土的松胀、溶失、风蚀等，可以采用下列措施：①路基加宽与加固，即路基面每侧加宽值可为 0.4 m，与路堤本体一次施工；②包坡：可采用骨架植物或空心砖植物、水泥砂浆块板、片石或浆砌片石等材料护坡。

重点与难点

重点：软土路基的工程特点、设计原则及处理措施。湿陷性黄土的特点、路基设计原则及处理措施。膨胀土的工程特点、路基设计原则及处理措施。冻土的工程特点、路基设计原则及处理措施。

难点：软土路堤的设计高度计算及沉降计算。

思考与练习

---

1. 如何确定软土地区路基的临界高度？
2. 简述软土地区地基的加固及处理措施。
3. 膨胀土的工程特性主要有哪些？简述膨胀土路基的常见病害。
4. 膨胀土、黄土路基有哪些防护措施？
5. 黄土的湿陷机理是什么？如何对黄土的湿陷性进行评价？
6. 盐渍土路基的主要病害是什么？如何控制盐渍土路基的最小高度？
7. 多年冻土的物理力学性质有哪些特征？
8. 在多年冻土地区，按保护多年冻土原则设计路基的出发点是什么？如何确定路堤最小高度？
9. 在多年冻土地区，按破坏多年冻土原则设计路基的出发点是什么？适宜范围是什么？
10. 如何理解治理特殊土要先治水？

第 9 章

复杂地带路基

9.1 滑坡地段路基

我国西南地区、西北地区，地形以山岭和丘陵为主，每年夏季降水量很大，极易发生路基滑坡、崩塌、泥石流等灾害。对滑坡这一常见的路基灾害，有些区段滑坡病害较为密集，平均每百千米分布多达二三十处。滑坡多发生在山区，山体滑坡属于严重的不良地质现象。在既有山区铁路，当路堑上方山体发生滑坡时，对路堑边坡的稳定性造成极大的威胁和危害，同时滑坡体有可能摧毁支撑建筑物，推动或掩埋线路，甚至颠覆列车，造成严重的灾害事故。

9.1.1 路基滑坡概述

（1）滑坡的定义

滑坡是斜坡的局部稳定性受到破坏，在重力作用下，岩体或其他碎屑沿一个或多个破裂滑动面向下做整体滑动的过程与现象。路基滑坡可能是由于开挖路堑使原来的边坡失去稳定而造成的，也有可能是填筑路堤过高而引起的。

有些滑坡的滑动初期较缓慢，但到后期运动速度突然变大，表现为急剧的山坡变形。滑体内有部分岩土形成翻倾，而其大部分仍做整体位移，这种先缓后急的滑动现象称为崩塌性滑坡。

（2）滑坡的形态特征

滑坡在平面上的边界和形态特征（图 9 - 1）与滑坡的规模、类型及所处的发育阶段有关。一个发育完全的滑坡，一般包括以下几个部分：

①滑坡体。滑坡体指滑坡发生后与母体脱离开的滑动部分。

②滑动面。滑动面指滑坡体沿着下滑的面。

③滑坡床。滑坡床指滑体以下固定不动的岩土体，它基本上未变形，保持了原有的岩体结构。

④滑坡周界。滑坡周界指滑坡体与其周围不动体在平面上的分界线，它决定了滑坡的范围。

⑤滑坡壁。滑坡壁指滑体后部和母体脱离开的分界面，暴露在外面的部分，平面上多呈圈椅状。

⑥滑坡台阶。滑坡台阶指由于各段滑体运动速度的差异而在滑体上部形成的滑坡错台。

⑦滑坡舌。滑坡舌又称滑坡前缘或滑坡头，在滑坡前部，形如舌状伸入沟谷或河流，甚

至越过河对岸。

⑧滑坡裂隙。滑坡裂隙分为分布在滑坡体上部的拉张裂隙、分布在滑体中部两侧的剪切裂隙、分布在滑坡体中下部的扇状裂隙、分布在滑坡体下部的鼓张裂隙四类。

⑨主滑线。主滑线又称滑坡轴,滑坡在滑动时运动速度最快的纵向线,它代表滑体的运动方向。

当然,在实际的滑坡现象中,有时候很难分清各个部分明显的边界。

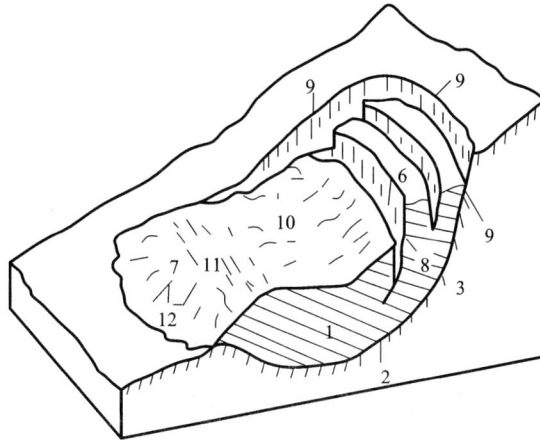

图 9 - 1　滑坡形态特征

1—滑坡体;2—滑动面;3—滑坡床;4—滑坡周界;5—滑坡壁;6—滑坡台阶;
7—滑坡舌;8—张裂隙;9—主裂隙;10—剪裂隙;11—鼓胀裂隙;12—扇形裂隙

(3)滑坡的分类

滑坡分类的目的在于对发生滑坡作用的地质环境和形态特征以及形成滑坡的各种因素进行概括,以便反映出各类滑坡的工程地质特征及其发生发展的规律,从而有效地预测和预防滑坡的发生,或在滑坡发生之后有效地进行治理。根据不同的原则和指标,各国学者和工程部门对滑坡提出了各种分类方案。我国铁道部门则按滑坡体的岩性、滑面与岩土体层面的关系、滑体厚度等进行了分类,在国内应用较为广泛。从研究山坡发展形成历史出发,可以分为古滑坡、老滑坡、新滑坡、现代活滑坡等类型;日本渡正亮按滑坡的发展阶段,将滑坡分为幼年期、青年期、壮年期和老年期;按滑坡的滑动力学特征,可分为推动式、平移式和牵引式滑坡等。对于一个滑坡,从不同的角度可以有不同的分类,但实践中,应该抓住问题的主要矛盾,根据突出因素对滑坡进行分类,常见的分类方法如下:

①如按滑坡体的组成物质可分为黏性土滑坡、黄土滑坡、堆填土滑坡、堆积土滑坡、破碎岩石滑坡、岩石滑坡。

②按滑坡形成的外部条件可分为暴雨滑坡、地震滑坡、冲刷滑坡等。

③按滑坡的规模可分为小型(小于 4×10^4 m³)、中型[$(4 \times 10^4) \sim (3 \times 10^5)$] m³、大型[$(3 \times 10^5) \sim (1 \times 10^6)$] m³、巨型(大于 1×10^6 m³)等。

④按滑坡运动速度可分为蠕动型、低速、中速、高速、剧冲型滑坡等。

⑤按滑坡发生地斜坡的性质可分为路堤滑坡、路堑滑坡、河岸滑坡、库岸滑坡等。

⑥按滑动面与岩层构造特征可分为均质滑坡、顺层滑坡、切层滑坡等。

a. 均质滑坡

多发生在均质土体，极度破碎及强烈风化的岩体中，滑动面不受岩体中已有结构面控制，而是决定于斜坡内部应力状态和岩土的抗剪强度关系。滑动面常近似为一圆弧面，如图9-2(a)所示。

b. 顺层滑坡

这类滑坡是顺着岩层面或软弱结构面发生滑动的。多发生在岩层走向与斜坡走向一致，倾角小于坡角，倾向坡外的条件下。也可沿着坡积物与基岩接触面发生。顺层滑坡在岩质边坡中较常见，有时岩层倾角仅10°左右即可滑动，如图9-2(b)所示。

c. 切层滑坡

滑动面切割岩层面，沿着断裂面、节理面等软弱结构面组成的面滑动。如湘黔铁路镇远车站大罗汉山滑坡就是切层滑坡。滑动面为垂直或斜交岩层面的节理面，如图9-2(c)所示。

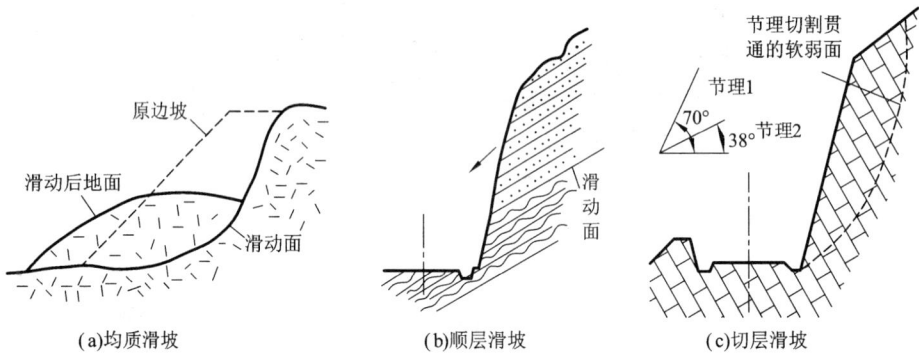

图9-2 按滑动面与结构面关系分类

⑦按滑坡力学特征可分为推动式滑坡和牵引式滑坡等。

a. 推动式滑坡

滑体下部由于受到河流冲刷等作用先失去平衡发生滑动，逐渐向上发展，使上部滑体受到牵引而随后发生滑动。

b. 牵引式滑坡

滑体上部由于受到荷载等作用先发生局部破坏，上部滑动面局部贯通，向下挤压下部岩土体，最后形成整体滑动。

推动式滑坡一般用刷方减重的方法处理、牵引式滑坡多采用支挡结构整治。

(4)路基滑坡产生的原因

滑坡的形成一般具有地形、地貌和地层、地质构造条件，同时受到自然的和人为的破坏因素影响。产生滑坡有内在因素，也有外在因素。内在因素是形成滑坡的先决条件，包括岩土性质、地质构造、地形地貌等。外在因素通过内在因素对滑坡起着促进作用，包括水的作用、地震和人为因素等。所以，滑坡是内外各因素综合作用的结果。

1)滑坡形成的条件

产生滑坡的条件：一是地质条件与地貌条件；二是内外营力(动力)和人为作用的影响。第一个条件与以下几个方面有关：

①岩土类型。岩土体是产生滑坡的物质基础。一般说，各类岩、土都有可能构成滑坡体。其中结构松散，抗剪强度和抗风化能力较低，在水的作用下其性质能发生变化的岩、土，如松散覆盖层、黄土、红黏土、页岩、泥岩、煤系地层、凝灰岩、片岩、板岩、千枚岩等及软硬相间的岩层所构成的斜坡易发生滑坡。

②地质构造条件。组成斜坡的岩、土体只有被各种构造面切割分离成不连续状态时，才有可能向下滑动。同时，构造面又为降雨等水流进入斜坡提供了通道。故各种节理、裂隙、层面、断层发育的斜坡，特别是当平行和垂直斜坡的陡倾角构造面及顺坡缓倾的构造面发育时，最易发生滑坡。

③地形地貌条件。只有处于一定的地貌部位，具备一定坡度的斜坡，才可能发生滑坡。一般江、河、湖（水库）、海、沟的斜坡，前缘开阔的山坡、铁路、公路和工程建筑物的边坡等都是易发生滑坡的地貌部位。坡度大于 10°，小于 45°，下陡中缓上陡、上部成环状的坡形是产生滑坡的有利地形。

2）滑坡形成的外部条件

滑坡发育的外部条件主要有水的作用，不合理的开挖和坡面上的加载、振动、采矿等，且以前两者为主。

①水的作用。调查表明，90% 以上的滑坡与水的作用有关。水的来源不外乎大气降水、地表水、地下水、农田灌溉的渗水、高位水池和排水管道等的漏水等。不管来源是什么，一旦进入斜坡岩土体内，它将增加岩土的重度并产生软化作用，降低岩土的抗剪强度，产生静水压力和动水力，冲刷或侵蚀坡脚，对不透水层上的上覆岩土层起润滑作用，当地下水在不透水层顶面上汇集成层时，它还对上覆地层产生浮力作用等。

地下水活动，在滑坡形成中起着主要作用。它的作用主要表现在：软化岩、土，降低岩、土体的强度，产生动水压力和孔隙水压力，潜蚀岩、土，增大岩、土容重，对透水岩层产生浮托力等。尤其是对滑面（带）的软化作用和降低强度的作用最突出。就第二个条件而言，在现今地壳运动的地区和人类工程活动频繁的地区是滑坡多发区，外界因素和作用可以使产生滑坡的基本条件发生变化，从而诱发滑坡。

总之，水的作用将会改变组成边坡的岩土的性质、状态、结构和构造等。因此，不少滑坡在旱季接近于稳定，而一到雨季就急剧活动，形成“大雨大滑，小雨小滑，无雨不滑”，这也说明了雨水和滑坡的关系。

②人为因素。山区建设中还常由于不合理的开挖坡脚或不适当地在边坡上填放弃土、建造房屋或堆置材料，以致破坏斜坡的平衡条件而发生滑动。劈山开矿的爆破作用，可使斜坡的岩、土体受振动而破碎产生滑坡；在山坡上乱砍滥伐，使坡体失去保护，便有利于雨水等水体的入渗从而诱发滑坡等。如果上述的人类作用与不利的自然作用互相结合，就更容易促进滑坡的发生。

③震动作用。振动对滑坡的发生和发展也有一定的影响，如大地震时往往伴有大滑坡发生，爆破有时也会引发滑坡。

新建铁路设计时一般会对具有滑坡地形的地质条件、可能发生灾害的路堑段进行工程处理。但建成铁路后，由于诸多不当的人类活动会破坏山体和路堑的斜坡稳定（如开挖坡脚切割了滑体前缘部分、斜坡上部填土或兴建房屋造成上部加载、大爆破及机械震动等），改变原有地表水的排泄条件（如兴建水利、开挖水塘或开垦耕地、弃土堆阻水等），此时如遇到气候的寒暖干湿变化、大气强降水、地震等不良自然因素的影响，极有可能使岩土中软弱带抗剪强度降低，复活老滑坡或诱发新滑坡。

9.1.2 路基滑坡的防治原则与一般措施

（1）防治滑坡的原则

①预防。对有可能新生滑坡的地段或可能复活的古滑坡，应采取必要的工程措施，以防止产生新的滑坡或古滑坡的复活。

②治早。滑坡的发生与发展，是有一个过程的，早期整治，能收到事半功倍的效果。

③一次根治与分期整治相结合。滑坡一般应一次彻底根治，不留后患。但对规模较大、性质复杂、变形缓慢，一时尚不致造成重大灾害的滑坡，也可在全面规划下，分期整治。

（2）防治滑坡的措施

①排水措施。排水措施滑坡的发生和发展都与水的作用有关，排水是防治各类滑坡之本。但应根据具体情况，采用切合实际的排水方式。对滑坡体以外的地表水，应加以拦截和引出，在滑坡可能发展的边界 5 m 以外修建一条或多条环形截水沟；对滑坡体以外的地下水，应修建截水盲沟；对滑坡体内的地下水，应疏干和引出，浅层地下水采用支撑盲沟，深层地下水采用泄水隧洞，也可采用垂直孔群或仰斜孔群排水；对滑体范围内的地表水，应尽快汇集引出以防下渗，在充分利用天然沟谷的基础上，修建排水系统。

②减重措施。当滑动面不深，且滑体呈上陡下缓状，滑坡范围外有稳定的山坡，滑坡不可能向上发展时，在滑坡上部减重，以减小滑坡的下滑力，是一种操作简单、经济实惠的防治措施。将减重的土体堆在坡脚反压，以增加抗滑力，效果更好。

③抗滑明洞。若滑动面的下缘处在边坡上的较高位置，可视地基情况设置抗滑明洞，洞顶回填土石支撑滑体，或滑体越过洞顶落在线路之外。但这一措施对行车干扰大，施工困难，造价昂贵，只有在其他措施难以奏效时采用。

④改善滑坡土体的物理力学性质，用物理化学方法，加固和稳定滑坡。方法很多，如焙烧、注浆、加灰土桩、硅化、电渗、离子交换等。

⑤改线绕避。上述整治措施难以奏效时，在经济技术合理情况下，可以考虑改线绕避。

⑥支挡措施。对于新建铁路，常采用支挡措施（详见9.1.3节）。

9.1.3 滑坡防治的支挡措施

根据滑体推力的大小，可以选用适当的支挡结构防滑，常见的支挡措施有锚杆挡土墙、抗滑挡墙、预应力锚索和抗滑桩。

（1）锚杆挡土墙

锚杆挡土墙是一种新型支挡结构，由锚杆、肋柱和挡板三部分组成，用于薄层块状滑坡或基岩埋深较浅、滑体横长、滑面较陡的滑坡。具结构轻盈、节约材料、适宜机械化施工、提高生产效率等优点。

锚杆挡土墙是由钢筋混凝土墙面和钢锚杆组成的轻型支挡建筑物，靠锚固在稳定地层内的锚杆，对墙身或立柱施加水平拉力或垂直压力，以保持力的平衡和墙身及路基的稳定。锚杆挡土墙用砂石料较少，并便于机械化快速施工，适用于地层条件较好、有施工条件的一般地区岩质或半岩质路堑段的边坡加固与防护，陡坡路堤也可应用。锚杆挡土墙分为横向锚杆挡土墙和竖向预应力锚杆挡土墙两种,既有路基边坡病害整治一般采用横向锚杆挡土墙。

既有路基横向锚杆挡土墙(图 9 - 3)一般为板肋(柱)式,由锚杆、肋柱和挡板三部分组成,锚杆采用装配式,肋柱采用就地浇注,挡板一般为预制式。锚杆为轴心受拉构件,多采用直径为 18 ~ 32 mm 的经防锈处理的带肋钢筋或螺纹钢筋,每孔不多于 3 根,以孔底注浆法用 M30 水泥砂浆使其锚固于稳定的地层内。锚杆分小锚杆和大锚杆两种,小锚杆锚孔直径 40 ~ 50 mm、深 3 ~ 5 m,用普通风钻即可施工;大锚杆锚孔直径 100 ~ 150 mm、深 5 m 以上,用钻机钻孔。锚杆挡土墙经常应用于既有铁路路堑边坡加固,此时锚杆是弯构件,截面为矩形或"T"形,宽度不小于 30 cm,采用 C30 钢筋混凝土,

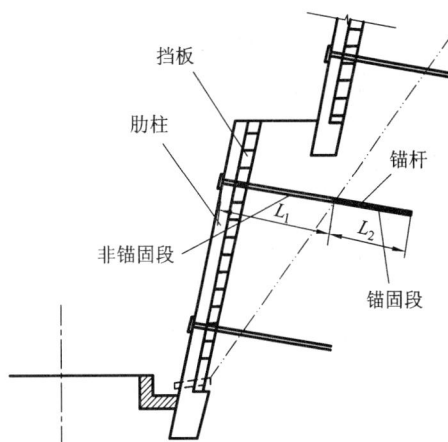

图 9 - 3　锚杆挡土墙断面示意图

其基础采用 C20 混凝土;肋柱的间距应考虑锚杆的抗拔能力,宜为 3 ~ 6 m;每根肋柱根据其高度可布置 2 ~ 3 根或更多锚杆,锚杆间距不小于 2 m,且尽可能使肋柱的弯矩均等。挡板亦为受弯构件,截面为矩形或槽形,厚度不小于 15 cm,采用 C30 钢筋混凝土,挡板两端与肋柱的搭接长度不得小于 10 cm,板后应回填砂卵石等渗水料,墙体下部设泄水孔。设置锚杆挡土墙时,根据地形、地质和施工条件可采用单级或多级。在多级墙上、下两级墙之间应设置平台,平台宽度宜不小于 2 m,每级墙高度不大于 8 m,锚杆挡土墙总高度宜小于 18 m。

板肋(柱)式锚杆挡土墙的设计必须符合现行的路基支撑结构、混凝土结构、钢筋混凝土结构的有关设计规范,其主要设计内容包括:

①墙背土压力计算。作用于墙背上的荷载组合、主动土压力(或滑坡推力)的大小和方向以及作用点位置等的计算原则与方法与重力式挡土墙相同;当锚杆挡土墙为多级时,应分别计算其墙背土压力。

②肋柱、挡板结构计算。肋柱的锚拉力、肋柱的弯矩和剪力,应根据锚杆层数、柱底与基础的连接形式,按简支梁或连续梁计算;挡板按以肋柱为支点的简支板计算,其计算荷载按均布荷载考虑。

③锚杆计算。先根据现场试验或查阅有关资料确定锚杆的极限抗拔力,查表选用水泥砂浆与钢筋、岩石孔壁间的黏结强度设计值,然后进行锚杆的截面与长度设计。锚杆的长度包括非锚固长度与锚固长度,前者根据肋柱与主动破裂面或滑动面的实际距离确定,后者由计算确定,但不宜小于 4 m 且不宜大于 10 m。锚杆的安全性关键在于水泥砂浆对钢筋的握裹力和水泥砂浆与岩层间的抗剪强度。在设计初定后应进行拉拔试验,并根据试验数据修正锚固深度的原设计值。板肋(柱)式锚杆挡土墙的计算公式与计算方法可查阅有关技术手册,设计时应充分考虑有关安全系数的取值、锚杆与肋柱的连接方式以及有关施工注意事项。按照规范要求,锚杆挡土墙设计使用年限为 60 年。

(2)预应力锚索

1)概述

预应力锚索(图 9 - 4)是一种较复杂的锚固工程,即通过钻孔穿过软弱岩层或滑动面,把

锚杆的一端(称内锚头)锚固在坚硬、稳定的岩层中,然后在锚杆的另一自由端(称外锚头)进行张拉对岩土层施加压力,从而对不稳定的边坡及地基进行加固。该方法在国内岩土工程中已广泛应用于岩锚和土锚(主要为砂土层),不论是在新建铁路的边坡加固工程中还是在既有铁路的边坡病害整治工程中,铁路部门均有工程实例。为确保锚索工程安全可靠,现行的铁路路基支撑结构设计规范对预应力锚索的使用范围进行了限制,同时规定不宜在腐蚀性环境中使用。

2)预应力锚索设计

预应力锚索结构由锚固段、自由段和紧固头三部分构成(图9-4)。

①锚固段是锚索锚固在稳定岩土体内提供预应力的根基,其长度通常在4~10 m间选取。锚固段结构形成分为机械式和胶结式(砂浆或树脂胶结)两大类,通常砂浆胶结式采用孔底注浆法,注浆材料为M35水泥砂浆,注浆压力应不小于0.6~0.8 MPa。

②自由段是联结锚固段和紧固头、

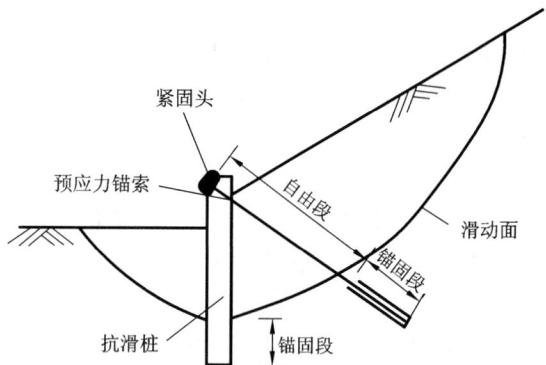

图9-4　预应力锚索抗滑桩断面示意图

承受张拉并对锚固段提供预应力的非锚固段,自由段长度不小于3~5 m且伸入滑动面(或潜在破裂面)的长度不小于1 m。自由段锚索张拉应分次逐级进行使其均匀受荷,同时减少地层徐变引起的预应力损失,铁路路基支撑结构设计规范中对分次张拉、超张拉值以及总张拉力的测定控制都有详尽的规定。

③紧固头的锚具底座顶面应与钻孔轴线垂直以确保锚索张拉时千斤顶张拉力与锚索在同一轴线上,当锚索预应力张拉锁定后,锚头部分应涂防腐剂后用C30混凝土封闭。

④预应力锚索的锚索体由经过防锈防腐处理的高强度钢筋、钢绞线或螺纹钢筋构成,铁路工程多采用直径12.7 mm或15.2 mm的钢绞线,每孔锚索可采用单束或多束。拉力型锚索锚固段宜采用一系列紧箍环、扩张环,使之注浆后形成枣核状;压力型锚索由加设保护套管的杆体和位于锚固段注资体底端的承载体组成。

预应力锚索的设计必须满足现行《铁路路基支挡结构设计规范》(TB 10025—2006)、《预应力混凝土用钢绞线》(GB 75224—2014)、《预应力筋专用锚具、夹具和连接器应用技术规程》(JGJ 85—2010)等的规定。预应力锚索的设计内容包括外部作用荷载、锚索锚固力的计算及锚索体的设计等三部分。作用在锚索结构物上的荷载包括土压力、水压力、上覆荷载、滑坡荷载、地震荷载及其他荷载等,设计时一般根据地质条件、结构物特点选择主要荷载,且只计算主力,在浸水和地震等特殊情况下应计算附加力和特殊力。通过大量测试验证,当预应力锚索用于整治滑坡时,计算荷载可采用滑坡下滑力;当预应力锚索用于边坡支挡工程时,计算荷载应按主动土压力的1.2~1.4倍计算。

关于锚索锚固力的设计,首先应满足设计锚固力小于容许锚固力及锚固钢材容许荷载等基本要求;对用于滑坡加固的预应力锚索宜采用锚索预应力(抗滑力)的方法计算,并通过边坡稳定分析确定锚固力;对于永久性锚固结构,设计中应考虑预应力钢材的松驰损失及被锚固岩土体蠕变的影响补充锚索的张拉力。由于预应力锚索是群锚机制,故锚索的间距以所设计的锚固力能对地基提供最大张拉力为标准，根据经验一般采用3~6 m，最小不小于1.5 m。

锚固体的设计包括锚固类型、锚固段长度和锚固体直径等。锚固体的承载能力受锚固体与锚孔壁的抗剪强度、钢绞线束与水泥砂浆的黏结强度以及钢绞线强度控制，设计应取其中小值；同时锚固段的长度也根据水泥砂浆与锚索钢材黏结强度、锚固体与孔壁的抗剪强度确定，设计时采用其中大值。为保证预应力锚索工程的安全性，施工初期尚应进行锚固试验，其中破坏性拉拔试验的目的是确定锚索可能承受的最大张力及所采用设计参数是否正确；非破坏性张拉试验的目的是验证设计的合理性，同时检查和控制施工质量的技术要求是否合适。铁路路基支撑结构设计规范对预应力锚索锚固试验的方法、数量都有明确的要求。

3）预应力锚索计算

预应力锚索的主要设计内容包括以下几方面。

1）设计荷载

作用在预应力锚索结构物上的荷载种类包括土压力、水压力、上覆荷载、滑坡荷载、地震荷载等。进行预应力锚索设计时，一般情况可只计算主力，在浸水和地震等特殊情况下，尚应计算附加力和特殊力。在滑坡整治设计中，其设计荷载及滑坡推力的计算可参考抗滑桩的有关规定。

2）锚固力的设计计算

对于滑坡加固，预应力锚索设计应通过边坡稳定性分析，计算滑坡的下滑力来确定锚固力，计算式如下：

$$P_t = F / [\lambda \sin(\alpha + \beta) \tan\varphi + \cos(\alpha + \beta)] \qquad (9-1)$$

式中：F 为滑坡下滑力，kN；P_t 为设计锚固力，kN；φ 为滑动面内摩擦角，(°)；α 为锚索与滑动面相交处滑动面倾角，(°)；β 为锚索与水平面的夹角，以下倾为宜，不宜大于45°，一般为15°~30°；λ 为折减系数，对土质边坡及松散破碎的岩质边坡，应进行折减。

设计锚固力 P_t 应小于容许锚固力 P_a，对于锚固钢材容许荷载应满足表9-1的要求。

表9-1 锚固钢材容许荷载

设计荷载作用时	$P_a \leq 0.6 P_u$ 或 $0.75 P_y$
张拉预应力时	$P_{at} \leq 0.7 P_u$ 或 $0.85 P_y$
预应力锁定中	$P_{ai} \leq 0.8 P_u$ 或 $0.9 P_y$

注：P_u 为极限张拉荷载，kN；P_y 为屈服荷载，kN。

3）锚索钢绞线根数及间距

根据每孔锚索设计锚固力 P_t 和所选用的钢绞线强度，可按下式计算每孔锚锁钢绞线的根数 n。

$$n = \frac{F_{sl} \times P_t}{P_u} \qquad (9-2)$$

式中：F_{sl} 为安全系数，取1.7~2.0，高腐蚀地层中取大值；P_u 为锚固钢材极限张拉荷载。

对于永久性锚固结构，设计中应考虑预应力钢材的松弛损失及被锚固岩（土）体蠕变的影响，决定锚索的补充张拉力。

锚索间距的确定应以所设计的锚固力能对地基提供最大的张拉力为标准。锚索间距宜采用 3~6 m，最小不应小于 1.5 m。

4）锚固体的设计

锚固体的承载能力应通过锚固体与锚孔壁的抗剪强度、钢绞线束与水泥砂浆的黏结强度以及钢绞线强度 3 部分控制，设计应取其小值。锚固体的设计包括锚固段长度的确定、孔径和直径等。

①锚固段长度的确定。锚索的锚固段长度按下列公式计算，采用 l_{sa}、l_a 中的大值，通常选取 4~10 m。

a. 按水泥砂浆与锚索张拉钢材黏结强度确定锚固段长度 l_{sa}：

$$l_{sa} = \frac{F_{s2} \cdot P_t}{\pi \cdot d_s \cdot \tau_u} \tag{9-3}$$

或（当锚固段为枣核状时）

$$l_{sa} = \frac{F_{s2} \cdot P_t}{n \cdot \pi \cdot d \cdot \tau_u} \tag{9-4}$$

b. 按锚固体与孔壁的抗剪强度确定锚固段长度 l_a：

$$l_a = \frac{F_{S2} \times P_t}{\pi \times d_h \times \tau} \tag{9-5}$$

式（9-3）~式（9-5）中：F_{s2} 为锚固体拉拔安全系数，$F_{s2} \geq 2.5$；d_s 为张拉钢筋外表直径，m；d 为单根张拉钢筋直径，m；d_h 为锚固体（即钻孔）直径，m；n 为每孔锚索钢铰线根数；τ_u 为锚索张拉钢与水泥砂浆的黏结黏结强度设计值，kPa；τ 为锚孔壁与注浆体之间黏结强度设计值，kPa；d_s、τ_u、τ 参见现行《铁路路基支挡结构设计规范》（TB 10025—2006）附录 C 中有关规定。

②锚固体的直径。应根据设计锚固力、地基性状、锚固类型、张拉材料根数、造孔能力等因素来确定，通常采用 $\phi100 \sim \phi150$ mm。

5）锚索体的总长度

锚索体的总长度由锚固段长度、自由段长度及张拉段长度组成。锚索自由段长度受稳定地层界面控制，在设计中应考虑自由段伸入滑动面或潜在滑动面的长度不小于 1 m，自由段长度不小于 3~5 m。张拉段长度应根据张拉段机具确定。锚索外露部分长度宜为 1.5 m 左右。

（3）抗滑挡土墙

1）挡土墙的布置

①一般宜设置在滑坡下部或前缘抗滑段。

②当滑坡中下部有稳定岩层锁口时，宜将挡墙设置于锁口处，以节省工程费用；其前缘部分应视剩余滑体体积大小及排水后的稳定情况适当处理之。

③当滑动面出口在路基面附近，滑坡前缘距线路有一定距离时，宜将挡墙靠近线路设置，墙后余地填筑土或石块加载，以增强抗滑力，从而减小挡墙承担的下滑力。

④当滑面出口在路堑边坡上时，可视滑床地质情况选定挡墙位置。若滑床为较完整坚实的岩层，则可作为地基而将挡墙置于滑面出口附近，其下外露的边坡加设适当的支护；若滑床为不宜用作地基的破碎岩层，而滑面出口高出坡脚不多时则应将挡墙设置于坡脚下并埋入稳定地层内。

⑤当滑面位于路堑的路基面以下一定深度处，滑体连同路基一起滑动时，应首先采取稳定整个滑坡的措施，然后检查滑体有无从路堑坡脚附近滑出的可能来决定是否需在该处设置挡墙。

⑥对于多级滑坡，可根据具体情况设置分级的挡墙支撑。

⑦根据地质条件及滑坡推力的变化情况，可沿挡墙走向分段(一般不宜小于 10~15 m)设计为大小不同的挡墙断面。

2)设计推力的决定

①滑坡推力一般不会因挡墙的断面外形的变化和墙的微小位移而有所改变。其方向可假定与紧接墙背的一段较长的滑面平行；其分布图形对于滑体刚度较大的中、厚层滑坡为自滑面至墙顶的近似矩形，合力的作用点位于 1/2 墙高处。

②计算所得的滑坡推力应与挡土墙的主动土压力进行比较，取其较大者作为设计推力。但当滑坡推力的合力作用点位置较主动土压力高时，即使主动土压力较滑坡推力更大，挡墙的倾覆稳定计算，仍应同时用滑坡推力进行检算。

3)结构设计要点

①由于挡墙以抵挡滑坡下滑力为主，通常宜采用体积较大的重力式类型；又因设计推力一般较大且作用点较高，故其断面形式多具有胸坡缓、外形敦实的特征，如图 9-5 所示。

②挡墙的高度应能控制墙后滑体不致沿可能的薄弱面自墙顶滑出，可用试算法检算：先按该部分的滑体厚度假定一个墙高，由墙顶向滑带作几个虚拟的可能滑面轮廓线，分别求出沿这些滑面的剩余下滑力，从而可决定最危险滑面的位置；若沿该滑面的剩余下滑力为正值，说明墙顶高可以降低。设计时应调整墙高重新试算，直至剩余下滑力为不大的负值时，即可认为是经济合理的墙高。

③挡墙的基础应埋入完整岩层内部小于 0.5 m，或稳定坚实土层内部不小于 2 m，若基础以下土质较软弱，设置挡墙后滑体受阻而滑面可能改变而自基础以下滑出时，还应求算合理的基础埋置深度。

当基础的埋深较大(密实土层 3 m 及以上，中密土层 4 m 及以上)，且墙前有形成被动土压力的条件时，在设计中可考虑被动土压力的抗滑作用。

④挡墙本身应有足够的强度和稳定性，其要求与一般重力式挡土墙相同。当可以利用墙前被动土压力的情况时，采用墙体在极限平衡状态下的被动土压力检算倾覆稳定和基底应力，并采用最大被动土压力检算滑动稳定。

⑤当滑坡有两层或几层可能的滑面时，挡墙应按沿最下一层滑面的推力设计，并逐层向上检算沿其他各层滑面的滑体稳定性，若各层推力可能同时作用时，则应作出每层滑坡分别作用下的弯矩图和剪力图，要求墙身各截面都能满足其中的较大值。

⑥墙后必须设置反滤层，一般顺墙设置纵向渗沟以排除墙后的滑体和滑带中的水，防止墙后积水泡软地基而影响挡墙的稳定性。

⑦如滑坡位于高地震区，抗滑挡墙尚应按照《铁路工程抗震设计规范》GB 50111—2006 (2009 版)进行设计。

(4)桩板式挡土墙

桩板式挡土墙(图 9-6)实为抗滑桩与挡土板的结合。在 20 世纪 70 年代初，在抗滑桩出现以后不久，桩板墙也应运而生了，随着工程应用经验的不断积累，该项技术已日臻成熟。

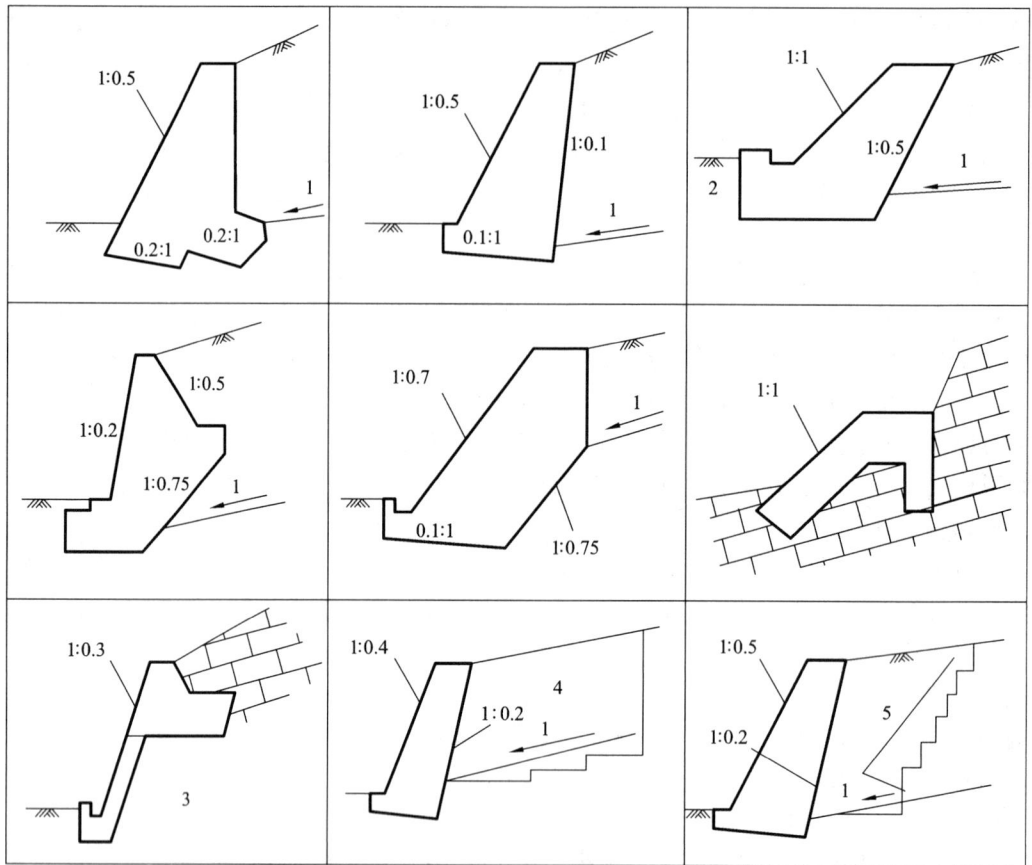

图9-5 重力式抗滑挡墙的常用断面形式
1—滑动面；2—被动土压；3—完整基岩；4—支撑渗沟；5—反压平台

实践证明，桩板式挡土墙是一种较好的支挡形式，在一般地区和浸水、地震地区及至滑坡、崩塌、落石等特殊条件下的既有铁路路基支挡结构设计中均适用。主要优点在于其高度不受一般挡土墙高度的限制，地基强度不足可由桩的埋深得到补偿。

桩板式挡土墙由现场浇注的钢筋混凝土锚固桩和预制吊装的钢筋混凝土挡板所组成。锚固桩应设置在稳定的地层中，确保桩后土体不越过桩顶或从桩间滑走，不会产生新的深层滑动。桩体大多采用挖孔桩，桩的截面可用用矩形或"T"形，由于桩所承受的外力较抗滑桩所承受的外力小，因此其截面尺寸主要受施工开挖工作面条件的控制，不宜小于1.25 m。桩的间距不取决于桩间距范围内土压力大小，而取决于预制板的设计长度，一般宜为5~8 m。桩的埋深（即地面以下或滑面以下）主要取决于侧壁容许应力的控制，与地基的地层强度有关，按照经验取值，桩在岩层中的埋深约占1/3桩长，在土层中埋深约占1/2桩长，在设计过程中再根据计算进行调整。预制挡板的设置为维持板后岩（土）体的稳定，挡板可采用槽形板也可采用空心板，板的宽度一般取0.5 m，板的长度取决于板的自重和吊装设备的起吊能力。

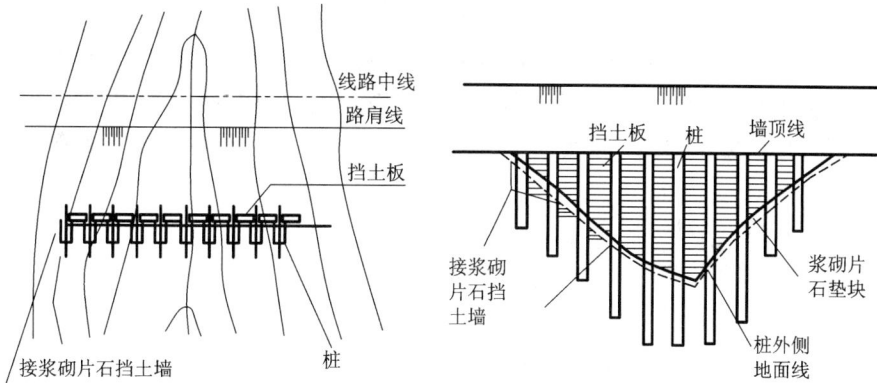

图 9－6　桩板式路堤挡土墙

（5）抗滑桩设计

抗滑桩又称挖孔桩或锚固桩，是一种大截面的地下侧向受荷桩，靠桩在稳定岩土中的嵌固力支撑滑坡变形（图 9－7）。自 20 世纪 60 年代以来，国内在治理滑波中已较广泛使用抗滑桩群，实践证明这种支撑结构物不论单独作用或与其他支挡工程配合使用均效果良好，并具有桩位布置灵活、薄壁支撑安全、间隔成桩快效等优点，在运营线路上对整治滑坡、加固山体及加固其他特殊路基均适用。对于滑体较厚、滑床坚实、成因复杂、推动力大的滑坡，若抗滑挡土墙开挖困难、圬工量大，采用抗滑桩施工对减少行车干扰十分有利。

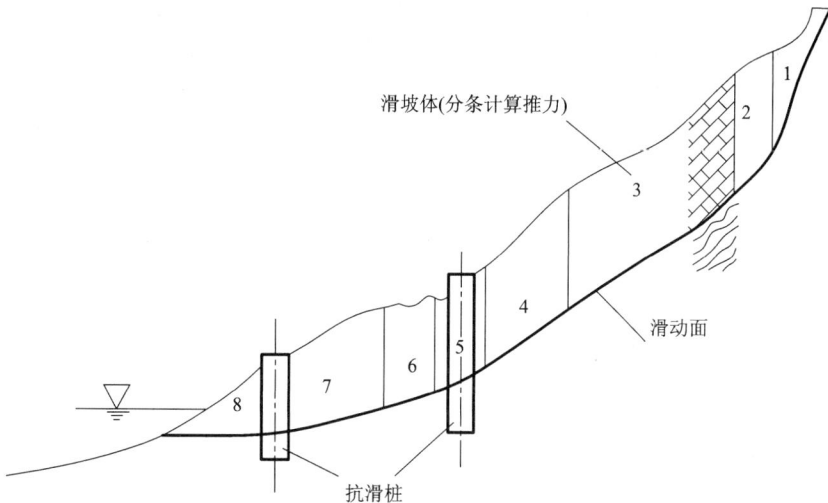

图 9－7　抗滑桩断面示意图

抗滑桩设置于滑坡体内并穿过滑体、锚入滑床一定深度，宛如在滑体与滑床间打入楔子。抗滑桩依滑面位置分为上、下两部分，滑面以下部分为锚固段（或无载段），滑面以上部分称为受力段，受力段承受滑坡推力并传递到锚固段，在滑床的桩周地层产生反力嵌固桩身，只有在桩的强度可承受这些推力和反力时方能阻止滑体的滑动。

抗滑桩一般成排或成群布置，从而可假设每根桩承受的是桩间距范围内的滑坡推力，借助桩的受力段及桩背土体与桩两侧的摩阻力而开成的土拱效应以稳定滑体不从桩间滑出。

抗滑桩按桩后的刚度分为刚性桩和弹性桩,一般来讲,当桩的刚度大于围岩刚度时属刚性桩,反之为弹性桩。区分这两种桩,除了先从桩周岩土的裂隙性质和疏松程度上定性外,还要依据地基弹性抗力系数(简称地基系数)、桩的锚固深度和桩的变形系数等相关的计算确定。

1)抗滑桩设计的一般规定

抗滑桩可用于稳定滑坡、加固山体及加固其他特殊路基,其设计使用年限一般为50年。抗滑桩的设置必须满足下列要求:

①提高滑坡体的稳定系数,达到规定的安全值。

②保证滑坡体不越过桩顶或从桩间滑动。

③不产生新的深层滑动。

④抗滑桩的桩位应设在滑坡体较薄、锚固段地基强度较高的地段,其平面布置、桩间距、桩长和截面尺寸等的确定,应综合考虑达到经济合理。桩间距宜为6~10 m。

⑤抗滑桩的截面形状宜为矩形。桩的截面尺寸应根据滑坡推力的大小、桩间距以及锚固段地基的水平容许抗压强度等因素确定。桩最小边宽度不宜小于1.25 m。

2)抗滑桩设计荷载及计算

①滑坡推力的计算。

作用于抗滑桩的外力,应计算滑坡推力(包括地震引起的滑坡推力)、桩前滑体抗力(指滑动面以上桩前滑体对桩的反力)和锚固段地层的抗力。桩侧摩阻力、黏聚力、桩身重力和桩底反力可不计算。作用于每根桩上的滑坡推力应按设计的桩间距计算。滑坡推力应根据其边界条件(滑动面与周界)和滑带土的强度指标计算确定。滑动面(带)的强度指标,可采用土的试验资料,或用反算值以及经验数据等综合分析确定。

抗滑桩上滑坡推力的分布图形可为三角形、梯形或矩形,应根据滑体的性质和厚度等因素确定(图9-8)。

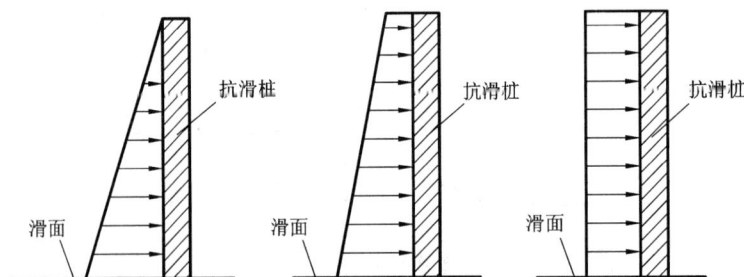

图9-8 滑披推力在桩上的分布

滑坡推力可采用传递系数法按下式计算:

$$T_i = KW_i \sin\alpha_i + \psi T_{i-1} - W_i \cos\alpha_i \tan\varphi_i - c_i L_i \qquad (9-6)$$

传递系数:

$$\psi = \cos(\alpha_{i-1} - \alpha_i) - \sin(\alpha_{i-1} - \alpha_i)\tan\varphi_i \qquad (9-7)$$

式中:T_i 为第 i 个条块末端的滑坡推力,kN/m;K 为安全系数(视工程的重要性、外界条件对滑坡的影响、滑坡的性质和规模、滑动的后果及整治的难易等因素综合考虑)可采用 $1.05 \sim$ 1.25；W_i 为第 i 个条块滑体的重力，kN/m；α_i 为第 i 个条块所在滑动面的倾角，(°)；α_{i-1} 为第 $i-1$ 个条块所在滑动面的倾角，(°)；φ_i 为第 i 个条块所在滑动面上的内摩擦角，(°)；c_i 为第 i 个条块所在滑动面上的单位黏聚力，kPa；L_i 为第 i 个条块所在滑动面上的长度，m。

②抗滑桩设计计算

滑动面以上桩前的滑体抗力，可由极限平衡时滑坡推力曲线(图 9-9)或桩前被动土压力确定，设计时选用其中小值。当桩前滑坡体可能滑动时，不应计及其抗力。作用于桩上的滑坡推力，可由设置抗滑桩处的滑坡推力曲线(图 9-9)确定。

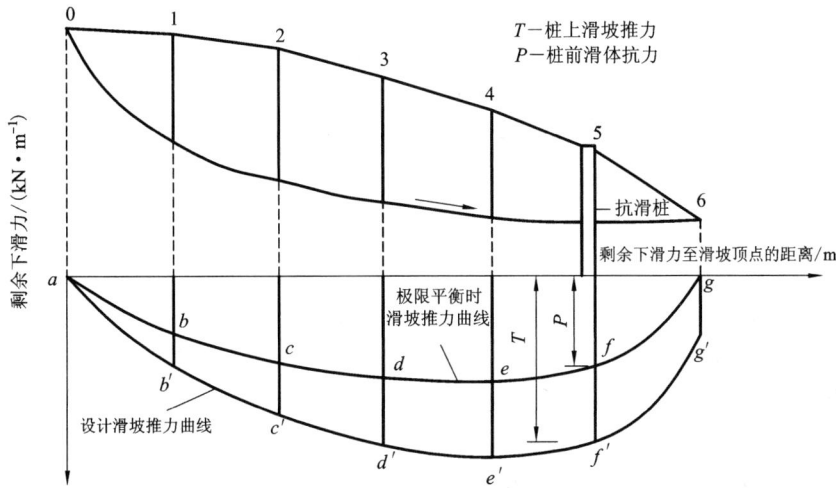

图 9-9 滑坡推力曲线

滑动面以上的桩身内力，应根据滑坡推力和桩前滑体抗力计算。滑动面以下的桩身变位和内力，应根据滑动面处的弯矩、剪力及地基的弹性抗力按弹性地基梁进行计算。

滑动面以下的地基系数应根据地层的性质和深度按下列条件确定：

a. 当为较完整的岩层和硬黏土时，地基系数应为常数 K。

b. 当为硬塑–半干硬的砂黏土及碎石类土、风化破碎的岩块时：桩前滑动面以上无滑坡体和超载时，地基系数应为三角形分布；桩前滑动面以上有滑坡体和超载时，地基系数应为梯形分布。

抗滑桩桩底支承可采用自由端或铰支端。

抗滑桩锚固深度的计算，主要应根据地基的水平容许承载力确定，当桩的变位需要控制时，应考虑最大变位不超过容许值。

a 地层为岩层时，桩的最大水平压应力 σ_{max} 应小于或等于地基的水平容许承载力。当桩为矩形截面时，地基的水平容许承载力可按下式计算：

$$[\sigma_H] = K_H \eta R \tag{9-7}$$

式中：K_H 为在水平方向的换算系数，根据岩层构造，可采用 $0.5 \sim 1.0$；η 为折减系数，根据岩层的裂隙、风化及软化程度，可采用 $0.3 \sim 0.45$；R 为岩石单轴抗压极限强度，kPa。

b 地层为土层或风化成土、砂砾状岩层时，滑动面以下深度为 $h_2/3$ 和 h_2(滑动面以下桩长)处的水平压应力应小于或等于地基的水平容许承载力。

当地面无横坡或横坡较小时,地基 y 点的水平容许承载力可按下式计算:

$$[\sigma_H] = \frac{4}{\cos\varphi}[(\gamma_1 h_1 + \gamma_2 y)\tan\varphi + c] \tag{9-8}$$

式中:$[\sigma_H]$ 为地基的水平容许承载力,kPa;γ_1 为滑动面以上土体的重度,kN/m^3;γ_2 为滑动面以下土体的重度,kN/m^3;φ 为滑动面以下土体的内摩擦角,($°$);c 为滑动面以下土体的黏聚力,kPa;h_1 为设桩处滑动面至地面的距离,m;y 为滑动面至锚固段上计算点的距离,m。

当地面横坡 i 较大且 $i \leqslant \varphi_0$ 时,地基 y 点的水平容许承载力可按下式计算:

$$[\sigma_H] = 4(\gamma_1 h_1 + \gamma_2 y)\frac{\cos^2 i \sqrt{\cos^2 i - \cos^2 \varphi_0}}{\cos^2 \varphi_0} \tag{9-9}$$

式中:φ_0 为滑动面以下土体的综合内摩擦角。

锚固段桩的换算长度为 βh_2、αh_2,桩的变形系数可按下式计算。

a. 当锚固段地基系数为常数 K 时。

$$\beta = \left(\frac{KB_P}{4EI}\right)^{\frac{1}{4}} \tag{9-10}$$

式中:β 为桩的变形系数,m^{-1};K 为地基系数,kPa/m,按《滑坡防治工程设计与施工技术规范》(DZ/T 0219—2006)附录 C 中表 C-1 采用;E 为桩的钢筋混凝土弹性模量,kPa,$E = 0.8E_c$;E_c 为混凝土弹性模量,kPa;I 为桩的截面惯性矩,m^4;B_p 为桩的计算宽度,m,对矩形桩 $B_p = b + 1$(b 为矩形桩的设计宽度)。

b. 当锚固段地基系数为三角形分布时。

$$\alpha = \left(\frac{mB_P}{EI}\right)^{\frac{1}{5}} \tag{9-11}$$

式中:α 为桩的变形系数,m^{-1};m 为地基系数(随深度增加的比例系数),kPa/m^2;按《滑坡防治工程设计与施工技术规范》(DZ/T 0219—2006)附录 C 中表 C.2 采用。

c. 锚固段地基系数为梯形分布时,可将桩分成若干小段,每小段内采用常数分布近似计算。

抗滑桩结构可按现行国家标准《混凝土结构设计规范》(GB 50010—2010)进行设计,其荷载分项系数的取值应符合《建筑结构荷载规范》(GB 50009—2012)、《建筑地基基础设计规范》(GB 50007—2011)及《建筑抗震设计规范》(GB 50011—2010)的规定。一般情况下永久荷载分项系数可采用 1.35。

抗滑桩桩身按受弯构件设计,当无特殊要求时,可不做变形、抗裂、挠度等验算。在腐蚀性环境的作用下,应进行最大裂缝宽度的验算,最大允许裂缝宽度值可适当放宽,并采取适当的防腐附加措施。

③抗滑桩构造要求。

a. 混凝土要求。

一般情况下,桩身混凝土的强度等级宜为 C30。当地下水有侵蚀性时,水泥应按有关规定选用,且耐久性设计应满足《铁路混凝土耐久结构性设计规范》(TB 10005—2010)的要求。抗滑桩井口应设置锁口,桩井位于土层和风化破碎的岩层时宜设置护壁,一般地区锁口和护壁混凝土强度等级宜为 C15，严寒和软土地段宜为 C20。

b. 钢筋要求。

抗滑桩纵向受力钢筋直径不应小于 16 mm，净距不宜小于 12 cm，困难情况下可适当减小，但不得小于 8 cm。当用束筋时，每束不宜多于 3 根。当配置单排钢筋有困难时，可设置 2 排或 3 排。受力钢筋混凝土保护层不应小于 70 mm，腐蚀环境下的混凝土保护层厚度还应满足《铁路混凝土结构耐久性设计规范》（TB 10005—2010）的要求。腐蚀环境下的防腐附加措施可采用混凝土表面涂层、防护面层，钢筋表面环氧涂层等。

纵向受力钢筋的截断点应按现行国家标准《混凝土结构设计规范》（GB 50010—2010）的规定计算。

抗滑桩内不宜设置斜筋，可采用调整箍筋的直径、间距和桩身截面尺寸等措施，满足斜截面的抗剪强度。

箍筋宜采用封闭式，肢数不宜多于 4 肢，其直径不宜小于 14 mm，间距不应大于 400 mm。

抗滑桩的两侧和受压边，应适当配置纵向构造钢筋，其间距不大于 30 cm，直径不宜小于 12 mm。桩的受压边两侧，应配置架立钢筋，其直径不宜小于 16 mm。当桩身较长时，纵向构造钢筋和架立钢筋的直径应增大。

9.1.4　路基滑坡治理工程实例

（1）工程概况

某铁路段属中山剥蚀地貌，地形起伏较小。地势左高右低，自然坡度为 15°~25°。本段地表上覆第四系坡残积（Q_4^{dl+el}）黏土和膨胀土，下伏基岩为石炭系大塘组旧司段（C_1dj）砂岩、炭质页岩夹煤层（严重风化带，厚度大于 20 m，属Ⅲ级硬土），以及泥盆系上统（D_3）白云岩、灰岩。

第四系堆积物主要为黏性土，含水及透水性弱，分布零星，不含水或仅含少量孔隙潜水。下伏基岩裂隙发育，含水但不丰富，地下水主要接受大气降水补给，向低洼排泄。

（DK402 +620）~（DK403 +030）段路堑地段右侧均存在顺层边坡。岩层走向与线路走向近平行，为 C_1dj 的砂岩、炭质页岩夹煤层，中薄层状，风化严重，（DK402 +425）~ +810 为弱膨胀土。

（2）路堤滑坡危害及治理

1）滑坡前情况

（DK402 +425）~ +620 为填方路堤，中心最大填高为 8 m，右侧边坡设人字型骨架（内种草籽）护坡。代表断面如图 9 - 10 所示。

2）滑坡发生情况及分析

（DK402 +425）~ +620 段路堤开始基底处理并填筑时，因受路堑开挖及雨水影响，（DK402 +440）~ +540 段右侧路堤突然发生坍滑，后缘错台高达 4 m，滑体两侧地表出现多处裂缝，前缘路堤坡脚处地面隆起。产生原因：由于地表雨水下渗，软化了下伏风化极严重之炭质页岩。地表有泉水出露，加之填方加载，以致造成本段路堤滑坡。

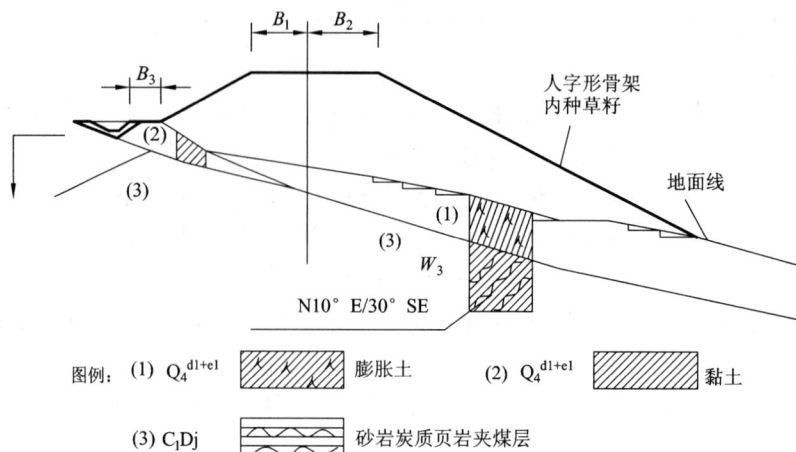

图例：　(1) Q_4^{dl+el} 〔膨胀土图案〕膨胀土　(2) Q_4^{dl+el} 〔黏土图案〕黏土

　　　　(3) C_1Dj 〔砂岩炭质页岩夹煤层图案〕砂岩炭质页岩夹煤层

图 9 – 10　（DK402 + 425）～ + 620 段路堤设计断面

3）路基滑坡整治及其效果

清理该段已坍塌土方，在右侧路肩位置设置 1 排抗滑锚固桩基，（计 16 根，8 组，长 12 ～ 24 m），桩基上承钢筋混凝土承台基础，承台上设衡重式路肩挡土墙（高 6 ～ 10 m）。代表断面如图 9 – 11 所示。在线路左侧（DK402 + 425）～ + 594.5 段设置一截水盲沟，排水至 DK402 + 594.5 涵。该段路堤改用石方回填。

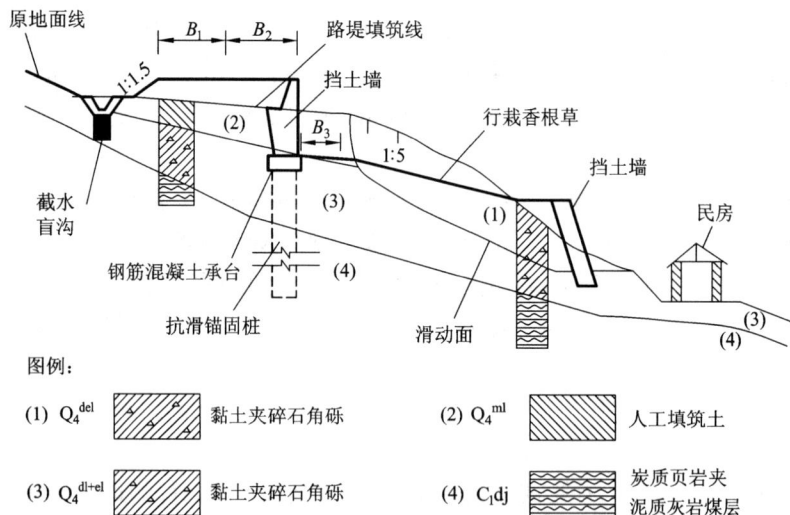

图例：

(1) Q_4^{del} 〔黏土夹碎石角砾图案〕黏土夹碎石角砾　(2) Q_4^{ml} 〔人工填筑土图案〕人工填筑土

(3) Q_4^{dl+el} 〔黏土夹碎石角砾图案〕黏土夹碎石角砾　(4) C_1dj 〔炭质页岩夹泥质灰岩煤层图案〕炭质页岩夹泥质灰岩煤层

图 9 –11　（DK402 + 425）～ + 620 路堤滑坡整治断面

清理线路右侧（路肩墙外）滑坡土层，夯实后，采用栽香草根护坡，滑坡坡脚设重力式挡土墙，并在有泉水出露处（也是桩基最深、最低承台位置）设支撑渗水盲沟 1 道。经处理后滑坡已经止滑，可以顺利通车。

（3）路堑滑坡危害及治理

1）原设计情况

（DK402 + 700）～（DK403 + 030）段为挖方路堑，中心最大挖深为 16.16 m，路堑左侧及

（DK402＋640）～＋790 段左侧设重力式路堑挡土墙，（DK402＋790）～（DK403＋030）段设
41 根抗滑桩及桩间墙（发生坍塌后，增加抗滑锚固桩并纳入设计）。代表断面如图 9－12 所
示。全段路基基床采用土工布加固处理。

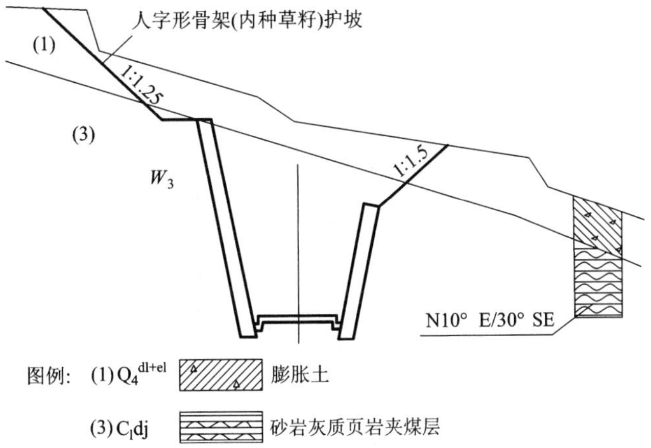

图例：　(1) Q₄^{dl+el}　膨胀土

　　　　(3) C₁dj　　砂岩灰质页岩夹煤层

图 9－12　（DK402＋700）～（DK403＋030）段路堑设计断面

2）滑坡发生情况及分析

（DK402＋790）～（DK403＋030）段在拉槽至距路肩设计高程 6～8 m 时，左侧山体发生
大规模坍滑，路堑边坡出现数道环形裂缝，最外一道裂缝距线路中心 60～70 m，最深可见
5 m，裂缝最宽 1 m 有余。

该段路堑产生滑坡的原因：炭质页岩夹煤层风化极严重，遇水极易软化呈土状，稳定性
极差。路堑开挖后，又产生倾斜临空面，使边坡失去支撑，导致岩体沿软弱面滑动。

3）路堑滑坡整治及其效果

本段采用抗滑锚固桩、桩间墙、桩板墙为主（抗滑锚固桩起主要作用），清方减载、反压
回填为辅的方法（图 9－13）。

①清方减载反压回填。为防止山体再度下滑，采取了减载反压回填措施：先从上往下按
照设计给定的坡率刷坡，并将清方运至右侧路堑拉槽内压实，以加强反压。

②做好截、排水设施。首先于左侧路堑堑顶最远裂缝外作 1 道截水沟，再在设计平台处
设 1 道截水沟，同时将边坡及堑顶上的裂缝用黏土夯填封实。

③施工抗滑锚固桩。根据现场具体情况，在距线路中心 5.7～6.2 m 处设置 1 排抗滑锚
固桩，计 56 根，桩长 10～24 m，桩身截面采用 1.5 m×2.0 m、1.5 m×2.5 m、1.75 m×2.5 m、
2 m×3 m 四种。桩身为 C20 混凝土。清方至桩顶后，平整好开挖作业平台，开始开挖抗滑锚
固桩。锚固桩采用隔桩开挖，分段施工，并及时用好锁口和护壁，确保施工安全。桩身混凝
土应 1 次性连续浇筑，不得形成施工缝，确保桩身质量。

④砌筑桩间挡土墙。待抗滑锚固桩施工完成且桩身混凝土达到设计强度的 75% 以后，开
挖桩前土体，施工桩间挡土墙。挡土墙采用 M715 水泥砂浆砌筑片石；为了能更好地排水，
减少对墙背的压力，在墙后设置反滤层，自路肩以上 20 cm 处设置直径为 10 cm 的泄水孔，
间距 2 m，梅花形布置。同时，用黏土做好封底及封顶工作，防止地表水侵入挡墙背后。

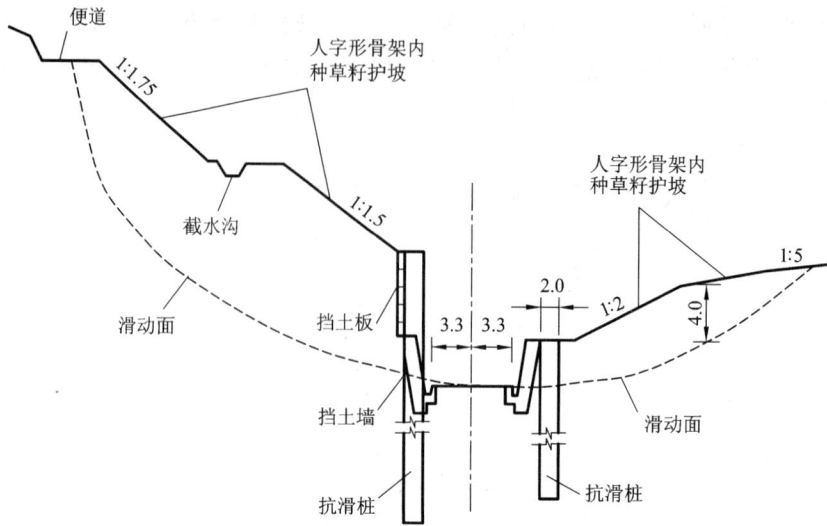

图 9 – 13　Dk402 + 700 ~ DK403 + 030 段路堑滑坡整治断面(单位: m)

　　⑤吊装挡土板。挡土墙砌筑至设计高度后,吊装预制好的挡土板。由于挡土板为槽形,且较薄,故浇筑混凝土时必须保证钢筋的正确位置和保护层厚度,当挡土板混凝土达到设计强度的 75% 以后,方可搬运、安装;板与桩的接触面必须平整,挡土板槽口向外。安装时,将桩的护壁凿除至安装挡土板的设计高程,作为挡土板的基础。挡土板安装完毕后,桩及板内侧的填土,采用蛙式打夯机夯实,挡土板顶也要用黏土夯填封闭。

　　⑥坡面防护。挡土墙墙顶以上坡面,采用浆砌片石人字形骨架内种草籽防护,同时设置有平台及截水沟。

　　采取上述措施加固治理后,根据观测结果,山体已稳定,路堑边坡至今未发现异常。

9.2　崩塌落石段路基

　　崩塌指陡峻斜坡上的岩土体在重力和其他外力作用下脱离母体,突然发生急剧地向下倾倒、崩落、翻滚、跳跃以及因此而引起脆性破坏的斜坡变形现象。崩塌的特点是垂直位移明显大于水平位移且运动速度较快。处于崩落临界状态的岩土体称为危岩,处于极限平衡状态的岩块为危石,突然坠落者称为落石。崩塌落石是堑坡或其上山坡的岩块土石发生崩塌或坠落造成危害的地质现象。具有突然、快速和较难预测的特点,是地形、地质比较复杂的山区铁路十分常见的路基病害。崩塌规模小的为坍塌,规模极大的为山崩。大型的崩塌是灾害性的,能摧毁铁路、桥梁、房屋甚至堵塞河流,毁坏农田和村庄;零星落石发生时虽然山体本身基本上是稳定的,但也常造成砸伤运营线的设备、列车脱线或颠覆的严重后果。

9.2.1　崩塌的影响因素

　　崩塌落石发生的原因、条件与地形地貌、岩性和构造、气候和水文以及人为活动等因素有关。

　　从内在条件(地形、岩性及构造)分析,崩塌多发生在坡度大于 55°、高度大于 30 m、上陡下缓且坡面凹凸不平的陡峻斜坡地段。岩性条件为质硬性脆(如花岗岩、石英岩、玄武岩、厚层石灰岩等)或软硬互层(如砂岩与页岩互层、石灰岩与泥灰岩互层)或上硬下软的岩石陡坡，以及具有显著发育的垂直状节理的黄土陡坡；构造条件为岩土体中各种构造成因的结构面处于最不利组合位置时，如岩层倾向斜坡且倾角小于其坡度而大于 45°，岩层多组节理中一组倾向斜坡倾角达 25°~65°，岩层发育"X"形节理组成倾向斜坡的楔形体、岩土体中存在断层破碎带等。节理越发育，崩塌越容易发生。

从外部原因(气候、水文、人为活动及外部营力)分析，温度的变化促进岩层风化；降水是引发崩塌最活跃的因素，渗入构造裂隙的水软化结构面并降低岩土体的抗剪强度；边坡(包括路堑)开挖过陡或过高破坏山体平衡；树木等植物的根劈作用加速岩土体的裂隙发育；强烈的地震、大爆破甚至不间断的列车震动产生的振动力亦可促使或诱发崩塌落石产生。

在铁路建设工程中，人为因素是形成崩塌的重要因素，特别是铁路路基建设中的开挖坡脚活动。任何高陡岩坡，由于风化和卸荷回弹作用都会产生松弛开裂，为崩塌的形成奠定了基础。若在这个时候在开挖坡脚建房、修路和其他工程，非常容易引起崩塌发生。在铁路建设中开挖坡脚的现象非常普遍，可以认为铁路内侧边坡的很大一部分是人工开挖引起的。这几年在铁路建设中开挖边坡时采取了预防性措施，崩塌发生的现象少多了。

崩塌从岩体高陡边坡出现微裂开始到崩塌发生、堆积要经历四个阶段：

①微裂初期变形阶段。此阶段高陡边坡地表仅出现微小裂缝。

②张裂倾倒变形阶段。此阶段地表裂缝不断加宽，成上大下小的锥形，整体岩体向临空方倾斜。

③断裂剧变阶段。此阶段地表裂缝加速加宽，呈加速变形趋势。

④崩塌堆积阶段。崩塌规程的时间非常快，几乎同时进行，崩塌完成，堆积也就完成。

9.2.2　防治原则

崩塌灾害具有高速运动、高冲击能量、多发生在特定区域、发生时间和地点的随机性、难以预测性和运动过程复杂性等特征。在整治过程中必须遵循标本兼治、分清主次综合治理、生物措施与工程措施相结合、治理危岩与保护自然生态环境相结合的原则。通过治理最大限度降低危岩失稳的诱发因素，达到治标又治本的目的。

崩塌防治要以预防为主，制早治小，一次根治，不留后患为原则。

①新建铁路应加强工程地质工作，对于崩塌落石地段，严重者应予以绕避，不能绕避时，应修建必要的预防性工程，防患于未然。

②养护维修应对可能发生崩塌落石地段加强检查巡视，发现变形失稳征兆，应及时采取措施，治早治小，防止因病害扩大而导致灾害的发生。

③病害发生后，整治工作要坚持一次根治、不留后患。否则，往往会招致大的灾害。

9.2.3　防治措施常用的防治措施

崩塌防治的目的并不是一定要阻止崩塌落石的发生，而是防止其带来的危害。崩塌防治措施可分为防止崩塌发生的主动防护和避免造成危害的被动防护两种类型，具体方法的选择取决于崩塌历史、潜在崩塌特征及其风险水平、地形地貌及场地条件、防治工程投资和维护费用等。

　　崩塌防治的基本方法有支撑、遮挡、拦截、围护、嵌补、锚固及注浆、挂网喷射混凝土、清除和排水等。

　　（1）主动防治措施

　　1）支撑类

　　支撑是指对于悬于上方，以拉断坠落的悬臂状或拱桥状等危岩，采用墩、柱、墙或其组合形式支撑加固，以达到治理危岩的目的。

　　支撑技术主要适用于滑塌式危岩、坠落式危岩和倾倒式危岩。

　　①滑塌式危岩支撑。

　　滑塌式危岩需要使用的支撑技术是将支撑体底部削成内侧倾斜坡或台阶。治理方式如图 9 – 14 所示，倾倒式危岩也可参考滑塌式，如图 9 – 15 所示。

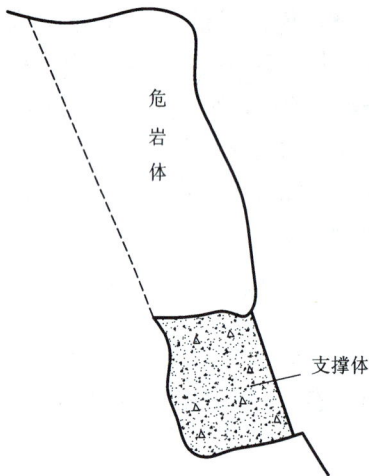

图 9 – 14　滑塌式支撑　　　　　　　　　　　图 9 – 15　倾倒式支撑

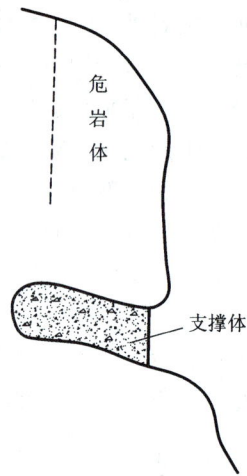

　　②坠落式支撑。

　　当危岩下部具有一定范围向内凹的岩腔，岩墙底部为承载力较高且稳定性好的中风化基岩，危岩体重心位于岩腔中心线内侧时，宜采用支撑技术进行危岩治理。支撑底部应分台阶清除至中风化岩层，确保支撑体的自身稳定性。支撑体与危岩底部接触区域的一大厚度应采用膨胀混凝土。

　　一般情况下，具有支撑条件时应优先使用支撑技术。利用支撑技术治理危岩，关键需要具备两个条件：a. 危岩体底部必须处在临空状态即存在内凹岩腔，宽度不小于 3 m；b. 危岩体下部必须具有具有相对平缓且具有一定宽度的微地貌部位，宽度不小于 3 m。支撑结构分为高位支撑和低位支撑两类，危岩体底部与载荷地质体平台之间的绝对高度超过 4 m 时称为高位支撑，低于 4 m 时称为低位支撑，如图 9 – 16 所示。

　　2）锚固技术

　　锚固技术是指采用普通（预应力）锚杆、锚索、锚钉进行危岩治理的技术类型。常用的锚固技术有预应力锚杆、非预应力锚杆、自钻式预应力锚杆及预应力锚索。如图 9 – 17 所示。

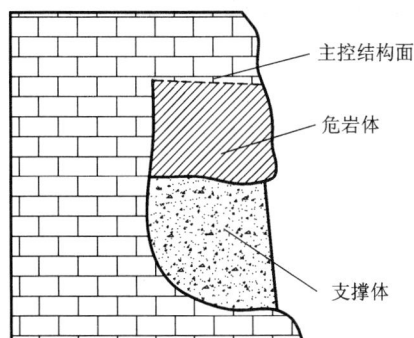

图 9 – 16　坠落式支撑

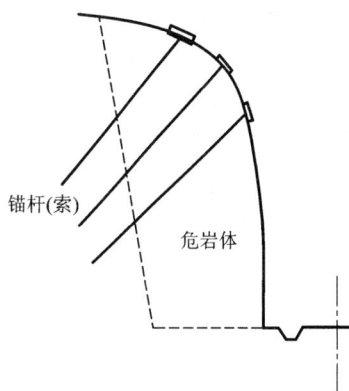

图 9 – 17　锚杆加固示意图

3）灌浆措施

危岩体中破裂面较多、岩体比较破碎时，为了增强危岩体的整体性，宜进行有压灌浆处理。灌浆孔宜陡倾，倾角中不大于 45°并在裂缝前后一定宽度（一般 3 ~ 5 m）内按照梅花桩型布设。灌浆孔应尽可能穿越较多的掩体裂隙面尤其主控结构面；灌浆材料应该具有一定的流动性，锚固力要大，如图 9 – 18（a）所示。

顶部裂缝封填的目的在于减少地表水

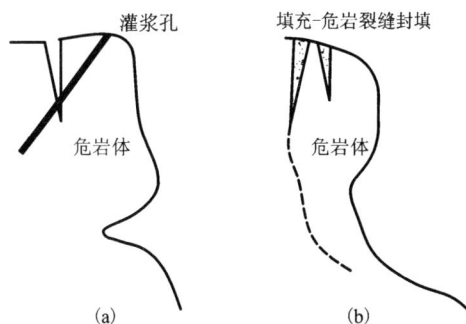

图 9 – 18　灌浆技术在处理崩塌危体中的应用

下渗进入危岩体的速度及数量，如图 9 – 18（b）所示。固结灌浆可增强岩石完整性和岩体强度。经验表明水泥灌浆加固可使岩体抗拉强度提高，可把安全系数提高 50% 以上。

4）排水措施

排水技术包括危岩体周围的地表截水、排水和危岩体内部排水、地表截水，排水沟应根据危岩体周围的地表汇流面积确定。通常采用地表明沟，其断面尺寸由地表汇流面积计算确定，由浆砌块石、浆砌条石构成，底部地基填土时压实度不小于 85%，也可在危岩体侧部稳定岩体内凿槽作排水沟。通过修建地表排水系统，将降雨产生的径流栏截汇集，利用排水沟排出危岩外。

5）清除措施

在危岩体下方地表坡度比较平缓，具有 0.5 ~ 1.0 倍陡崖高度的地形平台上无重要建构筑物及居民居住或危岩下方具有有效防御措施条件下，可采用清除处理（图 9 – 19）。

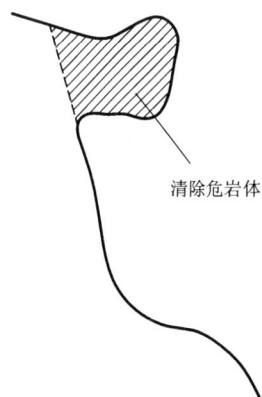

图 9 – 19　危岩体清除方法

削坡减载是指对危岩或滑坡体上部削坡。减轻上部荷载，增加危岩体和滑坡体的稳定性。对规模较小、危险程度高的危岩体可采用爆破或手工方法进行清除，彻底消除崩塌隐患，防止对路基造成危害。

（2）被动防护措施

被动防护技术包括修筑拦挡建筑物、软基加固、线路绕避及森林防护等技术。

1）修建拦挡建筑物

对中、小型崩塌可修筑遮挡建筑物或拦截建筑物。拦截建筑物有落石平台、落石槽、拦石堤或拦石墙等，遮挡建筑物形式有明洞、棚洞等，如图9-20所示。

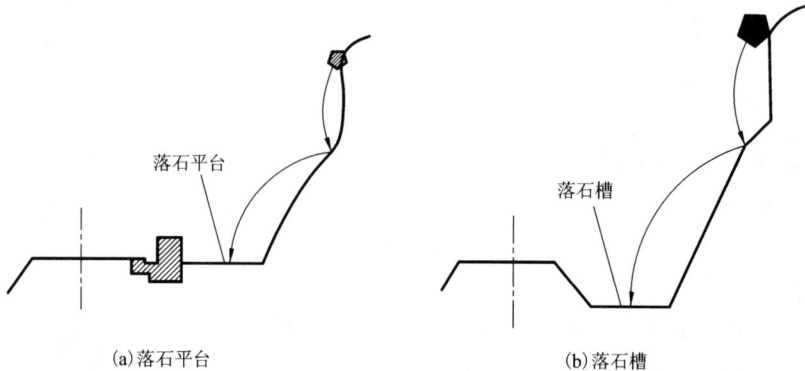

图9-20　落石平台和落石槽

①拦石墙。陡崖或山坡上危岩数量多、存在勘察遗漏或治理难度较大时，以及对危害对象存在威胁的地段，当自然坡度角小于35°并在一定宽度的地表平台时，宜设置拦石墙（图9-21）。

②明洞。隧道洞口段落石灾害问题日益突出，成为影响列车安全运行的主要因素之一。对于大型崩塌及落石冲击宜采用隧道明洞或棚洞等重型防护结构进行防治（图9-22）。

③拦石网及拦石栅栏。当陡崖或山坡下部坡度大于35°且缺乏一定宽度的平台而不具备建造拦石墙的条件时，可采用拦石网及拦石栅栏。拦石网包括半刚性和柔性两大类，前者一般称为拦石栅栏（图9-23）。

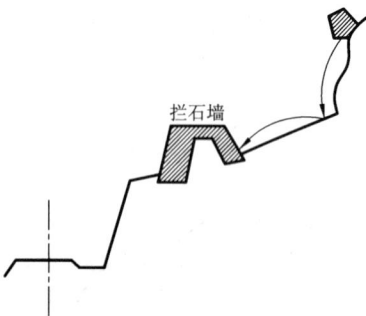

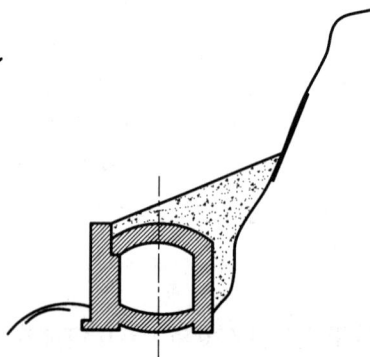

图9-21　拦石墙　　　　图9-22　处理崩塌明洞措施　　　　图9-23　拦石栅栏

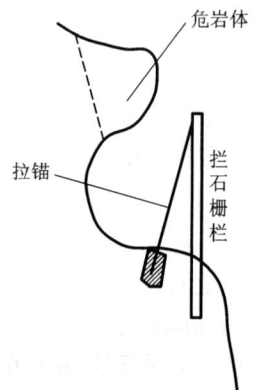

（3）崩塌与岩堆区的铁路位置选择

崩塌发生后，在坡脚处形成岩堆。岩堆是高陡斜坡上部崩塌、落石等产生的岩石碎屑在坡脚处堆积而成。在岩堆上的线路，由于岩堆稳定性差，应尽量少填少挖。填方底部原地面应做成台阶形以防填土路基滑动。当以路堑通过时，位置应选在岩堆顶部；以路堤通过时，路堤位置应选在岩堆下部；当穿过岩堆的中部时，在线路上、下均应设置挡墙，挡墙基础需穿透岩堆深入下部稳定基岩内，如图 9 – 24 所示。

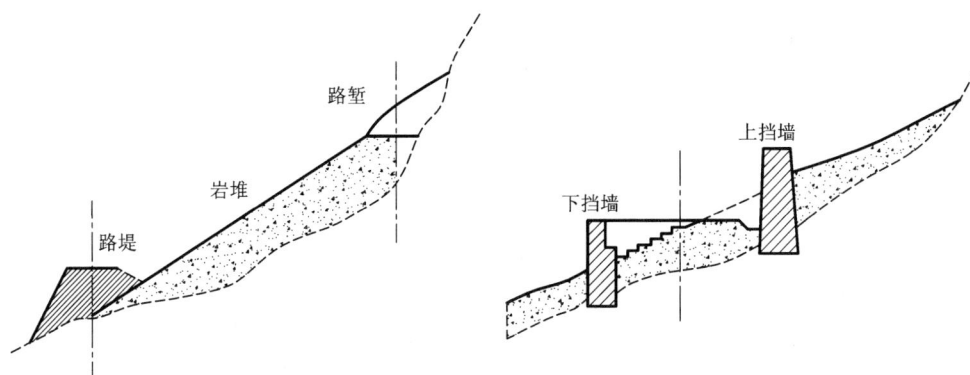

图 9 – 24　崩塌岩堆区的铁路位置选择

9.2.4　崩塌段路基处理实例

（1）工程概况

某高边坡位于里程桩号为（K228 + 183）~（K228 + 314），长 131 m。在挖方路堑段左侧，开挖后的最高边坡高为 105 m，路基宽为 12 m。此段路线因为边坡地质条件复杂，原设计采取了绕避措施。施工开始后，线路进行了变更，从边坡坡脚通过，设计为 1∶0.3 和 1∶0.5 两级放坡。在施工过程中，发生过一次大规模的崩塌，一些机具被埋，未造成人员伤亡。此后，做了变更设计，全坡按 1∶0.83 清方。在此次清方过程中，由于节理裂隙发育，1∶0.83 的坡比始终未能成型，而最终清方出来的坡面近乎为垂直的陡岩。而且此次清方使得上部（顶端）的大岩体失去支撑，坡缘张拉裂隙宽 5 ~ 40 cm，随时可能崩塌。由于崩塌的形成处于工程施工后期，整条线路其余路段路基已基本完工，故此处崩塌的治理除考虑直接的技术经济因素外，还需考虑工期问题。

（2）崩塌成因分析

1）地质概况

边坡地层产状总体接近水平，倾向路基，视倾角为 5°。边坡 150 m 范围内发育有 3 条断层。受此影响，边坡岩体破碎，垂直节理裂隙极发育。经开挖揭示，路槽以上约 25 m 内为强风化灰岩夹大量的杂色炭质泥岩，稳定性极差；路槽以上的 25 ~ 105 m 高度范围为中 - 强风化灰岩，较破碎，溶沟、溶槽、溶洞极为发育，如图 9 – 25 所示。

2）地质成因

①大型垂直向裂隙发育，将岩体完全分割开来。②岩体本身风化严重，强度不均。③岩体内溶槽、溶洞较发育，其整体性较差。④下部岩体较上部软弱，其支撑能力较低，极易造成上部岩体崩塌。⑤在雨水、周边地区地震等自然力的影响下，边坡将可能发生局部崩塌。

由于边坡高，崩塌产生的滚石具有很大的冲击动能，不但直接危害营运，而且坠落乱石将填满路槽，阻塞交通。

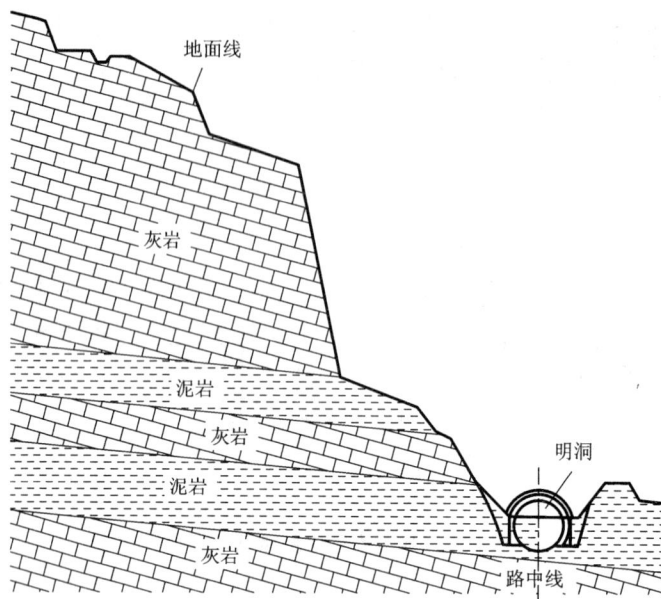

图 9 – 25　高边坡地质横断面

（3）治理方案比较

针对崩塌产生的原因，提出了改线、清方、锚固、明洞四种治理方案。改线方案经预算约 1000 万元，但改线不能保证工期，从而会影响整个工程计划；清方工程量大，而且弃方地方难寻，不宜采用；应力锚索加固估计费用在 1000 万元左右，用预应力锚索锚固存在两个问题：一是块体太多，锚索的数量会很大；二是垂直裂隙发育，锚固段位置不易确定。明洞在崩塌地区采用明洞方案在铁路上应用较多，有很多成功经验。在沿路上增设一段长 131 m 的明洞，施工场地占用有限，不会对已经完成的工程造成任何变更，不会对后续的工程施工造成较大干扰，在工期很紧的情况下，能保证所有工程按期完成。由于明洞较短，可不设照明与通风设备，估计工程费用在 700 万左右。明洞建成后，上面回填黏土，危岩坍塌不会对运营产生任何隐患。

通过对上面 4 种方案的分析比较，由于明洞方案安全、经济，能保证工期，最后采用明洞对高边坡进行治理。

（4）明洞设计

明洞位于曲线上，全长 131 m，明洞内轮廓为对称单心圆拱，拱半径为 520.77 cm。洞内两侧设纵向排水沟。洞身采用钢筋混凝土衬砌，C25 钢筋混凝土拱圈厚为 90 cm，仰拱厚为 60 cm。在拱圈背后满铺无纺布防水层，在边墙下部通设软式透水管，再经过硬质塑料管将水排入边沟。明洞两侧边墙回填 C15 水泥混凝土，左侧在施工锚杆后回填。拱圈上回填 50 cm 厚黏土后，再干砌片石护拱（片石整齐竖向排列）。拱圈两侧干砌片石以上回填不小于 3 m 厚的黏土。洞内两侧设纵向排水沟。洞顶设两道纵向截水沟，一道横向截水沟（K228 + 240）。洞顶的汇水由右侧翼端上通过急流槽流入路基边沟。根据现有的开挖场地并结合地形，采用端墙式洞门。图 9 – 26 为该高边坡设计断面。

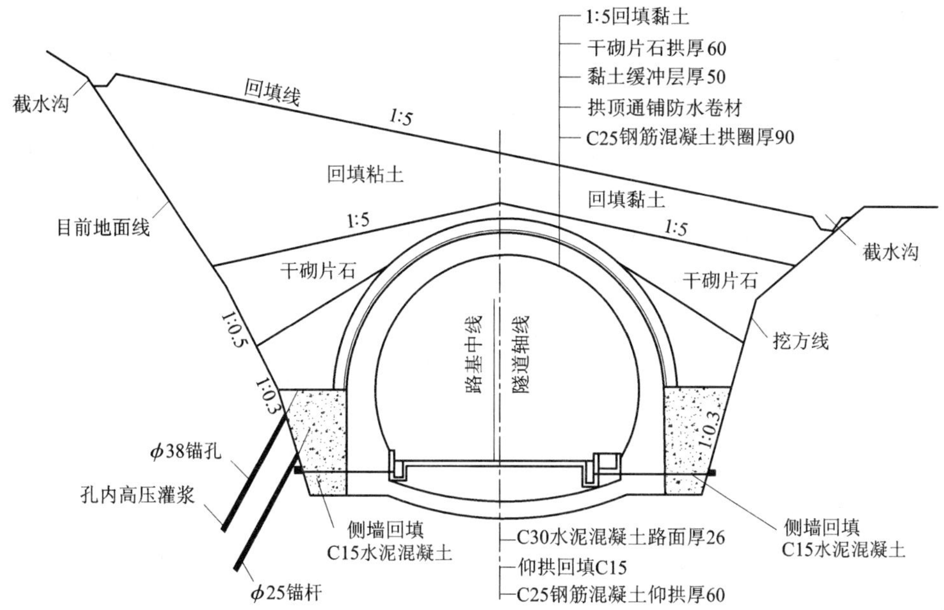

图 9 - 26　高边坡设计断面(单位：cm)

(5)应用效果

该高边坡的治理采用了明洞这种遮挡建筑物,实施的结果表明,在崩塌区采用明洞是一种安全可靠的处理措施,在后期的运营中没有出现崩塌影响线路运营的情况。

9.3　泥石流段路基

9.3.1　泥石流概述

泥石流是含有大量泥砂、石块等固体物质,突然爆发的,具有很大破坏力的特殊洪流。泥石流主要活跃于山区与山前地区,暴发突然、历时短暂、来势凶猛,固体物质粒度与流体密度变化范围大,惯性力(具有直进性和爬高能力)和冲淤能力大,具有巨大的破坏作用。它与挟砂洪流的本质区别在于流体中固体物质的含量。泥石流爆发具有突然性,常在集中暴雨或积雪大量融化时突然爆发。一旦泥石流爆发,顷刻间大量泥砂石块形成的洪流像一条巨龙一样,沿沟谷迅速奔泻而下,有时尘烟腾空,巨石翻滚,泥浆飞溅,山谷雷鸣,地面震动,直到沟口平缓处堆积下来,将沿途遇到的村镇房屋、道路桥梁瞬间摧毁掩埋,甚至堵河断流,造成严重的自然灾害,给人们生命财产带来巨大损失。

泥石流的形成与地形、地质、水文、气象、植被、地震、人类活动等因素有关,可概括为三个基本条件,其中两个内因条件为流域内有丰富的松散固体物质补给,有陡峻的地形或较大的河床纵坡,外因条件为流域中上游在短时间内能形成强大径流动力(如强大暴雨、急剧融雪、水库决堤)。泥石流的发生与发展是内、外因综合作用的结果。

(1)泥石流灾害特点

　　泥石流是一种山区地质灾害。主要分布在北纬 30°～50°之间的山地。这一纬度带中的中国、日本、美国、俄罗斯南部、法国、意大利等，都是泥石流发育的主要国家。在这一纬度带中，又主要发育在挤压造山带和地震带，特别是构造破碎带。如太平洋山系、喜马拉雅山脉、阿尔卑斯山脉等。我国是一个多山国家，山区面积达百分之七十左右，是世界上泥石流最发育的国家之一。我国西南、西北、华北、华东、中南、东北等山区均有泥石流发育，遍及 23 个省区，尤其西南、西北山区最多。天山—阴山山脉、昆仑—秦岭山脉、横断山脉、大凉山、雪峰山、大别山、长白山等山脉，都是泥石流发育地带。例如，穿越在大凉山的成昆铁路沙湾至陆丰段 800 km 线路内，就有 249 条泥石流沟。

　　泥石流往往突然暴发，浑浊的流体沿着陡峻的山沟前推后拥、奔腾咆哮而下，地面为之震动，山谷犹如雷鸣，在很短时间内将大量泥沙石块冲出沟外，在宽阔的堆积区横冲直撞、漫流堆积，常常给铁路和人类生命财产造成很大危害。

　　(2)泥石流的发生时间和规律性

　　1)季节性

　　我国泥石流的暴发主要是受连续降雨、暴雨、尤其是特大暴雨等集中降雨的激发。因此，泥石流发生的时间规律是与集中降雨时间规律相一致的，具有明显的季节性。一般发生于多雨的夏秋季节。

　　2)周期性

　　泥石流的发生受雨洪、地震的影响，而雨洪、地震总是周期性地出现。因此，泥石流的发生和发展也具有一定的周期性，且其活动周期与雨洪、地震的活动周期大体一致。当雨洪、地震两者的活动周期相叠加时，常常形成一个泥石流活动周期的高潮。

　　泥石流的发生，一般是在一次降雨的高峰期，或是在连续降雨稍后。

　　(3)泥石流的主要危害

　　泥石流的主要危害是造成人员伤亡和摧毁城乡建筑通道路、工厂矿山、水利工程、农田土地(造成经济损失)。

　　1)泥石流危害的地域性差异

　　由于泥石流的发育强度、人口密度和国民经济发展程度在地域上差异很大，所以它们造成的危害在不同地区也有很大差异。在西部地区由于国民经济发展程度较低，而泥石流规模很大，所以危害以人员伤亡为主，尤其是西南地区更是如此。而东部地区尽管由于灾害强度较小(规模或破坏面积较小)，造成的人员伤亡数量较少，但由于经济发达程度较高，经济损失却与西部不相上下。也就是说，泥石流在西部地区的危害以人员伤亡为主，而东部地区则以经济损失为主。

　　2)泥石流对人类的威胁

　　由于泥石流具有突发性、多发性、阵发性、短暂性(约几分钟至 2 小时左右)、多相性(具有泥沙石块和水组成的不均质的固液两相流体)、周期性(多发于夏秋季节的傍晚至深夜这一段时间)、能量大、冲击力强、迅速成灾等特点，并伴有崩塌、滑坡及洪水破坏等多重作用，其危害程度往往比单一的滑坡、崩塌和洪水的危害更为广泛，更为严重。

　　3)破坏交通

　　泥石流可将公路、铁路、桥梁等建筑物摧毁，使当地居民与外界的联系中断，运输中断，灾民从外界获取生活物资援助的困难增大。据统计，迄今我国内地铁路沿线已发现的泥石流沟多达 1500 余条，由泥石流造成的中断行车灾害近 300 次，其中列车脱轨、颠覆的重大行车事故 10 余起，有 33 个车站被淤埋 41 次，累计中断行车时间超过 7500 h，其中震惊中外的成昆铁路利子依达特大泥石流灾害，坠毁客车 1 列，伤亡 300 余人，损失达 2 千余万元。

（4）泥石流的分类

1）按泥石流流体性质分类

①黏性泥流：密度大于 1500 kg/m^3，黏度大于 0.3 Pa·s。

②黏性泥石流：密度 1800～2300 kg/m^3，流体黏度大于 0.3 Pa·s。

③稀性泥流：密度 1500～1800 kg/m^3，流体黏度小于 0.3 Pa·s。

④稀性泥石流：密度 1200～1400 kg/m^3，流体黏度小于 0.3 Pa·s。

⑤水石流：密度小于 1200 kg/m^3。

2）按泥石流物质组成分类

①泥流：物质主要是细粒泥砂，含少量砂砾及碎石，分布在西北黄土高原地区。

②泥石流：大量泥砂和漂石、块石组成，分布在西南、华南等地。

③水石流：黏土含量少，固体物质多为块石、碎石、砾石、少量砂粒、粉粒，分布在干燥寒冷的北方。

3）按泥石流地貌特征分类

①山坡型泥石流：流程短，无明显流通区，破坏力弱。

②沟谷型泥石流：典型，破坏力强。

4）按体积规模分类

①小型：体积小于 1 万 m^3。

②中型：1 万～5 万 m^3。

③大型：5 万～10 万 m^3。

④特大型：大于 10 万 m^3。

9.3.2　泥石流地区道路位置选择及防治措施

（1）泥石流选线原则

我国铁路泥石流防治工作大体分为两个阶段，一是建设阶段，即在勘测设计和施工过程中，针对沿线灾害地质环境、水文情势，防患于未然所进行的防治工作。二是运营阶段，是指线路运营中，针对我国勘测设计中漏判，或因环境演变和人为破坏导致的新生灾害点所进行的防治工作。

一般来说，道路工程通过泥石流区，应遵循以下原则：

①绕避处于发育旺盛期的特大型、大型泥石流或泥石流群，以及淤积严重的泥石流沟。

②远离泥石流堵河严重地段的河岸。

③线路高程应考虑泥石流发展趋势。

④峡谷河段以高桥大跨通过。

⑤宽谷河段，线路位置及高程应根据主河床与泥石流沟淤积率、主河摆动趋势确定。

⑥线路跨越泥石流沟时，应避开河床纵坡由陡变缓和平面上急弯部位；不宜压缩沟床断面，改沟并桥或沟中设墩，桥下应留足净空。

⑦严禁在泥石流扇上挖沟设桥或作路堑。

（2）泥石流区的选线方案

山区铁路通过泥石流地区的具体位置，通常有下述五个方案可供比选，五个方案的优缺点评述如下（图9-27）。

①线路通过泥石流沟口的流通区，以单孔高桥通过（方案1）。流通区沟床稳定，冲刷、淤积相对最小，最稳定、最少工程措施的方案，应为最佳方案。由于流通区位置较高，沿河线路需爬坡展线才能到达此处。

②线路在堆积区中部通过（方案2）。这里沟床变迁不定，泥砂石块冲刷、淤积严重，是最不利方案。若由于其他困难，线路不得不从此通过时，则

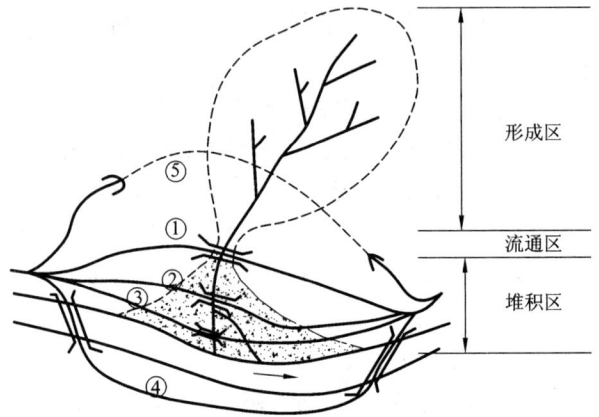

图9-27　铁路通过泥石流区的方案

在路桥设计原则和配套工程措施上必须谨慎有力，例如要求提高桥梁高度以利桥下排洪净空；要分散设桥，不宜改沟、并沟或任意压缩沟槽；少设桥墩，多用大跨；桥梁墩台基础深埋；线路尽可能与主沟流向正交；设置必须的导流、排泄和防护设施等。

③线路沿泥石流洪积扇外缘通过（方案3）。此为经常采用方案。这里冲刷、淤积均较方案2弱，线路较顺，但仍需遵照上述设计原则和设置必要的工程措施。

④若泥石流规模较大，上述三个方案均不可行时，可采用过河绕避方案（方案4），也可采用靠山从形成区下稳定岩层中修筑隧道绕避方案（方案5），绕避方案宜在新建铁路时采用。对已成铁路，此方案虽彻底避开了泥石流，但耗资巨大，废弃工程多，应进行全面综合分析。

（3）泥石流的防治措施

对于大型的严重发育的泥石流地段，一般绕避为好。万一无法绕避的，在调查泥石流活动规律后，选择有利位置，采用适宜的建筑物通过。

1）绕避

规模巨大，活动频繁，对铁路威协很大的泥石流沟，最好采用绕避对策。我国成昆铁路建设中就成功的采用了这种对策避免了很多灾害。该线金沙江峡谷段泥石流沟群的绕避即为一例，成昆线金江站以南有50 km线路，受元谋绿叶江大断裂影响，不良地质发育，地形陡峻，泥石流沟群密布达50余条，是成昆南段泥石流最活跃的区段之一。为此，设计时采用了平面或立面绕避对策，对严重泥石流沟或密布山坡泥石流区段，降低高度采用隧道从底部通过，如龙潭隧道、红光隧道。对受对岸洪积扇挤压区段，将线路内移，亦设计隧道通过，如前进隧道、莲地隧道等。对受地形影响，无法平面绕避的白沙沟，上格达沟，则分别采用高墩，大跨桥梁通过。经二十多年运营没有发生流石泥灾害，工程效益显著。

2）拦挡工程

主要用于上游形成区的后缘，主要建筑物是各种形式的坝。各种坝可以拦截泥砂流固体物质，使沟床纵坡变缓，过坎下跌消耗泥石流下冲能量。减小泥石流的流速和规模，同时固定沟床，防止下切谷坡、发生坍塌。图9-28所示为一沟多坝的谷坊群，图9-29所示为能

截留固体物质、排走流水的格栅坝。

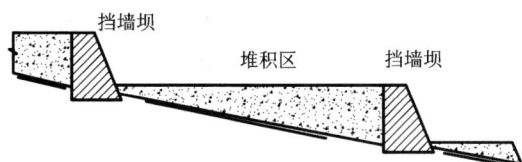

图 9-28　拦挡坝示意图

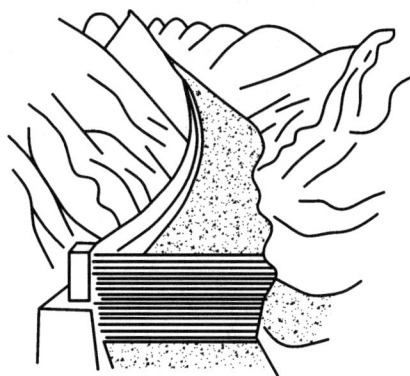

图 9-29　格栅坝

3）排导工程

主要用于下游的洪积扇上，目的是防止泥石流漫流改道。减小冲刷和淤积的破坏以保护附近的居民点、工矿点和交通线路。

排导工程主要包括排导沟、渡槽、急流槽、导流堤、排洪道等。

4）水土保持

水土保持是泥石流的治本措施。其措施包括平整山坡、植树造林、保护植被等，维持较优化的生态平衡。植被有利于保持水土、稳定坡谷的生物措施，对于治理泥石流流域，防止和减轻泥石流灾害都将是十分有效的。植被根系虽不能对坡面土体的稳定起很大作用，但植被在涵蓄水份、减小地表径流、防止坡面侵蚀方面的作用是不能低估的。植被良好的坡面与光秃的坡面相比，它的地表径流可以减少很多，也可有效地减小暴雨洪水规模，从而减小洪水对沟谷侵蚀和泥石流的规模。所以，恢复植被、植树造林等生物措施对减小泥石流灾害具有重要意义，应看作是流域的治本之举。

成昆铁路西昌东、西河路段，从 1950 年开始造林，1958 年进行大规模飞播造林、封山育林，森林复盖从原来的 3% 迅速恢复到 60%，从而使东、西河流域水土流失骤减，泥石流得到基本控制。

对于防治泥石流，常采用多种措施相结合，比用单一措施更为有效。

9.4　浸水路段路基

浸水路基泛指河滩、滨河滨湖滨海路基以及穿越积水洼地、池塘等地段的路堤，一般常年或周期性处于设计水位以下而受水浸泡。滨河路堤沿河岸修筑，靠河一侧边坡浸水并经常受水流作用。河滩路堤大致与水流方向垂直或斜交如桥头路堤等，两侧边坡均受水浸泡和水流和波浪的冲刷作用，当路堤两侧存在水位差或水位陡降，土体中将会产生渗流现象，路堤还会受动水压力作用，降低边坡的安全系数，导致管涌或流土破坏。由于浸水路基的特殊性，在设计和施工中应作特殊的分析。

9.4.1 浸水路堤的稳定性分析

一般认为若浸水路基为密实的黏性土，渗透性很低($K < 1 \times 10^{-6}$ cm/s)或不透水，外界水流的涨落不引起土体内的渗透力，可不考虑渗流的影响。若为抛石路堤或为粗粒料填方，具有中等以上透水性时($K > 1 \times 10^{-3}$ cm/s)，则堤内渗流几乎和水位同涨落，动水压力很小可忽略不计。若浸水路基为细砂、粉土、黏质粉土等土质，其渗透系数在 1×10^{-4} cm/s 数量级附近，则退水时的渗透力可能造成坡脚圆破坏(图 9-30)。

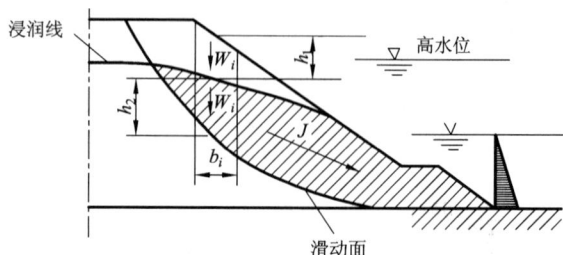

图 9-30 浸水边坡稳定检算

其边坡稳定采用圆弧法，稳定系数 K 一般采用 1.25。其计算公式如下：

$$K = \frac{\sum (W_i + W_i')\cos\alpha_i\tan\varphi_i + c_i l_i + c_i l_i'}{\sum (W_i + W_i')\sin\alpha_i + \gamma_w iA} \qquad (9-12)$$

式中：$W_i(W_i')$ 为浸润线上(下)条块重力，kN，浸润线以上采用天然重度计算，浸润线以下常水位以上采用饱和重度计算，常水位以下采用浮重度计算；$l_i(l_i')$ 为浸润线上(下)滑弧长，m；A 为图中浸水面积(阴影面积)，m^2；i 为滑动面所截取的渗流降落曲线段的平均坡降；α_i 为第 i 条块所在滑动面的倾角，(°)；φ_i 为第 i 条块所在滑动面上的内摩擦角，(°)；c_i 为第 i 条块所在滑动面上的黏聚力，kPa。

9.4.2 浸水路堤的设计

(1)断面形式

浸水路堤的断面形式根据浸水情况、填料性质等因素分别采用下列形式。

1)单一填料断面形式

当路堤为单一填料时，防护高程以上不浸水部分采用标准断面形式，防护高程以下应视浸水深度、填料性质及基底地质条件等因素采用放缓边坡或增设护道的断面形式(图 9-31)。

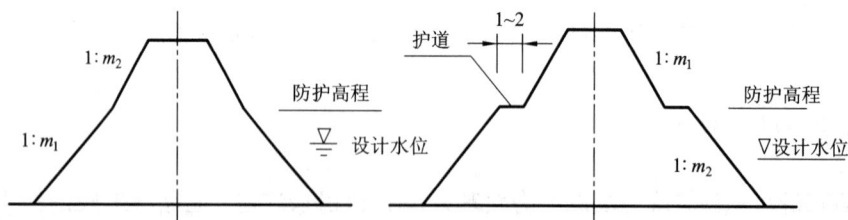

图 9-31 单一填料形式(单位：m)

2)不同填料断面形式

①不同填料断面形式之一。若当地水稳定性很高的填料来源不足，可在防护高程以上填细粒土，防护高程以下填 A 组粗粒土或岩块，并应在土层分界处设置不小于 0.5 m 宽的平台，以免土粒散落，致使上部路堤失稳。当需要设置护道时，则由护道代替平台。若上下土层的粒径相差过大，如下层为块石或碎石土，上层细粒土易落入下层土的空隙时，在土层分

界面上应铺设隔离垫层,其厚度为 0.3 ~ 0.5 m(图 9 - 32)。

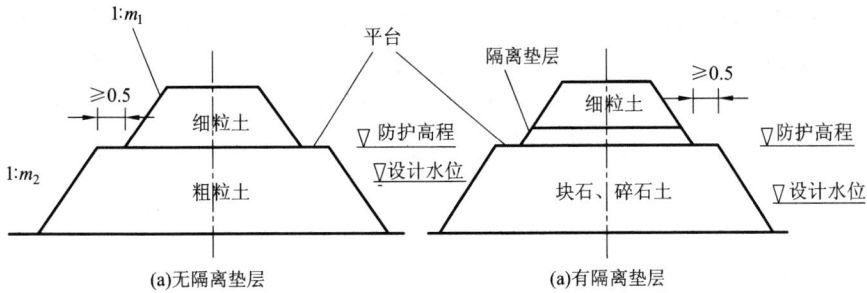

图 9 - 32　不同填料断面形式之一(单位: m)

②不同填料断面形式之二。当路堤基底平常有水且 A 组粗粒土或块石、碎石土极缺,需要远运时,可仅在常水位以下填 A 组粗粒土或块石、碎石土并高出常水位 0.2 ~ 0.5 m,以满足施工要求为原则。若水下填料为块石、碎石土时,应在土层分界面上设置反滤层。对于常水位以上,防护高程以下的细粒土部分应做好防护(图 9 - 33)。

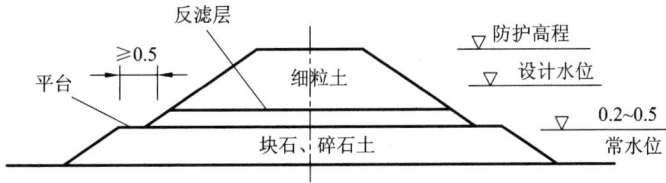

图 9 - 33　不同填料断面形式之二(单位: m)

③包填断面形式。若当地填料为水稳性很差的砂粉土和粉土或中砂以下的粗粒土,且水稳性较高的粗粒土来源困难时,或为水下填筑及需收坡时,可选用图 9 - 34 的包填形式。包填体的顶宽一般为 1 ~ 2 m,视浸水深度而定。若包填料为块石、碎石类土时,尚应在两种土的接触面上设置反滤层。为了使包填体与路堤核心填土紧密结合,增强整体性,包填体可做成锯齿结构形式(图 9 - 34)。

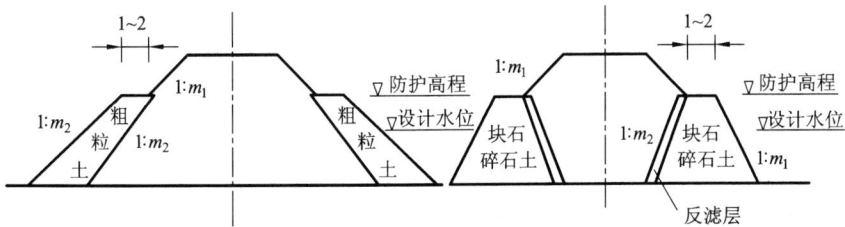

图 9 - 34　包填断面形式之一

(2)浸水部分的边坡坡度

路堤浸水部分的边坡坡度应视浸水深度和填料性质而定,一般可按不浸水条件下的稳定坡度放缓一级。

当水流条件复杂或基底不良时,浸水部分的边坡坡度应视浸水深度、路堤两侧水位差的大小、填料性质和基底土性综合分析确定。当路堤两侧水位差较小时,除黏性土必要时需通过稳定检算确定外,对粗砂以上的 A 组粗粒土和块石、碎石类土可放缓一级边坡。当两侧水位差较大、渗流贯穿路堤时,不论何种填料均应通过稳定检算确定。若当地有可靠经验时,也可按当地的经验数据设计。但是,在任何情况下,水下边坡坡度均不得陡于无水条件的稳定坡度,见图 9 − 35。

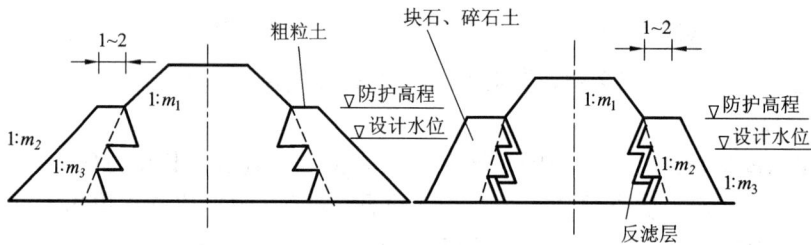

图 9 − 35 包料断面形式之二(单位:m)

(3)护道

当浸水较深、流速较大或浸水时间较长时,为了加强路基的稳定性及抗冲刷能力,或因养护要求,可在一侧或两侧设置护道。护道宽度根据稳定检算确定,一般采用 1 ~ 2 m(包括护坡宽度)。在险工地段为了防洪抢险需要(堆料、站人及走车),护道宽度应视具体情况适当加宽,不宜小于 2 m。护道顶面,当为细粒土时,可做成2% ~4%的向外排水坡,当为粗粒土时,可做成平坡。护道顶面外缘在平纵剖面上应尽量顺直,避免凹凸不平,出现阻水现象。

(4)压实密度

为了提高浸水后土体的抗剪强度,路堤浸水部分的压实密度应大于非浸水的一般路堤要求,对于细粒土的压实系数 $K = 0.9$,对于粗粒土,压实后的相对密度 D_r 为 0.7;对于粉细砂,除分别满足 $K = 0.9$ 及 $D_r = 0.7$ 的要求外,尚应满足列车振动液化的要求。

(5)坡面防护

路堤浸水部分的坡面应根据流速大小、波浪高度、填料种类及河床地层等因素选用适宜的防护措施。一般可采用抛石、浆砌片石护坡、石笼、片石垛、土工织物沉枕、土工模袋、混凝土块体等防护措施。边坡防护顶面高程应高出设计水位加波浪侵袭高或斜水流局部冲高加壅水高(包括河道卡口或建筑物造成的壅水、河湾水面超高、桥前水面拱坡附加高)加河道淤积影响高度加不小于 0.5 m 的安全高度。当路堤边坡或基底可能产生管涌时,可采用具有良好反滤的护坡、滤水趾或护底等措施。

9.5 地震地区路基

地震是由于地球某有限区域能量的突然释放而引起地球表层振动的一种地质现象。地震力由震源向四周传播并逐渐衰减,对路基的影响虽不如暴雨,但地震力是瞬间的动荷载,来势凶猛具有很大的破坏作用。地震对路基的损害主要表现在:

①地震力造成的反复振动,可使深路堑或陡山坡坍滑落石,河滩路堤或陡坡路堤产生沉陷和边坡坍滑,挡土墙墙身开裂、倾斜、滑移,严重者墙体倒塌。

②随着断裂面错动,破碎岩层沿着层面或软弱面滑动,或松散坡积(残积)层沿着下卧基岩面滑动,滑坡是山区地区地震时容易产生的一种不良地质震害类型。

③滨河粉、细砂地基和地下水位较高的粉土地基发生液化、喷浆冒泥,地基强度降低造成路堤下沉;由于水平地震力的反复剪切,软土层强度降低发生震陷;而岩石和密实土地基,则震害较轻。

破坏性地震的震源一般发生在地下 5 ~ 25 km,绝大多数位于某些地质构造带上,特别是在大断裂带和板块边缘上。震源对应地面处称为震中,震中至受震区的距离称为震中距。震中距小于 60 km 者称为浅源地震,约占全球有记录地震的 3/4。地震引起的震动以水平方向为主,并视为路基和地基的整体运动。

震级 M 表示地震释放能量大小的尺度,中等地震或强震 $M = 5 ~ 7$ 级,大地震 $M > 7$ 级,8级以上的地震称为特大地震。而地震烈度是指地震时人的感觉,自然环境的变化和地面上各种建筑物遭受破坏的强烈程度。震级愈大震源愈浅、地形地质条件愈差、距震中愈近则烈度愈大。我国地震烈度分为 12 度,铁路通过地震烈度或基本烈度 ≥7 度的地区,结构物设计就要考虑地震的影响。

9.5.1 地震地区路基的设计原则

位于地震区的路基设计,除遵照《铁路路基设计规范》(TB 10005—2005)的要求外,尚应根据《铁路工程抗震设计规范》(GB 50111—2006)2009 版中的有关规定进行。

①线路应选择在工程地质条件良好、地形开阔平坦或缓坡地段通过。并宜绕避近期活动的断层破碎带,易液化砂土、黏砂土及软土等地基,较厚的松散山坡堆积层,严重的泥石流发育地区,不稳定的悬崖深谷,严重的山坡变形和易塌陷的地下空洞等对抗震不利的地段。

②线路应避开抗震设防烈度为 9 度的地震区的主要活动断裂带。难以避开时,应选择在其较窄处通过。

③当通过液化土和软土等松软地区,线路宜选择在有较厚非液化土层或硬壳层处并宜设置低路堤。

④土质松软或岩层破碎、地质构造不利地段的线路不应作深长路堑。线路难以避开不稳定的悬崖陡壁地段时,应采用隧道。

⑤路基工程所在地区的地震作用,应按相应于抗震设防烈度的设计地震动峰值加速度(A_g)来表征,如表 9 - 8 所列。设计地震动峰值加速度为 0.15 g 和 0.30 g 地区内的路基工程,应分别按抗震设防烈度 7 度和 8 度的要求进行抗震设计。

表 9 - 8 抗震设防烈度和设计地震动峰值加速度(A_g)对应表

抗震设防烈度)	6	7	8	9
设计地震动峰值加速度	$0.05g$	$0.10(0.15)g$	$0.20(0.30)g$	$0.4g$

注:g 为重力加速度。

⑥验算路基抗震稳定性时，Ⅰ级、Ⅱ级铁路的荷载应包括恒载、列车荷载荷和水平地震力作用。其余各级铁路的荷载只包括恒载和水平地震作用。

浸水挡土墙和水库地区浸水路堤，以及滨河地区Ⅰ级、Ⅱ级铁路浸水路堤，尚应计常水位的静水压力和浮力。

9.5.2　路基抗震稳定性分析

1. 路基抗震稳定性验算范围和要求

路基抗震设计应首先采取抗震措施，再进行抗震稳定性验算，其验算范围和要求参见表 9 − 9 的规定。表 9 − 9 是根据地震区路基震害调查，结合抗震稳定验算资料综合分析得出的。由于地震作用是一种特殊荷载，发生强震的机率很小，本着抗震以预防为主、保证重点的原则，考虑铁路等级、建筑物的重要性及修复的难易程度等因素，采取区别对待的方法。表 9 − 9 以外的路基项目，应视具体情况而定。

表 9 − 9　路基抗震稳定性验算范围

铁路等级 $A_g/(\mathrm{m\cdot s^{-2}})$ 路基项目		Ⅰ级、Ⅱ级铁路				其他铁路
		0.1、$0.15g$	$0.2g$	$0.3g$	$0.4g$	$0.4g$
岩石及非液化土、非软土地基上的路堤	非浸水 用岩块及细粒土（粉黏土、黏土、有机土除外）填筑	不验算	$H>20$ 验算	$H>17$ 验算	$H>15$ 验算	$H>20$ 验算
	用粗粒土（黏砂、粉砂、细砂除外）填筑	不验算	$H>12$ 验算	$H>9$ 验算	$H>6$ 验算	$H>12$ 验算
	浸水　用渗水性土填筑（粉砂、细砂、中砂除外）填筑	不验算	$H_w>3$ 验算	$H_w>2.5$ 验算	$H_w>2$ 验算	水库地区 $H_w>3$ 验算
	地面横坡大于 1:3 的路堤	不验算	验算	验算	验算	验算
路堑	黏性土、黄土、碎石类土	一般不验算	$H>20$ 验算	$H>17$ 验算	$H>15$ 验算	$H>20$ 验算

注：1. H 为路基边坡高度。2. H_w 为路堤浸水常水位的深度，m。

（2）水平地震力的计算

地震力的计算方法主要有静力法和动力法两种。静力法是将建筑物视为刚性体，各点的水平地震加速度与地面相同，不考虑建筑物的自振特性和地震竖向分量和转动分量的影响。动力法是考虑地震加速度的特性和结构的（自振周期、阻尼比等）自振特性，采用弹性反应谱理论计算建筑物的地震效应。在路基工程中主要是采用静力法计算。计算式如下：

$$F_{ihE} = \eta_c \cdot A_g \cdot m_i \tag{9-13}$$

式中：F_{ihE} 为水平地震力，kN；η_c 为综合影响系数，采用 0.25；A_g 为设计地震动峰值加速度，$\mathrm{m/s^2}$；可参考表 9 − 9；m_i 为第 i 条块土的质量，t。

（3）路基稳定计算

地震地区路基稳定性检算方法仍然采用圆弧滑动面条分法，与一般地区路基稳定性检算的主要区别是地震力的影响（图9-36）。按地震地区路基稳定性验算范围和地震力计算的规定，可按下列公式进行路基稳定性的验算：

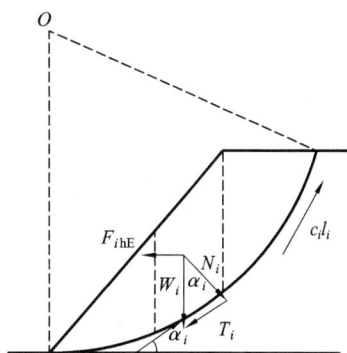
图9-36　地震地区路基稳定性检算图式

$$K = \frac{\left(\sum W_i \cos\alpha_i - \sum F_{ihE} \sin\alpha_i \right) \cdot \tan\varphi + \sum c_i \cdot l_i}{\sum W_i \sin\alpha_i + \sum F_{ihE} \cos\alpha_i}$$

$$(9-14)$$

式中：F_{ihE} 为水平地震力，kN；W_i 为第 i 土条的重量，kN；α_i 为第 i 土条滑裂面切线与水平面的夹角，（°）；φ_i 为第 i 土条滑裂面处土的固结快剪内摩擦角，（°）；c_i 为第 i 土条滑裂面处土的固结快剪黏聚力，kN；l_i 为第 i 土条滑裂面长度，m。

地震地区路基稳定性检算系数应满足表9-10的规定，如果不能满足时，应采取加固地基土、加筋或反压护道等措施。

表9-10　地震地区路基稳定性检算系数

	Ⅰ级、Ⅱ级铁路		其他铁路
路基稳定系数	$H \leqslant 20$ m	1.10	1.05
	> 20 m	1.15	

注：H 为路基边坡高度。

9.5.3　路基抗震措施

从我国近几年来发生的大地震震害情况看，路堤容易产生震害的地段有：高路堤、液化土及软土地基上的路堤、陡坡地段路堤、用砂类土填筑的路堤，以上路堤应列为抗震设防的重点。

（1）路堤的抗震措施

①路堤填料应选用抗震稳定性较好的土。不宜用粉砂、细砂、黏砂、黏粉土、黏土和有机土。Ⅰ级、Ⅱ级铁路当受条件限制采用上述填料时，应掺拌粗颗粒进行改良土质或采取加固措施。

②路堤浸水部分的填料，应选用抗震稳定性较好的渗水性土。当采用粉砂、细砂、中砂作填料时，应采取掺拌粗颗粒或提高填筑密度等防止液化的措施。

③在岩石和非液化土、非软土地基上的路堤，边坡高度大于表9-11规定时，可采用土工合成材料加筋等措施加固边坡；当填料及用地不受限制时，其边坡坡度应按现行《铁路路基设计规范》（TB 10001—2005）规定放缓一级。

表 9 – 11　路堤边坡高度限值

$A_g/(m \cdot s^2)$ 铁路等级 填料	Ⅰ级、Ⅱ级铁路			其他铁路
	0.2g	0.3g	0.4g	0.4g
不易风化的块石及细粒土（黏土、有机土除外）	15	12	10	15
粗粒土（细砂、粉砂除外）	10	7	5	10

④半填半挖路基和修筑在地面横坡大于 1:5 的稳定斜坡上的路堤，原地面应挖台阶，台阶宽度不应小于 1.5 m。并应做好排水工程。必要时，尚应采取设置支挡建筑物等防滑措施。

⑤液化土地基上的路堤，应进行抗震稳定性检算。若稳定系数小于允许值，应采取加固地基土、或设置反压护道等措施。但满足下列条件之一者，可不采取抗震措施。

a. Ⅰ级、Ⅱ级铁路路堤高度小于 3 m；其他铁路路堤高度小于 4 m。

b. Ⅰ级、Ⅱ级铁路路堤高度小于 5 m；其他铁路路堤高度小于 6 m，且设计烈度为 7 度、8 度、9 度，地面以下分别为 5、6、7 m 深度内，液化土层的累计厚度小于 2 m。

c. 上覆非液化土层厚度 d_u 或地下水位深度 d_w 大于表 9 – 12 的规定。

表 9 – 12　d_u 或 d_w 的限值

设计烈度 铁路等级	7	8	9
Ⅰ级、Ⅱ级铁路	5	6	7
其他铁路	3	4	5

⑥软土地基上小于临界高度的路堤，其地面硬壳层的厚度大于表 9 – 13 规定时，可不采取抗震措施。

表 9 – 13　硬壳土层厚度（m）

设计烈度 铁路等级	8	8
Ⅰ级、Ⅱ级铁路	2	3
其他铁路		2

若地面硬壳层厚度小于表 9 – 13 规定，且设计烈度为 8 度和 9 度时，路堤边坡坡度应按现行《铁路路基设计规范》（TB 10001—2005）规定放缓一级或加设宽度 1 ~ 2 m 的护道，护道的高度不宜小于路堤高度的 1/2。

软土地基上路堤高度大于临界高度（临界高度的确定参 8.1 节内容），当地基已采用砂井、碎石桩、旋喷桩、粉喷状、石灰桩等加固时，可不再考虑地震的影响；当采用反压护道加固，且设计烈度为 8 度和 9 度时，Ⅰ级、Ⅱ级铁路应将护道和堤身的边坡均按现行《铁路路基设计规范》(TB 10001—2005)规定放缓一级。

软土地基上路堤的基底垫层填料应采用碎石或粗砂夹碎石(卵石),不得采用细砂;9 度以上地震区不得采用中、粗砂。

(2)路堑的抗震措施

①一般黏性土路堑边坡高度大于表 9 - 14 规定时,应按现行《铁路路基设计规范》(TB 10001—2005)规定放缓一级或采取加固措施。

表 9 - 14　黏性土路堑边坡高度限值

边坡高度/m 铁路等级	$A_g/(m \cdot s^{-2})$ 0.2g	0.3g	0.4g
Ⅰ级、Ⅱ级铁路	15	12	10
其他铁路	20	17	15

②当设计烈度为 8 度和 9 度时,Ⅰ级、Ⅱ级铁路的碎石类土路堑边坡坡形和坡值,应根据土的密度、含水量和成因,并结合边坡高度确定。当受地形、地质条件限制不宜放缓边坡时,应采取加固措施。

③岩石路堑,当石质破碎或有软弱夹层、山坡有危石或上部覆盖层易受震坍塌时,应采取支挡加固措施;Ⅰ级、Ⅱ级铁路宜设置轻型柔性防护、隧道或明洞。

④设计烈度为 8 度和 9 度时,Ⅰ级、Ⅱ级铁路的岩石路堑,宜采用光面、预裂、控制爆破,不应采用大爆破施工。

=== 重点与难点 ===

重点:滑坡地段路基的支挡措施及设计方法,滑坡地带路基防护方式。崩塌与岩堆地带的路基防护方式。泥石流地带的选线原则与防护措施,浸水地段的路基设计方式。地震地带的设计措施。

难点:预应力锚索设计与计算。抗滑桩设计与计算。

=== 思考与练习 ===

1. 简述抗滑桩滑坡推力及桩前抗力的分布形式;抗滑桩受荷段及锚固段的受力计算各采用什么方法?

2. 简述滑坡的主要要素有哪些?滑坡的主要分类方法有哪些?

3. 如何确定抗滑桩的锚固深度?

4. 地震对路基的损害主要表现哪些方面?路基抗震措施有哪些?

5. 崩塌的发生与岩堆形成的原因是什么?简述其整治措施。

6. 简述浸水路堤的设计原则。

第 10 章

铁路路基常见病害及防治措施

所谓既有铁路路基病害，即路基本体或路基设备在列车荷载的作用、自然营力的侵袭和人为因素的影响下，降低或破坏了原有的设计标准，出现了非正常的变形状态甚至导致其使用功能的丧失。在不间断运营的既有铁路上，路基病害的出现往往是多种类型并存，并因相互引发。病害的发生与发展必然以不同的形式削弱路基原有的强度并直接影响路基的稳定性，从而不同程度地威胁着铁路的行车安全。所以及时对路基的病害采取一定的措施，对保证路基工程具有足够的强度、刚度、稳定性和耐久性有非常重要的意义。

10.1 铁路路基病害类型及机理分析

10.1.1 铁路路基病害的主要类型

为了较客观地认识各种路基病害的病因与规律，更好地采取相应的积极防治措施，首先需对既有铁路路基所发生的种种病害进行归纳与分类。由于我国幅员辽阔、自然条件各异，因此各区域的路基病害是表现不一的，目前全国铁路系统工务部门根据多年来对既有铁路所发生的路基病害的现场调查分析，对路基病害的一般分类及其定义已有了基本一致的认识与定义。

按照目前铁路工务部门习惯沿用的分类统计方法，既有铁路路基常见的主要病害大致可分为以下 14 种，但这种分类并不代表涵盖所有病害。

①滑坡。一般指山体滑坡，在一定的地形地质条件下，由于多年自然、人为因素的影响，引起山体内部力平衡的破坏，局部不稳定土体或岩体沿着坡内某一软弱面或软弱带作整体、缓慢或急速活动的变形现象。对于路堤段，当坡体发生较深层的滑动或沿倾斜基底的滑动时，由于成因与特性和山体滑坡有某些相似之处，亦可以划入该范围。

②边坡溜坍。指黏土质边坡受地表水下渗或地下水影响，使表层饱和后失去稳定，造成表土或覆盖土浅层下滑的现象。当土质边坡所发生滑动的表层较厚，但非整体滑动时，有资料称之为滑坍或坍滑，亦可列入本类病害。

③崩塌落石。指在地势陡峻、地质条件复杂的山坡上，因长期受风化侵蚀或其他外力的影响，岩体或土体突然脱离母体，在自重的作用下，发生急剧地向下倾倒、崩落、翻滚和跳跃等现象，称为崩塌。落石指个别岩块从悬崖陡坡上突然坠落的现象。

④风化剥落。指整个边坡基本稳定，坡面受风化作用，碎屑向下滚落的现象。土质边坡由于地表径流冲蚀作用，形成鸡爪沟的现象也列入本类。

⑤陷穴。指路基或附近地面突然塌陷成洞穴或凹陷的现象,如岩溶塌陷、黄土塌陷,矿区采空、古墓、古窖、蚁穴以及由大气降水、过量抽取地下水诱发的路基突然塌陷、沉落。

⑥基床下沉外挤。指基床土被水浸湿软化,基床面下沉,形成道碴囊并越来越深,或软弱层发生剪切滑动,致使道床下沉,路肩隆起、边坡或侧沟外挤等现象。

⑦基床翻浆冒泥。指路基土体或风化岩被水浸蚀软化,在列车动力作用下液化成泥浆挤压冒出的现象。

⑧河岸冲刷。指在河滩或岸边的铁路路基,由于河流流向的天然演变,河岸和河床都经常地或周期性地受到水流冲刷作用,已危及或造成路基丧失稳定的现象。

⑨水浸路基。指在滨河、河滩、海滩和水库(塘)地区的铁路路基,因一侧或两侧边坡被长年或季节性水浸润、受到水位变化(浮力、渗透动水压力)的影响和水流及波浪的冲击作用而威胁到路堤稳定的现象。

⑩排水不良。指因地表或地下排水系统的设备状态(如排水设备不足或设备损坏、堵塞等)不能满足排水需要的现象。

⑪沙害。指因风沙流的堆积、吹蚀作用,破坏铁路路基设备,造成流沙上道影响行车的现象。

⑫冻害。指因路基内的水在冻结或融化时造成路基不均衡的冻胀或承载力不足的现象。

⑬雪害。指因降雪或积雪被风吹移至路基上堆积导致埋没线路的现象。

⑭泥石流。指由于降雨、融雪、冰川运动而形成的含有大量泥、砂、石块的固体物质的来势凶猛和破坏性大的特殊洪流,山坡型泥石流属路基范畴。

10.1.2　铁路路基病害产生的机理

路基病害的产生和发展是路基填料的工程性质、地表水与地下水、列车振动荷载、土的动力强度特性和温度及其变化综合作用的结果,原因非常复杂,并且每一种病害都有自己特殊的病理。归纳起来主要有以下两个方面:①病害的发生取决于特定的地质环境;②病害的发生与相应的气候变化和列车振动荷载息息相关。前者是病害发生的内因,后者是病害发生的外因。对某一具体的线路来讲,其地质条件是客观存在的,虽然也在不断地发生变化,但基本上是一种较为稳定的量,因此在一定程度上路基病害的发生频率和程度将取决于气象水文条件和列车长期重复振动荷载的影响,路基病害的产生和发展是各项因素综合作用的结果。

观测表明,在列车轮轴的重复作用下,路基的渐进破坏主要表现为过大的塑性变形,这种塑性变形累积到一定程度将会使路基填土产生塑性流动,并产生路基病害。研究表明:产生这些病害(破坏)的原因在很大程度上依赖于路基土在循环荷载作用下的抗剪强度特性,而后者与土的饱和度密切相关。随着饱和度的增大,土的动强度(即经过若干次循环加载后仍处于稳定状态的最大偏应力比)将显著降低。处于轨道下方的路基土因反复受到挤压和固结而产生过大的累积塑性变形,从而形成所谓的道碴坑以及枕木下方的积水坑。尤其是在雨季,基床填土含水量达到饱和状态,动强度显著减小,从而使道床工作性能急剧下降,甚至会导致线路产生严重的不平顺而影响行车安全。

10.2   路基基床的常见病害与治理

10.2.1   基床病害的类型及基本成因

铁路路基的基床部位直接承托轨道上部建筑的恒载，受列车动力作用和水文、气候变化的影响较大。当基床的强度和稳定性不能适应复杂的动荷载和水、温度等自然条件的变化时，便会发生基床病害，随之产生各种类型的永久性变形。

根据基床病害的发生机理和性质，按其典型的表现特征，结合病害发生的部位，可分为基面翻浆冒泥、基床下沉外挤两大基本类型。

（1）基面翻浆冒泥

基面翻浆冒泥一般分为：土质基面翻浆冒泥、风化岩质基面翻浆冒泥、裂隙 泉眼翻浆冒泥。

土质基面翻浆冒泥（图 10 - 1）常发生于液限 W_L 大于 32%，塑性指数 I_p 大于 12 的较密实的黏性土基床。由于地表水排水不良或地下水发育，致使基面土质软化或液化成泥浆，泥浆在列车动力作用下挤入道床。这类翻浆一般发生在雨季和春融后，能延续一段时间，旱季则出现道床板结。冻土地区冻害严重地段常伴生翻浆冒泥病害。膨胀土作为高塑性黏性土，因其成分以蒙脱石、伊利石等亲水性黏土矿物为主，且具有明显的湿胀干缩性、多裂隙性和超固结性，故基面翻浆冒泥病害较一般黏性土基床更为严重。盐渍土因具有较强的吸湿性和保湿性，往往造成翻浆的基面更加泥泞、延续时间更长。

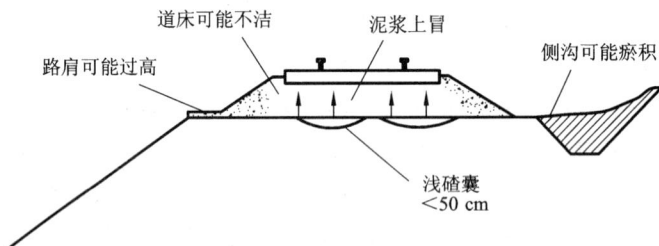

图 10 - 1   土质基面翻浆冒泥

风化岩质基面翻浆冒泥（图 10 - 2）多见于风化物为泥质的岩石基床，其成因与一般的表现特征与土质基面翻浆冒泥相同。

裂隙（泉眼）翻浆冒泥（图 10 - 3）亦多见于风化物为泥质的岩石基床，裂隙（泉眼）水在列车荷载作用下沿岩层中的缝隙渗至基面，与基面风化物合成泥浆。这类翻浆终年可发生，在地下水丰富的地方或雨季时更为严重。翻浆体初期从裂隙（泉眼）处开始，呈条状、漏斗状或柱状翻出，随时间延续扩展到较大范围。

在此值得一提的是由于道床不洁（含泥量超限）或道碴强度不足被碾碎，遇水侵蚀后形成的道床翻浆。这种翻浆在路堤、路堑均可见，一般在整节钢轨同时出现，轨缝处更严重。与基面翻浆冒泥不同的是，雨季开挖道床，不见基床面泥浆上冒现象；旱季开挖道床，石砟与泥板结成干硬块。道床翻浆不属于路基病害。

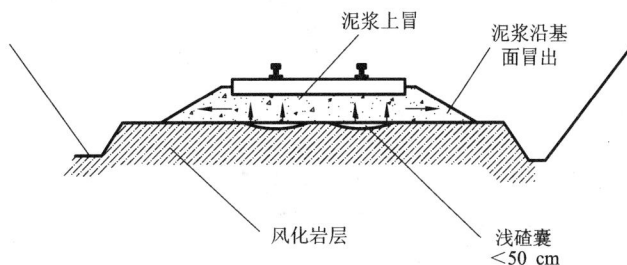

图 10 – 2　风化岩质基面翻浆冒泥

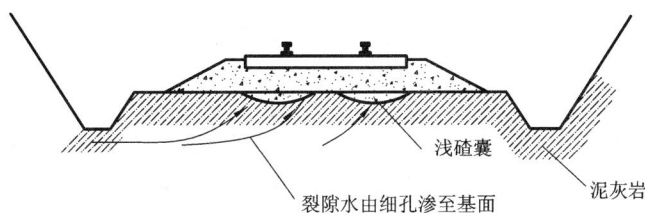

图 10 – 3　裂隙泉眼翻浆冒泥

　　基面翻浆冒泥病害的产生，必须同时具备具有一定特征的基床土、水、动荷载这三个主要因素的共同作用。基床土质不良是现场翻浆冒泥病害的主要内因，最易翻浆的土质基床均为新生代细粒(小于 0.075 mm 的颗粒达 50% 以上)的沉积土层，矿物成分以伊利石、蒙脱石为主，干缩湿胀、亲水性强；岩质基床有沉积岩中泥质岩(如泥岩、页岩、泥灰岩)、变质岩(如片岩、千枚岩)等，成岩作用差、节理发育、多含泥质矿物故风化颇重。水(包括地表水和地下水)是翻浆冒泥病害的重要诱发因素，尤其在年降雨量大于 1000 mm 以上的南方多雨地区，若地表排水设施不良或地下水位较高，基床面湿化后其原有的物理力学性质将被破坏，促成病害的发生与发展。列车动荷载(包括轴重、速度、运量)的作用是发生翻浆冒泥病害的主要外因。遇水软化的基床面在通过列车的反复冲击、挤压作用下循环产生正、负弯矩，导致基床面强度降低和基面翻浆体挤入道床甚至翻出轨枕面。此外，基床的设计标准、施工质量、养修方法等也是不可忽视的影响因素。

　　(2)基床下沉外挤

　　基床下沉外挤病害一般分为基床下沉和基床外挤两种表现形态。病害或呈单一性表现，或呈合而为一的综合表现。

　　基床下沉病害(图 10 – 4)的表现形态常分为沉落、道碴囊、道碴陷槽，多发生在基床土为中、高塑性的黏性土(包括膨胀土)、淤泥、泥炭风化残积土或基床填筑密度不足或运营条件改变(例如动荷载影响加大)时。当路基基床部位由于地表水的严重渗入或路堑地段由于地下水位较高，基床土处于经常饱和状态时，往往会导致基床土极度软化(一般渗透系数 $K_v < 1 \times 10^{-5}$ cm/s、无侧限抗压强度 $q_u < 100$ kPa)，基床在列车动荷载作用下发生下沉病害。冻土地区的路基在一定条件下因冻土特性也发生道碴陷槽、基床沉落现象。黄土地区的路基因黄土特有的湿陷性，当人工夯填不实或基床遇水后也常发生沉陷变形。盐渍土基床因填料中的过量有机质会降低透水性、提高压缩性，遇水后会处于较长期的软塑状态。基床下沉地段的病害发展速度一般在旱季略缓慢、雨季较迅速，冰融季节则更为加剧。由于承载力的降

低，基床的变形会导致轨道的水平或垂直方向几何尺寸有较频繁、较明显的变化。

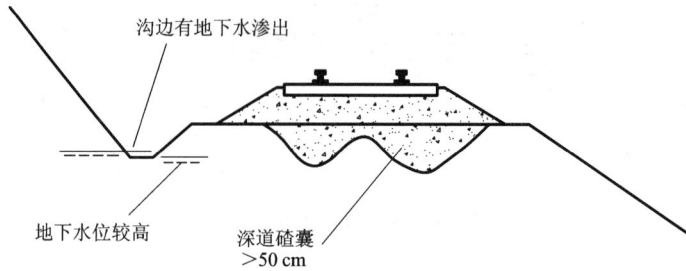

图 10-4　基床下沉

基床外挤病害(图 10-5)的表现形态一般分为隆起和挤出，亦多发生在上述土质的基床中，但一般由上述土质组成的基床中，软卧层厚度为 0.4～1.5 m，下有刚卧层或紧密土层。当软卧层与刚卧层(或紧密土层)接触面有水侵入；或道碴囊(道碴陷槽)积水使软卧层处于饱和状态时，在列车动荷载作用下，即会在刚卧层上形成剪切滑动或塑性流动面，基床向一侧挤出并隆起；若软卧层很薄(厚度 <0.5 m)，刚卧层接近水平时，可发生向两侧同时挤出。当软卧层厚度大于 1.5 m 时，不易发生挤出，道碴囊(道碴陷槽)深度则根据土质条件继续发展。基床外挤地段，轨道会出现较严重的连续下沉或急剧下沉，几何状态难以保持；侧沟呈湿润状态或明显见地下水从沟边或沟底渗出，严重时为泥浆冒出。

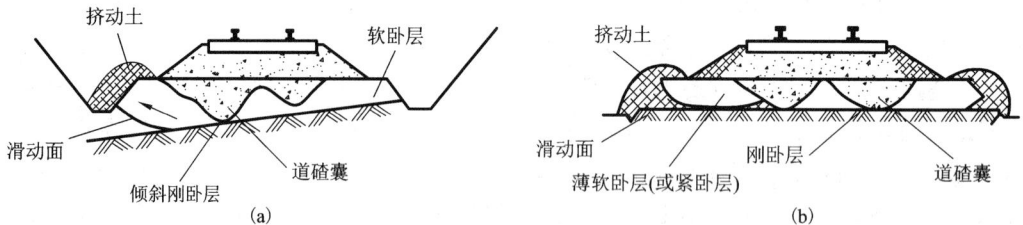

图 10-5　基床外挤

不同表现形态的基床下沉外挤病害，有着各自的主要特征及一般规律："沉落"多发生在路堤地段，基床土被逐渐压密、轨道缓慢下沉。"道碴囊"亦多发生在路堤地段，基床出现不均匀变形，道碴向软弱方向延伸成囊并积水成浆。"道碴陷槽"在路堤、路堑地段均可见，陷槽面随基床面的变形状态而异。"隆起"在路堤、路堑地段均可见，表现在道床坡脚、路肩部位，基床内有明显变形带。"挤出"一般发生在路堑地段，基床内存在刚卧层，表现在侧沟部位。在路堤地段(尤其新运营铁路)，基床的"沉落""道碴囊"发展到一定程度，尚可转化为路基本体的外挤变形，引起路堤边坡臌起而溜坍。

10.2.2　基床病害的整治措施

(1)基床病害的整治原则

既有铁路路基基面翻浆冒泥病害的整治原则大致有两方面：第一，因病害由基床土、水、动荷载共同作用而产生，其中水是重要诱发因素，故应采取综合整治的方法，且首选消除水影响的措施。第二,由于土质基面翻浆冒泥初期与风化岩质基面、裂隙泉眼的翻浆冒泥形成的碴囊较浅(一般小于 50 cm),故处理的部位可限于基床表层或基床面。

既有铁路路基基床下沉外挤病害的整治原则除了消除水的影响外,还应考虑采取改善基床上部荷载的影响、改变基床土质提高承载力减少变形的综合措施。由于基床变形的范围较深(道碴囊深度一般大于 0.5 m,软卧层厚度可达 1.5 m),故处理的部位应进入基床表层甚至深达基床底层。

为了确定基床病害处理的合理范围(宽度与深度),一方面应分析、计算基床上部轨道恒载和列车荷载在基床面的分布宽度、影响强度以及沿基床深度的影响曲线;另一方面依据实际勘探点绘基床土沿深度的强度曲线。上部荷载在基床面的分布宽度加适当的安全宽度即为基床病害整治的最小宽度。上部荷载的影响曲线与基床土的强度曲线形成的交叉点一般即为基床处理的最小深度,另加适当的安全深度后即为基床病害整治的施工深度。关于基床上部轨道恒载和列车荷载对基床面影响强度的计算,通常采用"换算土柱"法,将轨道恒载和列车荷载换算为与基床填料相同的土柱高,作为外荷载计算路基应力,各级铁路干线换算土柱的有关数值可查阅铁路路基设计规范中"列车和轨道荷载换算土柱高度及分布宽度"表。

(2)基床病害的常用整治方法

目前运营铁路现场多采用整治效果较彻底、对行车干扰较少的方案,实际应用时应因地制宜、合理选用。

1)线路抬道

抬道可使基床与原基面之间增加一层厚度等于抬道量的碎石层,将上部传来的荷载扩散,使作用在原基面的应力降低到能承受的水平,并增加基床刚度、减少基床所受动荷载时的弹性变形。

当抬道前后列车动荷载在地基中计算深度内产生的附加应力之差等于抬道土体在地基中产生的附加应力时,此时,抬道高度可以定义为合理高度。当抬道高度大于合理高度时,工后沉降主要由抬道引起的附加应力产生,当抬道高度小于合理高度时,工后沉降主要由提速后列车动荷载产生。这里定义的合理抬道高度仅仅考虑抬道高度的自重应力与提速列车动荷载增量相等,提速没有引起路基产生附加沉降,不是根据路基稳定性确定的临界抬道高度。

该方法施工简单快捷,可用于程度较轻的基床翻浆冒泥、基床下沉外挤病害的整治。提速工程中,抬道处理是最经济可靠的方法。

2)基床面封闭

在已发生基床翻浆冒泥的地段,或基床土质不良(W_L 大于 32%,I_p 大于 12)而强度足够,具备产生翻浆冒泥病害条件的地段,可在基床表面铺设土工合成材料封闭层(图 10 - 6)。

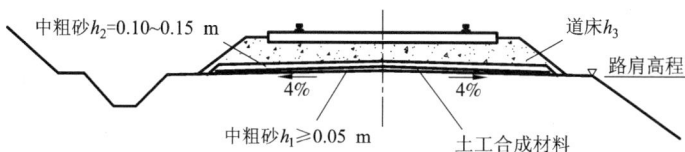

注:中粗砂 $h_1 + h_2 \geqslant 0.2$ m;中粗砂 h_2 + 道床 $h_3 \geqslant$ 标准道床厚度

图 10 - 6　基床面封闭

封闭层的作用是防止地表水下渗造成基床表层的软化,减弱动荷载对基床土的挤压与抽吸作用,阻隔翻浆体上冒污染道床。当地下水位较高时,应同时加深侧沟或设纵向渗沟降低地下水位;整治裂隙泉眼的翻浆冒泥时,应在泉眼处增加横向引、排水措施。土工合成材料封闭层可选用不透水的塑料排水板、氯丁橡胶板、土工膜、复合土工膜(一布一膜、两布一膜)等,以复合土工膜应用较多。整治工程的治理效果取决于所选材料的隔离、防渗、排水等功能指标,规范要求材料厚度不应小于 0.3 mm,其渗透系数不应大于 $10 \sim 11$ cm/s、断裂强度不应小于 20 kN/m、CBR 顶破强度不应小于 2.5 kN),在严寒地区还应满足抗冻要求。

铺设土工合成材料封闭层的施工需在线路封锁(如施工"天窗")、架空轨道、限速慢行的条件下进行。封闭层铺设宽度至少应满足上部荷载应力扩散宽度(膨胀土、湿陷性黄土地区适当加宽),必要时应基床面全宽度铺设。相比基床换填渗水料(含降沟)的方法,铺设土工合成材料封闭层设计简单、投资较低、效果良好。该方法适用于各种土质、风化岩质基床的基面翻浆冒泥病害的整治,但基床土强度不足时不宜采用。

3)基床表层补强

在基床表层内铺设土工网(平面材料)、土工格栅(经拉伸的平面材料)、土工格室(三维材料)均可起到提高基床承载力与稳定性的补强作用(图 10 – 7)。其中,以土工格室的整治效果为最理想。

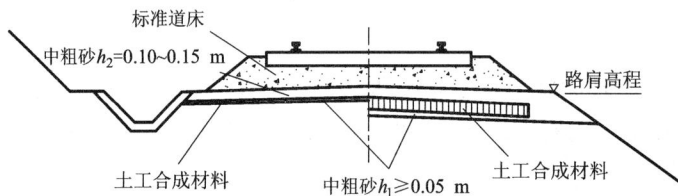

注:左侧所示为土工网、土工格栅等平面材料;右侧为土工格室等三维材料。

图 10 – 7 基床表层补强

土工格室是 20 世纪 90 年代新出的一种高密度聚氯乙烯土工合成材料,其结构特点是变二维为三维。在蜂窝状格室中,由于强化的 PE 条通过强力焊接后产生的横向限制力以及格中填料与格室壁的摩擦力作用,使得各相连格室内的填料共同形成了有较大刚度与强度的基床表层。同时,上部荷载通过这一加强层改善了应力分布状态,满足于下部基床土的容许承载力,减少基床的变形。格室内的渗水填料保持了基床的排水能力,可避免地表水滞留基床面软化土体。若在土工格室下铺设土工织物,还可起反滤(土工织物下的基床形成一定厚度的滤层阻隔软化泥浆上冒道床)和隔离(防止道碴陷入基床形成道碴囊)作用。

土工格室产品目前有厚度 $0.08 \sim 0.25$ m 多种型号,格室越高加固效果越好。铺设土工格室后,可使基床表层的动应力降低、弹性变形减少、永久变形降低。关于土工格室主要性能指标,有资料介绍按美国标准检测抗拉(张)强度达 23.0 MPa、抗环境开裂 >1000 h、低温脆化温度达 $-23℃$,按国标检测常温剥离强度达 101 N/cm。

铺设土工格室的施工需在线路封锁(如施工"天窗")或架空轨道、限速慢行的条件下进行。土工格室应在基床面以下挖除软弱层后进行铺设,铺设宽度至少应满足上部荷载应力扩散宽度(膨胀土、湿陷性黄土地区适当加宽)。由于基床开挖不深,一般不需降侧沟,故在长大路堑内铺设土工格室与使用基床换砂(含降沟)的方案相比具有节约投资、缩短工期、减少行车干扰的优势。同时,铺设土工格室整治基床下沉外挤病害的后期效果好,有效地减少了线路维修养护工作量。

4)基床表层换填

对于容易发生下沉外挤或深陷槽病害的软弱基床,可采用换填(图 10-8)的整治方案提高基床表层强度。换填厚度视软弱层厚度而定,一般为 50~60 cm。换填料可为级配良好的碎石土或中粗砂,也可为在原基床土中掺入改良土壤工程性质的材料后形成的改性土。该方法还可用于防治基床翻浆冒泥病害。

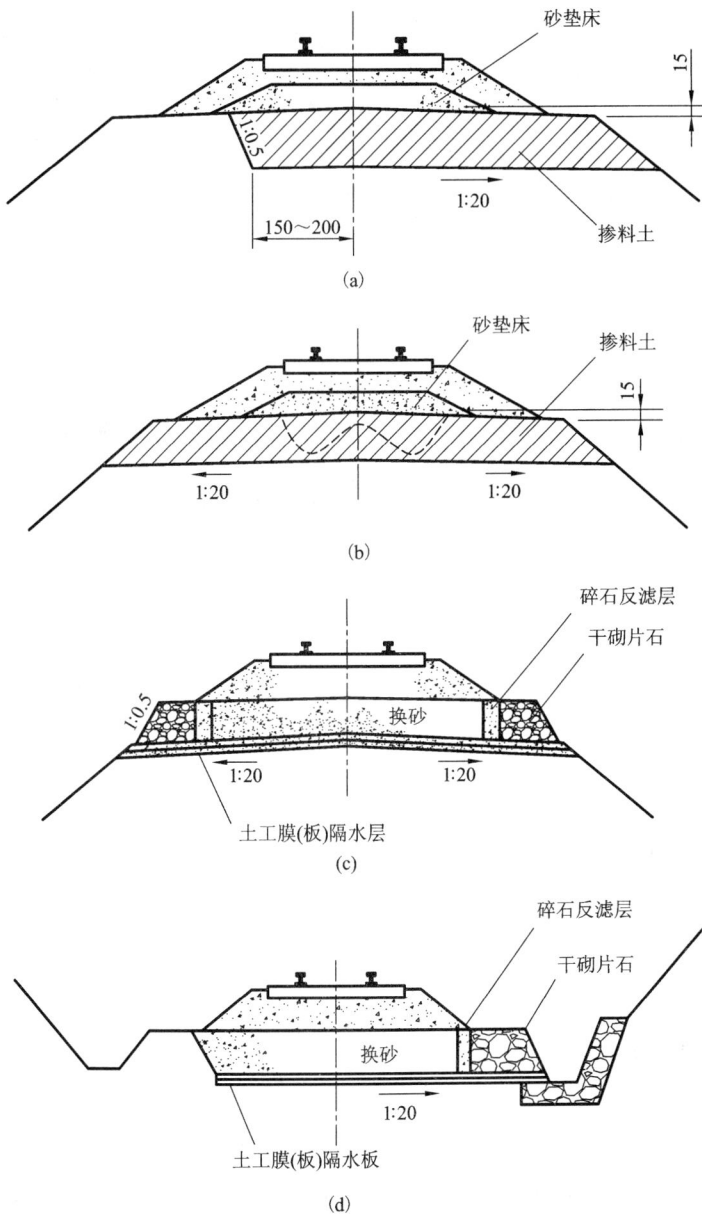

图 10-8　基床表层换填(单位:cm)

　　若换填料为碎石土或中粗砂等渗水土，须做好基床的横向排水。通常的做法是在换填层的底部设好横向排水坡；在换填层与浆砌片石路肩之间设置干砌片石或碎石、干砌片石反滤层；路堑地段侧沟必要时还需加深改造。

　　基床表层换填是比较彻底的方法，但由于换填基床表层土的施工需采取封锁线路、揭盖施工或架空轨道、限速行车的方案，且施工进度较慢，若地段长，对行车干扰较大。

　　5）基床桩体加固

　　根据复合地基原理（即由加固桩与桩间土形成人工地基共同承受上部荷载），采用水泥挤密桩、石灰砂桩等各类小直径改性桩体（图10-9）加固软弱基床，可提高基床的承载力与抗剪强度、减少沉降量。桩体加固的方法适用于基床软弱层较厚、下沉外挤病害较严重的地段。各类改性桩体对基床的加固作用表现在物理效应、化学效应两方面：第一，通过不排土成桩工艺打入的加固桩体对原有基床土有置换与挤密作用，从而改善了桩间基床土的物理性质。第二，加固桩体一般掺有水泥或石灰、粉煤灰等水硬性或气硬性胶凝材料，不仅硬化桩体本身，还与桩间土起离子交换－水胶连接作用及化学固结反应，从而改善基床土的化学性质，明显提高了基床的后期强度。

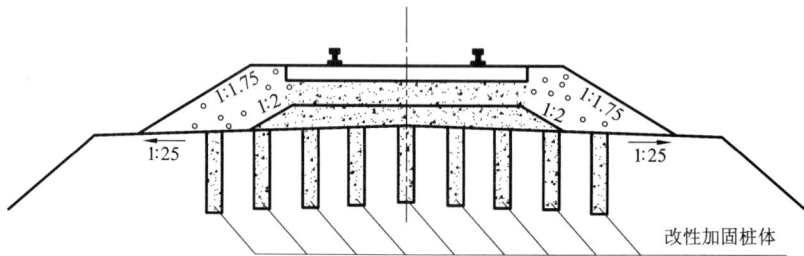

图10-9　改性桩体加固基床

　　加固桩体一般设在两轨枕间隔中的基床部位，纵向排距即轨枕间距，每排横向至少设4个桩（桩位约距钢轨中心30～35 cm）或5个桩（线路中心加1个桩，各桩间距约50 cm），桩长视基床需加固深度而定，桩径一般大于或等于20 cm。

　　采用桩体加固基床不影响线路的纵断面状态，工作量远远小于基床换填方法，在行车密度不大的运营线上，利用列车间隔时间灵活施工，有一定的优越性。

10.3　其他常见路基病害整治

10.3.1　路基滑坡的防治

　　中国铁路有些区段滑坡病害较为密集，平均每100 km分布高达20～30处，多为山区铁路。发生滑坡常常会中断行车，甚至使列车颠覆，给运输安全带来严重危害。斜坡上的岩土沿坡内的软弱带或软弱面向前和向下发生整体移动的现象，称为滑坡。发生滑坡的软弱带又称滑动带。滑动带在重力作用下，或在其他外力作用下使其剪切应力大于强度，或因震动液化、溶蚀潜蚀、自燃、人为开采等因素，使其结构破坏和岩土性质改变而丧失强度，就会引起滑动带上覆岩体或土体发生滑动。滑坡一般从地表上呈现的裂缝等迹象的变化可大致划分出蠕动、挤压、微动、滑动、大动和滑带固结六个阶段。在发生滑坡的地方，常出现环状后缘、月牙形凹地、滑坡台阶和垅状前垣等独特地貌景观。但岩体滑坡由于其界面的生成多依附于岩体内既有的构造裂面，因此其后缘和分块裂缝一般呈直线或折线状。

滑坡按其特点可进行各种不同的分类。我国铁路按滑体的物质组成及其成因，把滑坡分为黏性土滑坡、黄土滑坡、堆填土滑坡、堆积土滑坡、破碎岩石滑坡和岩体滑坡等六类。

产生滑坡的原因有内在因素，也有外在因素。内在因素是形成滑坡的先决条件，它包括岩土性质、地质构造、地形地貌等。外在因素通过内在因素对滑坡起着促进作用，它包括水的作用、地震和人为因素等。所以，滑坡是内外各因素综合作用的结果。

防治滑坡的原则：①预防。对有可能新生滑坡的地段或可能复活的古滑坡，应采取必要的工程措施，以防止产生新的滑坡或古滑坡的复活。②治早。滑坡的发生与发展，是有一个过程的，早期整治，能收到事半功倍的效果。③一次根治与分期整治相结合。滑坡一般应一次彻底根治，不留后患。但对规模较大、性质复杂、变形缓慢，一时还不致造成重大灾害的滑坡，也可在全面规划下，分期整治。同时注意观测每期工程效果，为确定下期工程提供依据。

防治滑坡的措施应在弄清滑坡成因的基础上，对诱发滑坡的各种因素，分清主次，采取相应的工程措施。常用的防治对策有排水、减重、支挡、改善土体物理力学性质等。

①排水措施。滑坡的发生和发展都与水的作用有关，排水是防治各类滑坡之本。但应根据具体情况，采用切合实际的排水方式。对滑坡体以外的地表水，应加以拦截和引出，在滑坡可能发展的边界 5 m 以外修建一条或多条环形截水沟；对滑坡体以外的地下水，应修建截水盲沟；对滑坡体内的地下水，应疏干和引出，浅层地下水采用支撑盲沟，深层地下水采用泄水隧洞，也可采用垂直孔群或仰斜孔群排水；对滑体范围内的地表水，应尽快汇集引出以防下渗，在充分利用天然沟谷的基础上修建排水系统。

②减重措施。当滑动面不深且滑体呈上陡下缓状，滑坡范围外有稳定的山坡，滑坡不可能向上发展时，在滑坡上部减重，以减小滑坡的下滑力。这是一种操作简单、经济实惠的防治措施。将减重的土体堆在坡脚反压，以增加抗滑力，效果更好。

③支挡措施。根据滑体推力的大小可以选用适当的支挡结构防滑。

a. 抗滑挡墙。这是广泛应用的一种防治滑坡措施，其施工方便，稳定滑坡收效快。抗滑挡墙多为重力式，一般为石砌，也有用混凝土或钢筋混凝土的。

b. 抗滑桩。是利用桩在稳定岩土中的嵌固力支挡滑体的建筑物，具有对滑体扰动少、操作简便、工期短、收效快、对行车干扰小、安全可靠等优点。抗滑桩多为挖孔或钻孔放入钢筋骨架灌注混凝土而成。抗滑桩在滑动面以下的锚固深度，应根据滑体作用在抗滑桩上的主动土压力、桩前的被动土压力、岩土性质等来确定。

c. 锚杆挡墙。是一种新型支挡结构，由锚杆、肋柱和挡板三部分组成，用于薄层块状滑坡或基岩埋深较浅、滑体横长滑面较陡的滑坡。其具有结构轻盈、节约材料、适宜机械化施工，提高生产效率等优点。

d. 抗滑明洞。若滑动面的下缘处在边坡上的较高位置，可视地基情况设置抗滑明洞，洞顶回填土石支撑滑体或滑体越过洞顶落在线路之外。但这一措施对行车干扰大，施工困难，造价昂贵，只有在其他措施难以奏效时采用。

④改善滑坡土体的物理力学性质,用物理化学方法加固和稳定滑坡。其具体方法很多,如焙烧、成浆、加灰土桩、硅化、电渗、离子交换等。这些方法因工序复杂、成本价高,目前在我国铁路中仅小规模试用,尚未广泛采用。

⑤改线绕避。上述整治措施难以奏效时,在经济技术合理情况下,可以考虑改线绕避。

10.3.2 既有路基滑坡段防护与养护

路基边坡质量不好,极易形成滑坡。因此,养护工作人员不仅要注意已有滑坡体及支挡结构物的养护,还应该注意路基边坡和排水结构设施的养护,预防滑坡的出现。

（1）滑坡段路基的养护

①滑坡区的地表排水设备,如截水沟、排水沟、吊沟等应做到无淤积、无漏水、无冲刷、排水畅通、沟涵相通。对失效损坏处,应及时修补。

②滑坡区的地下排水设备,如支承渗沟、暗沟、隧洞、渗井、渗管等,应定期检查,及时清理和疏通。对失效或损坏处,应及时修补或整治。地下排水设施,一般每年在春融之后和冰冻之前,在雨季开始之前和暴雨之后,必须仔细观测其流量,掌握其变化规律和排水效果,发现异常及时处理。

③滑坡区的防护和加固建筑物,应保持完整无损,如有开裂、滑移,必须认真查明原因,采取治理措施,不可麻痹大意,要防患于未然。

④对规模大,情况复杂的大滑坡,虽经模治仍在缓慢变形或间歇变形,应对其认真观测,实行动态监控,掌握变化规律和发展趋势,以便及时采取有效措施。

⑤保护好山坡植被,搞好水土保持,也是滑坡区养护维修的重要任务。

（2）边坡养护

边坡包括路堑边坡和路堤边坡,确保路基边坡坡度合理的角度是路基设计和养护的重要内容。边坡的功能是保护路基边坡表面免受雨水冲刷,防治路基病害、保证路基稳定。当边坡出现冲沟、缺口等轻微破损时,会使雨水进入边坡土层从而加剧了边坡的破损。当边坡破损较严重时,边坡的稳定性受到影响,并且雨水会直接进入路基土层从而降低路基土的强度和回弹模量,影响路基的稳定性。因此,边坡的缺损状况反映了边坡使用性能的好坏。

每年雨季前,路基养护人员要进行一次全面防洪检查,及时发现和处理隐患,并要清通所有天沟、侧沟（边沟）等排水设备、注意河流凹岸护坡的补修、沿河路基冲刷防护、坡面防护、陡坡的堤堑交界处的排水防水工作。大风暴雨期间要加强巡道,还要采用各种仪器进行降水量、水位的观测、数据记录等项工作。加强沿路两侧地带的绿化,可保持水土,对路基有很大的防护效能。如在山区路旁种植根系发达的乔木、灌木或草本植物,具有很强的稳定边坡、抵抗冲蚀的作用。

边坡的养护和维修工作的重点是保持稳定性。即边坡应经常保持平顺、坚实、无裂缝。一般说来,影响边坡稳定的因素有工程地质水文地质、地面排水条件、地貌和气候等因素,常见的山坡病害如崩塌、落石、滑坡、坡脚冲刷、坍塌和剥落。对于石质路堑边坡,应经常注意边坡坡面岩石风化发展情况,以及边坡上的危岩、浮石的发展情况。发现问题应及时采取适当的措施处理,如抹面、喷浆、勾缝、灌浆、嵌补。对于土质路堑边坡、碎落石、护坡道等,如经常出现缺口、冲沟、沉陷、塌落或受洪水、边沟流水冲刷及浸水时,应根据水流、土质等情况,选用种草、铺草皮、栽灌木丛、铺柴束、篱格填石、投放石笼、干砌或浆砌片石护坡等措施，进行防护和加固。

1）边坡养护的内容

边坡养护的内容包括：经常注意路堑边坡上的危岩、浮石、滑塌体等的变动；观察边坡坡率的变化，经常检查边坡上有无冲沟、杂物，检查边坡加固设施的技术状况，及时发现在边坡上及路堤坡脚、护坡道上挖土取料，种植农作物或修建其他建筑物的行为。因此边坡养护的基本任务是通过经常地养护、维修与加固，使边坡坡面保持稳定、平顺、坚实、无裂缝；防止滑坡或滚石堵塞路面、边沟或危及行车，保持边坡加固设施的完整，制止破坏路基边坡的行为。

2）边坡养护的措施

边坡养护的措施有：①土质路堑边坡上高出的部分土体应予铲平。当边坡出现冲沟时，可用黏性土填塞捣实，以防止表层水渗入路基体内。如出现潜流涌水，可采取开沟隔离水源，将潜水引向路基外排出。②填土路堤边坡修理时，应将原坡面挖成阶梯形，然后分层填筑夯实，并应与原坡面衔接平顺。③边坡、碎落石、护坡道等，如出现缺口、冲沟、沉陷、塌落、滑坡或受洪水、河流、边沟流水冲刷及浸淹时，应根据水流、土质、边坡坡度等情况，选用种草、铺草皮、栽灌木丛、投放石笼、干砌或浆砌片石护坡措施，进行加固。

3）边坡养护的注意事项

铁路边坡之坡面应保持平顺、坚实且无冲刷沟，其坡度应符合设计规定；边坡如遭受暴雨、地震、地下水渗流或其他原因，而发生开裂、滑落或坍方，致影响行车安全，甚或阻断交通时，应立即采取适当紧急措施，并尽速修复通车。其注意事项如下：

①由上边坡坍落于车道或路肩的土石杂物，均应完全清除，如数量过大，应先清除适当宽度之通行车道，暂时维持通行，并于内侧挖掘临时边沟，以排除雨水，再继续清除。

②边坡开挖时应自上部逐次向下顺序进行开挖，必要时需设置挡土护坡稳定设施，不得由下部掏挖，以免造成崩坍，损及铺面或伤及人员。

③在边坡开挖过程中，应设排水设施，随时排除地面水及地下水，必要时应设置挡土或保护设施，以免造成崩坍滑落。

④坡地由于地质及地形的变化较大，于开挖后应依实际情况研判，调整开挖之坡度，增设水土保持设施或挡土构造物等，以维路基及边坡之稳定。

⑤填土路堤边坡因雨水冲刷，易形成冲沟及缺口，应即时用黏结性良好的土壤或砂包修补夯实。对较大的冲沟及缺口进行整修时，应将原边坡挖成台阶形，然后分层填筑夯实，并注意与原坡面衔接平顺。

⑥在坡趾工作的人员，需注意落石及崩坍。

⑦各项维护措施及稳定方法，应避免景观上的突兀。

4）确保边坡稳定方法

边坡须随时注意维护，并维持稳定。边坡如有冲蚀、渗水或坍落现象时，应尽快采取维护、疏导径流或稳定防治措施以免恶化，并应即详细检查及切实探讨其发生原因，采取适当工法维护。边坡上如有浮土及容易滑落之石块，应自上而下刷坡清除，以免坍落。如边坡发现裂缝或有移动迹象，应采适当方法处理。其稳定方法包括：

①加强边坡植生，减少径流及冲蚀。

②裂缝填补，以防雨水入渗。

③喷浆处理。

④改善边坡表面排水及地下排水设施(包括有孔排水管及排水坑道)。

⑤加筑各种挡土设施(包括挡土墙、地锚、打桩等)。

⑥挖除坍方上端土石,以减少土压力及可能下滑的坡体土石。

⑦在坡趾加筑挡土墙或加填土石台,以增加其稳定性。

⑧加筑护坡及保护坡趾等措施。

5)边坡绿化植生

路基边坡因坍塌或其他原因而致表土裸露,其坡面应尽量设法保护或覆盖,植生可为有效之覆盖方法,防止径流及雨水之侵蚀,保护坡面表土不致流失,增加边坡稳定,且可美化环境。

植生的品种颇多,施工方法也有草种喷植、植生草带(毯)、塑胶袋育苗移植、草苗种植、挖穴客土铺网植生、打桩编栅回填客土植草,以及铺网厚层喷植生等多种工法,视土质、地形及气候选用适当的品种及方法,土壤酸碱度不合者,应改良土壤或加用客土。为防止种子及土壤流失,种植后应有适当保护措施,并应注意经常保持适当水分,使发芽生根,除种植时应加适量肥料外,通常于三月或九月后追肥一次。暴雨季节更应注意,最好避免种植。

(3)排水设施养护

排水设施的主要作用是将路基范围内的土基湿度降低到一定限度以内,保持路基常年处于干燥状态,确保路基路面具有足够的强度和稳定性。如果排水设施排水不顺畅或者被堵塞,那么道路用地范围的水将无法完全被排除,进而使路基路面产生病害而影响了路基路面的强度和稳定性。此外,当排水设施出现破损时,不但影响排水设施的及时排水,而且会对路基边坡产生冲刷从而影响路基边坡的稳定性,而导致滑坡或其他路基病害。所以说,排水设施的排水顺畅程度和破损程度反映了排水设施的整体性能。

路基排水系统能否正常工作,直接影响到路基的稳定性。因此,加强对各排水设施的日常养护与维修,是确保路基稳定的关键环节。对边沟、截水沟、排水沟以及暗沟(管)等排水设施,在春融前,特别是汛前,应全面进行检查,雨中必须上路巡查,及时排除堵塞、疏导水流,保持水流通畅,并防止水流集中冲坏路基。暴雨后应进行重点检查,如有冲刷、损坏,须及时修理加固,如有堵塞应立即清除。对土质边沟应经常保持设计断面,满足排水要求。

边沟、排水沟和截水沟是排除城郊道路地表水的主要设施,必须满足使用要求,并经常保持完好。

沟底应保持不小于0.5%的纵坡,在平原地区排水有困难的路段,不宜小于0.3%。边沟内不能种庄稼,更不能利用边沟做排灌渠道。边沟外边坡也应保持一定的坡度,以防坍塌,阻塞边沟。在养管工作中,要针对现有排水系统不完善的部分逐步加以改进、完善,充分发挥各种排水设施的功能。例如,对有积水的边沟应将水引至附近低洼处;对疏松土质或黏土上的沟渠,需结合地形、地质、纵坡、流速等实际情况,综合考虑加固。

边沟、排水沟和截水沟的淤积物应随时清除疏通,保持沟内流水畅通,断面完好。对沟型断面破损应及时保养或整修恢复。为了便于经常养护维修,应每隔一定距离或在变坡点及出口处用浆砌块料做成标准沟型断面,以控制沟底高程和断面尺寸。

(4)支挡结构物的养护

滑坡的支挡结构物主要包括抗滑桩、挡土墙等。此类结构的主要作用是支撑天然边坡或人工填土边坡以保证土体的稳定。当支挡机构出现严重破损时，会产生结构倾斜、坍塌进而失稳，从而影响道路使用者的行车安全性。因此，支挡结构的破损状况反映了其整体性能的好坏。铁路中常用的支挡结构主要是挡土墙，本节以挡土墙为例进行介绍，其他挡土结构物的养护内容基本相同。

1）挡土墙的日常养护

铁路的挡土墙及护坡应达到坚固、耐用、整齐和美观的要求。应定期检查，发现异常现象，并及时采取措施：

①及时清除挡土墙及护坡上滋生的杂草、树丛以防止损毁构筑物。

②墙体及坡面出现裂缝或断缝，应先做稳定处理，再进行补缝。

③圬工和混凝土类挡土墙，表层出现风化剥落时，应修复原有保护层；若表层剥落严重影响砌体安全，可用钢丝网混凝土补强。

④挡土墙出现严重渗水，应及时疏通堵塞的泄水孔，并可增设泄水孔或加做墙后排水设施。

⑤挡土墙出现倾斜、鼓肚、滑动及下沉，应先消除侧压因素，然后进行加固。

⑥对挡土墙除经常检查其有否损坏外，每年应在春秋两季进行定期检查。裂缝、断裂，可将缝隙凿毛，清除碎碴和杂物，然后用水泥砂浆填塞。水泥混凝土或钢筋混凝土挡土墙的裂缝也可用环氧树脂黏合。

护坡及挡土设施须随时注意养护。护坡及挡土设施如有损坏或渗水、涌水现象时，应尽快采取填补整修或疏导径流等适当方法处理，以免恶化。如护坡及挡土设施发现变形或有裂缝、松动、移动、倾倒或沉陷迹象，并应即详细检查及切实探讨其发生原因，采取适当工法维护。其养护方法包括：

①更换老化、断裂、腐蚀及损坏的材料。

②裂缝及剥落处填补修整，以防雨水入渗。

③移除护坡及挡土设施背面的堆积土及超载，以减少土压力及可能下滑的坡体土石。

④改善或加设截、排水设施，必要时加强水位观测改善表面排水及地下排水设施。

⑤填补回填材料，并覆以保护材料。

⑥加筑各种挡土设施（包括挡土墙、地锚、打桩等）。

⑦坡趾加筑挡土墙或加填土石台，以增加其稳定性。

⑧加筑护坡及保护坡趾等措施。

⑨调整地（岩）锚预应力或增补地（岩）锚。

⑩采用保护盖或混凝土以保护地（岩）锚之锚头。

2）挡土墙的加固措施

若挡土墙在使用过程中发生破坏，无法正常使用，应对其进行加固。具体加固措施主要有：

①锚固法。当挡土墙抗滑稳定性或抗倾覆稳定性不能满足要求时，可采用锚固法进行加固。常见的锚杆法加固如图 10 - 10 所示。

②套墙加固法。套墙加固法的原理是利用新的外漏墙体与挡土墙相连接，以达到加固挡墙的目的（图 10 - 11）。

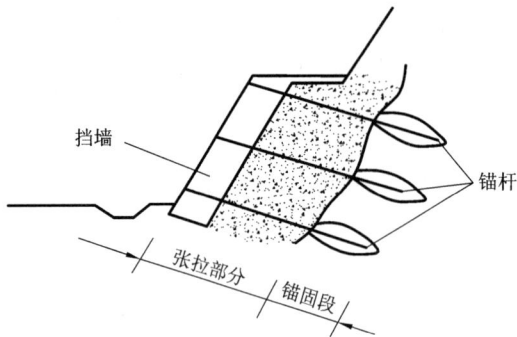

图 10 – 10　锚固法

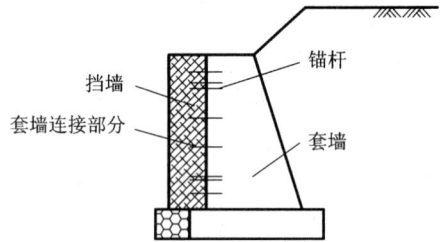

图 10 – 11　套墙加固法

③增建支撑墙加固法。增建支撑墙加固法的原理是新建一个支撑体，支撑挡土墙，起到加固作用(图 10 – 12)。

3)原挡土墙损坏严重拆除重建

当原有挡土墙出现严重损坏，通过加固仍不能正常工作时，需要对其进行拆除，并重建。施工时应注意事项：

①保持护坡或挡土设施之两端与相邻边坡连接处完全密接。

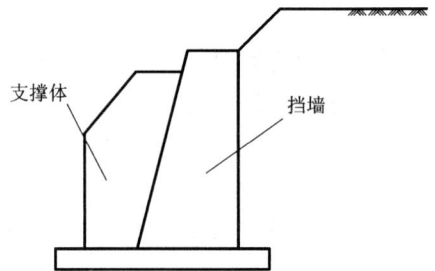

图 10 – 12　增建支撑墙加固法

②经常勘查护坡与挡土设施之坡趾，如发现坡趾遭受冲刷或淘空，应尽早修复。

③挡土墙必须保持完整，背填土石如有冲失，应予填实，泄水孔务须保持畅通，以减少孔隙水压力。泄水孔如有堵塞，应及时疏通，无法疏通时，应另行选择适当位置增设泄水孔，或于墙背后沿挡土墙增作墙后排水设施，以防止墙后积水引起侧向压力增加。

④挡土墙基脚易遭受雨水及溪流冲刷，导致基础淘空而滑动坍塌，应注意检查，适时保护。台风、地震及豪雨后，尤须加强检查。

⑤挡土墙常因其顶部荷重变化，排水不良以及边坡破坏，含水量增加等因素，使挡土墙发生沉陷或龟裂，故应随时注意，并针对破坏因素设法改善加固。

⑥挡土墙因土压力增加，有倒塌之虞时，如背后有岩层，可用预力地锚锚定法加固。

⑦如有良好之岩石基础，可加筑混凝土撑柱(或墙)加固。

⑧如墙趾前方地形较为平缓时，可在墙趾处填土，以增加其稳定性；如墙趾前方呈斜坡时，可在墙趾前打桩并加筑混凝土护墙，以防止滑动。

⑨原挡土墙损坏严重，若采用前述加固方法仍不能达到设计强度要求时，应考虑将损坏部分拆除重建。为防止不均匀沉陷，新旧挡土墙间应设置施工缝，并应注意新旧挡土墙接头协调。

⑩护坡或挡土设施之顶面与路肩同平整，以使铺面、路肩之集水得由其表面排下，不致渗入墙内或被阻滞。

10.3.3　路基崩塌落石的防治

崩塌落石是堑坡或其上山坡的岩块土石发生崩塌或坠落造成危害的地质现象。其具有突然、快速和较难预测的特点，是地形、地质比较复杂的山区铁路十分常见的路基病害，对铁路行车安全危害甚大，经常导致中断行车，甚至列车颠覆。

（1）形成崩塌的原因

①陡峭高峻的边坡或山体斜坡，坡度大于 45°、高度大于 30 m，特别是坡度在 55°～75°的斜坡，通常是崩塌多发地段。

②由风化的坚硬岩层组成的又高又陡的斜坡，如互层砂岩，稳定性更差，容易形成崩塌。

③受地质构造影响严重、有很多结构面将岩体切割成不连续体的斜坡，特别是有两组结构面倾向线路且其中一组倾角较缓时，容易向线路崩塌。

④水的作用是产生崩塌的重要因素。绝大多数的崩塌发生在雨季或暴雨之后，因为水的渗入对岩石产生软化、润滑和动水压力的作用，使岩体强度降低、内摩擦力减小，促使崩塌发生。

⑤其他如地震、爆破、人工开挖斜坡及列车震动等，都是诱发崩塌的因素。

（2）防治原则

防治原则以"预防为主，治早治小，一次根治，不留后患"为原则。

①新建铁路应加强工程地质工作，对崩塌落石地段严重者应予以绕避；不能绕避时，应修建必要的预防性工程，防患于未然。

②养护维修工作中应对可能发生崩塌落石地段加强检查巡视，发现变形失稳征兆，应及时采取措施，治早治小，防止因病害扩大而导致灾害的发生。

③病害发生后，整治工作要坚持一次根治、不留后患；否则，往往会招致更大的灾害。

（3）防治措施

防治措施应根据病害性质、规模及所处地形、地质情况，因地制宜地选择。常用的防治措施有如下类型。

①拦截类防治措施。适用于小规模、小块体的崩塌落石。拦截构造有落石平台、落石坑、落石沟、拦石墙、钢轨栅栏及柔性拦石网等。

②遮拦类。应用于规模较大的崩塌落石。遮拦建筑有各种明洞和棚洞。修建明洞、棚洞既可遮挡崩塌落石，又可对边坡下部起稳定和支撑作用。

③支挡加固类。适用于不宜或难于消除的大危岩或不稳定的大孤石。支挡建筑有支顶墙、支护墙、明洞式支墙、支柱、支撑等。

④护坡、护墙。适用于易风化剥落的边坡。边坡陡者用护墙，边坡缓者用护坡。

⑤改线绕避。上述措施不能奏效时，应考虑改线绕避。

（4）养护维修要点

①崩塌落石地段应进行定期检查、经常检查和雨季汛期检查。所谓定期检查是指春检和秋检，对崩塌落石地段及其防护建筑物进行全面的检查。春检时发现隐患，采取防范措施安全度汛；秋检时是检查汛期过后崩塌落石处所的变化情况及防护建筑物的破损情况，分轻重缓急，安排路基大、小维修计划。巡山工和重点病害看守工对所管责任地段或处所应经常巡视检查，监视危岩落石的发展动向，防患于未然。雨季汛期应加强检查力度，执行雨前、雨

中、雨后检查制度是防止崩塌落石事故的有效措施。

②及时清理被拦截的崩塌坠落土石，修理被破坏的建筑物及排水设备。

③对范围大、数量多、危石分散、清除整治困难的崩塌落石地段应设置报警装置，以防发生事故。

10.3.4　路基陷穴的防治

路基陷穴是路基下面隐伏的洞穴顶部塌陷引起的一种路基病害。塌陷有时能使轨道悬空，给行车安全带来严重后果。这些洞穴有三类：一是石灰岩地区的岩溶洞穴；二是黄土地区的黄土陷穴；三是人工遗留的洞穴，如古墓、古窑、古井、遗弃的坑道等。有些洞穴，修建铁路时未发现或发现未作处理；而有些黄土陷穴是在铁路建成后，因路基排水不良，水流集中潜蚀而成。石灰岩溶洞主要分布在我国南方广西、贵州和云南东部，湖南、湖北西部以及广东的西部与北部也很发育；北方主要分布在山西与河北的太行山、太岳山、吕梁山和燕山一带。黄土陷穴主要分布在西北和华北地区，尤其是黄河中游地区。

（1）形成原因

造成洞穴顶部塌陷的主要因素是水的作用和列车荷载作用。洞穴在水的侵蚀、潜蚀作用下和列车动荷载的反复作用下，洞顶的岩土结构逐渐遭到破坏，承载力也逐渐丧失，最终突然塌陷。

（2）预防措施

预防洞顶塌陷，必须预先弄清楚影响路基稳定范围内隐伏洞穴的分布情况、形状大小、埋藏深度、顶部厚度、洞穴处工程地质和水文地质情况以及洞穴的发展趋势等，而后采取工程措施预防洞穴塌陷。但要做到这一点，只有在新线勘测设计或施工阶段才有可能，通车后在运营条件下是很难做到的。黄土路基只要做好路基排水，就能预防新生陷穴的发生。

（3）整治措施

陷穴发生后，首先应根据陷穴发生的部位、规模、对路基稳定性或行车安全的危害程度进行评估，确定是否紧急处理。发生在轨道下面的陷穴对行车安全危害较大，应采取紧急措施，如填实陷坑、整修线路、扣轨慢行、派人看守，情况危急时应封锁线路。其次应做细致调查，查清塌陷洞穴的成因、形状大小、平面位置、埋藏深度，以及工程地质和水文地质特征及可能的发展趋势，为彻底整治提供依据。常用措施如下：

①开挖回填。如暂不危及行车安全，此措施应作为首选，它能确保质量，不留后患。

②塌陷洞穴在轨道下方，无法开挖，可钻孔灌砂、灌注泥浆、砂浆或混凝土浆。

③规模较大或与暗河相通的溶洞塌陷，可采用网络梁、地基梁、框架梁跨越或其他类梁跨越等。

无论采用何种措施都要做好排水，尤其是面临黄土陷穴的情况。排水设施有效、完善与否是整治成败的关键。

10.3.5　路基冲刷的防治

位于河流岸边、河滩或水库岸边的路基，因常年或季节性水流冲刷、波浪和渗流的作用往往造成路基冲空、边坡滑坍等。防治这类病害，必须掌握水流性质、变化规律及可能对岸边或路基造成危害的性质和严重程度，使防治措施准确到位。为此，应细致的调查、勘测，精心分析，提出符合实际的科学结论。

防护工程分直接防护和间接防护两类。直接防护是对路基本体加固以抵御水流的冲刷；间接防护是借导流或挑流工程，改变水流性质，间接达到避免或减轻水流对路基冲刷的目的。

（1）直接防护

①干砌石护坡。适用于不受主流冲刷的路堤边坡。

②浆砌片护坡。适用于主流冲刷及波浪作用强烈的路堤边坡。

③抛石。适用于水流方向平顺、无严重局部冲刷但已被水浸的路堤边坡。

④石笼。适用于既受洪水冲刷又缺少大石料的区段

⑤挡水墙。适用于峡谷急流和水流冲刷严重地段。

直接防护每一种方式都有自己的局限性，有的造价太高，有的年限较短，所以采用时要因地制宜，在经济和质量方面进行优化。

（2）间接防护

①挑水坝。适用于河床较宽，冲刷和淤积大致平衡。水流性质较易改变的河段，有的地方可以顺河势布置导流建筑物。防护地段较长时，更宜采用。

②顺坝。适置横向导流建筑物。防护地段较长时，更宜采用。

③潜坝。适用于河不太宽，洪水时流速较大河水较深的河段，侵占河槽较少又能减轻对路堤的冲刷，但宜和加固路堤边坡配合使用。

④防水林带。适用于路基外侧河滩季节性洪水冲刷地段。但导流建筑物的修建是一项技术复杂、工程浩大的措施。

间接防护成败的关键是导流建筑物的正确选择和布置，因此应切实依据天然河道的特性确定导治线、导治水位和选择导流建筑物的类型。

上述防护工程措施，既可单独使用，也可综合使用，应根据河流形态、地质情况和水流特性合理选用。如山区河流，由于河道窄、纵坡陡，防护工程应尽量顺乎自然，宜选用直接防护措施，若以挑水坝等导流措施防护，往往失败的多，收获的少。

（3）防护设施养护要点

①经常检查。特别是洪水期间和洪水过后，应进行全面检查，对于范围不大的损毁应及时修补；范围较大的损毁应充分调查，分析原因，而后制定整治措施。

②调查重点应放在水下部位。特别是直接防护工程的水下部位，基础冲空往往是导致路堤突然坍塌的主要原因。

③水毁设施的修复，应充分考虑原设计意图，以防新增设施造成新的不良后果。

④损毁情况危及行车安全时，应采取紧急措施，护住坡脚，通常抛石或抛石笼紧急防护。

所以我们在新建线路时，线路选线应尽可能避免与河流争地。为了防止河岸路基遭受冲刷，可修各种路基挡土墙和圬工护坡，并将基础埋置于淘刷线以下。基础埋深不足时应按不同河床堆积物的情况在脚墙外修较宽的沉排、石笼，或堆垒大量漂砾或混凝土块体，或砌筑圬工护墙；也可用改河和导流的办法避免路基直接受激流冲刷。

10.3.6　路基冻害的防治

冻胀是由于土中的水在冻结过程中有向冻结锋面迁移的特征，并不断析出冰层，且体积

增大9%这一物理力学现象造成的。所以，冻结过程中土中水的迁移机理是产生路基冻害的基本原因。

（1）影响因素

①温度的影响。当土层温度处于负温相转换区且冻结速率较低时，土水中迁移量活跃，以致形成较大的冻胀。

②土质的影响。由粒径大于0.1 mm的粗颗粒组成的土质，无冻胀或冻胀较小，如砂、砾石、碎石等；由粒径小于0.1 mm细颗粒组成的土质，如砂黏土、黏土等有较大冻胀性，尤其是黏粒含量大于15%，密度较小的粉粒土冻胀最强烈。

③水分的影响。土的天然含水量越大，冻胀性也越大，特别是有地下水补给时，会发生强烈的冻胀。

（2）冻害的表现形态

①从轨面前后高低变形看，分为冻峰（臌包）、冻谷（凹槽）、冻阶（台阶）。

②从轨面水平变形看，分为单股冻起、双股冻起、交错冻起。

③从冻胀部位看，分为道床冻胀、基床表层冻胀、基床深层冻胀。

④从冻起高度看，冻起高度小于25 mm为一般冻害；冻起高度25～50 mm为较大冻害；冻起高度大于50 mm为大冻害。

（3）预防措施

①保持道床清洁，防止泥土混入，及时清除土拢，以利排水。

②路肩和边坡保持平整，无坑洼、裂缝、防治积水下渗。

③侧沟、天沟等地表排水设施以及渗沟、暗沟等地下排水设施应保持工况完好，畅通无阻，防止或减少水对路基的补给。

（4）整治措施

冻害发生后，首先应认真进行调查，弄清冻胀发生部位、形状、高度、起落及发展过程，弄清冻胀土层的性质、结构及水文地质条件，以便分析冻胀产生的原因和变化规律，然后提出相应的整治措施。常用的整治措施如下：

①修建减少路基基床含水量的排水设施。如修建具有抗冻防渗能力的地表排水设施以防治因地表水节流而引起的冻胀；修建渗沟、暗沟、截水沟等截断疏导地下水或降低地下水位，以防治因地下水补给而引起冻胀。

②挖除冻害地段的基床土，换填无冻胀或冻胀很小的碎石、河砂、砂类土等。换土深度应大于冻结深度，换土宽度应包括路肩在内的整个断面。

③在基床表层铺设保温层，改善基床温度环境，使表层下的基床土不冻结或减小冻结深度。保温材料一般用炉渣，其导热系数小、成本低廉，也可用石棉、泡沫聚苯乙烯板等保温材。国外经验表明，用泥炭或冷压泥炭砖作保温材料效果良好、使用时间长。温度大的泥炭在水分冻结时，会释放大量潜热，能防止泥炭进一步冻结。

④人工盐化基床土。用氯盐（NaCl）整治路基冻害费工较多，效果虽明显，但有效时间短，一般只用于基床表层冻胀地段。选择上述措施时，应注意总体效果，考虑相互配合，以期达到根除冻害的目的。

10.3.7　路基雪害的防治

我国黑龙江、吉林、内蒙古等省区，属寒温带大陆性季风气候，全国降雪天数 190~200 d，积雪天数 160~180 d，最大积雪深度 200~1000 mm。年平均风速 4.4 m/s，最大风速 40 m/s。这些地区的铁路线路，冬季常被雪埋，严重影响行车安全。

易于积雪地段因铁路线路的地形、地貌及其与主风向的夹角各不相同，线路积雪的程度也不一样。经验表明、下列地段易于积雪：

①车站战场。

②路堑与路堤交界处。

③深 2 m 以下的浅路堑。

④高 1.2 m 以下的矮路堤。

⑤复线并行不等高的高差大于 0.3 m 地段。

积雪掩埋线路危及行车安全，因为积雪融化后，增加路基含水量，降低中期承载能力，形成路基翻浆冒泥和陷槽等病害，所以必须对被积雪掩埋线路进行整治。而最经济有效且一劳永逸的防治措施是营造防护林带（参见线路维修管理之铁路沿线造林绿化）。它不仅可以防止雪害，而且还可以改造生态环境。防雪林带的布设位置、形式、树种应根据地理、气候、土壤条件、风速、风向、积雪程度等情况选定。在无营造防雪林条件或防雪林尚未发挥作用之前也可修建一些临时防雪设备，如防雪栅、防雪堤垣、导风挡板等。冬季有时会发生预计不到的暴风雪，在不积雪地段也会严重积雪而影响行车，为预防不测，应在适当区段储备一些除雪机，以备急需。

10.3.8　路基沙害的防治

通过沙漠（包括沙质荒漠、戈壁及沙地）地区的铁路，如包兰线、兰新线、集二线、京通线、青藏线、南疆线、乌吉线及陇海线经黄河故道地段等，在风的作用下，移动的沙流经常给铁路造成不同程度的危害，有时甚至掩埋路线，危及行车安全。

（1）沙害形态

风沙对线路的危害主要表现在流沙在线路上的堆积，以及流沙对路堤边坡的吹蚀和对道床的掏空。线路上堆积的沙掩埋轨面以上的称一级沙害，掩埋枕面以上至轨面以下，称二级沙害；掩埋枕面以下，称三级沙害。

（2）防治原则和措施

沙害的防治原则是因害设防、因地制宜和就地取材。沙害的防治措施，分为植物固沙和工程固沙两类。植物固沙是治本良策，既可阻截沙流，防止风蚀，又可调节小气候，改善生态环境和改良土壤。

植物固沙以营造林带为本。林带采用植物混种、均匀透风类型。迎风林带先矮后高，即先灌木，后乔木；背风侧则先高后矮，有效防护宽度一般为树高的 15~25 倍。沙害严重地段，迎风侧可营造多条林带。防沙林应根据沙漠性质、水文地质条件、气候特征力求所选树种生长快、固沙、防风能力强、不怕沙埋。常被选用的职务有沙枣、胡杨、小叶杨、文冠果、花棒、沙蒿、胡枝子、杨柴等十几种。

工程固沙一般用在没有植物生长条件的地段，或作为植物固沙初期的辅助措施。

对路基或路堑本体用不同的材料进行覆盖，如干砌片石（或预制水泥板）、栽砌或散铺卵砾石。路基两侧防护，在路基两侧一定范围内修筑一些阻沙、固沙及导沙设施，保护线路不被流沙掩埋。阻沙设施包括防砂栅栏、防沙沟堤、防沙挡墙等；固沙措施包括麦草沙障、土埂沙障、化学乳剂固沙、铺设卵石或黏土覆盖沙面等。导沙设施包括用卵石铺砌而成表面光滑的输沙平台、在路基迎风侧修建导沙堤等。

防风固沙措施的基本原理是增加地面的粗糙度，以降低近地面的风速，从而达到防风固沙的目的。因此，不同措施的防风固沙效益表现在对近地面层风速的减弱和粗糙度提高方面。

总之，要处理路基病害应按以下步骤进行：

①检测路基病害，判断路基病害的类型、发生的部位及规模大小、严重程度。

②对产生病害的主要原因进行分析：填料、水分浸入或强度不足。

③拟采取的措施：应采用技术上可行（控制病害产生原因）、经济上合理的方法。需要说明的是，对同一种病害可采取不同的处理方法，同一处理方法的具体设计参数也可能相差很大，这说明病害处理技术具有复杂、多样性。

附　录

附录A　多年冻土地基沉降量的计算

A.0.1　多年冻土地基总沉降量(S)等于路堤地基融化沉降量与压缩沉降量之和，可按下式计算：

$$S = \sum_{i=1}^{n} (\delta_0 + m_{vi} P_i) h_i \qquad (A.0.1-1)$$

$$P_i = \sigma_i + \omega_i \qquad (A.0.1-2)$$

式中：σ_0 为第 i 层季节融化层土的融沉系数，%；m_{vi} 为第 i 层季节融化层土的压缩系数，MPa^{-1}；h_i 为第 i 层季节融化层土厚度，cm；P_i 为沿路堤中线第 i 层季节融化层土的附加应力与自重应力之和，MPa；σ_i 为沿路堤中线第 i 层季节融化层土的附加应力，MPa，其底处为 σ_c，最大融深处 $\delta_i = k\delta_c$，计算中可近似采用可 $k=1$；ω_i 为沿路堤堤中线第 i 层季节融化层土的自重应力，kPa。

施工中基底的沉降断面形式可按平行地面与基地等宽的矩形计算。

融化下沉系数 δ_0 和压缩系数 m_v 指标，应以试验确定。对均质的冻结细粒土可以在实验室条件下，用专门的试验装置确定。

1　当冻土融化下沉系数 δ_0 无试验资料时，可依据冻结地基土的土质、物理力学性质，按以下公式计算。

1)按含水率(ω_A)确定：

对于本规范表7.1.2中地基土含水率判别的Ⅰ、Ⅱ、Ⅲ、Ⅳ类土：

$$\delta_0 = \alpha_1 (\omega_A - \omega_0) (\%) \qquad (A.0.1-3)$$

式中：ω_A 为冻土融沉含水率；α_1 为系数，按表A.0.1-1确定；ω_0 为起始融沉含水率，可按表A.0.1-1的确定。

黏性土，可根据其塑性限含水量(w_p)，按下式进行计算：

$$\omega_0 = 5 + 0.8\omega_p (\%) \qquad (A.0.1-4)$$

表A.0.1-1　α_1、ω_0 值

土质	砾石、碎石土[①]	砂类土	粉土、粉质黏土	黏土
α_1	0.5	0.6	0.7	0.8
$\omega_0/\%$	11.0	14.0	18.0	23.0

注：①对于粉黏粒(<0.074 mm)含量<15%者 α_1 取0.4；②黏性土 ω_0 的按式A.0.1-4计算值与A.0.1-1所列值不同时，取最小值。

对于 V 类土，其融化下沉系数(δ_0)按下式计算：

$$\delta_0 = \sqrt[3]{\omega_A + \omega_0} + \delta_0' \qquad (\text{A.0.1}-5)$$

式中：$\omega_0 = \omega_p + 35$ 对于粗颗粒土可用 ω_0 代替 ω_p，无试验资料时，可按表 A.0.1-2 取值；δ_0' 为对应于 $\omega_A = \omega_0$ 时的 δ_0 值可按公式（A.0.1-3）计算，无试验资料时，可按表 A.0.1-2 取值。

表 A.0.1-2　ω_0、δ_0' 值

土质	砾石、碎石土①	砂类土	粉土、粉质黏土	黏土
$\omega_0/\%$	46	49	52	58
$\delta_0'/\%$	18	20	25	20

注：①对于粉黏粒（<0.074 mm 的粒径）含量<15%者，ω_0 取 44%，δ_0' 可取 14%。

2）按冻土干密度 ρ_d 确定。对于含水率判别为 I、II、III、IV 类土：

$$\delta_0 = \alpha_2(\rho_{d0} - \rho_d)/\rho_d \qquad (\text{A.0.1}-6)$$

式中：α_2 为系数，按表 A.0.1-3 确定；ρ_{d0} 为起始融沉干密度，大致相当于或略大于最佳干密度。

无试验资料时，可按表 A.0.1-3 取值。

表 A.0.1-3　α_2、ρ_{d0} 值

土质	砾石、碎石土①	砂类土	粉土、粉质黏土	黏土
α_2	25	30	40	30
$\rho_{d0}/(t \cdot m^{-3})$	1.96	1.80	1.70	1.65

注：①对于粉黏粒（<0.074 mm 的粒径）含量<15%者，a_2 取 20，ρ_{d0} 取 2.0。

对于 V 类土：

$$\delta_0 = 60(\rho_{dc} - \rho_p) + \delta_0' \qquad (\text{A.0.1}-7)$$

式中：ρ_{dc} 为对应于 $\omega = \omega_c$ 之冻土干密度，无试验资料时，按表 A.0.1-4 取值。

表 A.0.1-4　ρ_{dc} 值

土质	砾石、碎石土①	砂类土	粉土、粉质黏土	黏土
$\rho_{dc}/(t \cdot m^{-3})$	1.16	1.10	1.05	1.00

注：对于粉黏粒（<0.074 mm 的粒径）含量<15%者，ρ_{dc} 取 1.2（t/m^3）。

2　现场测定冻土含水率(ω)及干密度(ρ_{d0})时，应分别计算融化下沉系数(δ_0)值，取大值作为设计值。

冻土融化后的体积压缩系数 m_v 可按表 A.0.1-5 确定。

表 A.0.1-5　各类冻土融化后体积压缩系数 m_v（MPa^{-1}）值

m_v/MPa^{-1}　土质及压力/kPa　　冻土 $\rho_d/(t\cdot m^{-3})$	砾石、碎石土 $P_0 = 10 \sim 210$	砂类土 $P_0 = 10 \sim 210$	黏性土 $P_0 = 10 \sim 210$	草皮 $P_0 = 10 \sim 210$
2.10	0	—	—	—
2.00	0.10	—	—	—
1.90	0.20	0	0	—
1.80	0.30	0.12	0.15	—
1.70	0.30	0.24	0.30	—
1.60	0.40	0.36	0.45	—
1.50	0.40	0.48	0.75	—
1.40	0.40	0.48	0.75	—
1.30	—	0.48	0.75	0.40
1.20	—	0.48	0.75	0.45
1.10	—	—	0.75	0.60
1.00	—	—	—	0.75
0.90	—	—	—	0.90
0.80	—	—	—	1.05
0.70	—	—	—	1.20
0.60	—	—	—	1.30
0.50	—	—	—	1.50
0.40	—	—	—	1.65

A.0.2　竣工多年冻土地基沉降量可按下式计算：

$$S_{af} = S \times n_2 \tag{A.0.2}$$

式中：S_{af} 为竣工后多年冻土地基沉降量，cm；S 为路堤地基总沉降量，cm；n_2 为竣工后的路堤地基沉降系数。路堤高度 $H = 1 \sim 2$ m 时，$n_2 = 0.3$；$H = 2 \sim 3$ m 时，$n_2 = 0.2 \sim 0.3$，$H = 3 \sim 5$ m 时，$n_2 = 0 \sim 0.2$；$H > 5$ 时，$n_2 = 0$。

附录 B　多年冻土保温层厚度的计算

B.0.1　保温层厚度可按以下公式计算：

1　边坡保温厚度

1）东北地区

$$h = K_F \times Z \tag{B.0.1-1}$$

式中：h 为设计的保温护坡厚度，m；Z 为天然上限，m；K_F 为安全系数，其重可采用 1.2 ~ 1.5，视坡面的朝向面定，向阳坡取大值，背阴坡取小值，朝向不明显时取中值。

东北地区的天然上限列于表 B.0.1 - 1。

表 B.0.1 - 1　东北多年冻土地区各种土的代表性上限深度表

土名 上限/m 保温情况	泥炭	黏性土	碎石夹土	砂砾	卵石夹砂 及圆砂
差	0.85	1.9	2.6	2.3	3.7
一般	0.65	1.5	2.1	1.8	3.1
良好	0.45	1.1	1.6	1.3	2.5

注：阴坡、植被茂密、厚层苔藓及塔头草孔隙为苔藓所充填者为保温良好。阳坡、植被稀少、附近人为活动频繁者属保温差。在上述二者之间属保温一般。

2）青藏高原地区

$$h = K_G \times H_{\gamma Bmax} \tag{B.0.1 - 2}$$

式中：$H_{\gamma Bmax}$ 为计算点（边坡中部）季节最大融化深度（人为上限），m；K_G 为安全系数，一般取 1.05 ~ 1.10。

$$H_{\gamma Bmax} = K \times K' \times K'' \times H_t \tag{B.0.1 - 3}$$

式中：H_t 为路堑所在地段代表性地层季节最大融化深度（天然上限），m；K、K'、K'' 为修正系数含义与计算如下：K 为填料修正系数反映边坡换填材料与代表性天然上限材料性质的差异。

$$K = \sqrt{\frac{\lambda_1}{(w_1 - w_{u1})\gamma_{d1}} \Big/ \frac{\lambda_0}{(w_0 - w_{u0})\gamma_{d0}}} \tag{B.0.1 - 4}$$

式中：λ_1，λ_0 分别为填料与天然地层的异热系数，W/m·℃；w_1，w_0 分别为填料与天然地层的总含水量，%；w_{u1}，w_{u0} 分别为填料与天然地层的未冻水含量，%；γ_{d1}，γ_{d0} 分别为填料与天然地层的干容重，g/cm^3；以上参数均采用按深度的加权平均值。

K' 为朝向修正系数，可按下表取值。

朝向修正系数表

朝向	空旷平地	阳坡	阴坡
坡率	0	1:1.5 ~ 1:1.75	1:1.5 ~ 1:1.75
K'	1.00	1.15	0.95

注：主要考虑阳坡修正。

K'' 为表面状态修正系数，按下表取值。

表面状态修正系数表

表面状态	草皮	黏性土边坡	砂砾石边坡
K''	1.00	1.06	1.03

2　基底保温层厚度

1）东北地区

$$h = Z/0.6 \approx 1.67Z \qquad (B.0.1-5)$$

当保温层上有回填土时，则

$$h = 1.67Z - (Z/Z_1)h_1 \qquad (B.0.1-6)$$

式中：h 为保温层厚度，m；Z 为泥炭的代表性冻土天然上限深度，m，见表（B.0.1-1）；Z_1 为与回填土相当的代表性冻土天然上限深度，m；h_1 为回填土厚度，m。

2）青藏高原地区

$$h = K_G \times H_{\gamma Dmax} \qquad (B.0.1-7)$$

$$H_{\gamma Dmax} = K \times K'' \times K_D \times H_t \qquad (B.0.1-8)$$

式中：$H_{\gamma Dmax}$ 为路堑基底的季节最大融化深度（人为上上限），m；K_D 为结构修正系数，反映路堑断面形式对基底融深的影响 $K_D = 1.10$；K_G、K、K'、K'' 含意同边坡计算公式。

3　保温层设计时还应注意以下问题：

1）代表性地层应选择路堑所在的地段草皮覆盖的空旷平地，最好选草皮覆盖良好、上限以上土质较均一的场地。

2）当堑顶不设挡水埝时，按以上公式确定保温（换填）层厚度后，应在边坡中部以上增厚 ΔZ：

$$\Delta Z = (0.06 \sim 0.10)Z \qquad (B.0.1-9)$$

3）设计时应考虑气温波动对天然上限的影响，即以 $H_{\tau max}$ 代替 H_t：

$$H_{\tau max} = K_T \cdot H_t \qquad (B.0.1-10)$$

$$K_T = 1 + A(K_P - K_H) \qquad (B.0.1-11)$$

式中：K_T 为气温波动修正系数；K_P 为设计频率的年平均气温，℃，按2%的保证率取值；K_H 为勘察年（即设计选用年）的年平均气温，℃；A 为由气温、地层、植被等条件决定的气温波动上限变化率，%/℃，应由年平均气温－融沉变化规律确定。当无资料时，可取以下统计值：

一般黏性土地层、无植被覆盖：$A = 20\% \sim 20\%/℃$；

一般黏性土地层、植被覆盖良好：$A = 7\% \sim 10\%/℃$；

根据青藏铁路多年冻土地区50年以上气温趋势预测，可按 $K_P - K_H = 1℃$ 计算。

4）天然地层季节最大融化深度（天然上限）H_t，可通过勘探、钎探、挖探、测温、近似计算、海拔高程相关的经验公式计算等方式取得。

B.0.2　保温层厚度换算法

保温层厚度（h）可按下式计算。

$$h = F \times h_j \times \sqrt{\frac{\lambda c_{jw}\rho_j}{\lambda_j c_v}} = F \times h_j \times \sqrt{\frac{\lambda c_{jw}\rho_j}{\lambda_j c_w\rho}} \qquad (B.0.2-1)$$

当采取部分开挖，在其底部铺设保温层，再于其上回填土层的厚度为 h_1 时，则可按下式计算。

$$h = F \times (h_j - h_1) \times \sqrt{\frac{\lambda c_{jw} \rho_j}{\lambda_j c_w \rho}} \qquad (B.0.2-2)$$

式中：F 为安全系数，可采用 1.2；h_j 为土层的最大融化深度，m；h_1 为回填土厚度，m；λ 为保温层的导热系数，$W/m \cdot \text{℃}$；c_v 为保温层的容积热容量，$kJ/m^3 \cdot \text{℃}$；c_w 为保温层的比热，$kJ/kg \cdot \text{℃}$；ρ 为保温层的密度，t/m^3；λ_j 为土层的导热系数，$W/m \cdot \text{℃}$；c_{jv} 为土的容积热容量，$kJ/m^3 \cdot \text{℃}$；c_{jw} 为土的比热，$kJ/kg \cdot \text{℃}$；ρ_j 为土的密度，t/m^3。

附录 C　抗滑桩设计地基系数表

表 C.1　岩石物理力学指标与抗滑桩地基系数 K

地层种类	内摩擦角	弹性模量 E_0 $/10^4$ kPa	泊松比 μ	地基系数 K $/(10^6$ kPa $\cdot$ m$^{-1})$
细粒花岗岩、正长岩、辉绿岩、玢岩	80°以上	5430～6900 6700～7870	0.25～0.30 0.28	2.0～2.5 2.5
中粒花岗岩、粗粒正长岩、坚硬白云岩	80°以上	5430～6500 6560～7000	0.25 0.25	1.8～2.0
坚硬石灰岩 坚硬砂岩、大理岩 粗粒花岗岩、花岗片麻岩	80°以上	4400～10000 4660～5430 5430～6000	0.25～0.30	1.2～2.0
较坚硬石灰岩 较坚硬砂岩 不坚硬花岗岩	75°～80°	4400～9000 4460～5000 5430～6000	0.25～0.30	0.8～1.2
坚硬页岩 普通石灰岩 普通砂岩	70°～75°	2000 4400～8000 4600～5000	0.15～0.30 0.25～0.30 0.25～0.30	0.4～0.8
坚硬泥灰岩 较坚硬页岩 不坚硬石灰岩 不坚硬砂岩	70°	800～1200 1980～3600 4400～6000 1000～2780	0.29～0.38 0.25～0.3 0.25～0.30 0.25～0.30	0.3～0.4
较坚硬泥灰岩 普通页岩 软石灰岩	65°	700～900 1900～3000 4400～5000	0.29～0.38 0.15～0.20 0.25	0.2～0.3
不坚硬泥灰岩 硬化黏土 软片岩 硬煤	45°	30～500 10～300 500～700 50～300	0.29～0.38 0.30～0.37 0.15～0.18 0.30～0.40	0.06～0.12
密实黏土 普通煤 胶结卵石 掺石土	30°～45°	10～300 50～300 50～100 50～100	0.30～0.37 0.30～0.40 — —	0.3～0.4

注：引自《铁路路基支挡结构物设计规则》(TBJ 25—1990)。

表 C.2　抗滑桩嵌固段土的地基系数 m（随深度增加比例系数）

序号	土体名称	竖直方向 m_0 /（kPa·m^{-2}）	水平方向 m /（kPa·m^{-2}）
1	$0.75 < I_L < 1.0$ 的软塑黏土及砂黏土；淤泥	1000 ~ 2000	500 ~ 1400
2	$0.5 < I_L < 0.75$ 的软塑黏砂土、砂黏土及黏土；粉砂及松砂土	2000 ~ 4000	1000 ~ 2800
3	硬塑砂黏土、砂黏土及黏土；细砂和中砂	4000 ~ 6000	2000 ~ 4200
4	坚硬黏砂土、砂黏土及黏土；粗砂	6000 ~ 10000	3000 ~ 7000
5	砾砂；碎石土、卵石土	10000 ~ 20000	5000 ~ 14000
6	坚实的大漂砾	80000 ~ 120000	40000 ~ 84000

注：1. 引自《铁路路基支挡结构物设计规则》（TBJ 25—1990）；2. I_L 为土的液性指数，其 m_0 和 m 值的条件，相应于桩顶位移的 0.6 ~ 1.0 cm。

表 C.3　抗滑桩嵌固段土岩石的抗压强度和地基系数

序号	抗压强度/10^3 kPa		地基系数/10^4 kPa/m	
	单轴极限值 R	侧向容许值 a	竖直方向 K_0	水平方向 K
1	10	1.5 ~ 2	10 ~ 20	6 ~ 16
2	15	2 ~ 3	25	15 ~ 20
3	20	3 ~ 4	30	18 ~ 24
4	30	4 ~ 6	40	24 ~ 32
5	40	6 ~ 8	60	36 ~ 48
6	50	7.5 ~ 10	80	48 ~ 64
7	60	9 ~ 12	120	72 ~ 96
8	80	12 ~ 16	150 ~ 250	90 ~ 200

注：引自《抗滑桩设计与计算》，铁道部第二勘测设计院编，铁道出版社，1983。

参考文献

[1] 中华人民共和国铁道部. 铁路路基设计规范 TB 10001—2005. 北京：中国铁道出版社，2005

[2] 中华人民共和国交通部. 公路路基设计规范 JTG D30—2015. 北京：人民交通出版社，2015

[3] 中华人民共和国铁道部. 铁路特殊路基设计规范 TB 10035—2006. 北京：中国铁道出版社，2007

[4] 中华人民共和国铁道部. 铁路路基支挡结构设计规范 TB 10025—2006. 北京：中国铁道出版社，2009

[5] 中华人民共和国铁道部. 铁路工程抗震设计规范 GB 50111—2006. 北京：中国计划出版社，2009

[6] 中华人民共和国铁道部. 铁路路基土工合成材料应用设计规范 TB 10118—2006. 北京：中国铁道出版社，2006

[7] 中华人民共和国铁道部. 铁路混凝土结构耐久性设计规范 TB 10005—2010. 北京：中国铁道出版社，2011

[8] 中华人民共和国铁道部. 铁路工程土工试验规程 TB 10102—2010. 北京：中国铁道出版社，2011

[9] 中华人民共和国铁道部. 新建时速 200 公里客货共线铁路设计暂行规定. 北京：中国铁道出版社，2012

[10] 中华人民共和国铁道部. 新建时速 200～250 公里客运专线铁路设计暂行规定（上、下）. 北京：中国铁道出版社，2012

[11] 中华人民共和国铁道部. 新建时速 300～350 公里客运专线铁路设计暂行规定. 北京：中国铁道出版社，2008

[12] 中华人民共和国铁道部. 京沪高速铁路设计暂行规定. 北京：中国铁道出版社，2004

[13] 中华人民共和国铁道部. 客运专线无砟轨道铁路设计指南. 北京：中国铁道出版社，2005

[14] 刘建坤，曾巧玲，侯永峰. 路基工程. 北京：中国建筑工业出版社，2006

[15] 吃淑兰，孔书祥. 路基工程. 北京：中国铁道出版社，2014

[16] 杨广庆. 路基工程. 中国铁道出版社，2003

[17] 郝瀛. 铁道工程. 北京：中国铁道出版社，2000

[18] 王其昌. 高速铁路土木工程. 成都：西南交通大学出版社，1999

[19] 巫锡筹，吴邦颖. 路基. 北京：中国铁道出版社，1995

[20] 尉希成，周美铃. 支挡结构设计手册（第二版）. 北京：中国建筑工业出版社，2004

[21] 孙遇祺，马骥. 铁路公路灾害. 北京：中国铁道出版社，1998

[22] 赵成刚，白冰，王运霞. 土力学原理. 北京：清华大学出版社，北京交通大学出版社. 2004

[23] 韩自力，张千里. 提速线路动应力分析. 中国铁道科学，2005（2）

[24] 赵洪勇，刘建坤，崔江余. 对高速铁路路基沉降观测的几点认识. 路基工程，2001（6）

[25] 邓学军. 路基路面工程. 北京：人民交通出版社，2000

[26] 李俊利，姚代禄. 路基设计原理与计算. 北京：人民交通出版社，2001

[27] 梁富权. 路基路面工程. 北京：人民交通出版社，1999

[28] 铁道第一设计院. 铁路工程设计技术手册，路基. 北京：中国铁道出版社，1992

[29] 周志刚，郑健龙. 公路土工合成材料设计原理及工程应用. 北京：人民交通出版社，2001

[30] 谢定义. 土动力学. 西安交通大学出版社，1988

[31] Manfred R. Hausmann. Engineering Principles of Ground Modification. McGraw - Hill Publishing Company, 1997

[32] 刘建坤. 铁路路基养护维修. 北京：中国铁道出版社，2010